1冊でマスター

大学の複素関数

ISHII TOSHIAKI
石井俊全◆著

技術評論社

はじめに

この本は、大学の複素関数の講義で単位を取るための本です。

理系の学生が大学３年あたりで複素関数を学習する目的は、工学部であればフーリエ変換を学ぶため、物理学科であれば流体力学や量子力学を学ぶためです。

フーリエ変換は工学部であればどの学部でも必要となる計算技術です。機械工学、電子工学、情報工学、どの分野の理論でもフーリエ変換の恩恵に与っています。この本ではフーリエ変換導入の手前までの複素関数の必須事項を丁寧に解説していきます。

流体力学で用いられる等角写像は複素関数によって表現されます。また、量子力学の基礎であるシュレーディンガー方程式は、複素関数を対象とした微分方程式です。複素関数は、物理現象を叙述するためには必須の道具なのです。微分方程式までは紹介できませんが、等角写像はこの本の中で解説します。

こう述べてくると必要性だけが、複素関数を学ぶ動機のように思うかもしれませんが、私はそうは思いません。

複素関数が描き出す世界は、実関数（定義域・値域が実数の関数）の世界よりも、美しく調和が取れている世界です。そこを鑑賞することが、複素関数を学ぶ動機の一つになりうると考えます。

この本の特長を２つ挙げておきます。

１つ目は、留数定理の応用問題をタイプ別に分けて数多く紹介しているところです。

複素関数の講義のクライマックスはなんといっても留数定理です。学年末に留数計算ができるようになっていて、留数計算を用いた実関数の定積分の問題が解けるようになっていれば、及第点をつける先生が多いと思われます。

すべての問題を解く時間はないかもしれませんが、多くの問題を集めているので、レポートの課題で出された問題の類題を見つけることができるはずです。

２つ目は、最大値の原理、代数学の基本定理、解析接続の解説を載せているところです。このうち代数学の基本定理とは、「n 次方程式には、n 個の解が存在する

（ただし、重複度を考慮に入れて）」ことを主張する定理です。みなさんは中学校で2次方程式の解の公式を学んで、2次方程式には2個の解があることを知っているでしょう。これを拡張して、n 次方程式には n 個の解があるのです。その理由がこの本を読むと分かります。俄然興味がわきますね。

最大値の原理、代数学の基本定理、解析接続は、演習題を解くためには直接必要のない事項ですが、複素関数の深奥なる世界を垣間見ることができるでしょう。

特に、解析接続についてはどの本よりも分かりやすく説明しました。というのも、数学には「リーマン予想」というまだ誰も解いていない問題があります。これはゼータ関数と呼ばれる複素関数の性質に関する予想です。この問題文だけでも理解したい人が多いのですが、解析接続の意味が分からず退散してしまう場合があるからです。

このようにこの本の記述は、複素関数の基盤を固め応用につなげるという実利的な面と、複素関数の実相に迫り美妙を味わうという審美的な面の両面を見すえて書かれています。みなさんがこの本を読むことで、複素関数の単位を取ることができ、複素関数の美を堪能してもらえることを願っています。

令和4年5月

石井俊全拝

本書の勉強法

はじめに複素関数の勉強の心がまえ、本書の読み方について説明しておきましょう。

理系で高校数学を履修した人であれば、虚数単位 i（$i^2=-1$）については知っているはずです。中学校では実数の範囲でしか2次方程式の解を認めないため、解を持たない2次方程式が存在します。しかし、高校数学では虚数単位 i を導入していますから、実数係数の2次方程式は実数解を持つ場合か虚数解を持つ（実数解を持たない）場合のいずれかになります。

文科省の学習指導要領では改訂の度に、複素数平面を加えたり削除したりしています。ですから、世代によっては、虚数単位 i は2次方程式の解を存在させるための便法であるといった貧困なイメージを持っている人もいるでしょう。運よく複素数平面まで勉強できた人でも、複素数はベクトルと似ているなあ、回転が計算できて便利だなあくらいの印象を持っているだけだと思います。

しかし、複素数の真価はこんなものではありません。まずもって、虚数（imaginary number）という名前がよくないです。なにかこの世に存在しないもの、存在したとしても表舞台には出てこない日陰者のイメージがあります。だれじゃ、こんな名前をつけたのは。

これから複素数の集合を可視化した複素数平面を学んでもらえば、“虚”という語に違和感を持ってもらえることでしょう。そして、複素関数の方が調和のとれた本質的な姿であり、それを実数の範囲だけで捉えている実関数（定義域・値域が実数の関数）の方がアンバランスな世界であるということに気付くことでしょう。この本の内容を身に付けたあかつきには、このような感想を持ってほしいと願っています。

小学校では正の数しか扱いませんでしたが、中学校に入ると負の数を扱うようになりました。扱うことができる数の範囲が広がったわけです。負の数を知ることで、マイナス5度という温度表示が表す状態や、北へマイナス150m進むという表現も理解することができるようになりました。負の数を学ぶことで表現できる世界が広がったのです。それは理解できる世界が広がったということでもあります。複素数を学ぶときも同じです。複素数を用いることで実数しか用いないときよりも深く世界を叙述し理解することができるのです。数の世界が広がって、世界の認識が深まっていくことに対する期待感を、複素数を学んでいく駆動力にしてもらえればと思います。

数の世界が実数から複素数に広がることで、実数のときと何が同じで、何が違ってくるのだろうかという問題意識をもって読み進めてもらいたいのです。このようなヒューリスティックな（発見的な）視点を持つことで楽しみながら複素関数の学習ができるはずです。

四則演算の規則はどういうものが加わるのだろうか
関数を図で表現するにはどうしたらよいのだろうか
指数関数・三角関数・対数関数をどう定義したらよいのだろうか
指数法則・加法定理は成り立つのだろうか
微分はどう定義して、どう計算すればよいのだろうか
積分はどう定義して、どう計算すればよいのだろうか

このような内なる疑問を持ちながら、自分で複素関数の世界を構築するような気持ちでページを読み進めていただければ幸いです。

学習にあたって本書の全体像をつかんでおくとよいでしょう。本書は、p.15、16の目次のような章・節からなります。以下の説明でオプションと書いたものは、時間がないときには削除する候補となります。大学での授業での重点の置き方、時間と相談しながら学習プランを立ててください。

構成に沿って学習のポイント、実関数から複素関数へバージョンアップするときの差分を述べておきます。

第１章は、どの節の事項もすべて確実に理解しておきましょう。ただし、１次変換・幾何への応用はオプションとなります。

第２章は、１節のべき級数から始まります。実関数の基礎がしっかりしている人にとっては、苦労なく読み進められるでしょう。２節で複素関数の指数関数・三角関数を定義した後、実関数の公式の多くが複素数でも成り立つことを確認します。注意すべきは、複素数の指数関数が周期関数になることです。これによって、複素数の対数関数（３節）は、実関数の対数関数とは異なったふるまい（多くの値を取

る）をすることになります。

第3章では、複素関数の微分を扱います。微分の定義式、微分に関する公式は、実関数のときと同じです。複素関数ならではの新しい事項は、複素関数が微分できる条件であるコーシー・リーマンの関係式です。正則関数（微分可能な関数）の等角性は、流体力学への応用の基本ですがオプションです。

第4章では、複素関数の積分を扱います。まず、複素関数の線積分が定義に従ってできるようになりましょう。次に、コーシーの積分定理・積分公式を理解しましょう。実関数の定積分への応用ができるようになれば必須事項はクリアしています。複素関数の解析関数、リーマン面はオプションです。4章からは真新しい事項ばかりだと思います。コーシーの積分定理・積分公式は複素関数の基礎の中で一番味わい深いところです。興味深く読んでほしいと思います。

第5章の最終目標（この本の最終目標）は、留数の定理の意味を理解し、実関数への定積分への応用ができるようになることです。

間に挟まれた、コーシーの積分定理の証明、最大値の原理、代数学の基本定理の3本のコラムはオプションです。興味のある人が読んでください。

以上、学習のポイントと本筋の流れを説明しました。これに沿って、本の内容をあらすじとして紹介しましょう。

本書のあらすじ

本書の内容を駆け足で紹介してしまいましょう。初めは完全には分からないかもしれませんが、本書を読み進めていく途中で何回か読み返すとよいでしょう。

1章　複素数平面と複素関数

はじめに虚数単位 i の定義（$i^2=-1$）を確認します。これを用いて $2+3i$ のような形の数を作ります。これを複素数といいます。この数には2、3と二つの要素があります。実数までは1次元でしたが、複素数になると2次元になります。

2次元なので複素数全体の集合を表すには平面を用います。複素数と平面の点を1対1に対応付けるのです。複素数と1対1の対応を付けた平面を複素数平面といいます。

実数

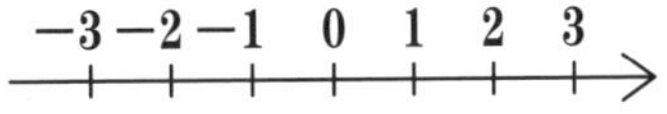

数直線

複素数

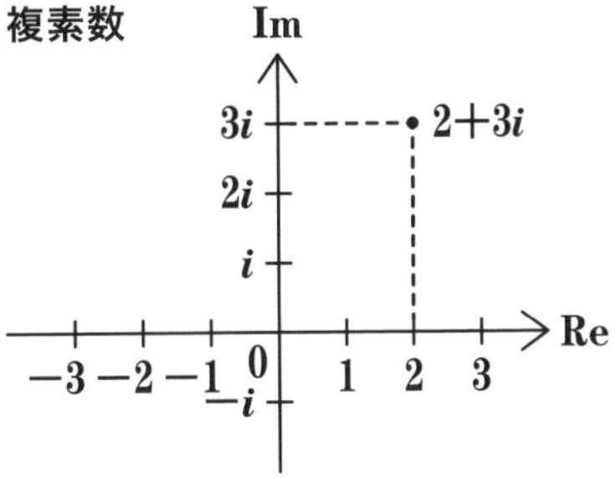

複素数平面

複素数の四則演算を確認します。そのあとで、四則演算は複素数平面でどのように解釈できるのかを解説します。和・差は平面ベクトルの和・差として、積・商は回転拡大として解釈できます。

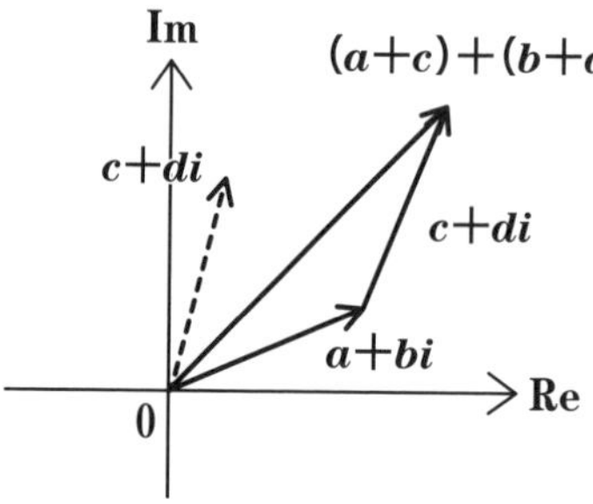

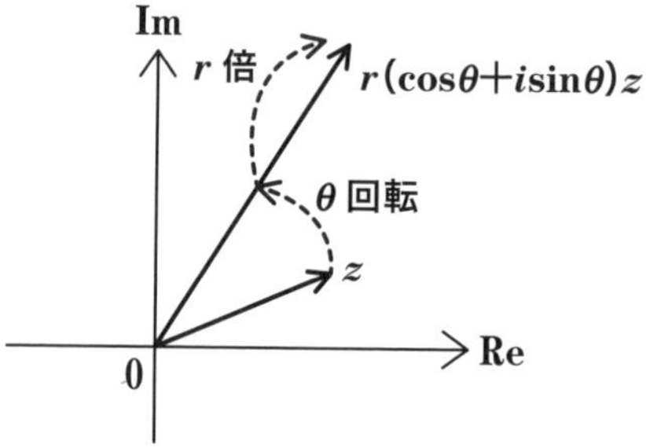

積に関して学ぶと、ド・モアブルの公式［$(\cos\theta+i\sin\theta)^n=\cos n\theta+i\sin n\theta$］やオイラーの等式（$e^{\pi i}=-1$）が理解できるようになります。

次に、複素数の関数 $w=f(z)$ について説明します。複素数の関数は、2次元の点 z を2次元の点 w に対応させるので、平面上の変換として捉えることができます。

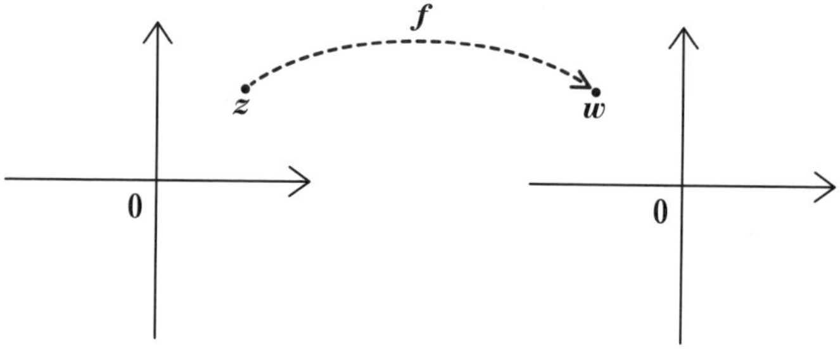

関数としては初めに $w=z+\alpha$、$w=\beta z$、$w=\bar{z}$、$w=\dfrac{1}{z}$、$w=z^2$ を扱います。さらに、$w=z+\alpha$、$w=\beta z$、$w=\dfrac{1}{z}$ を含む形として1次分数変換 $w=\dfrac{az+b}{cz+d}$ を扱います。1次分数変換は、複素数平面上の直線や円を直線や円に変換するきれいな性質を持っています。

2章　指数関数・三角関数・対数関数

指数関数、三角関数、双曲線関数、対数関数を複素数の範囲まで拡張します。指数関数、三角関数を拡張するときに用いるのは、実関数のときに学習したマクローリン展開です。マクローリン展開可能な関数 e^x、$\cos x$、$\sin x$ は、右辺のように無限次の x の多項式で表されます。

マクローリン展開

$$e^x=1+x+\frac{1}{2!}x^2+\cdots+\frac{1}{n!}x^n+\cdots \qquad (-\infty<x<\infty)$$

$$\sin x=x-\frac{1}{3!}x^3+\frac{1}{5!}x^5-\cdots+\frac{(-1)^n}{(2n+1)!}x^{2n+1}+\cdots \qquad (-\infty<x<\infty)$$

$$\cos x=1-\frac{1}{2!}x^2+\frac{1}{4!}x^4-\cdots+\frac{(-1)^n}{(2n)!}x^{2n}+\cdots \qquad (-\infty<x<\infty)$$

$$\log(1+x)=x-\frac{1}{2}x^2+\frac{1}{3}x^3-\cdots+\frac{(-1)^{n-1}}{n}x^n+\cdots \qquad (-1<x\leqq 1)$$

マクローリン展開の右辺は加減乗除で表されていますから、これを用いればe^{4+5i}や$\cos(4+5i)$や$\sin(4+5i)$を計算することができるわけです。こうして複素数の指数関数、三角関数、双曲線関数が定義されます。実数のときに成り立っていた公式（指数法則、加法定理など）は複素数に拡張してもそのまま成り立ちます。

複素数の対数関数は、指数関数の逆関数として定義されます。ここで注意しなければいけないことは、対数関数が多価関数であることです。すなわち、例えば$\log(1+i)$は無数に値を持つのです。

周期2πを持つ$\cos x$について、方程式$\cos x=-1$を満たすxは、(…、-3π、$-\pi$、π、3π、……）と無数にあります。これと同じように複素数の指数関数は$2\pi i$の周期を持つので、逆関数である対数の値は、順に並べると$2\pi i$の等差数列になるのです。

対数関数が定義できると、$(-3+4i)^{2+i}$といった複素数の複素数乗の計算もできるようになります。複素数の複素数乗も一般には多価になります。

ひととおり関数が出そろったところで、複素関数の微分を定義します。複素関数の微分の定義式は実関数のものと同じです。複素関数の微分の計算も、実関数のときと同じようにできます。関数の積・商の微分の公式、合成関数の微分の公式など、実関数の微分と何ら変わりはありません。

3章　複素関数の微分

複素関数の微分で重要なのは、関数が微分可能となる条件です。複素関数がコーシー・リーマンの条件式を満たすときに微分可能となります。

複素関数の場合、$z=a$ で微分可能な関数のことを「$z=a$ で正則である」といいます。複素数平面上の領域 D に含まれるすべての点で複素関数 $f(z)$ が正則であるとき、$f(z)$ は領域 D 上で正則であるといいます。簡単のために、次の 4 章のあらすじでは正則関数といえば、複素数平面全体で正則であるとして説明します。

4 章　複素関数の積分

実関数の定積分は積分区間という実軸上の区間（図は $[a,\ b]$ の場合）に対して計算されました。複素関数の積分は複素数平面上の曲線（図は C の場合、始点 α、終点 β）に関して行われます。

$$\int_a^b f(x)dx$$

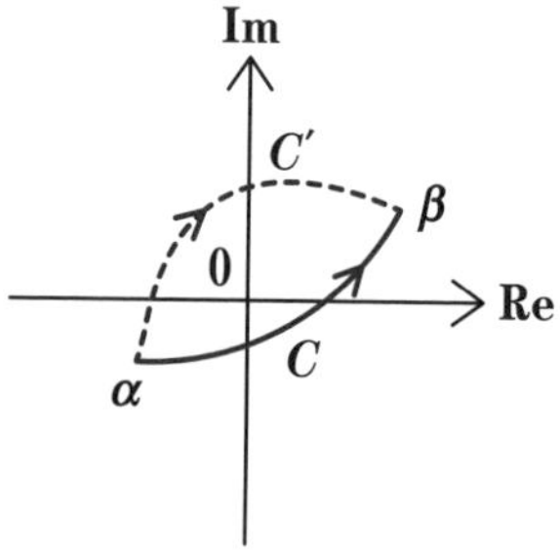

$$\int_C f(z)dz$$

被積分関数が正則であれば、実関数のときと同じ原理で計算できます。すなわち、原始関数を求めて、端（始点 α、終点 β）のときの原始関数の値の差を取ればよいのです。

この計算方法から分かるように、複素数平面上の始点と終点さえ同じであれば、どのような曲線で積分しても値は一定になります。すなわち、図の C に沿った積分の値と C' に沿った積分の値は一致するのです。ここはちょっと感動するところだと思います。

複素関数の積分を計算するとき、始点の原始関数の値と終点の原始関数の値の差を取って計算できるということは、正則関数をループ（閉曲線）で積分すると 0 になります。どんなループ（閉曲線）の形であっても 0 になります。この定理をコーシーの積分定理といいます。説明としてはこちらの方が先に来ます。

余談ですが、私が教えている大人のための数学教室和では、名刺の裏に自分の好きな定理・公式を書いていたことがありました。一番人気があったのがこのコーシーの積分定理でした。

コーシーの積分定理

$$\oint_C f(z)dz=0$$

（$f(z)$は正則関数）

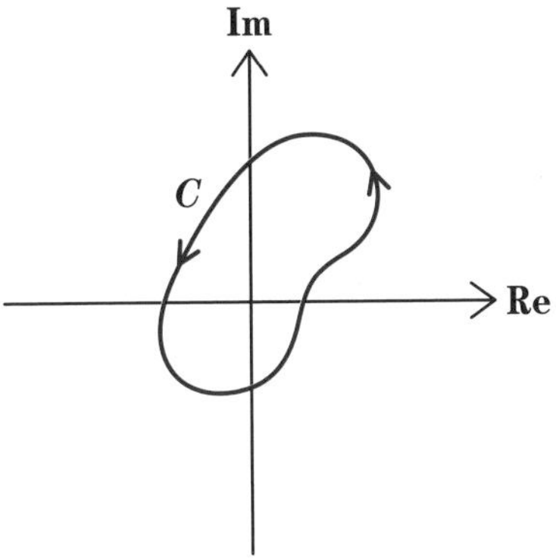

正則関数とは微分可能な関数でした。正則関数の定義では、1回微分可能であれば正則関数であるといえます。しかし、正則関数は定理により何回でも微分することができます。複素関数では1回微分することができる関数は何回でも微分できるのです。これも複素関数の方が実関数よりも調和の取れた世界であることの証左であると言えます。

複素数の指数関数、三角関数はマクローリン展開で定義しました。

$f(z)$が正則関数のとき、$f^{(n)}(z)$が存在します。さらに進んで、正則関数は必ずマクローリン展開（テイラー展開）することができます。

［マクローリン展開］

$$f(z)=f(0)+f'(0)z+\frac{f^{(2)}(0)}{2!}z^2+\cdots+\frac{f^{(n)}(0)}{n!}z^n+\cdots$$

［テイラー展開］

$$f(z)=f(c)+f'(c)(z-c)+\frac{f^{(2)}(c)}{2!}(z-c)^2+\cdots+\frac{f^{(n)}(c)}{n!}(z-c)^n+\cdots$$

一般に、関数$f(z)$を下の式のような収束する無限次の多項式で表したものをべき級数といいます。正則関数はべき級数で表現できるわけです。

[$z=0$ を中心としたべき級数]

$$f(z)=a_0+a_1z+a_2z^2+\cdots+a_nz^n+\cdots$$

[$z=c$ を中心としたべき級数]

$$f(z)=a_0+a_1(z-c)+a_2(z-c)^2+\cdots+a_n(z-c)^n+\cdots$$

5章　ローラン展開と留数定理

複素数平面全体で正則な関数にはこのように美しい性質があります。それでは、いくつかの点で正則でない関数ではどうでしょうか。正則でない点でも、テイラー展開はできるでしょうか、その点の周りを1周するループで積分した値は0になるでしょうか。

例えば、関数$\dfrac{1}{z}$は$z=0$で値を持ちませんから、$z=0$では正則ではありません。

それでも$\dfrac{1}{z}$は、複素数平面全体から$z=0$を取り除いた領域では正則です。このように正則でない点があり、その点の周りでは正則で、1通りに値が決まる関数$f(z)$は、マクローリン展開にzのマイナス乗を加えた式で表すことができます。このような式をローラン展開といいます。

[$z=0$ を中心としたローラン展開]

$$f(z)=\cdots+a_{-3}z^{-3}+a_{-2}z^{-2}+a_{-1}z^{-1}+a_0+a_1z+a_2z^2+a_3z^3+\cdots$$

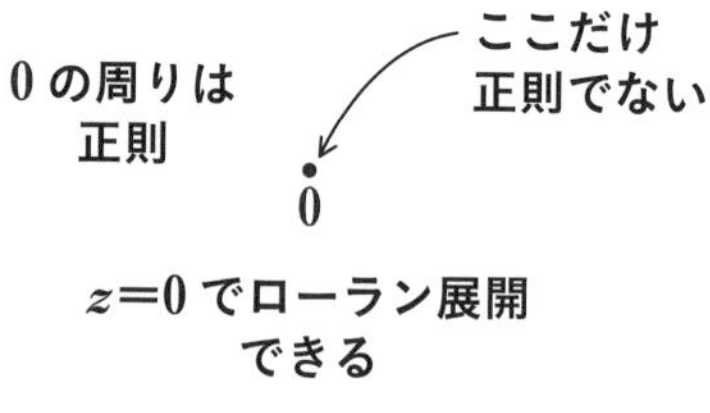

$z=c$ で正則ではないが、$z=c$ の周りでは正則な関数$f(z)$は、下の式のように$z=c$ を中心とするローラン展開ができます。

［$z=c$ を中心としたローラン展開］

$$f(z)=\cdots+a_{-3}(z-c)^{-3}+a_{-2}(z-c)^{-2}+a_{-1}(z-c)^{-1}$$
$$+a_0+a_1(z-c)+a_2(z-c)^2+a_3(z-c)^3+\cdots$$

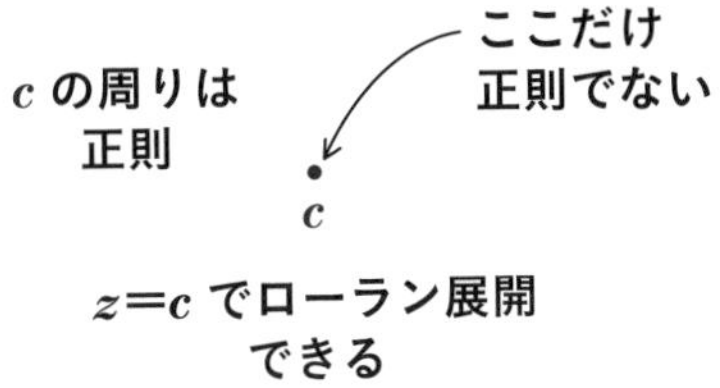

それでは、このようにローラン展開された関数を、$z=c$ の周りを 1 周するループで積分するとどうなるでしょうか。結論から言うと、

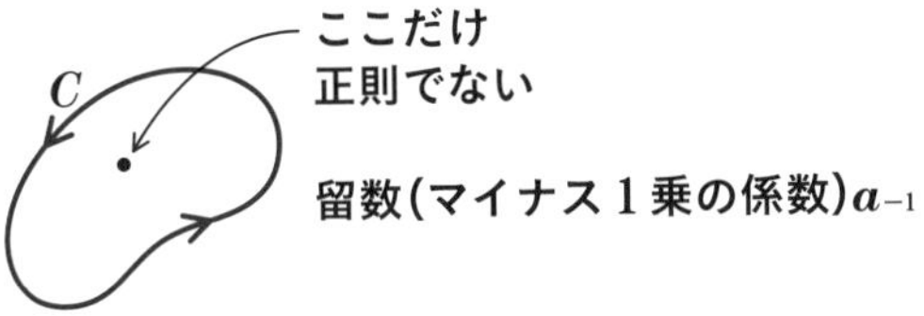

$$\oint_C f(z)dz=2\pi i a_{-1}$$

となります。$f(z)$のローラン展開の係数のうちマイナス 1 乗の係数 a_{-1} だけが答えに影響するのです。a_{-1}（の $2\pi i$ 倍）だけが残るので、a_{-1} を $z=c$ での留数といいます。

同じ関数であっても、どこを中心にローラン展開するかにより、ローラン展開の式は異なってきますから、留数は各点ごとに決まります。

ループの中に正則でない点が 3 個あって（それ以外は正則）、それぞれでの留数を a_{-1}、b_{-1}、c_{-1} とするとき、このループで積分すると、

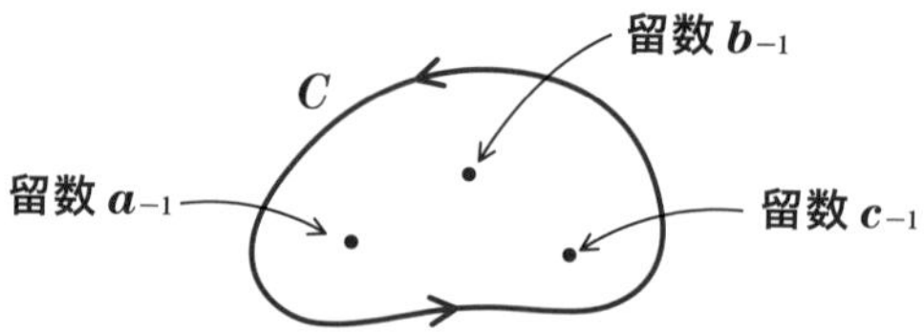

$$\oint_C f(z)dz = 2\pi i(a_{-1}+b_{-1}+c_{-1})$$

となります。これを留数定理といいます。ループの中の正則でない点の留数（の$2\pi i$ 倍）だけ残るのです。さかなクンなら、ループを魚網、留数をお魚ちゃんに譬えるでしょう。

本書で述べる複素関数に関する理論の内容はここまでです。

コーシーの積分定理や留数定理には実関数の定積分への応用が多数あります。例えば、フレネル積分と呼ばれる次の式は、コーシーの積分定理を用いて計算することができます。

$$\int_0^{\infty}\cos(x^2)dx = \int_0^{\infty}\sin(x^2)dx = \frac{\sqrt{2\pi}}{4}$$

このような計算例を本書では多数載せてあります。学年末の試験や大学院入試では、キーとなる問題だからです。演習編まで読み込んで確実に問題が解けるようにしておくと、単位は楽に取ることができるでしょう。

目次

『1冊でマスター　大学の複素関数』

石井俊全 著

第5章 ローラン展開と留数定理 …… 231

本書では、より詳しく知りたい方のために、書籍サポートページにて「Web 補足」を設けています。必要に応じて、QR コードにアクセスの上、ぜひ学習にお役立てください。

ホップ が付いている問題には、別冊に対応する問題があります。
「別 p. ○○」は別冊の対応する問題が掲載されているページを表しています。

第1章

複素数平面と複素関数

1 複素数の計算

● i の導入

中学校で習う2次方程式の範囲では、

$$x^2=-4$$

は解がない2次方程式でした。中学校では実数（数直線上で表される数）しか習いません。左辺は実数の2乗なので0以上であり、右辺は負の数ですから、この式を満たす実数は存在しません。それで、中学校ではこの方程式には解がないとしました。

この式に解があるようにするために、2乗して -1 になるような架空の数（実数ではない）を考えましょう。このような数を i とします。つまり、

$$i^2=-1$$

が成り立ちます。2乗して -1 になること以外は、実数のときと同じ法則で計算します。

この i は、架空の数、想像上の数（imaginary number）の頭文字を取っています。i を**虚数単位**と言います。

$2i$ は $2\times i$ を意味し、

$$(2i)^2=(2\times i)\times(2\times i)=2^2\times i^2=4\times(-1)=-4$$
$$(-2i)^2=(-2)\times i\times(-2)\times i=(-2)^2\times i^2=4\times(-1)=-4$$

となります。これを用いると、2次方程式 $x^2=-4$ の解は、$2i$ と $-2i$ になることが予想できます（この2つ以外に解があるかどうかはここでは分からない）。$2i$、$-2i$ は虚数の解なので虚数解といいます。i を導入したおかげで、$x^2=-4$ に解があることになりました。

i は定数倍だけでなく、a、b を実数として、

$$a+bi$$

の形にすると、表現できるものがぐんと広がります。$a+bi$ の形をした数のこと

を**複素数**といいます。複素数$a+bi$において、aを**実部**（Real part）、bを**虚部**（Imaginary part）と呼びます。$a+bi$、$a+ib$という記法では、特に断らなくてもa、bは実数としましょう。

$z=-2+3i$のとき、zの実部は-2でzの虚部は3です。zの実部を$\mathrm{Re}(z)$、虚部を$\mathrm{Im}(z)$で表します。$z=-2+3i$の場合は、$\mathrm{Re}(z)=-2$、$\mathrm{Im}(z)=3$です。

$-2+3i$のように実数でない複素数を**虚数**、また$3i$のように実部が0である複素数を**純虚数**といいます。ただし、実部が0であっても、0は純虚数に含めません。

複素数が高校までで出てきた数と、どのような関係にあるのかまとめておきましょう。

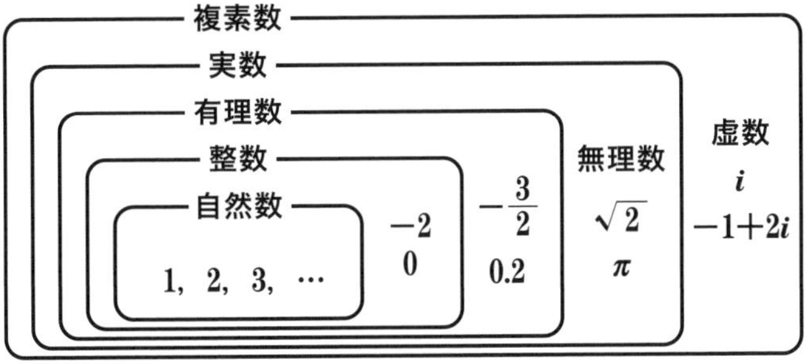

自然数は、1、2、3、…という個数を表す数です。計算科学などでは、自然数の中に0を含めます。

整数は、マイナスも含めたきりのいい数で、並べると

$$\cdots,\ -3,\ -2,\ -1,\ 0,\ 1,\ 2,\ 3,\ \cdots\cdots$$

となります。自然数にマイナスを付けたものと0を加えたものが整数となります。

有理数は、$-\frac{1}{2}$、$\frac{7}{9}$、…というように分数（整数の比）で表される数です。有理数を10進法で小数表示すると、整数または有限小数または循環小数になります。

実数は、数直線上に存在する数です。実数のうち、有理数でない数が無理数です。無理数は、分数（整数の比）で表すことはできません。小数で表すとき、循環小数にはなりません。$\sqrt{2}$やπは無理数です。

複素数は $a+bi$ の形をしている数で、$b=0$ のとき実数になりますから、複素数の集合は実数の集合を含みます。複素数は $a+bi$ と、2つの実数を並べているので、実数を1次元とすれば複素数は2次元です。

自然数の集合を $\mathbb{N}$、整数の集合を $\mathbb{Z}$、有理数の集合を $\mathbb{Q}$、実数の集合を $\mathbb{R}$、複素数の集合を $\mathbb{C}$ で表します。

複素数の相等

2つの複素数 $a+bi$ と $c+di$ があるとき、

2つの複素数が等しいとは、実部どうし、虚部どうしが等しい、すなわち $a=c$、$b=d$ となるときです。

$$a+bi=c+di \iff a=c、b=d$$

これは2つの複素数が等しいことの定義です。特に、複素数 $a+bi$ が0に等しいとは、実部も虚部も0になるときのことです。

$$a+bi=0 \iff a=0、b=0$$

i を実数倍して実数になるということはないわけです。

2つの複素数が等しい（相等）とはどういうことかが分かったところで問題を解いておきましょう。

ホップ

問題　複素数の相等　（別 p.2）

等式を満たす実数 x、y を求めよ。

(1)　$(3x+2)+(y-2)i=(2y-1)-(x-2)i$

(2)　$(5x-2y+1)+(-3x+4y+5)i=0$

この問題で x、y が実数であるという条件は外せません。x、y が実数のとき、$3x+2$、$y-2$、$2y-1$、$-(x-2)$、$5x-2y+1$、$-3x+4y+5$ は実数であり、それぞれ複素数の実部、虚部になります。

(1)　両辺の実部どうし、虚部どうしが等しいので、

$3x+2=2y-1$　　$y-2=-(x-2)$

この連立方程式を解いて、$x=1$、$y=3$ です。

(2) 両辺を比べます。右辺の実部が 0、虚部が 0 なので、

$$5x-2y+1=0 \qquad -3x+4y+5=0$$

この連立方程式を解いて、$x=-1$、$y=-2$ です。

● 複素数の四則演算

次に、複素数の加減、実数倍、乗除について説明します。

加減、実数倍に関しては、文字 i についての 1 次式のように計算します。

掛け算をするときのコツは、i^2 が出てきたところで -1 に置き換えることです。

割り算では、無理数を有理化するときの要領で、実部・虚部を求めます。

問題の形で紹介しましょう。

ホップ 問題　複素数の四則演算　(別 p.2)

次の計算をせよ。

(1) $(-3+2i)-3(4+i)$

(2) $(-3+2i)(4+i)$

(3) $\dfrac{-3+2i}{i}$

(4) $\dfrac{-3+2i}{4+i}$

(1) i についての文字式のようにして計算します。

$$(-3+2i)-3(4+i)=-3+2i-12-3i=-15-i$$

(2) i^2 が出てきたら -1 に置き換えます。

$$(-3+2i)(4+i)=-12-3i+8i+2i^2$$

$$=-12+5i+2(-1)=-14+5i$$

(3) 分母分子に i を掛けます。

$$\frac{-3+2i}{i}=\frac{(-3+2i)i}{i\times i}=\frac{-3i+2i^2}{i^2}=\frac{-3i+2(-1)}{-1}=\frac{-3i-2}{-1}=2+3i$$

(4)　$\dfrac{4}{5+\sqrt{3}}$の分母の有理化の計算では、分母分子に$5-\sqrt{3}$を掛けました。すると、分母は根号が外れたのでした。複素数の割り算の場合でも、iを2乗して実数にするために同様のテクニックを用います。

分母分子に$4-i$を掛けます。

$$\frac{-3+2i}{4+i}=\frac{(-3+2i)(4-i)}{(4+i)(4-i)}=\frac{-12+3i+8i-2i^2}{4^2-i^2}=\frac{-12+11i-2(-1)}{16-(-1)}$$

$$=\frac{-10+11i}{17}=-\frac{10}{17}+\frac{11}{17}i$$

複素数の加減、乗除では、実数のときと同様に、和、積に関して交換法則、結合法則、分配法則が成り立ちます。

初めに2次方程式$x^2=-4$を例に出しました。この方程式の解が$2i$、$-2i$のみであることの説明はまだでした。その根拠となる原理を示しておきましょう。

a、bを実数としたとき、$ab=0$であれば、a、bのうち少なくとも一方は0になります。

$$ab=0 \iff a=0 \text{ または } b=0$$

複素数の場合でもこれと同様なことが成り立ちます。

すなわち、α、βを複素数としたとき、$\alpha\beta=0$であれば、α、βのうち少なくとも一方は0になります。

定理 1.01　複素数は零因子を持たない

α、βを複素数としたとき、

$$\alpha\beta=0 \iff \alpha=0 \text{ または } \beta=0$$

が成り立つ。

$\Longrightarrow$を示すには、割り算をすればよいのです。α、βがともに0であれば示すことはないので、α、βのうち一方は0でないとします。0でない方をαとします。$\alpha\beta=0$をαで割れば、

$$\beta=\frac{\alpha\beta}{\alpha}=\frac{0}{\alpha}=0$$

と β の方が 0 になります。$\Longleftarrow$は自明です。

この定理をもとに、複素数の範囲で 2 次方程式を解いてみましょう。

問題　2 次方程式

次の 2 次方程式を解け。

(1)　$x^2+3=0$

(2)　$x^2+6x+14=0$

(1)　$\sqrt{3}\,i$ の 2 乗を計算すると、

$$(\sqrt{3}\,i)^2=\sqrt{3}\,i\times\sqrt{3}\,i=(\sqrt{3}\,)^2\times i^2=3\times(-1)=-3$$

になりますから、

$$x^2+3=0 \qquad x^2-(-3)=0$$

$$x^2-(\sqrt{3}\,i)^2=0$$

$$(x+\sqrt{3}\,i)(x-\sqrt{3}\,i)=0$$

$x+\sqrt{3}\,i=0$ または $x-\sqrt{3}\,i=0$　（定理 1.01 を用いて）

$x=-\sqrt{3}\,i$ または $\sqrt{3}\,i$

これは、2 次方程式 $x^2+3=0$ の解が、$-\sqrt{3}\,i$ と $\sqrt{3}\,i$ だけであることを示しています。$x^2=-3$ を満たす x は、$-\sqrt{3}\,i$ と $\sqrt{3}\,i$ です。

一般には、

$a>0$ のとき、$x^2=-a$ を満たす x は、$-\sqrt{a}\,i$ と $\sqrt{a}\,i$

です。

(2)

$$x^2+6x+14=0$$

$$(x+3)^2+5=0$$

$$(x+3)^2-(\sqrt{5}\,i)^2=0$$

$$(x+3+\sqrt{5}\,i)(x+3-\sqrt{5}\,i)=0$$

$x+3=-\sqrt{5}\,i$　または　$x+3=\sqrt{5}\,i$

$x=-3-\sqrt{5}\,i$　または　$-3+\sqrt{5}\,i$

となります。2 次方程式の解の公式を用いると、

$$x=\frac{-6\pm\sqrt{6^2-4\cdot1\cdot14}}{2}=\frac{-6\pm\sqrt{-20}}{2}=\frac{-6\pm2\sqrt{5}\,i}{2}=-3\pm\sqrt{5}\,i$$

［ここで、$\sqrt{-20}$ は $x^2=-20$ の解であると考えて、$\pm\sqrt{20}i=\pm2\sqrt{5}\,i$］

と解けました。この２次方程式は、実数の範囲では解が存在しませんでしたが、複素数に数の範囲を広げると解を持ちます。

この例から分かるように、ルート記号は中身が負の数（この場合は -20）になっても、複素数の範囲では値を持ちます。複素数も許すと、２次方程式は必ず解を持つことになります。

実は、複素数で考えると、もっと一般に次のことが言えます。次の定理の中に出てくる、複素数を係数に持つ n 次式とは、例えば、$n=3$ のとき、

$$x^3+(5-4i)x^2-(3+2i)x+1-i$$

です。

定理 1.02　代数学の基本定理

$f(x)$ を、複素数を係数に持つ n 次式とする（最高次の係数は a）。すると、$f(x)$ は複素数の範囲で、

$$a(x-\alpha_1)(x-\alpha_2)\cdots(x-\alpha_n)$$

と因数分解できる。また、n 次方程式

$$f(x)=0$$

は、重複度を込めて、n 個の解 α_1、α_2、…、α_n を持つ。

複素数係数の多項式で表される方程式は複素数の範囲で必ず解を持ちます。なんとも気持ちのよい定理です。このことからも複素数は調和の取れた世界であることが分かります。この本では最大値の原理を用いた証明をコラムで紹介します。他の証明を知りたい方は、拙著「ガロア理論の頂を踏む」p.253 もお読みください。

先ほどの問題(2)から分かるように、実数係数の２次方程式が複素数解を持つとき、２つの解は、$-3-\sqrt{5}\,i$　または　$-3+\sqrt{5}\,i$ というように虚部の絶対値が等しくなります。$-3-\sqrt{5}\,i$ は、$-3+\sqrt{5}\,i$ の実部を変えずに、虚部を(-1)倍し

た複素数になっています。このように z に対して、z の虚部を (-1) 倍した複素数を**共役複素数**といい $\bar{z}$ で表します。$-3-\sqrt{5}\,i$ は $-3+\sqrt{5}\,i$ の共役複素数です。また、$-3+\sqrt{5}\,i$ は $-3-\sqrt{5}\,i$ の共役複素数です。

定義 1.03　共役複素数

複素数 $z=a+bi$ に対して、$a-bi$ を共役複素数といい $\bar{z}$ で表す。

$z=5$ のとき、$\bar{z}=5$ となり、$\bar{z}=z$ が成り立ちます。z が実数のときは、$\bar{z}=z$ が成り立ちます。

また、$z=5i$ のとき、$\bar{z}=-5i$ となり $\bar{z}=-z$ が成り立ちます。z が純虚数のときは、$\bar{z}=-z$ が成り立ちます。

定理 1.04　実数、純虚数を共役複素数で見分ける

z が実数である　$\Longleftrightarrow$　$\bar{z}=z$

z が純虚数である　$\Longleftrightarrow$　$\bar{z}=-z$、$z\neq 0$

共役複素数について成り立つ公式をまとめておきます。

次の(ｉ)は、2数の和の共役複素数は、2数の共役複素数の和になるということを示しています。このように、加減乗除に関して、計算してから共役を取った値と、共役を取ってから計算した値は一致します［(ｉ)〜(iv)］。また、共役複素数の共役複素数はもとの複素数に一致します［(ｖ)］。

公式 1.05　（共役複素数の性質）

α、β が複素数のとき、次が成り立つ。

(ｉ)　$\overline{(\alpha+\beta)}=\bar{\alpha}+\bar{\beta}$　　(ii)　$\overline{(\alpha-\beta)}=\bar{\alpha}-\bar{\beta}$

(iii)　$\overline{(\alpha\beta)}=\bar{\alpha}\cdot\bar{\beta}$　　(iv)　$\overline{\left(\dfrac{\alpha}{\beta}\right)}=\dfrac{\bar{\alpha}}{\bar{\beta}}$　$(\beta\neq 0)$

(ｖ)　$\bar{\bar{\alpha}}=\alpha$

実数係数の 2 次方程式が虚数解を持つとき、2 つの解は互いに共役の関係にありました。次数を上げてもこれと同様のことがいえます。

例えば、$1+2i$ は $x^3-5x^2+11x-15=0$ の解になっています。この 3 次方程式の係数はすべて実数ですから、$1-2i$ も解になります。

4 次方程式のときにこのことを証明してみましょう。実数係数の多項式

$$f(x)=ax^4+bx^3+cx^2+dx+e \quad (a、b、c、d、e \text{ は実数})$$

について方程式 $f(x)=0$ を考えます。虚数 α がこの方程式の解であるとき、共役複素数 $\overline{\alpha}$ もこの方程式の解になることは、

$$
\begin{aligned}
f(\overline{\alpha}) &= a(\overline{\alpha})^4+b(\overline{\alpha})^3+c(\overline{\alpha})^2+d(\overline{\alpha})+e \\
&= a\overline{\alpha^4}+b\overline{\alpha^3}+c\overline{\alpha^2}+d\overline{\alpha}+e && \text{(iii)} \\
&= \overline{a}\,\overline{\alpha^4}+\overline{b}\,\overline{\alpha^3}+\overline{c}\,\overline{\alpha^2}+\overline{d}\,\overline{\alpha}+\overline{e} && b \text{ が実数なので } \overline{b}=b \\
&= \overline{a\alpha^4}+\overline{b\alpha^3}+\overline{c\alpha^2}+\overline{d\alpha}+\overline{e} && \text{(iii)} \\
&= \overline{a\alpha^4+b\alpha^3+c\alpha^2+d\alpha+e} && \text{(i)} \\
&= \overline{f(\alpha)}=0
\end{aligned}
$$

となることから分かります。一般には次のようにまとまります。

定理 1.06　解の共役も解になる

$f(x)$ を実数係数の多項式とする。虚数 α が $f(x)=0$ の解であるとき、共役複素数 $\overline{\alpha}$ もこの方程式の解である。

2 複素数平面

複素数の和・定数倍

前節までで複素数の四則演算など計算の仕方がひと通り分かりました。この節では複素数を幾何的に解釈していきます。

座標平面上の点$(a,\ b)$と複素数$a+bi$を対応づけるとき、この平面を**複素数平面**といいます。例えば、下図で複素数$4+3i$に対応する点は、座標平面の（4, 3)に対応するAになります。複素数平面では、横軸を**実軸**（real axis)、縦軸を**虚軸**（imaginary axis）と呼びます。下図のように横軸にRe、縦軸にImを振る場合もありますが、以降煩わしいのでやめます。

軸の交点、原点は複素数の0に対応します。この本では、座標平面と同じように原点Oとも呼びます。実軸上の3の目盛りは複素数の3、虚軸上の-2の目盛りは$-2i$に対応します。

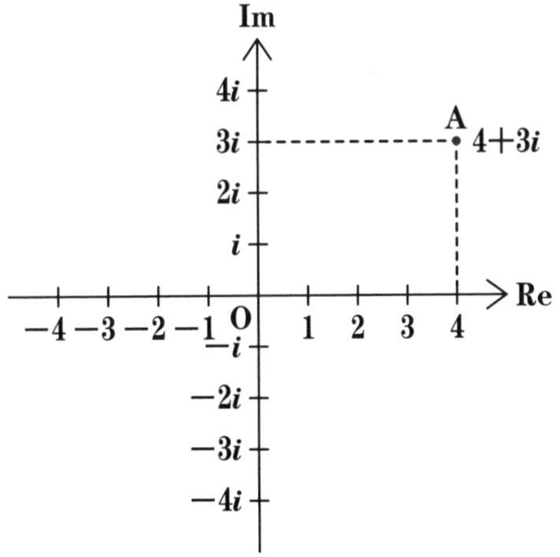

複素数と対応づけるだけでは面白くありません。

複素数の四則演算が、複素数平面ではどのような意味を持つのかを説明していきます。まずは、加減・実数倍について説明します。

これは、2次元ベクトルの加減・定数倍を思い出すと、複素数の加減・実数倍も想像がつくでしょう。

$\vec{a}=\begin{pmatrix}3\\1\end{pmatrix}$、$\vec{b}=\begin{pmatrix}2\\5\end{pmatrix}$とその和$\vec{a}+\vec{b}=\begin{pmatrix}5\\6\end{pmatrix}$に関して、始点を原点に一致させて座標平面上に表すと、下左図のようになります。$\vec{a}+\vec{b}$の終点は、$\vec{a}$、$\vec{b}$が張る平行四辺形で原点と向かい合う頂点になりました。

これに対して、$\alpha=3+i$、$\beta=2+5i$ とその和 $\alpha+\beta=5+6i$ を、複素数平面で表すと下右図のようになります。$\alpha+\beta$ は、$\mathrm{O}\alpha$、$\mathrm{O}\beta$ が張る平行四辺形の O と向かい合う頂点になります。

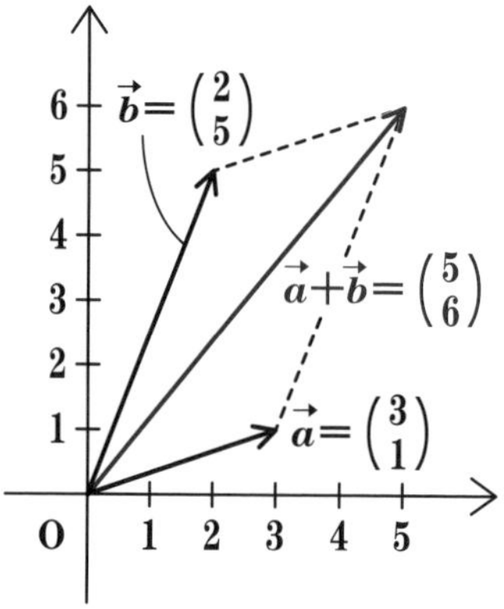

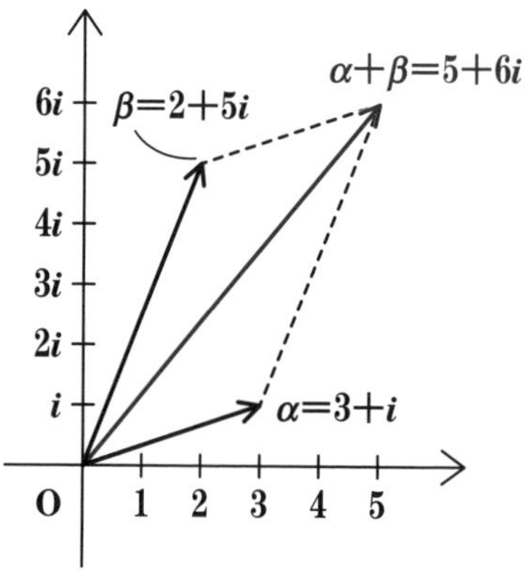

また、座標平面上の$\vec{c}=\begin{pmatrix}2\\3\end{pmatrix}$とその定数倍$2\vec{c}=\begin{pmatrix}4\\6\end{pmatrix}$は、複素数平面での$\gamma=2+3i$ とその実数倍 $2\gamma=4+6i$ に対応します。

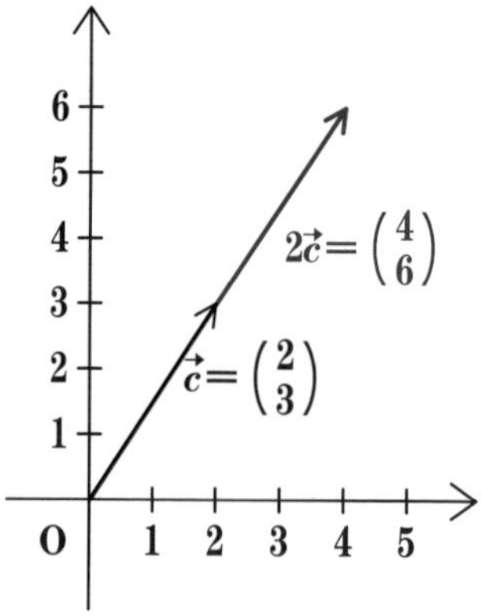

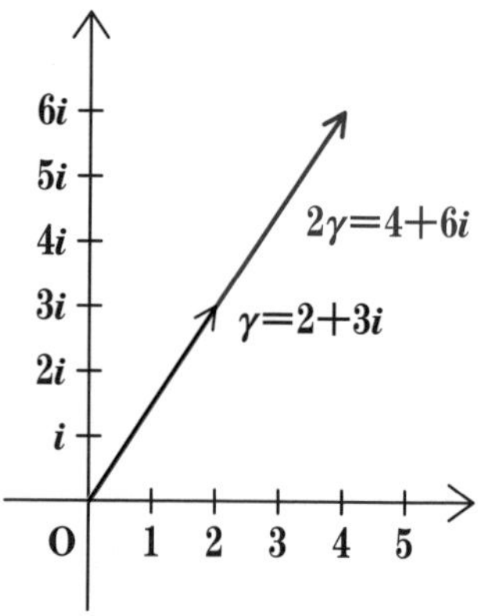

$\begin{pmatrix} x \\ y \end{pmatrix} \leftrightarrow x+yi$ と対応させることで、座標平面上のベクトルと複素数平面上の複素数（をベクトルと見なしたもの）が、演算（加減、実(定)数倍）まで含めて対応することが分かります。

次に、複素数の積・商についてその図形的な意味を説明しましょう。その前に、絶対値と偏角について説明しておきます。

[絶対値]

z と原点との距離を**絶対値**といい、$|z|$ で表します。

$z=a+bi$ であれば、座標平面上の点と原点 O の距離のように、

$$|z|=\sqrt{a^2+b^2}$$

と計算できます。$z=-1+\sqrt{3}\,i$ であれば、

$$|-1+\sqrt{3}\,i|=\sqrt{(-1)^2+(\sqrt{3}\,)^2}=2$$

です。

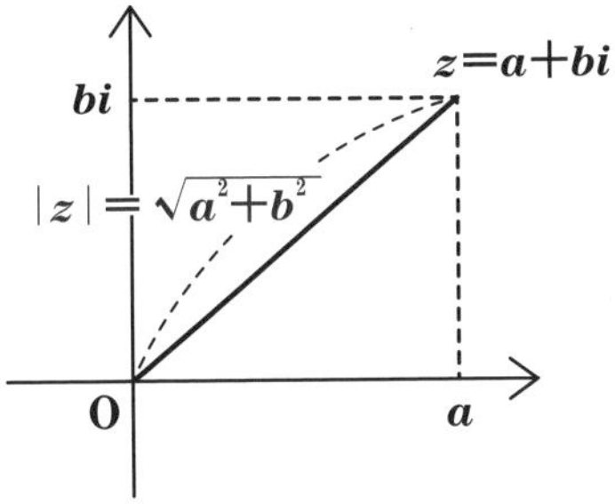

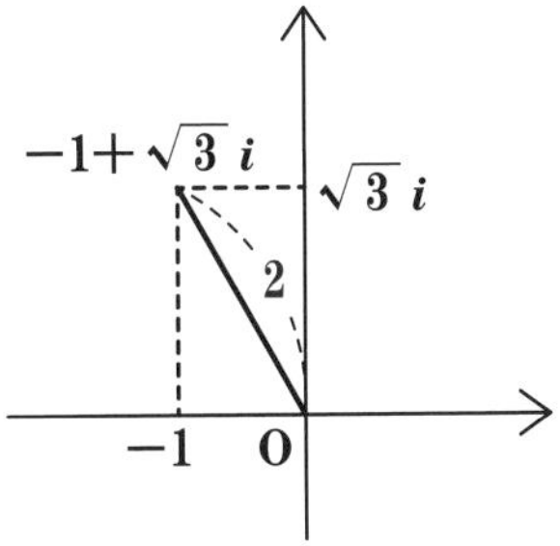

$z=2+3i$ について、

$$|z|^2=2^2+3^2、z\bar{z}=(2+3i)(2-3i)=2^2-(3i)^2=2^2+3^2$$

が成り立つように、一般に次が成り立ちます。

公式 1.07　絶対値の 2 乗は、共役複素数との積

$$|z|^2=z\bar{z}$$

[偏角]

実軸の正の部分の半直線を、原点Oを中心に反時計回りに回転したとき、半直線がzを含むときの回転角θ（弧度法）を**偏角**といい、$\arg z$で表します。ただし、原点Oを表す0については偏角を定めません。

θに2πの整数倍を足しても半直線の位置は変わりませんから、$\arg z$は一般角を用いて、$\theta+2n\pi$（nは整数）と表します。

$z=-1+\sqrt{3}i$のとき、下右図のように$\dfrac{2\pi}{3}$回転すると、実軸はzを含む半直線に重なりますから一般角による表現は、

$$\arg z=\frac{2\pi}{3}+2n\pi \quad (n\text{は整数})$$

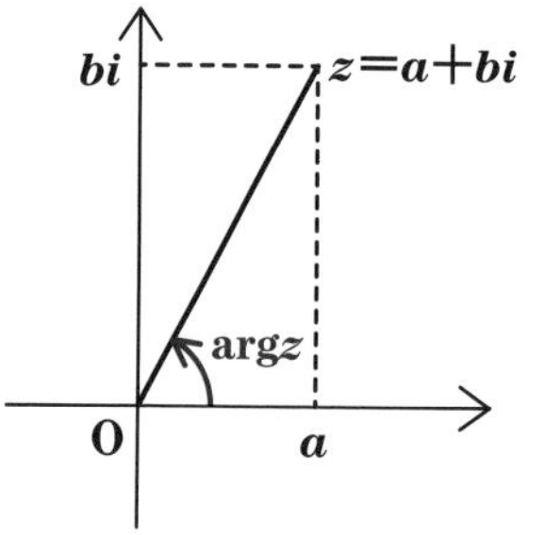

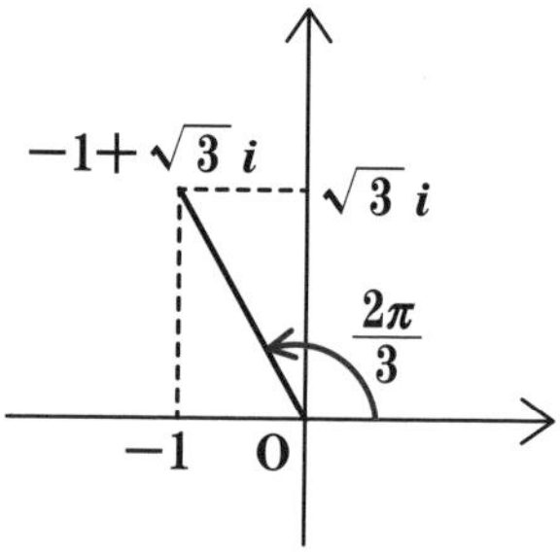

$-\pi<\theta\leqq\pi$という制限を付けると、$\dfrac{2\pi}{3}$を選ぶことになります。このような制限のもとでの偏角の値を**主値**といい、$\mathrm{Arg}\,z$で表します。

$$\mathrm{Arg}\,z=\frac{2\pi}{3}$$

です。

1つの複素数（0でない）に対して、絶対値と偏角が決まります。

逆に、絶対値と偏角を用いて複素数を表すことができます。

$-1+\sqrt{3}i$のとき、絶対値は2、偏角の主値は$\dfrac{2\pi}{3}$でした。

絶対値 2、偏角$\dfrac{2\pi}{3}$の場合、実部（図のア）は $2\cos\dfrac{2\pi}{3}$、虚部（図のイ）は、$2\sin\dfrac{2\pi}{3}$となります。

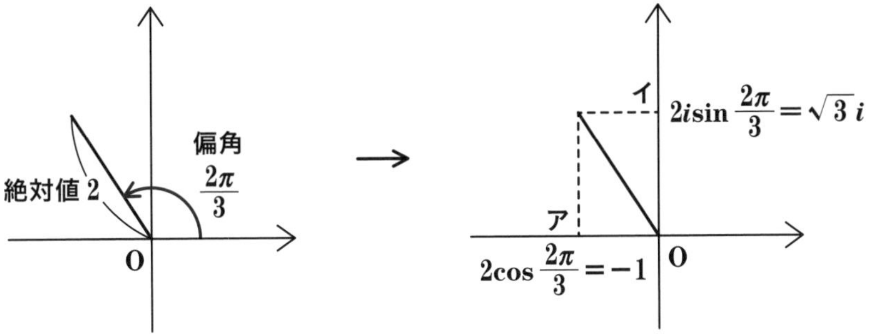

すなわち、絶対値 2、偏角$\dfrac{2\pi}{3}$の複素数は、

$$2\cos\frac{2\pi}{3}+2i\sin\frac{2\pi}{3}=2\left(\cos\frac{2\pi}{3}+i\sin\frac{2\pi}{3}\right)=2\left(-\frac{1}{2}+\frac{\sqrt{3}}{2}i\right)=-1+\sqrt{3}\,i$$

と、元の複素数が復元できました。式の途中に現れる $2\left(\cos\dfrac{2\pi}{3}+i\sin\dfrac{2\pi}{3}\right)$のような表示の仕方を**極形式**といいます。

具体的な複素数を極形式で表すときは、偏角の中から 1 つ選んで表しておけばよいでしょう。z の絶対値を $r=|z|$、偏角を $\theta=\arg z$ とすると、z の実部は $r\cos\theta$、虚部は $r\sin\theta$ となることから、z の極形式は、

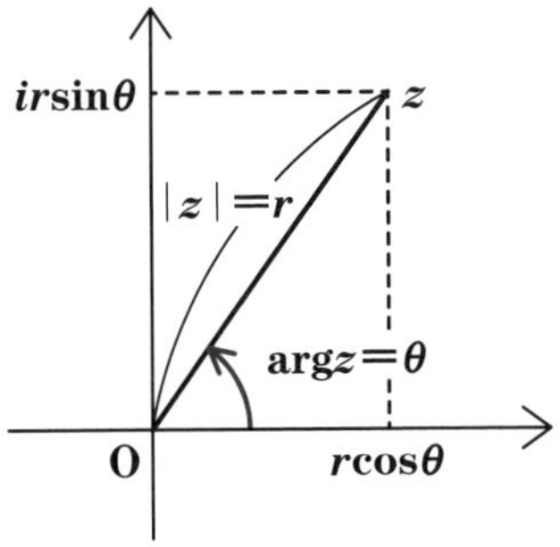

$$z=r(\cos\theta+i\sin\theta)$$

となります。「2つの複素数が等しい　⇔　実部、虚部が等しい」と同様に次が成り立ちます。

$$r_1(\cos\alpha+i\sin\alpha)=r_2(\cos\beta+i\sin\beta) \quad \Leftrightarrow \quad r_1=r_2 \quad \alpha\equiv\beta \pmod{2\pi}$$

ここで $\alpha\equiv\beta \pmod{2\pi}$ は $\alpha-\beta$ が 2π の整数倍になること、すなわち実軸の正の部分の半直線を回転したとき、α 回転のときと β 回転のときで一致することを表しています。

問題　極形式

次の複素数を極形式表示せよ。ただし、偏角 θ は主値で選べ。

(1)　$-2+2i$

(2)　-3

(1)　絶対値は、$\sqrt{(-2)^2+2^2}=2\sqrt{2}$、偏角は下左図より $\dfrac{3}{4}\pi$ です。

$$-2+2i=2\sqrt{2}\left(\cos\frac{3}{4}\pi+i\sin\frac{3}{4}\pi\right)$$

(2)　絶対値は3、偏角は下右図より π です。

$$-3=3(\cos\pi+i\sin\pi)$$

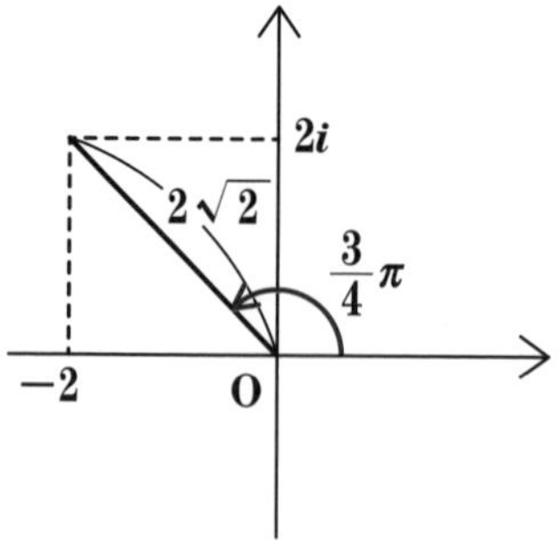

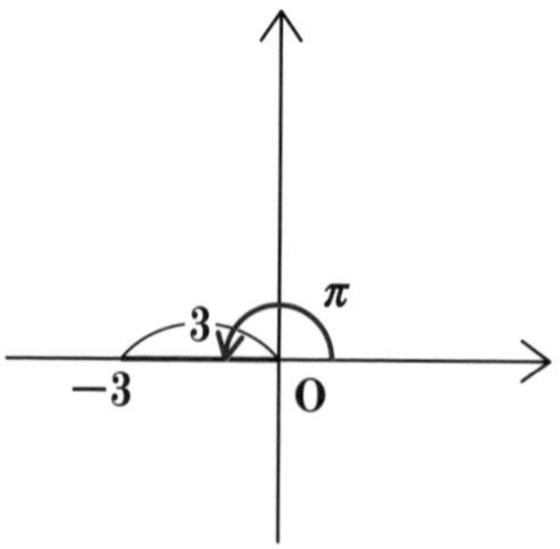

複素数の積・商

複素数の極形式を用いると、複素数の積・商を複素数平面で解釈することができます。

積の場合を見てみましょう。

極形式で表されている2つの複素数

$z=r_1(\cos\alpha+i\sin\alpha)$ と $w=r_2(\cos\beta+i\sin\beta)$ の積 zw

を極形式で表してみましょう。

$$zw=r_1r_2(\cos\alpha+i\sin\alpha)(\cos\beta+i\sin\beta)$$

$$=r_1r_2\{(\cos\alpha\cos\beta-\sin\alpha\sin\beta)+(\sin\alpha\cos\beta+\cos\alpha\sin\beta)i\}$$

［三角関数の加法定理を用いて］

$$=r_1r_2\{\cos(\alpha+\beta)+i\sin(\alpha+\beta)\}$$

となります。これは極形式表示になっています。

$z=r_1(\cos\alpha+i\sin\alpha)$、$w=r_2(\cos\beta+i\sin\beta)$ のとき、

zw の絶対値は r_1r_2、偏角は $\alpha+\beta$

となることが分かりました。

複素数の積では、

絶対値は積、偏角は和

になるということです。

これから予想できるように、

複素数の商では、

絶対値は商、偏角は差

になります。

商のときまで含めて、記号でまとめておくと次のようになります。

公式 1.08　積商を極表示で表す

（積）　$|zw|=|z||w|$　　　$\arg(zw)=\arg z+\arg w$

（商）　$\left|\dfrac{z}{w}\right|=\dfrac{|z|}{|w|}$　$(w\neq 0)$　　　$\arg\left(\dfrac{z}{w}\right)=\arg z-\arg w$

偏角の方の式は＝で書いてありますが、$2n\pi$ の差があっても等しいと見なします。

正確には合同式≡、

$$a \equiv b \pmod{2\pi} \iff a-b \text{ が } 2\pi \text{ の整数倍}$$

となることを用いて、

$$\arg(zw) \equiv \arg z + \arg w \pmod{2\pi}$$

とでも書くべきところですが、誤解がないので今後も上のように表していきます。

［証明］　商の方だけ証明します。

$z=r_1(\cos\alpha+i\sin\alpha)$、$w=r_2(\cos\beta+i\sin\beta)$ とおくと、

$$\frac{z}{w}=\frac{r_1(\cos\alpha+i\sin\alpha)}{r_2(\cos\beta+i\sin\beta)}=\frac{r_1(\cos\alpha+i\sin\alpha)(\cos\beta-i\sin\beta)}{r_2(\cos\beta+i\sin\beta)(\cos\beta-i\sin\beta)}$$

$$=\frac{r_1}{r_2}\cdot\frac{\cos\alpha\cos\beta+\sin\alpha\sin\beta+i(\sin\alpha\cos\beta-\cos\alpha\sin\beta)}{\cos^2\beta-(-\sin^2\beta)}$$

$$=\frac{r_1}{r_2}\{\cos(\alpha-\beta)+i\sin(\alpha-\beta)\}$$

分母は1、分子に
加法定理を用いて

この計算より、$\left|\dfrac{z}{w}\right|=\dfrac{r_1}{r_2}$、また、$|z|=r_1$、$|w|=r_2$ より、$\dfrac{|z|}{|w|}=\dfrac{r_1}{r_2}$

よって、$\left|\dfrac{z}{w}\right|=\dfrac{|z|}{|w|}$

上の計算より、$\arg\left(\dfrac{z}{w}\right) \equiv \alpha-\beta \pmod{2\pi}$

また、$\arg z \equiv \alpha$、$\arg w \equiv \beta \pmod{2\pi}$ なので、$\arg z - \arg w \equiv \alpha-\beta \pmod{2\pi}$、

よって、$\arg\left(\dfrac{z}{w}\right) \equiv \arg z - \arg w \pmod{2\pi}$　　［証明終わり］

n 乗のときの偏角だけを考えてみます。

$$(\cos\theta+i\sin\theta)^2=(\cos\theta+i\sin\theta)(\cos\theta+i\sin\theta)$$
$$=\cos(\theta+\theta)+i\sin(\theta+\theta)=\cos2\theta+i\sin2\theta$$
$$(\cos\theta+i\sin\theta)^3=(\cos\theta+i\sin\theta)^2(\cos\theta+i\sin\theta)$$
$$=(\cos2\theta+i\sin2\theta)(\cos\theta+i\sin\theta)$$
$$=\cos(2\theta+\theta)+i\sin(2\theta+\theta)=\cos3\theta+i\sin3\theta$$

……

というように計算していくと、次のようにまとまります。これをド・モアブルの公式と呼びます。n 乗の計算で、すぐに反応できるようにしておきましょう。

公式 1.09　ド・モアブルの公式

$$(\cos\theta+i\sin\theta)^n=\cos n\theta+i\sin n\theta$$

これを用いるとべき乗の計算が楽になることがあります。

ホップ

問題　整数べき乗の計算　（別 p.4）

$z=-1+i$ のとき、z^{11} を計算せよ。

z を極形式で表示してから、z^{11} を計算しましょう。

$$|z|=\sqrt{(-1)^2+1^2}=\sqrt{2} \qquad \mathrm{Arg}z=\frac{3}{4}\pi$$

なので、

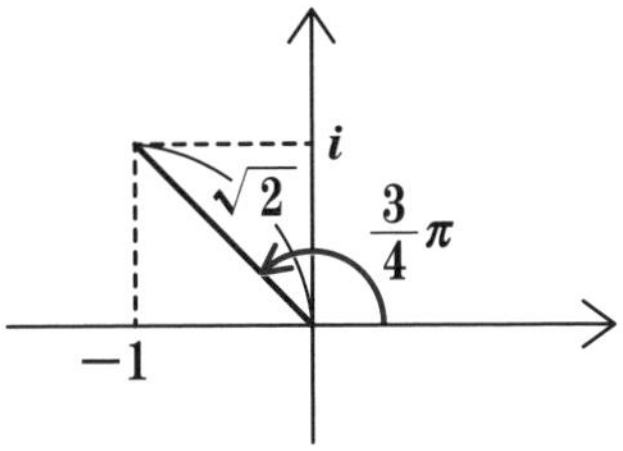

$$z=\sqrt{2}\left(\cos\frac{3}{4}\pi+i\sin\frac{3}{4}\pi\right)$$

$$z^{11}=(\sqrt{2})^{11}\left(\cos\frac{3}{4}\pi+i\sin\frac{3}{4}\pi\right)^{11}$$

$$=32\sqrt{2}\left(\cos\frac{3\times11}{4}\pi+i\sin\frac{3\times11}{4}\pi\right)$$

$$=32\sqrt{2}\left(\cos\frac{1}{4}\pi+i\sin\frac{1}{4}\pi\right)$$

$$=32\sqrt{2}\left(\frac{\sqrt{2}}{2}+\frac{\sqrt{2}}{2}i\right)=32+32i$$

次は逆にべき乗の結果を与えて元の複素数を表してみましょう。

問題　整数べき乗根　（別 p.4）

$z^3=-4\sqrt{3}+4i$ を満たす z を求めよ。

$w=-4\sqrt{3}+4i$ とおくと、w の絶対値は、

$|-4\sqrt{3}+4i|=\sqrt{(-4\sqrt{3})^2+4^2}=\sqrt{48+16}=8$

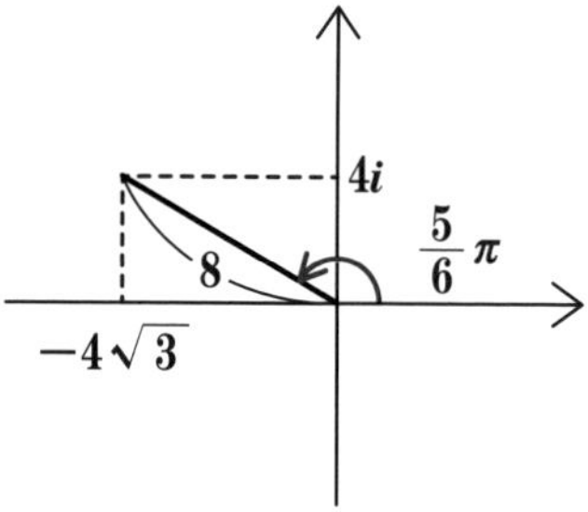

w の偏角は、$\dfrac{5}{6}\pi+2n\pi$ です。

$z=r(\cos\theta+i\sin\theta)$ とおくと、

$z^3=r^3(\cos3\theta+i\sin3\theta)$ なので、$z^3=w$ から

絶対値と偏角で等式を作ると、

$$\text{（絶対値）}\quad r^3=8 \qquad \text{（偏角）}\quad 3\theta=\frac{5}{6}\pi+2n\pi \quad (n\text{ は整数})$$

となります。これより、

$$r=2 \qquad \theta=\frac{5}{18}\pi+\frac{2n}{3}\pi \quad (n\text{ は整数})$$

偏角を図にしてみると、次のページの図のようになります。$\dfrac{2}{3}\pi\times3=2\pi$ ですから、n を 3 で割った余りによって、実質 3 通りになるわけです。

$$\theta=\underset{n=0}{\frac{5}{18}\pi}、\underset{n=1}{\frac{5}{18}\pi+\frac{2}{3}\pi}、\underset{n=2}{\frac{5}{18}\pi+\frac{2}{3}\pi\times2}$$

$$\theta=\frac{5}{18}\pi、\frac{17}{18}\pi、\frac{29}{18}\pi$$

結局、$z^3=-4\sqrt{3}+4i$ の解は、

$$z=2\left(\cos\frac{5}{18}\pi+i\sin\frac{5}{18}\pi\right)、2\left(\cos\frac{17}{18}\pi+i\sin\frac{17}{18}\pi\right)、2\left(\cos\frac{29}{18}\pi+i\sin\frac{29}{18}\pi\right)$$

の 3 個になります。これを複素数平面上に表すと、原点を中心とする半径 2 の円周を 3 等分した点になります。

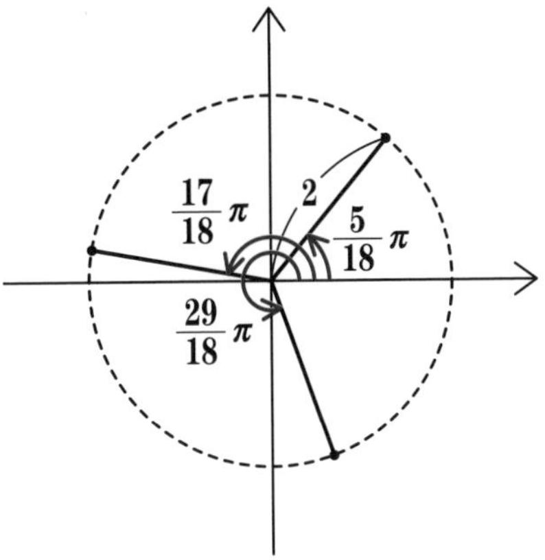

正の実数 a に対して、$x^n=a$ を満たす正の実数を a の n 乗根といい、$\sqrt[n]{a}$ や $a^{\frac{1}{n}}$ で表しました。上の問題は複素数の範囲で、$-4\sqrt{3}+4i$ の 3 乗根を求めていると言えます。

一般に複素数の n 乗根は次のようになります。n 乗根は n 個あります。

公式 1.10　*n* 乗根

$a=r(\cos\theta+i\sin\theta)$ のとき、$z^n=a$ を解くと、

$$z=r^{\frac{1}{n}}\left\{\cos\left(\frac{\theta}{n}+\frac{2\pi k}{n}\right)+i\sin\left(\frac{\theta}{n}+\frac{2\pi k}{n}\right)\right\}$$

$$(k=0,\ 1,\ 2,\ \cdots,n-1)$$

複素数の不等式

ここで後々多用することになる、絶対値についての公式を説明しておきましょう。

公式 1.11　三角不等式

複素数 α、β、γ に関して、次の不等式が成り立つ。

(1)　$||\alpha|-|\beta|| \leqq |\alpha+\beta| \leqq |\alpha|+|\beta|$

(2)　$|\alpha+\beta+\gamma| \leqq |\alpha|+|\beta|+|\gamma|$

［証明］（1）　図形的に説明してみましょう。

α、β の和 $\alpha+\beta$ を複素数平面で表すと下図のようになります。

$|\alpha|=\mathrm{OA}$、$|\beta|=\mathrm{AC}$（四角形 OACB が平行四辺形だから $\mathrm{OB}=\mathrm{AC}$）、$|\alpha+\beta|=\mathrm{OC}$ となります。

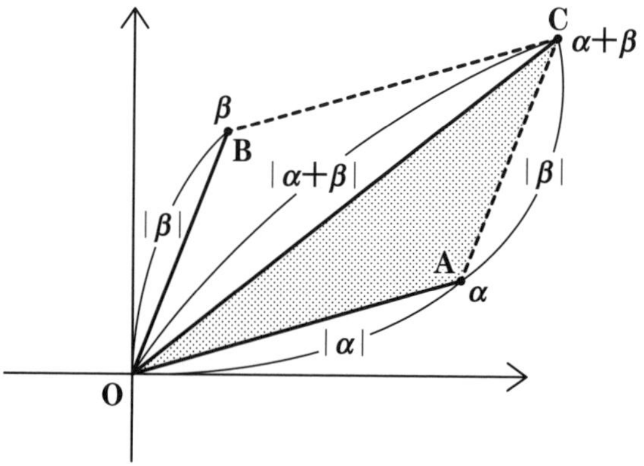

一般に三角形の２辺の和は他の１辺よりも大きいですから、△OAC で考えると、

$$\mathrm{OC} \leqq \mathrm{OA}+\mathrm{AC} \qquad \mathrm{AC} \leqq \mathrm{OC}+\mathrm{OA} \qquad \mathrm{OA} \leqq \mathrm{OC}+\mathrm{AC} \quad \cdots\cdots①$$

となります。

第2式、第3式は、AC−OA≦OC、OA−AC≦OCとなります。この2式の左辺は一方がもう一方の −1倍になっています。

一般に、$a \leqq b$ かつ $-a \leqq b \iff |a| \leqq b$ が成り立ちますから、第2式、第3式は、|OA−AC|≦OCとまとまります。

①より、

$$|\mathrm{OA}-\mathrm{AC}| \leqq \mathrm{OC} \leqq \mathrm{OA}+\mathrm{AC}$$

$$||\alpha|-|\beta|| \leqq |\alpha+\beta| \leqq |\alpha|+|\beta|$$

が成り立ちます。

このように、公式の不等式は、三角形の辺の長さに関しての不等式と見なすことができるので、**三角不等式**と呼ばれています。

計算で証明することもできます。右の不等号に関しては、右辺の2乗から、中辺の2乗を引いて、

$$(|\alpha|+|\beta|)^2-|\alpha+\beta|^2$$

$$=(|\alpha|+|\beta|)^2-(\alpha+\beta)(\overline{\alpha}+\overline{\beta})$$

$$=(|\alpha|^2+2|\alpha||\beta|+|\beta|^2)-(|\alpha|^2+\alpha\overline{\beta}+\beta\overline{\alpha}+|\beta|^2)$$

$$=2|\alpha\beta|-(\alpha\overline{\beta}+\beta\overline{\alpha})$$

$\beta\overline{\alpha}=\overline{\alpha\overline{\beta}}$ であり、$\alpha\overline{\beta}$ の偏角を θ とすると、

$$\alpha\overline{\beta}=|\alpha\beta|(\cos\theta+i\sin\theta)、\beta\overline{\alpha}=|\alpha\beta|(\cos\theta-i\sin\theta)$$

となるので、

$$2|\alpha\beta|-(\alpha\overline{\beta}+\beta\overline{\alpha})=|\alpha\beta|(2-2\cos\theta) \geqq 0$$

となります。左の不等号に関しても同様に示せます。

(2)　(1)をくり返し用います。

$$|\alpha+\beta+\gamma|=|(\alpha+\beta)+\gamma| \leqq |\alpha+\beta|+|\gamma| \leqq |\alpha|+|\beta|+|\gamma|$$

［証明終わり］

三角不等式をもとにした、複素数でよく用いる不等式を紹介しましょう。

定理 1.12　絶対値を直《じか》につけると大きくなる

複素係数の多項式 $P(z)=\sum_{k=0}^{n} a_k z^k$ に対して、係数の絶対値を取った実数係数の多項式を、$Q(z)=\sum_{k=0}^{n} |a_k| z^k$ とする。すると、

$$|P(z)| \leqq Q(|z|)$$

［証明］　$|P(z)|=|a_0+a_1z+a_2z^2+\cdots+a_nz^n|$

$\leqq |a_0|+|a_1z|+|a_2z^2|+\cdots+|a_nz^n|$　公式 1.11 (2)

$=|a_0|+|a_1||z|+|a_2||z|^2+\cdots+|a_n||z|^n=Q(|z|)$

公式 1.08

［証明終わり］

この絶対値を直につけると値が大きくなるという感覚は、複素数の不等式を扱う上で重要です。

少し欲張って、本書の第 5 章で多用される不等式についての定理も紹介しておきましょう。

次の定理は、第 5 章で紹介する複素関数の積分を計算する問題で、積分の値を評価するときに使われます。ゴツい式変形が出てきますので、初めて読む人は飛ばして、必要になったときに読み返せば十分です。

定理 1.13　複素数係数の多項式、有理式の評価

(1)　複素数係数の多項式 $P(z)$［次数は n 次］がある。

R と M をうまく選ぶと次が成り立つ。

$$|z| \geqq R \text{ ならば、} |P(z)| \leqq M|z|^n$$

(2)　複素数係数の多項式 $P(z)$、$Q(z)$［次数はそれぞれ n 次、m 次］がある。

R と M をうまく選ぶと次が成り立つ。

$$|z| \geqq R \text{ ならば、} \left|\frac{P(z)}{Q(z)}\right| \leqq M|z|^{n-m}$$

［証明］

(1)　$P(z)=a_nz^n+a_{n-1}z^{n-1}+\cdots+a_1z+a_0$ $(a_n\neq 0)$ とします。

$$|P(z)|=|a_nz^n+a_{n-1}z^{n-1}+\cdots+a_1z+a_0|$$
$$\leqq|a_nz^n|+|a_{n-1}z^{n-1}|+\cdots+|a_1z|+|a_0| \quad \text{公式 1.11 (2)}$$
$$=|a_n||z|^n+|a_{n-1}||z|^{n-1}+\cdots+|a_1||z|+|a_0| \quad \text{公式 1.08}\cdots\cdots①$$

$|z|\geqq 1$ であるとします。すると、$k\leqq n$ となる k に対して、$|z|^k\leqq|z|^n$ なので、

$$|a_n||z|^n+|a_{n-1}||z|^{n-1}+\cdots+|a_1||z|+|a_0|$$
$$\leqq|a_n||z|^n+|a_{n-1}||z|^n+\cdots+|a_1||z|^n+|a_0||z|^n$$
$$=(|a_n|+|a_{n-1}|+\cdots+|a_1|+|a_0|)|z|^n \quad \cdots\cdots②$$

$R=1$、$M=|a_n|+|a_{n-1}|+\cdots+|a_1|+|a_0|$ とすれば、①、②より、

$$|z|\geqq R \text{ ならば、} |P(z)|\leqq M|z|^n$$

(2)　まず、R_q と M_q をうまく選ぶと、

$$|z|\geqq R_q \text{ ならば、} \frac{1}{|Q(z)|}\leqq\frac{M_q}{|z|^m} \quad \cdots\cdots③$$

が成り立つことを示します。$Q(z)=b_mz^m+b_{m-1}z^{m-1}+\cdots+b_1z+b_0$ $(b_m\neq 0)$ とします。

$$|Q(z)|=|b_mz^m+b_{m-1}z^{m-1}+\cdots+b_1z+b_0| \quad \text{公式 1.11(1)の } |\alpha+\beta|\geqq||\alpha|-|\beta|| \text{ を用いる}$$
$$\geqq||b_mz^m|-|b_{m-1}z^{m-1}+\cdots+b_1z+b_0|| \quad \cdots\cdots④$$

ここで、$N=|b_{m-1}|+\cdots+|b_1|+|b_0|$ とおくと、(1)より

$$|z|\geqq 1 \text{ のとき、} |b_{m-1}z^{m-1}+\cdots+b_1z+b_0|\leqq N|z|^{m-1}$$

これを用いて、$|z|\geqq \mathrm{Max}\left(1,\ \dfrac{N}{|b_m|}\right)$ のとき、

$$|b_mz^m|-|b_{m-1}z^{m-1}+\cdots+b_1z+b_0|\geqq|b_m||z|^m-N|z|^{m-1}$$
$$=|b_m|\left(|z|-\frac{N}{|b_m|}\right)|z|^{m-1}\geqq 0$$

となりますから、このとき④の絶対値がそのまま外れ、

$$|Q(z)|\geqq|b_mz^m|-|b_{m-1}z^{m-1}+\cdots+b_1z+b_0|\geqq|b_m||z|^m\left(1-\frac{N}{|b_m||z|}\right) \quad \cdots\cdots⑤$$

ここで、$|z|\geqq\dfrac{2N}{|b_m|}$ のとき、

$$|b_m||z|^m\left(1-\frac{N}{|b_m||z|}\right)\geqq\frac{1}{2}|b_m||z|^m \quad \cdots\cdots⑥$$

⑤、⑥をまとめます。$R_q=\mathrm{Max}\left(1,\ \dfrac{2N}{|b_m|}\right)$、$M_q=\dfrac{2}{|b_m|}$とおくと、

$$|z|\geqq R_q \text{ ならば、} |Q(z)|\geqq\frac{1}{2}|b_m||z|^m \quad \text{すなわち、}\frac{1}{|Q(z)|}\leqq\frac{M_q}{|z|^m}$$

が成り立ちます。

(1)より、R_p と M_p をうまく選んで、

$$|z|\geqq R_p \text{ ならば、} |P(z)|\leqq M_p|z|^n \quad \cdots\cdots⑦$$

とできます。

$R=\mathrm{Max}(R_p,\ R_q)$、$M=M_pM_q$ とおくと、③、⑦より、

$$|z|\geqq R \text{ ならば、} \left|\frac{P(z)}{Q(z)}\right|\leqq M|z|^{n-m}$$

となります。 [証明終わり]

直線・円の複素数平面での表現

$2x-7y+3=0$ は直線、$x^2+3x+y^2-5y=0$ は円など、(x、y の式)$=0$ という方程式が与えられると、それは xy 平面上の図形を表していました。この節では、直線と円の複素数平面上での表現をまとめておきましょう。

[直線の式]

直線は、ベクトルを用いて次のように表現できました。

公式 1.14　直線のベクトル方程式

直線 l 上の定点を B、直線 l に平行なベクトルを $\vec{a}$、原点を O とする。

$$P\text{が}\ l\ \text{上にある} \iff \overrightarrow{OP}=\overrightarrow{OB}+t\vec{a}\quad (t\ \text{は実数})$$

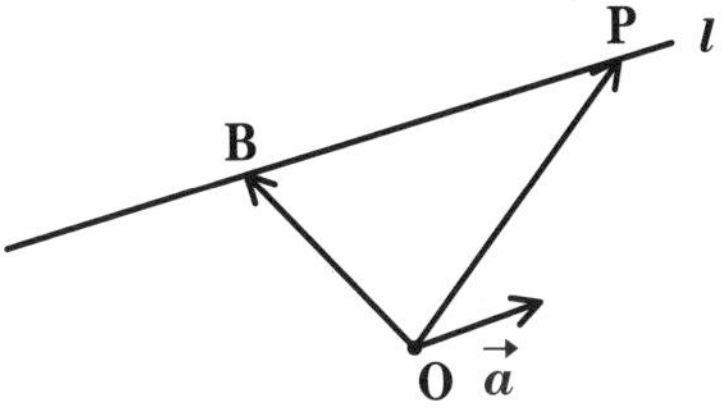

複素数をベクトルと見なし、ベクトルの加減・定数倍を複素数の加減・実数倍に置き換えれば、複素数平面上での直線の方程式（媒介変数表示）は次のようになります。

公式 1.15　複素数平面での直線の方程式（媒介変数表示）

直線 l は、β を通り α に平行な直線であるとする。

$$z\text{が}\ l\ \text{上にある} \iff z=\beta+t\alpha\quad (t\ \text{は実数})$$

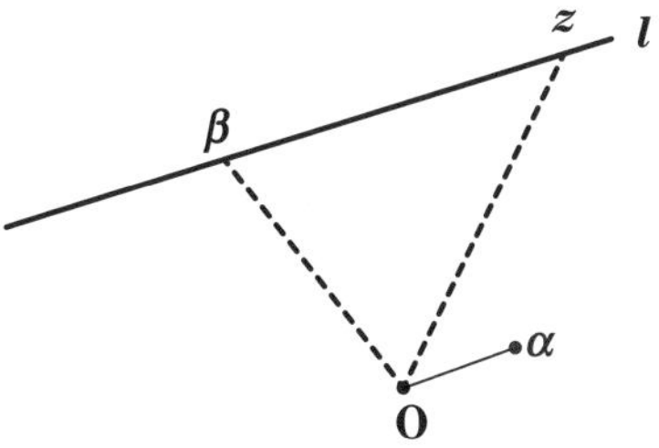

これでもよいですが、媒介変数（上の場合は t）を明示しない複素数らしい直線の表現もありますからそれを紹介します。

直線 l を、β を通り α に（α をベクトルと見なして）垂直な直線として求めてみましょう。

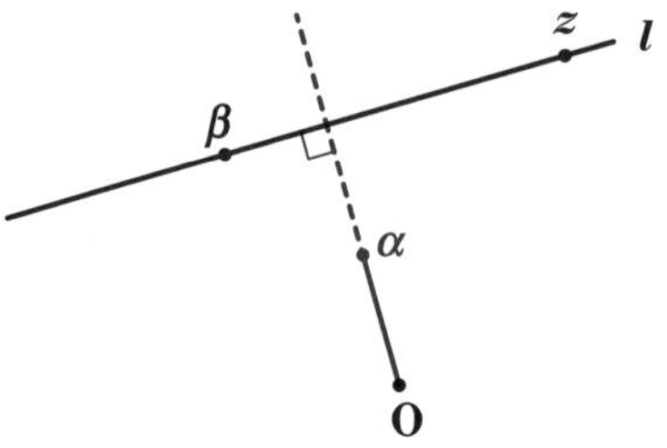

$z \neq \beta$ のとき、

z が l 上にある $\Leftrightarrow$ $z-\beta$ と α が垂直

$\Leftrightarrow$ $\dfrac{z-\beta}{\alpha}$ の偏角が $\dfrac{\pi}{2}+n\pi$（n は整数）$\Leftrightarrow$ $\dfrac{z-\beta}{\alpha}$ は純虚数

ここで定理 1.04、w は純虚数である $\Leftrightarrow$ $w+\overline{w}=0$、$w \neq 0$ を用いて、

$\dfrac{z-\beta}{\alpha}+\overline{\left(\dfrac{z-\beta}{\alpha}\right)}=0$　　$\dfrac{z-\beta}{\alpha}+\dfrac{\overline{z}-\overline{\beta}}{\overline{\alpha}}=0$　　（これは $z=\beta$ のときも満たす。）

$\overline{\alpha}z+\alpha\overline{z}-\overline{\alpha}\beta-\alpha\overline{\beta}=0$

波線部は $-\overline{\alpha}\beta-\alpha\overline{\beta}=-(\overline{\alpha}\beta+\overline{\overline{\alpha}\beta})$ ですから、実数になっています。

ここで、$c=-\overline{\alpha}\beta-\overline{\overline{\alpha}\beta}$ とおくと、直線の式は

$$\overline{\alpha}z+\alpha\overline{z}+c=0 \quad (c \text{ は実数})$$

という式にまとまります。逆に複素数 α（$\neq 0$）と実数 c が与えられたとき、この式は複素数平面上の直線を表します。問題で確認してみましょう。

ホップ

問題　複素数平面上の直線　（別 p.8）

次の式が表す図形を複素数平面上に図示せよ。

$$(3+2i)z+(3-2i)\overline{z}-6=0$$

与式と $\overline{\alpha}z+\alpha\overline{z}+c=0$ とを見比べて、$\alpha=3-2i$ とできますが、β を決めるのに難儀します。そこで、$z=x+yi$ とおいて、$(x,\ y)$ が満たす式を求めましょう。すなわち複素数平面の条件式を、xy 座標平面の条件式に書き換え、複素数

平面を xy 平面だと思って図示するのです。この方針は直線の式でない場合、すなわち一般の z の方程式の場合でも有効ですから、心にとめておきましょう。

$z=x+yi$ を与式に代入すると、

$$(3+2i)(x+yi)+(3-2i)(x-yi)-6=0$$

$$(3x-2y)+(2x+3y)i+(3x-2y)-(2x+3y)i-6=0$$

$$3x-2y-3=0$$

これを図示すると次のようになります。

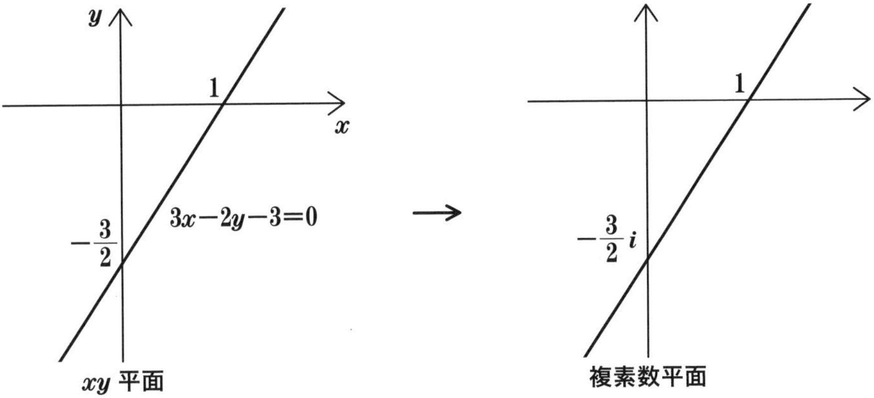

また、与式が式の形から直線であることが分かっているとして解答してみます。与式と $\overline{\alpha}z+\alpha\overline{z}+c=0$ とを見比べて $\alpha=3-2i$ より、与式が表す直線は $3-2i$ と垂直です。直線と実軸の交点を $(b,\ 0)$ とすれば、

$$(3+2i)b+(3-2i)b-6=0 \qquad 6b=6 \qquad b=1$$

与式の直線は 1 を通り、$3-2i$ に垂直な直線であることが分かります。

定理 1.16　複素数平面上の直線の方程式

$$\overline{\alpha}z+\alpha\overline{z}+c=0 \quad (c\text{ は実数})$$

は、複素数平面上の直線の方程式を表す。この直線は α に垂直で $-\dfrac{c}{2\mathrm{Re}\alpha}$ を通る。

問題の解答では z、$\overline{z}$ の式から x、y の式に直しましたが逆の場合もできるようにしておきましょう。

xy 座標平面の直線の式から、これに対応する $z(=x+yi)$ による直線の式を求めるには、x、y を

$$\underline{x=\frac{z+\overline{z}}{2} \qquad y=\frac{z-\overline{z}}{2i}}$$

で置き換えて、z と $\overline{z}$ の式を求めます。

上の問題の答えの $3x-2y-3=0$ であれば、

$$3\left(\frac{z+\overline{z}}{2}\right)-2\left(\frac{z-\overline{z}}{2i}\right)-3=0$$

$$3(z+\overline{z})+2(z-\overline{z})i-6=0$$

$$(3+2i)z+(3-2i)\overline{z}-6=0$$

と問題の式に戻ります。

複素数平面上の z で表された方程式（z の式）から xy 平面の方程式（x、y の式）を求める方法と、xy 平面上の方程式（x、y の式）から複素数平面上の方程式（z の式）を求める方法をまとめておきましょう。

手法 1.17 （z の方程式） ⇄ （x、y の方程式）

複素数平面上の方程式 $f(z)=0$ の解 z を図示するには、$z=x+yi$ とおいて $f(z)=0$ を x と y の式に書き換えてこの式の解 $(x,\ y)$ を xy 平面上に図示する。

xy 平面上の方程式 $g(x,\ y)=0$ の解 $(x,\ y)$ を $z=x+yi$ として複素数平面上の方程式で表すには

$$g\left(\frac{z+\overline{z}}{2},\ \frac{z-\overline{z}}{2i}\right)=0$$

とする。

[円の式]

中心 α、半径 r の円を円 C とします。円 C 上の点は、α から距離 r の点ですから、

$$z\text{ が円 }C\text{ 上にある} \iff |z-\alpha|=r$$

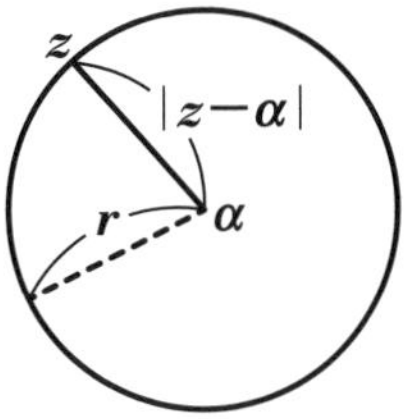

これが複素数平面上の円の方程式です。

中心 $-\alpha$、半径 r の円の式を変形して

$|z+\alpha|^2=r^2 \qquad (z+\alpha)(\overline{z}+\overline{\alpha})-r^2=0$

$z\overline{z}+\overline{\alpha}z+\alpha\overline{z}+|\alpha|^2-r^2=0$

$c=|\alpha|^2-r^2$ とおくと、次のようにまとまります。

公式 1.18　円の方程式

複素数 α、実数 c を用いて、

$$z\overline{z}+\overline{\alpha}z+\alpha\overline{z}+c=0 \qquad (|\alpha|^2-c>0)$$

と表される式は、複素数平面上の円の方程式（中心 $-\alpha$、半径 $\sqrt{|\alpha|^2-c}$）となる。

方程式から円の中心と半径を求める問題を解いてみましょう。

ホップ

問題　円の方程式　(別 p.8)

次の方程式が表す複素数平面上の図形を求めよ。

$$2z\overline{z}+(1+i)z+(1-i)\overline{z}-1=0$$

xy 平面上の式に置き換えて求める方法と、複素数（z、$\overline{z}$）の方程式のまま求める方法を示します。

[x、y の式に置き換える]

$z=x+yi$ とすると、与式の左辺は、

$2z\overline{z}+(1+i)z+(1-i)\overline{z}-1$

$=2(x+yi)(x-yi)+(1+i)(x+yi)+(1-i)(x-yi)-1$

$$=2(x^2+y^2)+x-y+(x+y)i+x-y-(x+y)i-1$$
$$=2x^2+2y^2+2x-2y-1$$

よって、求める方程式は、

$$x^2+y^2+x-y-\frac{1}{2}=0 \qquad \left(x+\frac{1}{2}\right)^2+\left(y-\frac{1}{2}\right)^2=1$$

与式は、$-\frac{1}{2}+\frac{1}{2}i$ を中心とした半径1の円を表します。

[複素数の方程式のまま求める]

$$2z\bar{z}+(1+i)z+(1-i)\bar{z}-1=0$$

$$z\bar{z}+\left(\frac{1+i}{2}\right)z+\left(\frac{1-i}{2}\right)\bar{z}-\frac{1}{2}=0$$

$$z\bar{z}+\left(\frac{1+i}{2}\right)z+\left(\frac{1-i}{2}\right)\bar{z}+\left(\frac{1+i}{2}\right)\left(\frac{1-i}{2}\right)-\frac{1}{2}=\left(\frac{1+i}{2}\right)\left(\frac{1-i}{2}\right)$$

[両辺に$\left(\frac{1+i}{2}\right)\left(\frac{1-i}{2}\right)$を足した。平方完成の要領]

$$\left(z+\frac{1-i}{2}\right)\left(\bar{z}+\frac{1+i}{2}\right)=\left(\frac{1+i}{2}\right)\left(\frac{1-i}{2}\right)+\frac{1}{2}$$

$$\left|z+\frac{1-i}{2}\right|^2=1 \qquad \left|z+\frac{1-i}{2}\right|=1$$

与式は、$-\frac{1}{2}+\frac{1}{2}i$ を中心とした半径1の円を表すことが分かります。

ここまで複素数平面上の直線・円の方程式について説明してきました。直線・円の方程式は $\bar{\alpha}z+\alpha\bar{z}+c$ の部分が共通していました。そこで直線と円を合わせて次のようにまとまります。

公式 1.19　直線・円の方程式

複素数 α、実数 k、c に関して、

$$kz\bar{z}+\bar{\alpha}z+\alpha\bar{z}+c=0$$

は、

$k=0$ のとき、直線を表す。

$k\neq 0$、$|\alpha|^2-kc>0$ のとき、円を表す。

無理やりまとめて違和感があるかもしれませんが、このようにまとめたのには意味があります。上の円の場合の中心、半径を求めてみましょう。

$$z\bar{z}+\frac{\bar{\alpha}}{k}z+\frac{\alpha}{k}\bar{z}+\frac{c}{k}=0 \qquad \left(z+\frac{\alpha}{k}\right)\left(\bar{z}+\frac{\bar{\alpha}}{k}\right)=\frac{\alpha}{k}\cdot\frac{\bar{\alpha}}{k}-\frac{c}{k}$$

$$\left|z+\frac{\alpha}{k}\right|^2=\frac{|\alpha|^2-kc}{k^2}$$

より、中心 $-\dfrac{\alpha}{k}$、半径$\dfrac{\sqrt{|\alpha|^2-kc}}{|k|}$の円になります。$k\to 0$ のとき、中心→ ∞、半径→ $+\infty$ になります。つまり、直線は無限遠点 ∞（詳しくは p.69 参照）に中心を持つ半径 ∞ の円であると解釈できます。

これ以外にも上のようにまとめる意義があります。それは次々節で紹介します。

直線が円の特別な場合であることを感じることができる問題を解いて、この節を締めくくりましょう。

問題　2 点からの距離に着目

次の方程式を満たす z を複素数平面上に図示せよ。

(1)　$|z+3|=|z-3i|$

(2)　$2|z+3|=|z-3i|$

このような式で与えられたときでも、xy 平面の式に持ち込む方法と z のまま

扱う方法の２通りがあります。

(1)　［x、y の式に置き換える］

$z=x+yi$ とすると、与式は、

$|x+yi+3|=|x+yi-3i|$　　$|x+yi+3|^2=|x+yi-3i|^2$

$(x+yi+3)(x-yi+3)=(x+yi-3i)(x-yi+3i)$

$(x+3)^2+y^2=x^2+(y-3)^2$　　$6x=-6y$

$(a+bi)(a-bi)$
$=a^2+b^2$

$x+y=0$

［複素数の方程式のまま求める］

$|z+3|=|z-3i|$　　$|z+3|^2=|z-3i|^2$

$z\bar{z}+3z+3\bar{z}+9=z\bar{z}+3iz-3i\bar{z}+9$

$(1-i)z+(1+i)\bar{z}=0$

原点を通り、$1+i$ に垂直な直線です。

(2)　［x、y の式に置き換える］

$z=x+yi$ とすると、与式は、

$2|x+yi+3|=|x+yi-3i|$　　$4|x+yi+3|^2=|x+yi-3i|^2$

$4(x+yi+3)(x-yi+3)=(x+yi-3i)(x-yi+3i)$

$4(x+3)^2+4y^2=x^2+(y-3)^2$　　$3x^2+24x+3y^2+6y+27=0$

$x^2+8x+y^2+2y+9=0$　　$(x+4)^2+(y+1)^2=(2\sqrt{2})^2$

［複素数の方程式のまま求める］

$2|z+3|=|z-3i|$　　$4|z+3|^2=|z-3i|^2$

$4(z+3)(\bar{z}+3)=(z-3i)(\bar{z}+3i)$

$4z\bar{z}+12z+12\bar{z}+36=z\bar{z}+3iz-3i\bar{z}+9$

$3z\bar{z}+(12-3i)z+(12+3i)\bar{z}+27=0$

$z\bar{z}+(4-i)z+(4+i)\bar{z}+9=0$　　$|z+4+i|^2=8$

$|z+4+i|=2\sqrt{2}$

(1)、(2)を図示すると次のようになります。

(1)

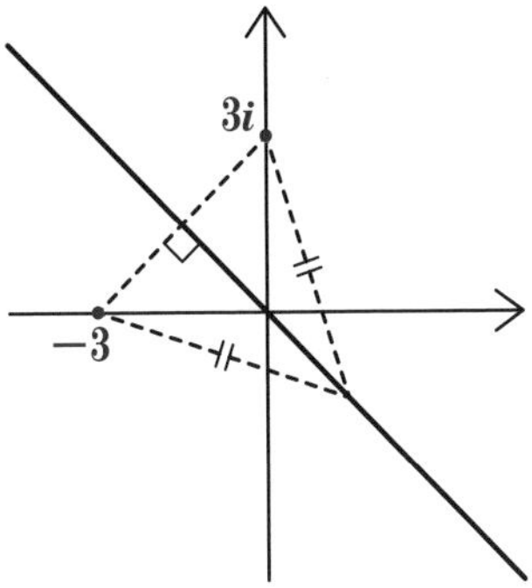

(2)

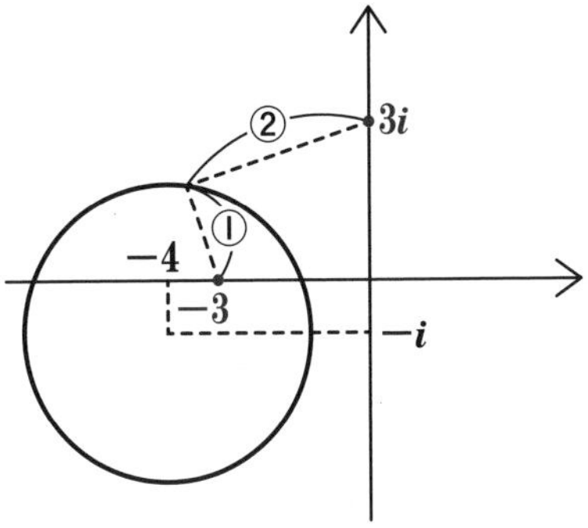

(1)、(2)を解釈してみましょう。

(1)は -3 からの距離と $3i$ からの距離が等しい（1：1）である点の集合

(2)は -3 からの距離と $3i$ からの距離の比が 1：2 である点の集合

$$[\quad |z+3| : |z-3i| = 1 : 2 \quad]$$

と解釈できます。つまり、2 点からの距離の比が 1：1 のときは直線、1：2 のときは円になるわけです。比の値により直線であったり、円であったりするのです。

2 つの定点（(1)では -3 と $3i$）からの距離の比が 1：1 になるような点の集合は、-3 と $3i$ の垂直二等分線となります。

一方、一般に 2 つの定点からの距離の比が 1：k（$k \neq 1$）になるような点の集合は円になります。このように 2 定点からの距離の比が一定になる点の軌跡は、**アポロニウスの円**と呼ばれています。上は $k=2$ の場合です。

この問題は次のようにまとめることができます。

定理 1.20　2 点からの距離の比が一定である点の軌跡

$$|z-\alpha| : |z-\beta| = 1 : k$$

この式は、$k=1$ のとき直線、$k \neq 1$ のとき円を表す。

図形的な解釈を Web で補足しておきます。

3 複素数の関数

この節では簡単な複素数の関数について紹介します。

関数 $y=f(x)$ とは、x を1つ決めると、それに対して y が1つ決まる仕組みのことでした。複素数になっても関数の仕組みには変わりありません。関数の定義域と値域がともに複素数になるだけです。

例えば、複素数 z に対して $w=z^2$ となる複素数 w を対応させる仕組みは複素数の関数、すなわち複素関数になります。

実数 x に対して、実数 y を対応させる**実関数** $y=f(x)$ は、座標平面上のグラフで表現することができました。$y=2x+1$、$y=x^2$ などのグラフは中学校で、$y=\cos x$、$y=2^x$、$y=\log x$ のグラフは高校で学んだことと思います。

複素数の場合は、実数の場合のように平面上にグラフを描くことはできません。定義域も複素数で2次元、一般には値域も複素数で2次元だからです。

複素関数 $w=f(z)$ の場合は、z と w のために複素数平面を2枚用意して、z に対してどのような w が対応するか（どのような w に移るか）を調べて関数を捉えます。これが基本ですが元の位置と移り先の位置を比較するために、z のための複素数平面と w のための複素数平面を重ね合わせるときもあります。

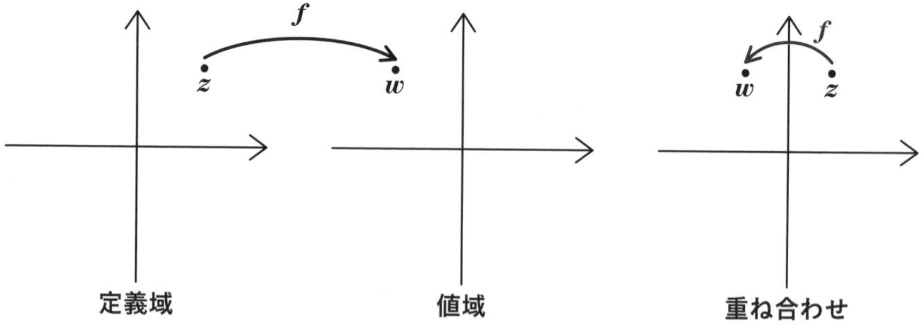

複素関数 $w=f(z)$ を、複素数平面上の z に対して複素数平面上の w を対応させる仕組みとして捉えるとき、**変換**または**写像**と呼びます。

この節では

（ア）　$w=z+\alpha$　　（イ）　$w=\beta z$　　（ウ）　$w=\bar{z}$

（エ）　$w=\dfrac{1}{z}$　　（オ）　$w=z^2$

などの変換がどのような性質を持つのか説明していきます。

（ア）　$w=z+\alpha$

$\alpha=s+ti$　（s、tは実数）であれば、$z+\alpha$は、zをαだけ（実軸方向にs、虚軸方向にt）平行移動した点です。変換$w=z+\alpha$は平行移動を表しています。

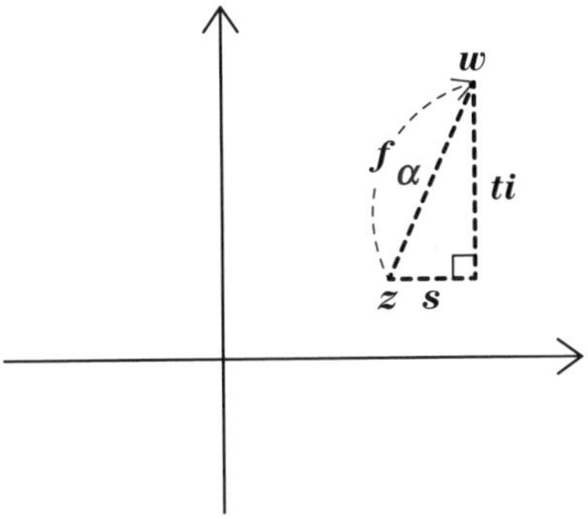

（イ）　$w=\beta z$

βの極形式が、$\beta=r(\cos\theta+i\sin\theta)$であるとします。

zの方も極形式にして、$z=s(\cos\varphi+i\sin\varphi)$とします。

はじめにzに対して$\cos\theta+i\sin\theta$を掛けることを考えてみましょう。

$$
\begin{aligned}
(\cos\theta+i\sin\theta)z&=s(\cos\varphi+i\sin\varphi)(\cos\theta+i\sin\theta)\\
&=s\{\cos(\varphi+\theta)+i\sin(\varphi+\theta)\}
\end{aligned}
$$

絶対値はsで変わらず、偏角がφから$\varphi+\theta$になりましたから、$(\cos\theta+i\sin\theta)z$は$z$を原点を中心に$\theta$回転した点を表します。

ですから、$\beta z=r(\cos\theta+i\sin\theta)z$は、$z$を原点を中心に$\theta$回転し、$r$倍した点になります。変換$w=\beta z$は回転拡大移動を表しています。

$$
z \xrightarrow{\theta\text{回転}} (\cos\theta+i\sin\theta)z \xrightarrow{r\text{倍}} r(\cos\theta+i\sin\theta)z
$$

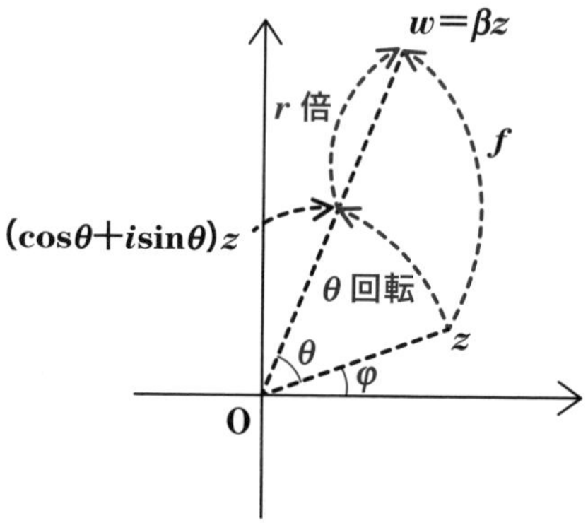

（ウ）　$w=\overline{z}$

$z=x+yi$ に対して、$\overline{z}=x-yi$ ですから、$w=\overline{z}$ とおくと、z に対して w は、実部を変えずに、虚部を -1 倍した複素数に対応します。xy 座標平面でいえば、$(x,\ y)$を$(x,\ -y)$に移すのですから、$\overline{z}$ は z を実軸に関して対称移動させた点になります。

変換 $w=\overline{z}$ は実軸に関する対称移動を表しています。

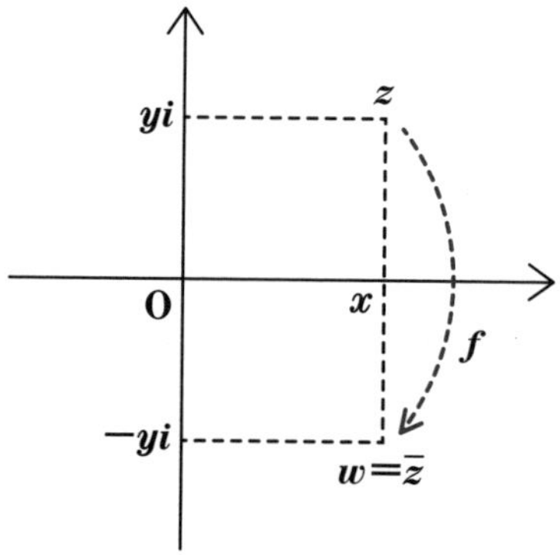

（エ）　$w=\dfrac{1}{z}$

この変換の説明をする前に、平面上の移動の1つである「反転」について説明しておきます。

原点をOとします。点Pに対して、半直線OP上にOP・OQ=1となる点Q

を対応させる移動を**反転**といいます。このときOは反転の中心になります。中心がどこであるかに言及して、「Oを中心とした反転」と表現する場合もあります。原点O以外の点を中心にとる反転もあります。

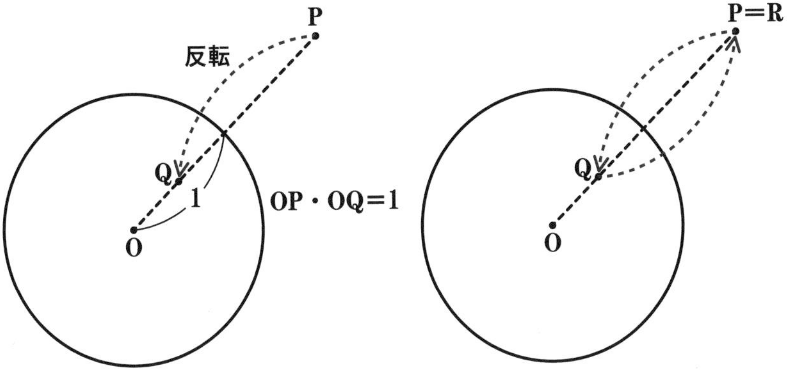

反転は2回繰り返すと元に戻ります。なぜなら、Pを反転した点をQ、Qを反転した点をRとすると、OP･OQ=1、OQ･OR=1であり、OP=ORとなるからです。RもOP上にあり、PとRは一致します。

複素数平面では、zに対して$\dfrac{1}{\bar{z}}$を対応させると、原点を中心とした反転となります。確認してみましょう。

$z=r(\cos\theta+i\sin\theta)$とすると、$\bar{z}=r(\cos\theta-i\sin\theta)$

$$\frac{1}{\bar{z}}=\frac{1}{r(\cos\theta-i\sin\theta)}=\frac{\cos\theta+i\sin\theta}{r(\cos\theta-i\sin\theta)(\cos\theta+i\sin\theta)}=\frac{1}{r}(\cos\theta+i\sin\theta)$$

です。zと$\dfrac{1}{\bar{z}}$は偏角が等しく（ともにθ)、絶対値の積は$1\left(r\times\dfrac{1}{r}\right)$となります。

このことから$\dfrac{1}{\bar{z}}$はzを原点を中心に反転させた点であることが分かります。

$\dfrac{1}{z}$は$\dfrac{1}{\bar{z}}$の共役複素数ですから$\left[\overline{\left(\dfrac{1}{\bar{z}}\right)}=\dfrac{1}{\bar{\bar{z}}}=\dfrac{1}{z}\right]$、$\dfrac{1}{z}$は$\dfrac{1}{\bar{z}}$を実軸に関して対称移動させた点です。

変換 $w=\frac{1}{z}$ は、z を反転させてから、実軸に関して対称移動させる移動を表しています。

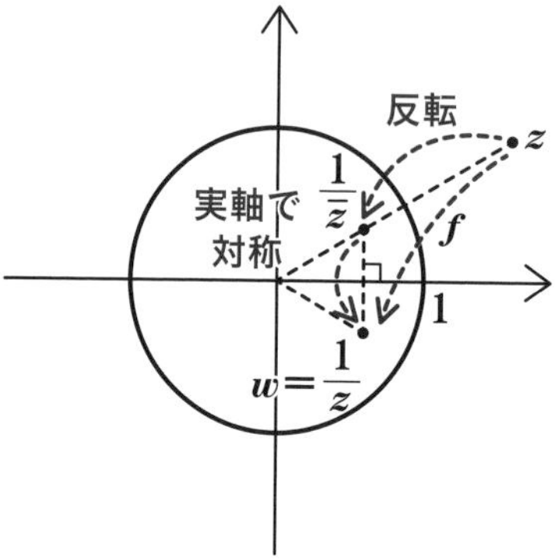

反転についての補足

反転で移り合う図形

反転は、平行移動や回転拡大移動のようにはなじみがないでしょう。直線や円をどのように移すのか説明しておきます。「原点Oを中心とした反転」については以下のように図形が移り合います。

（i） 原点を通る直線 ⟷ 原点を通る直線

（ii） 原点を通らない直線 ⟷ 原点を通る円

（iii） 原点を通らない円 ⟷ 原点を通らない円

反転を f で表すと次の図のようになります。

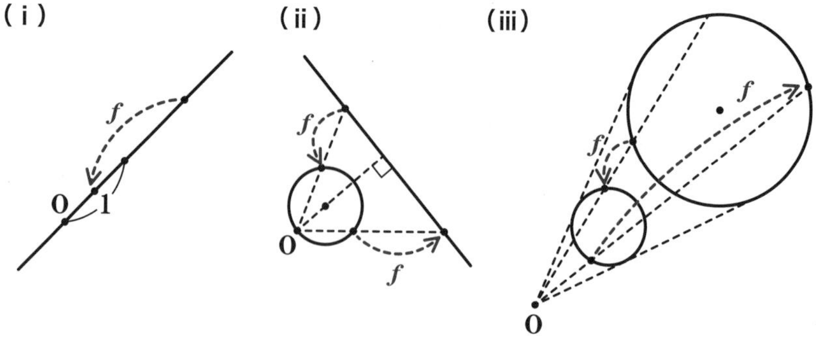

反転は点を移動させますが、原点を通る直線上の点は同じ直線上に移しますから、(ⅰ)は自明です。(ⅱ)、(ⅲ)は初等幾何で証明できます。

$w=\dfrac{1}{z}$は反転＋対称移動なので、(ⅰ)～(ⅲ)が成り立ちます(p.63で確認)。

初等幾何による(ⅱ)、(ⅲ)の説明

反転で対応する点を作図で求める

平面上に半径1の定円C（中心をOとする）を用意します。

（ⅰ）　点Pが円Cの外部にあるとき、Pから円Cに2本の接線を引き、接点をT、Sとします。TSとOPの交点をQと定めます。

（ⅱ）　点Pが円Cの内部にあるとき、Pを通りOPと垂直な直線と円Cの交点をT、Sとします。T、Sの接線の交点をQとします。

（ⅲ）　点Pが円C上にあるとき、QはPと同じ位置とします。

このように作ったQは、Pを「Oを中心にした反転」で移動した点になっています。

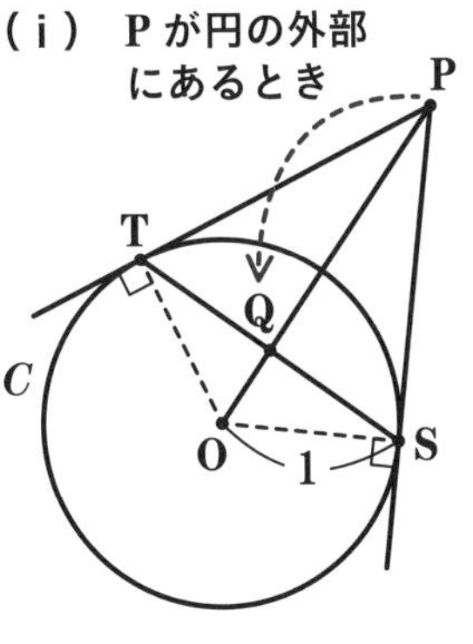

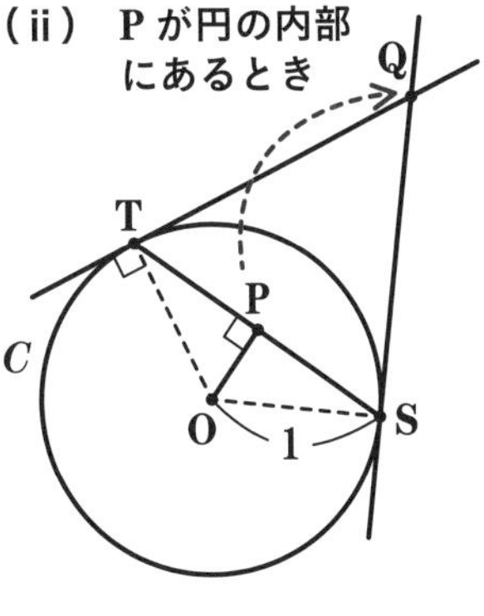

△OPTと△OTQが相似であり、OP：OT＝OT：OQが成り立ち、これよりOP・OQ＝OT^2＝1となるからです。

（オ）　$w=z^2$

ここまで、$w=f(z)$が表す複素数平面上の移動は、平行移動、回転拡大移動、対称移動、反転など、名前がついているような分かりやすい移動でした。

次に扱う $w=z^2$ には特に移動としての名前がありません。この例を用いて一般的に関数 $z=f(z)$ が与えられたときは、z と w の対応をどのようにして調べればよいかを説明しましょう。

$z=x+yi$ とおきます。すると、対応する w は、

$$w=z^2=(x+yi)^2=x^2-y^2+2xyi$$

となります。w の実部も x と y の2変数関数、虚部も x と y の2変数関数になっています。

実部の関数を $u(x,\ y)=x^2-y^2$、虚部の関数を $v(x,\ y)=2xy$ とおけば、w は、

$$w=u(x,\ y)+iv(x,\ y)$$

と表されます。このように複素関数 $w=f(z)$ は、$z=x+yi$ とおくと、w の実部、虚部が x、y の2変数関数となります。これは関数が $w=z^2$ 以外の場合であっても当てはまります。一般の関数 $f(z)$ について z に対する w のふるまいを知りたいときは、w の実部、虚部を x、y の2変数関数 $u(x,\ y)$、$v(x,\ y)$ で表し、これらを調べることになります。

また、具体的な $w=z^2$ に戻ります。$z=x+yi$ のとき、

$$w=x^2-y^2+2xyi$$

となりました。

x を $x=t$(0でない定数)と固定して y を実数全体で動かしたとき、z と w の軌跡を求めましょう。

$z=t+yi$ は、t を通り虚軸に平行な直線になります。

$w=t^2-y^2+2tyi$ ですから、$w=u+vi$ とおくと、

$$u=t^2-y^2 \qquad v=2ty$$

これから変数である y を消去すると、

$$u=t^2-\left(\frac{v}{2t}\right)^2 \quad \cdots\cdots ①$$

となり、uv 平面で放物線になります。直線 $x=t$ (t を通り虚軸に平行な直線)は、軸が u 軸に重なる放物線に移るのです。直線 $x=t$ も直線 $x=-t$ も、同じ曲線に移るところに注意しましょう。

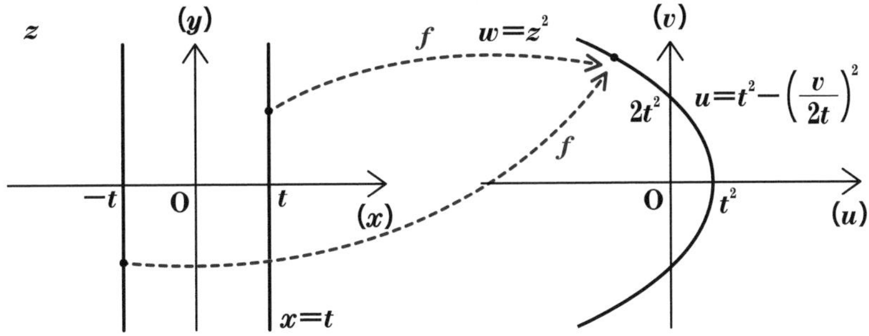

今度は、y を $y=s$ と固定して x を変化させてみましょう。

$$u=x^2-s^2 \qquad v=2xs$$

これから x を消去すると、

$$u=\left(\frac{v}{2s}\right)^2-s^2 \quad \cdots\cdots ②$$

直線 $y=s$（si を通り実軸に平行な直線）も、軸が u 軸に重なる放物線に移ります。ただし、①と②では向きが異なります。

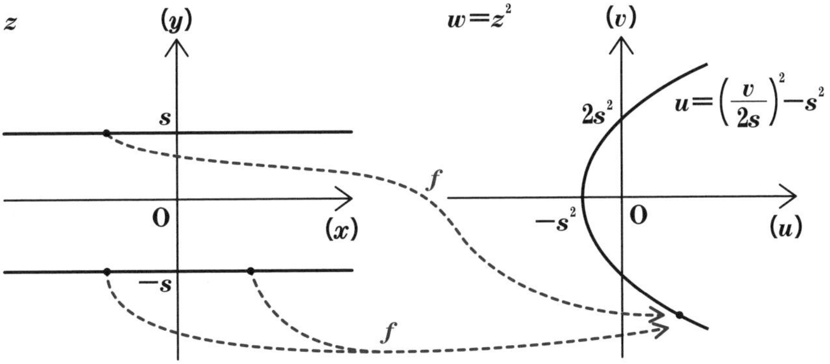

結局、z に対して $w=z^2$ を対応させる様子は、下図のようになります。

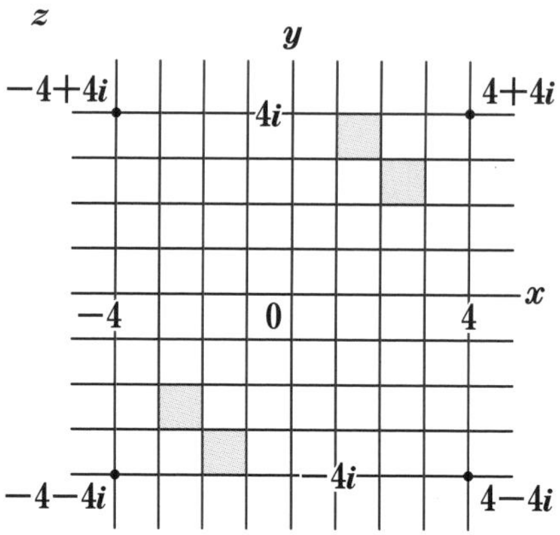

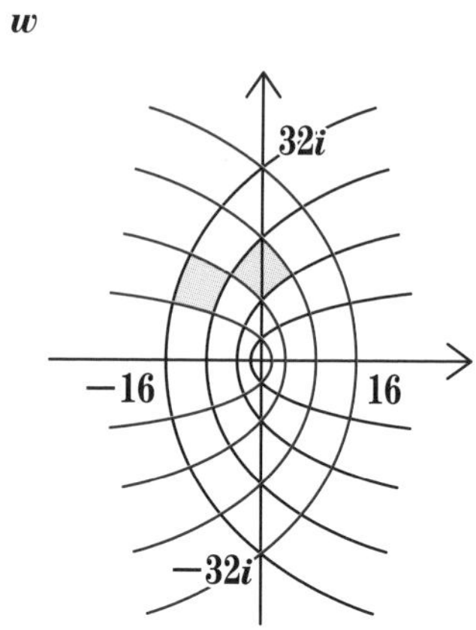

関数で図形を移す

（オ）　$w=z^2$ ではその移動としてのふるまいを調べるために実軸に平行な直線や虚軸に平行な直線を移して調べてみました。ここでは

（ア）　$w=z+\alpha$　　（イ）　$w=\beta z$　　（エ）　$w=\dfrac{1}{z}$

が直線・円をどのような図形に移すのかを調べてみましょう。

ホップ

問題　$w=\beta z+\alpha$ は点・直線・円をどのような図形に移すのか。 （別 p.8）

$w=(1+i)z+2$

この関数が表す変換によって(1)〜(3)が表す図形が移る先の図形の方程式を答えよ。

(1)　$z=3+i$

(2)　$(2-3i)z+(2+3i)\bar{z}+5=0$

(3)　$z\bar{z}+(1+2i)z+(1-2i)\bar{z}+3=0$

(1)　$z=3+i$ を代入します。

$$w=(1+i)z+2=(1+i)(3+i)+2=3-1+(3+1)i+2=4+4i$$

ここで計算の結果を解釈しておきましょう。$1+i$ を極形式で表すと、

$$1+i=\sqrt{2}\left(\cos\frac{\pi}{4}+i\sin\frac{\pi}{4}\right)$$

となりますから、$w=(1+i)z+2$ は、z を原点を中心に $\frac{\pi}{4}$ 回転し、原点を中心に $\sqrt{2}$ 倍の相似拡大をし、2 だけ平行移動した点 w です。

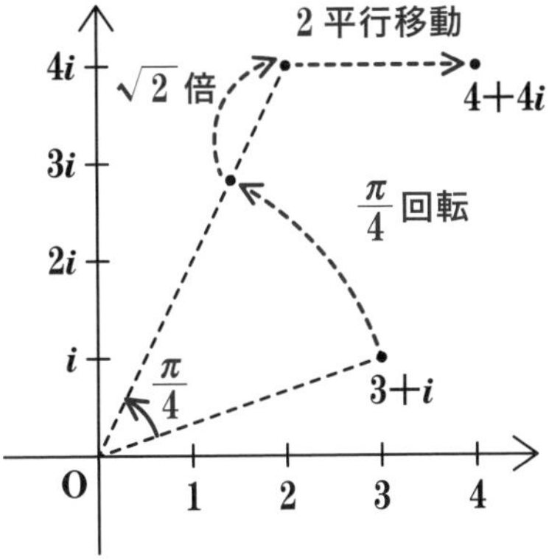

(2)、(3)では z について条件式が与えられています。z と w の関係式 ($w=(1+i)z+2$) が与えられていて、欲しいのは w についての条件式なので、z と w の関係式を使って z の条件式を w の条件式に書き換えます。

一般論でまとめておくと、次のようになります。

方法 1.21　変換で移る先の図形の方程式の求め方

$P(z)=0$ を満たす z が表す図形を、変換 $w=f(z)$ で移した図形を求めるには、z を w の式で表し ($z=f^{-1}(w)$)、z の方程式 $P(z)=0$ に代入して、w の方程式 $P(f^{-1}(w))=0$ を作る。

この問題の場合は、$w=(1+i)z+2$ を z について解くと、

$$z=\frac{w-2}{1+i} \quad \cdots\cdots ①$$

これを(2)、(3)の式に代入します。

(2)　$(2-3i)z+(2+3i)\overline{z}+5=0$ に代入すると、

$$(2-3i)\left(\frac{w-2}{1+i}\right)+(2+3i)\overline{\left(\frac{w-2}{1+i}\right)}+5=0$$

これに $(1+i)(1-i)$ をかけて、　　$(1+i)(1-i)=2$

$$(2-3i)(1-i)(w-2)+(2+3i)(1+i)(\overline{w}-2)+10=0$$

$$(-1-5i)(w-2)+(-1+5i)(\overline{w}-2)+10=0$$

$$(-1-5i)w+(-1+5i)\overline{w}+14=0$$

(3)　$z\overline{z}+(1+2i)z+(1-2i)\overline{z}+3=0$ を変形して、

$$z\overline{z}+(1+2i)z+(1-2i)\overline{z}+(1+2i)(1-2i)+3=(1+2i)(1-2i)$$

$$|z+1-2i|^2=(1+2i)(1-2i)-3$$

$$|z+1-2i|=\sqrt{2}$$

両辺に $(1+2i)(1-2i)$ を足した。平方完成。

これに①を代入して、

$$\left|\frac{w-2}{1+i}+1-2i\right|=\sqrt{2}$$

$$\frac{|w-2+(1-2i)(1+i)|}{|1+i|}=\sqrt{2}$$

$$|w+1-i|=2$$

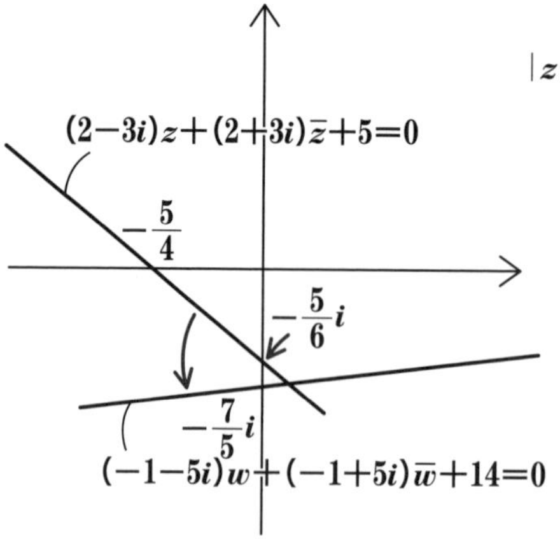

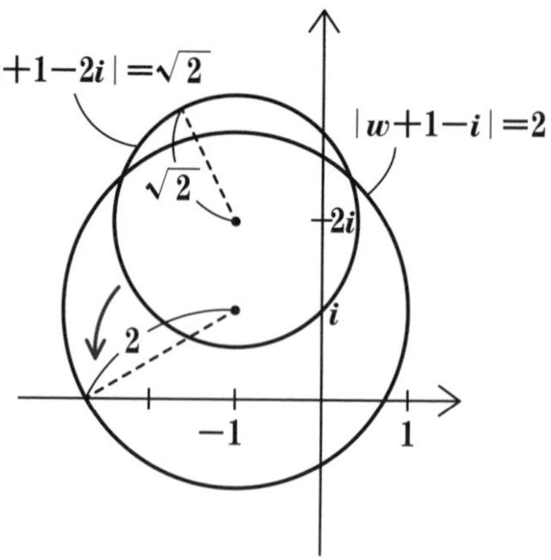

回転移動でも、相似拡大でも、平行移動でも“直線は直線に”、“円は円に”移しますから、これらを合成して移動した $w=(1+i)z+2$ も“直線を直線に”、“円を円に”移すことが(2)、(3)の結果から確認できます。

次に関数を $w=\dfrac{1}{z}$ に変えて直線と円をどのような図形に移すのか観察してみましょう。

ホップ

問題　$w=\dfrac{1}{z}$ は点・直線・円をどのように移すのか。　(別 p.8)

$$w=\frac{1}{z}$$

この関数によって(1)～(4)が表す図形が移る先の図形の方程式を答えよ。

(1)　$z=3+i$

(2)　$(2-3i)z+(2+3i)\overline{z}=0$

(3)　$(2-3i)z+(2+3i)\overline{z}+5=0$

(4)　$z\overline{z}+(1+2i)z+(1-2i)\overline{z}+3=0$

(1)　$w=\dfrac{1}{z}=\dfrac{1}{3+i}=\dfrac{3-i}{(3+i)(3-i)}=\dfrac{3}{10}-\dfrac{1}{10}i$

(2)～(4)は $z=\dfrac{1}{w}$、$\overline{z}=\overline{\left(\dfrac{1}{w}\right)}=\dfrac{1}{\overline{w}}$ を用いて、z の条件式を w の条件式に書き換えます。

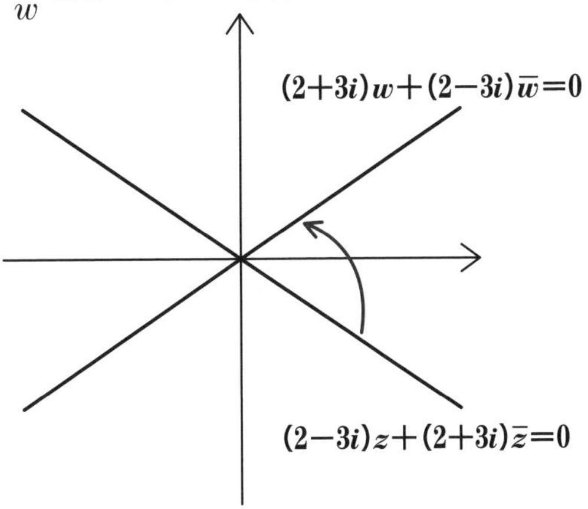

(2)　$(2-3i)z+(2+3i)\overline{z}=0$

$$(2-3i)\frac{1}{w}+(2+3i)\frac{1}{\overline{w}}=0$$

これに $w\overline{w}$ をかけて、

$$(2+3i)w+(2-3i)\overline{w}=0$$

(3)　$(2-3i)z+(2+3i)\overline{z}+5=0$

$$(2-3i)\frac{1}{w}+(2+3i)\frac{1}{\overline{w}}+5=0$$

これに $w\overline{w}$ をかけて、

$$(2+3i)w+(2-3i)\overline{w}+5w\overline{w}=0$$

$$w\overline{w}+\frac{2+3i}{5}w+\frac{2-3i}{5}\overline{w}=0$$

ここで止めてもよいが、中心・半径を求めるには、

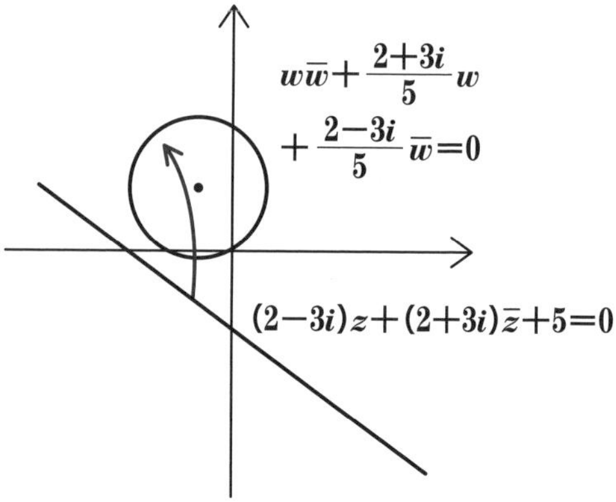

$$w\overline{w}+\frac{2+3i}{5}w+\frac{2-3i}{5}\overline{w}+\left(\frac{2+3i}{5}\right)\left(\frac{2-3i}{5}\right)=\left(\frac{2+3i}{5}\right)\left(\frac{2-3i}{5}\right)$$

$$\left|w+\frac{2-3i}{5}\right|^2=\frac{13}{25}\qquad\left|w+\frac{2-3i}{5}\right|=\frac{\sqrt{13}}{5}$$

(4)　$z\overline{z}+(1+2i)z+(1-2i)\overline{z}+3=0$

$$\frac{1}{w\overline{w}}+(1+2i)\frac{1}{w}+(1-2i)\frac{1}{\overline{w}}+3=0$$

$$1+(1+2i)\overline{w}+(1-2i)w+3w\overline{w}=0$$

$$w\overline{w}+\frac{1-2i}{3}w+\frac{1+2i}{3}\overline{w}+\frac{1}{3}=0$$

ここで止めてもよいが、中心・半径を求めるには、

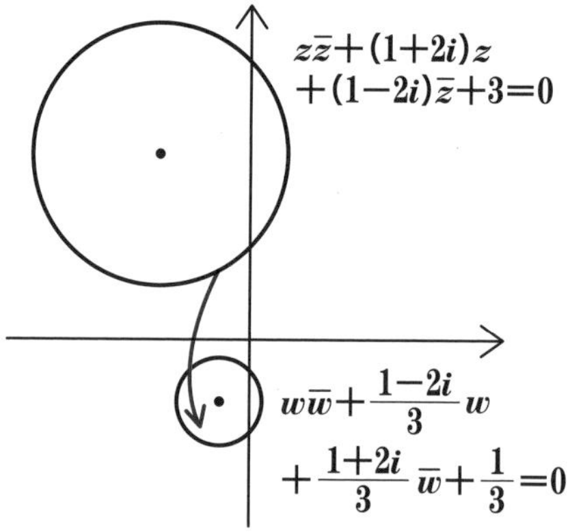

$$w\overline{w}+\frac{1-2i}{3}w+\frac{1+2i}{3}\overline{w}+\left(\frac{1-2i}{3}\right)\left(\frac{1+2i}{3}\right)=\left(\frac{1-2i}{3}\right)\left(\frac{1+2i}{3}\right)-\frac{1}{3}$$

$$\left|w+\frac{1+2i}{3}\right|^2=\frac{2}{9}\qquad\left|w+\frac{1+2i}{3}\right|=\frac{\sqrt{2}}{3}$$

p.56 でコメントしたように、反転は次のように図形を変換します。

（ⅰ）　原点を通る直線　⟷　原点を通る直線

（ⅱ）　原点を通らない直線　⟷　原点を通る円

（ⅲ）　原点を通らない円　⟷　原点を通らない円

また、実軸に関する対称移動によってそれぞれの図形の条件は変化しません。

$w=\dfrac{1}{z}$は“原点を中心とする反転”＋“実軸に関する対称移動”ですから、(i)〜(iii)のように図形を変換します。(2)は(i)の、(3)は(ii)の、(4)は(iii)の例になっています。

1次分数変換

この節では、

$$w=\frac{2z+3}{(1+i)z+1}$$

のように分母分子がzの1次式の分数式で表される関数によって表される変換について考察してみましょう。

定義 1.22　1次分数変換

$$w=\frac{az+b}{cz+d}\quad(ad-bc\neq 0)$$

で表される変換を1次分数変換という。

$ad-bc=0$、$cd\neq 0$のとき、右辺は定数になってしまうので、$ad-bc\neq 0$という条件をつけています。

1次分数変換は定義式が分数式ですから、分母分子の係数に定数を掛けても同じ変換を表します。

分母分子を３倍

$$w=\frac{2z+3}{(1+i)z+1}=\frac{6z+9}{(3+3i)z+3}$$

これから、1次分数変換の性質を述べていきます。

(ア)　回転拡大＋平行移動＋反転と対称移動＋回転拡大＋平行移動

$w=\dfrac{2z+3}{(1+i)z+1}$を例にとって、1次分数変換は、回転拡大、平行移動、「反転と対称移動」の合成であることを示してみます。

多項式$2z+3$を多項式$(1+i)z+1$で割る要領で分子を表して計算すると、

$$w=\frac{2z+3}{(1+i)z+1}=\frac{(1-i)\{(1+i)z+1\}+2+i}{(1+i)z+1}=1-i+\frac{2+i}{(1+i)z+1}$$

と変形できますから、

$$z \xrightarrow{①} (1+i)z \xrightarrow{②} (1+i)z+1$$

$$\xrightarrow{③} \frac{1}{(1+i)z+1} \xrightarrow{④} \frac{2+i}{(1+i)z+1} \xrightarrow{⑤} \frac{2+i}{(1+i)z+1}+1-i$$

と、この1次分数変換は、①回転拡大、②平行移動、③反転と実軸に関する対称移動、④回転拡大、⑤平行移動の合成です。

一般に1次分数変換は、これらの変換の合成になります。ただし、係数の選び方によっては、これらの変換の一部を合成したものになります。

(イ) 合成も1次分数変換

2つの1次分数変換

$$f(z)=\frac{az+b}{cz+d}、g(z)=\frac{\alpha z+\beta}{\gamma z+\delta}$$

を合成した変換$f(g(z))$を計算してみます。

$$f(g(z))=f\left(\frac{\alpha z+\beta}{\gamma z+\delta}\right)=\frac{a\left(\dfrac{\alpha z+\beta}{\gamma z+\delta}\right)+b}{c\left(\dfrac{\alpha z+\beta}{\gamma z+\delta}\right)+d}=\frac{a(\alpha z+\beta)+b(\gamma z+\delta)}{c(\alpha z+\beta)+d(\gamma z+\delta)}$$

$$=\frac{(a\alpha+b\gamma)z+a\beta+b\delta}{(c\alpha+d\gamma)z+c\beta+d\delta}$$

と確かに1次分数変換になります。係数については行列の積と類似が見られます（行列の演算を知らない方は、公式1.23の逆変換の求め方だけ覚えてください）。

$$f(z)=\frac{az+b}{cz+d} \quad \leftrightarrow \quad \begin{pmatrix} a & b \\ c & d \end{pmatrix} \qquad g(z)=\frac{\alpha z+\beta}{\gamma z+\delta} \quad \leftrightarrow \quad \begin{pmatrix} \alpha & \beta \\ \gamma & \delta \end{pmatrix}$$

と対応させて、この順序で積を計算すると、

$$\begin{pmatrix} a & b \\ c & d \end{pmatrix}\begin{pmatrix} \alpha & \beta \\ \gamma & \delta \end{pmatrix}=\begin{pmatrix} a\alpha+b\gamma & a\beta+b\delta \\ c\alpha+d\gamma & c\beta+d\delta \end{pmatrix}$$

となり、これに対応する1次分数変換は$f(g(z))$となります。

2次の単位行列Eに対応する1次分数変換は、$\dfrac{1z+0}{0z+1}=z$と恒等変換（zに対してzのまま返す変換）になります。

これと行列の積との対応を用いて、$f(z)$の逆変換$f^{-1}(z)$［$f^{-1}(f(z))=z$］を求めてみましょう。

行列$A=\begin{pmatrix} a & b \\ c & d \end{pmatrix}$の逆行列$A^{-1}$は、$A^{-1}=\dfrac{1}{ad-bc}\begin{pmatrix} d & -b \\ -c & a \end{pmatrix}$でした。一方、1次分数変換では分母分子の係数を同時に定数倍しても同じものを表しているので、A^{-1}に対応する1次分数変換を表すにはA^{-1}の各成分を$ad-bc$倍しても構いません。よって、逆変換は次のように求まります。

公式 1.23　1次分数変換の逆変換

$$w=\frac{az+b}{cz+d}\text{のとき、}z=\frac{dw-b}{-cw+a}$$

行列の計算に慣れていることを前提にこのような説明をしましたが、$w=\dfrac{az+b}{cz+d}$の逆変換を求めるには、もとの式を$z=$ の形に変形して求めることができます。

これは1次分数変換による図形の変換を求めるときに重宝します。あとの問題で具体的に解説します。

（ウ）　円円変換

直線・円は、回転拡大、平行移動、反転で直線・円に変換されます。1次分数変換はこれらの変換の合成ですから、1次分数変換も直線・円を直線・円に変換します。p.49で直線は無限遠点に中心を持つ円と見なすことができると説明しました。ですから、直線も広義の円であるとすると、1次分数変換のこの性質は円を円に移す、すなわち円円変換の性質を持っていると言えます。

ちなみに円が直線に、直線が円に移る可能性があるのは、1次分数変換を（ア）のように分解して考えたとき、反転のタイミングで原点を通る円や、原点を通らない直線を移すときです。

（エ） $\overline{\mathbb{C}}$ から $\overline{\mathbb{C}}$ への全単射

全単射という用語から説明しましょう。

集合 A の**元**（集合の要素のことを元と呼びます）を集合 B の元に移す写像 f が、異なる元は異なる元に移す（$z \neq w$ のとき、$f(z) \neq f(w)$ となる）とき、f は**単射**であるといいます。

また、集合 B の任意の元はなんらかの A の元の移り先になっている（B の任意の元 w に対して、$f(z)=w$ となる A の元 z が存在する）とき、f は**全射**であるといいます。

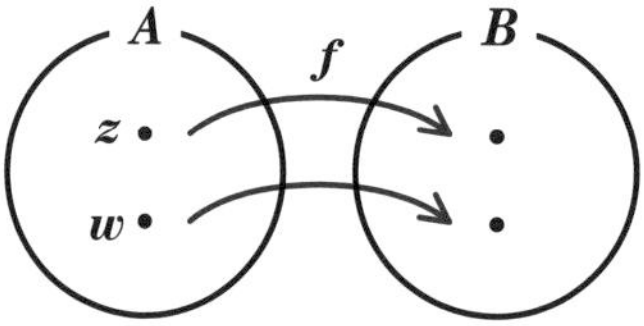

単射

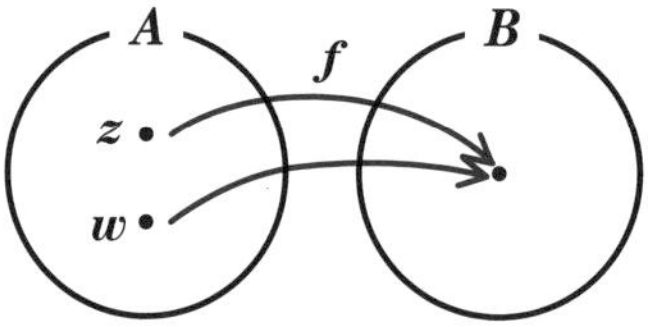

単射でない

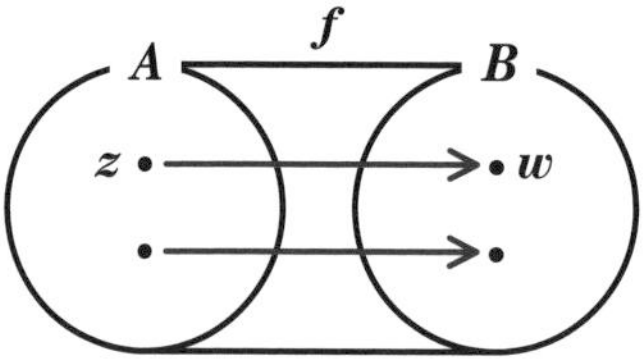

全射

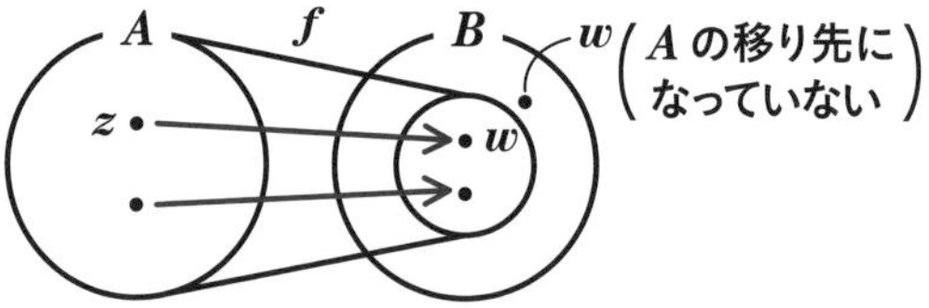

全射でない

写像 f が全射かつ単射になるとき、**全単射**といいます。全単射は集合 A の元と集合 B の元を1対1に対応付けています。ですから、写像 f が全単射であるとき、写像 f の逆写像 f^{-1} が存在します。逆に、逆写像 f^{-1} が存在するとき、写像 f は全単射であるといえます（証明略）。

表題の $\overline{\mathbb{C}}$ は、複素数平面 $\mathbb{C}$ に無限遠点 ∞ を加えた集合を表しています。無限遠点とは、$+\infty$ や $-\infty$ とは異なって符号はありません。無限遠点 ∞ に関する計算例を示してみましょう。

$f(z)=\dfrac{3z+1}{z-2}$ のとき、$z=2$ とすると分母は0になるので普通には計算できません。しかし、極限を考えることはできます。z を2に近づければ、$f(z)$ の絶対値はいくらでも大きくなります（発散します）。ただ、近づいていく方向により

$f(z)$の方向は異なります。このようなときに値が無限遠点 ∞ になると考えます。$f(2)=\infty$ とします。

また、$z=\infty$ での値を計算するには、

$$\lim_{z\to\infty} f(z)=\lim_{z\to\infty}\frac{3z+1}{z-2}=\lim_{z\to\infty}\frac{3+\dfrac{1}{z}}{1-\dfrac{2}{z}}=3$$

として、$f(\infty)=3$ とします。

$f(z)=(1+i)z+5i$ であれば、$f(\infty)=\infty$ です。

無限遠点 ∞ に関してこのような計算をするとき、1 次分数変換は $\overline{\mathbb{C}}$ から $\overline{\mathbb{C}}$ への全単射になっています。

無限遠点についての計算は上の通りですが、無限遠点に正負がないことに納得がいかない人もいると思うので簡単に説明しておきます。

3 次元空間に xyz 座標が設定されているとします。ここで原点 O と点 A(0, 0, 1) を結んだ線分を直径とする球面 S を考えます。xy 平面を複素数平面と同一視します。

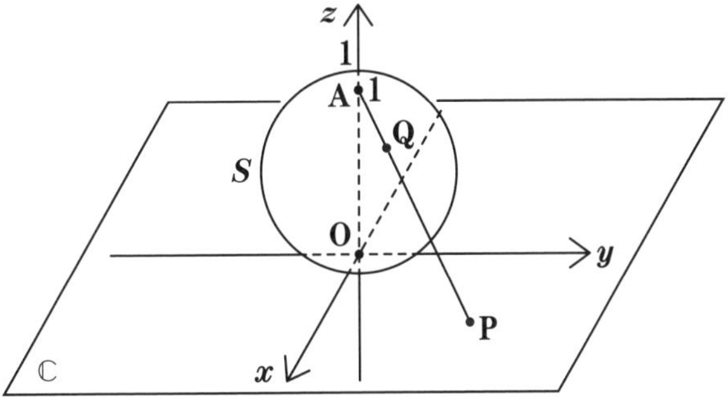

$\mathbb{C}$ 上に P を取り、AP と球面 S の交点を Q とします。

P に対して Q を対応させる写像は、$\mathbb{C}$ から「球面 S から A を除いた集合」への全単射の写像になります。この写像では、(OP の距離)→ $+\infty$ にすると、OP の方向によらず、Q は A に収束します。そこで、$\mathbb{C}$ に $\{\infty\}$ を加え $\overline{\mathbb{C}}=\mathbb{C}\cup\{\infty\}$ として、P$=\infty$ に対して Q$=$A を対応させると、$\overline{\mathbb{C}}=\mathbb{C}\cup\{\infty\}$ 上の点と S 上の点は 1 対 1 に対応します。この対応は全単射になっています。$\mathbb{C}$ に加えた ∞ は無限遠点と呼ばれ、$+\infty$ や $-\infty$ とは異なります。

$\overline{\mathbb{C}}$ は球面 S と同一視することができるので、$\overline{\mathbb{C}}$ を**リーマン球面**と呼びます。

(オ)　相異なる3点 s、t、u を相異なる3点 α、β、γ に移すような1次分数変換がただ1つ存在する。

ざっくりいうと、1次分数変換 $w=\dfrac{az+b}{cz+d}$ は、a、b、c、d の4個の数を用いて表され、これらをそれぞれ k 倍（k は0以外の複素数）しても同じ変換を表すことから、複素数としての自由度は3です。ですから、3個の点の移り先を決めると1次分数変換が決まるのです。

(ウ)に関しては次の問題を解いて実感しましょう。

ホップ

問題　1次分数変換で直線・円を移す　(別 p.12)

1次分数変換

$$w=\frac{3iz+4}{2z+i}$$

によって以下の図形を移した図形の方程式を求めよ。

(1)　$(2+i)z+(2-i)\bar{z}-3=0$

(2)　$|z-1-2i|=5$

z についての方程式 $P(z)=0$ が与えられていて、この方程式を満たす z を $w=f(z)$ で w に移したときの w が描く図形の方程式を求めるには、z を w の式で表し（$z=f^{-1}(w)$）、z の方程式 $P(z)=0$ に代入して、$P(f^{-1}(w))=0$ と w の方程式を作ればよかったのでした。

この問題であれば、公式1.23より

$$z=\frac{iw-4}{-2w+3i} \quad \cdots\cdots ①$$

として(1)、(2)の方程式に代入します。

(1)　与式の z に①を代入して、

$$(2+i)\left(\frac{iw-4}{-2w+3i}\right)+(2-i)\left(\frac{-i\bar{w}-4}{-2\bar{w}-3i}\right)-3=0$$

$$(2+i)(iw-4)(-2\overline{w}-3i)+(2-i)(-i\overline{w}-4)(-2w+3i)$$
$$-3(-2\overline{w}-3i)(-2w+3i)=0$$

$$\{(-4i+2)+(4i+2)-12\}w\overline{w}$$
$$+\{(6+3i)+(16-8i)-18i\}w+\{(16+8i)+(6-3i)+18i\}\overline{w}$$
$$+(-12+24i)+(-12-24i)-27=0$$

$$-8w\overline{w}+(22-23i)w+(22+23i)\overline{w}-51=0$$

(2)　円の方程式が $|z-\alpha|=r$ の形で与えられています。これを $z\overline{z}+\overline{\alpha}z+\alpha\overline{z}+c=0$ の形に直してから、z に①を代入してもよいのですが、ここではそのまま①を代入しアポロニウスの円の形 $a|w-\alpha|=b|w-\beta|$ に変形することで、移した先の図形が円であることを確かめてみましょう。

与式の z に①を代入して、

$$\left|\frac{iw-4}{-2w+3i}-1-2i\right|=5$$

$$\frac{|iw-4-(1+2i)(-2w+3i)|}{|-2w+3i|}=5$$

$$|(2+5i)w+2-3i|=|-10w+15i|$$

$$|2+5i|\left|w+\frac{2-3i}{2+5i}\right|=10\left|w-\frac{3}{2}i\right|$$

$$\sqrt{29}\left|w-\frac{11+16i}{29}\right|=10\left|w-\frac{3}{2}i\right|$$

この問題の計算を通して、w の条件式には $w\overline{w}$ と w と $\overline{w}$ と定数項しか出てこないことを実感すると、1次分数変換が円円変換の性質を持つことを確認できると思います。

(オ)を具体的な数にした問題は、未知数を置いて方程式を解かなくても簡単に計算できることを知っておくとよいでしょう。

ホップ

問題　3点の移動から求める　(別 p.14)

(1)　1を0に、iを1に、-2を∞に移す1次分数変換を求めよ。

(2)　1を2に、iを$2i$に、-2を3に移す1次分数変換を求めよ。

(1)　$z=1$のとき$w=0$とするために分子に$z-1$、$z=-2$のとき$w=\infty$とするために分母に$z+2$、$z=i$のとき$w=1$とするために定数倍して調整します。すると

$$w=\frac{(z-1)(i+2)}{(z+2)(i-1)}$$

という分数式を作ることができます。$z=1$のとき$w=0$、$z=i$のとき$w=1$、$z=-2$のとき$w=\infty$なので、この式が求める答えです。

(2)　これから紹介する解法を知らなければ、求める1次分数変換を

$$w=\frac{az+b}{cz+d}$$

とおいて、$z=1$のとき$w=2$、$z=i$のとき$w=2i$、$z=-2$のとき$w=3$という値を代入してa、b、c、dに関する3つの条件式を作り、そこからa、b、c、dを求めるところでしょう。ここではテクニカルに式を求めてみます。

zが1、i、-2のときuが0、1、∞となる1次分数変換は(1)より、

$$u=\frac{(z-1)(i+2)}{(z+2)(i-1)} \quad \cdots\cdots①$$

wが2、$2i$、3のときuが0、1、∞となる1次分数変換は、

$$u=\frac{(w-2)(2i-3)}{(w-3)(2i-2)} \quad \cdots\cdots②$$

①、②を等号で結びます。

$$\frac{(z-1)(i+2)}{(z+2)(i-1)}=\frac{(w-2)(2i-3)}{(w-3)(2i-2)}$$

この式は、$z=1$、$w=2$のとき0に、$z=i$、$w=2i$のとき1、$z=-2$、$w=3$のとき∞で等号が成り立っています。

つまり、次のような変換の図式となります。

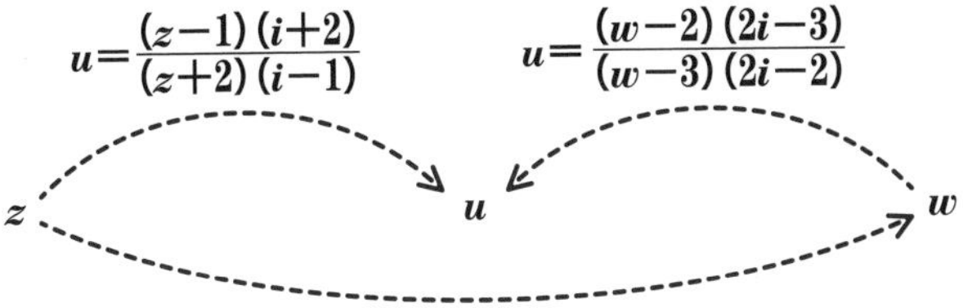

②の $u=\dfrac{(2i-3)w-2(2i-3)}{(2i-2)w-3(2i-2)}$ に対して、公式 1.23（逆変換）を用いると、

$w=\dfrac{-3(2i-2)u+2(2i-3)}{-(2i-2)u+(2i-3)}$ となります。ここに①を代入すると、

$$w=\frac{-3(2i-2)\left(\dfrac{(z-1)(i+2)}{(z+2)(i-1)}\right)+2(2i-3)}{-(2i-2)\left(\dfrac{(z-1)(i+2)}{(z+2)(i-1)}\right)+(2i-3)}=\frac{-6(i+2)(z-1)+2(2i-3)(z+2)}{-2(i+2)(z-1)+(2i-3)(z+2)}$$

$$=\frac{(-6i-12+4i-6)z+6i+12+8i-12}{(-2i-4+2i-3)z+2i+4+4i-6}$$

$$=\frac{(18+2i)z-14i}{7z+2-6i}$$

特別な 1 次分数変換

一般論が分かったところで、1 次分数変換の中で問題にもよく取り上げられる有名な形のものを紹介しましょう。

問題　ケイリー変換

複素数平面上の領域を

$$H=\{z\,|\,\mathrm{Im}z>0\}\qquad D=\{z\,|\,|z|<1\}$$

と定めると、次で表される 1 次分数変換は、H の点を D の点へ移すことを示せ。

$$w=\frac{z-a}{z-\overline{a}}\quad(\mathrm{Im}a>0)$$

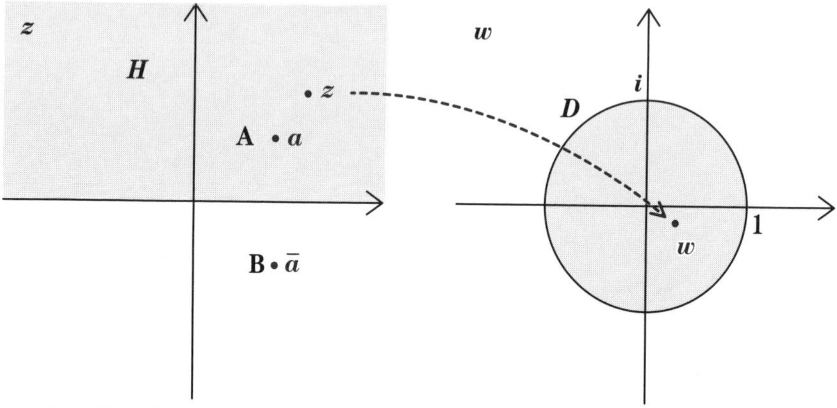

Hを上半平面、Dを単位円板と呼びます。

aと$\overline{a}$の垂直二等分線は実軸になります。A(a)、B($\overline{a}$)とすると、P(z)が実軸上にあるときはAP=BP、P(z)が上半平面にあるときは、AP<BPすなわち$|z-a|<|z-\overline{a}|$が成り立ちます。

zが上半平面Hに含まれる

$\Leftrightarrow \quad |z-a|<|z-\overline{a}|$

$\Leftrightarrow \quad \left|\dfrac{z-a}{z-\overline{\alpha}}\right|=|w|<1$

$\Leftrightarrow \quad w$は単位円板に含まれる

これは逆にたどることもできます。また、$w=\dfrac{z-a}{z-\overline{a}}$を変形して$z=\dfrac{-\overline{a}w+a}{-w+1}$とできるので、写像$w=\dfrac{z-a}{z-\overline{a}}$には逆写像が存在します。よって、この変換は上半平面Hから単位円板Dへの全単射であることが分かります。

この変換は特に$a=i$の場合、**ケイリー変換**と呼ばれています。上半平面Hを単位円板Dに全単射で移し、$z=a$を$w=0$に移す1次分数変換は、もう1つの実数パラメータθを用意して、

$$w=(\cos\theta+i\sin\theta)\frac{z-a}{z-\overline{a}}=e^{i\theta}\left(\frac{z-a}{z-\overline{a}}\right)$$

$\cos\theta+i\sin\theta=e^{i\theta}$となることは定理2.09で

と表されます。

ホップ

問題　単位円板を単位円板に移す 1 次分数変換　（別 p.14）

複素数平面上の領域を

$$D=\{z \mid |z|<1\}$$

と定めると、次で表される 1 次分数変換は、D の点を D の点に移す写像であることを示せ。

$$w=\frac{z-a}{1-\bar{a}z} \quad (|a|<1)$$

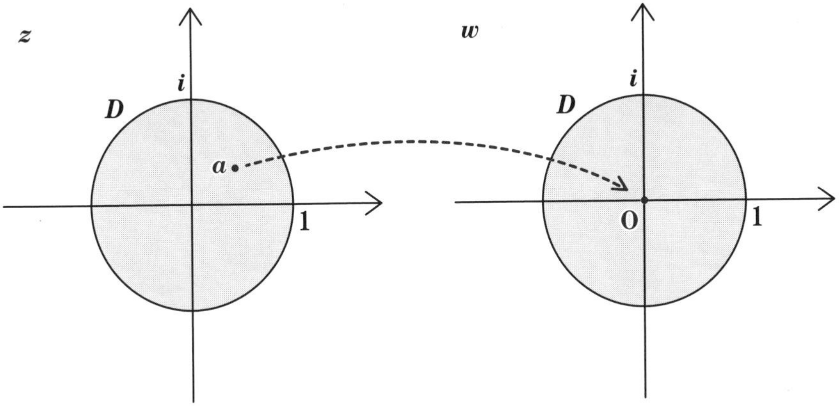

$$|w|<1 \iff \left|\frac{z-a}{1-\bar{a}z}\right|<1 \iff \frac{|z-a|}{|1-\bar{a}z|}<1$$

$$\iff |z-a|<|1-\bar{a}z|$$

$$\iff |z-a|^2<|1-\bar{a}z|^2$$

$$\iff (z-a)(\bar{z}-\bar{a})<(1-\bar{a}z)(1-a\bar{z})$$

$$\iff z\bar{z}-\bar{a}z-a\bar{z}+a\bar{a}<1-\bar{a}z-a\bar{z}+a\bar{a}z\bar{z}$$

$$\iff |z|^2+|a|^2<1+|a|^2|z|^2$$

$$\iff (1-|z|^2)(1-|a|^2)>0$$

問題の条件より、$1-|a|^2>0$

$$\iff 1-|z|^2>0 \iff |z|<1$$

$w=\dfrac{z-a}{1-\bar{a}z}$ は単位円板を単位円板に移し、$z=a$ を $w=0$ に移す 1 次分数変換

の一つです。

$w=\dfrac{z-a}{1-\bar{a}z}$ を変形して $z=\dfrac{w+a}{1+\bar{a}w}$ とできるので、写像 $w=\dfrac{z-a}{1-\bar{a}z}$ には逆写像が存在します。よって、この変換は単位円板 D から単位円板 D への全単射であることが分かります。

単位円板 D を単位円板 D に移し、$z=a$ を $w=0$ に移す1次分数変換は、もう1つの実数パラメータ θ を用意して、

$$w=(\cos\theta+i\sin\theta)\frac{z-a}{1-\bar{a}z}=\left(e^{i\theta}\frac{z-a}{1-\bar{a}z}\right)$$

$\cos\theta+i\sin\theta=e^{i\theta}$ となることは定理 2.09 で

と表されます。

ちなみに、a が単位円板 D の外の点、すなわち $|a|>1$ のときは、上の同値変形の式から分かるように、$w=\dfrac{z-a}{1-\bar{a}z}$ は単位円板 D 内の点を単位円板 D 外の点に移し、単位円板 D 外の点を単位円板 D 内の点に移し換えます。

平面幾何への応用

折角、複素数を複素数平面上の点と同一視したのですから、平面幾何の問題に応用できないであろうかと考えるのは自然なことです。平面幾何への応用は大学で学ぶ複素関数の内容からは遠いかもしれませんが、この節で取り上げておきます。複素数はこんな風にも使えるのだと感心していただけると思います。幾何の問題を2題解いてみましょう。

ホップ

問題　平面幾何への応用　(別 p.16)

下の図は正方形を3個並べた図である。θ、φ を図の角度とするとき、$\theta+\varphi$ の大きさを求めよ。

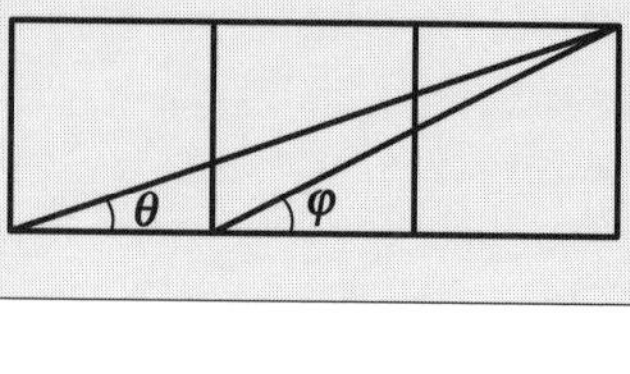

問題の図形を図のように複素数平面上に置いてみましょう。

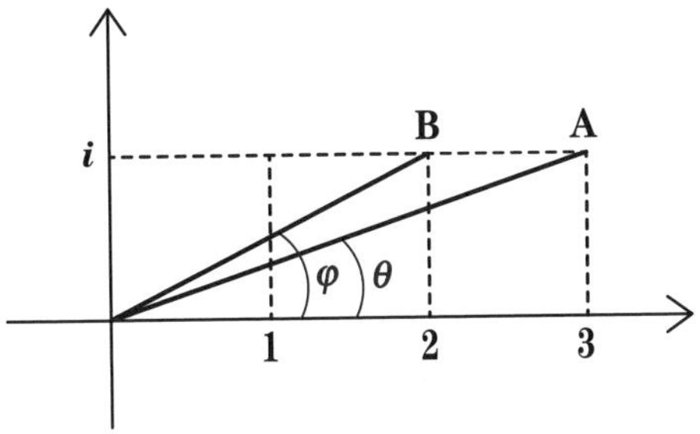

上図でAを表す複素数zは、$z=3+i$です。

$$\mathrm{Arg}z=\theta$$

となります。また、上図でBを表す複素数wは、$w=2+i$で、

$$\mathrm{Arg}w=\varphi$$

となります。θ、φは$\dfrac{\pi}{2}$以下であり、$\theta+\varphi$はπ以下となりますから、

$$\theta+\varphi=\mathrm{Arg}z+\mathrm{Arg}w=\mathrm{Arg}(zw)$$

が成り立ちます。$\theta+\varphi$はzwの偏角に等しくなります。

$$zw=(3+i)(2+i)=6+3i+2i+i^2=5+5i=5\sqrt{2}\left(\cos\frac{\pi}{4}+i\sin\frac{\pi}{4}\right)$$

よって、

$$\theta+\varphi=\mathrm{Arg}(zw)=\frac{\pi}{4}$$

問題　幾何の証明問題への応用　（別 p.16）

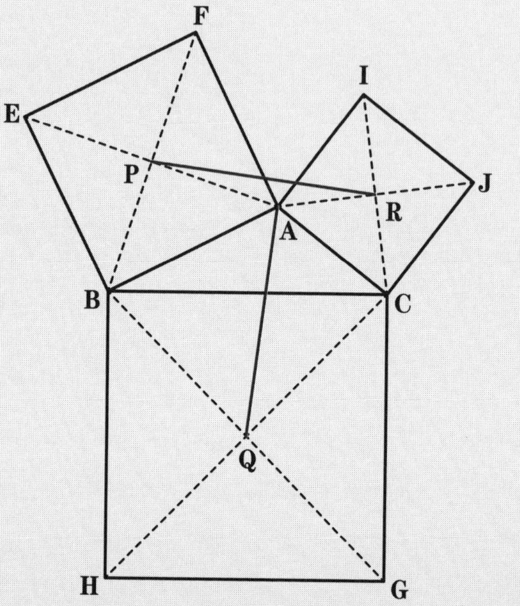

△ABC の外側に正方形 AFEB、正方形 BHGC、正方形 CJIA がある。正方形 AFEB、正方形 BHGC、正方形 CJIA のそれぞれの中心を P、Q、R とするとき、PR＝AQ、PR⊥AQ であることを証明せよ。

A を複素数平面の原点におきます。

各点に対応する複素数を B(b)、C(c)、P(p)、Q(q)、R(r)とします。

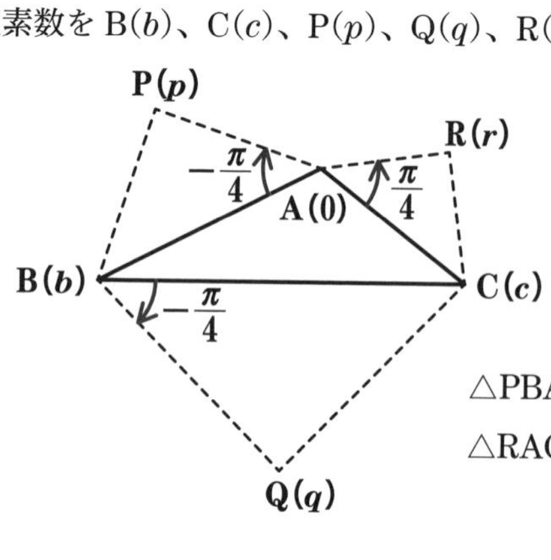

△PBA、△QCB、
△RAC は直角二等辺三角形

p、q、r を b、c を用いて表しましょう。

$\overrightarrow{\mathrm{AP}}$ は $\overrightarrow{\mathrm{AB}}$ を $\left(-\frac{\pi}{4}\right)$ 回転して $\frac{1}{\sqrt{2}}$ 倍したベクトルなので、

$$p=\frac{1}{\sqrt{2}}\left(\cos\left(-\frac{\pi}{4}\right)+i\sin\left(-\frac{\pi}{4}\right)\right)b=\left(\frac{1-i}{2}\right)b$$

$\overrightarrow{\mathrm{AR}}$ は $\overrightarrow{\mathrm{AC}}$ を $\frac{\pi}{4}$ 回転して $\frac{1}{\sqrt{2}}$ 倍したベクトルなので、

$$r=\frac{1}{\sqrt{2}}\left(\cos\frac{\pi}{4}+i\sin\frac{\pi}{4}\right)c=\left(\frac{1+i}{2}\right)c$$

$\overrightarrow{\mathrm{BC}}$ に相当する複素数は $c-b$、$\overrightarrow{\mathrm{BQ}}$ に相当する複素数は $q-b$ です。

$\overrightarrow{\mathrm{BQ}}$ は $\overrightarrow{\mathrm{BC}}$ を $-\frac{\pi}{4}$ 回転して $\frac{1}{\sqrt{2}}$ 倍したベクトルなので

$$q-b=\frac{1}{\sqrt{2}}\left(\cos\left(-\frac{\pi}{4}\right)+i\sin\left(-\frac{\pi}{4}\right)\right)(c-b)$$

$$q=b+\frac{1}{\sqrt{2}}\left(\cos\left(-\frac{\pi}{4}\right)+i\sin\left(-\frac{\pi}{4}\right)\right)(c-b)$$

$$=b+\left(\frac{1-i}{2}\right)(c-b)=\left(\frac{1+i}{2}\right)b+\left(\frac{1-i}{2}\right)c$$

ここで　$i(p-r)$ を計算してみます。

$$i(p-r)=i\left\{\left(\frac{1-i}{2}\right)b-\left(\frac{1+i}{2}\right)c\right\}=\left(\frac{1+i}{2}\right)b+\left(\frac{1-i}{2}\right)c=q$$

i の絶対値は1、偏角は $\frac{\pi}{2}$ ですから、この式は、$\overrightarrow{\mathrm{RP}}$ を $\frac{\pi}{2}$ 回転して1倍すると $\overrightarrow{\mathrm{AQ}}$ になることを示しています。

つまり、PR＝AQ、PR⊥AQ であることが証明できました。

第2章

指数関数・三角関数・対数関数

1 べき級数

ここまで複素関数の例として、z の多項式によって表される関数、1次分数関数を紹介しました。

この章では、指数関数 e^x、a^x、三角関数 $\sin x$、$\cos x$、$\tan x$、双曲線関数 $\sinh x$、$\cosh x$、$\tanh x$、対数関数 $\log x$ について、定義域を複素数の範囲まで拡張していきましょう。

実数の指数関数を複素数に拡張するところから始めます。

その前に、楽屋話をしておきます。複素数の指数関数 e^z を定義するには、大きく分けて3つの方法があります。

[べき級数派]

複素数 z に対して、e^z を次の式で定義する。

$$e^z=\sum_{k=0}^{\infty}\frac{1}{k!}z^k=1+z+\frac{1}{2!}z^2+\frac{1}{3!}z^3+\cdots \qquad \cdots\cdots \text{①}$$

[指数×三角派]

複素数 $z=x+yi$（x、y は実数）に対して、e^z を次の式で定義する。

$$e^z=e^x(\cos y+i\sin y) \qquad \cdots\cdots \text{②}$$

[微分方程式派]

微分方程式 $f(0)=1$、$f'(z)=f(z)$ の解を $f(z)=e^z$ とする。

べき級数派の立場をとって①を定義にすれば②は証明すべき式になり、指数×三角派の立場をとって②を定義にすれば①は証明すべき式になります。

分かりやすいのは②の方かもしれません。計算さえできるようになればよいという人は、実際の計算で繰り返し用いる②の式で指数関数を定義してくれた方が手っ取り早い、というかもしれません。

しかし、この本ではべき級数による指数関数の定義（①）を採用することにしました。

1つめの理由は、指数×三角による指数関数の定義（②）では、なぜこのような定義にしたのか、なぜ唐突に三角関数が出てくるのかが分からないからです。もちろん正しい定義ですから、順序立てて説明すれば、（②）で定義してよいことを納得してもらうことはできます。そのためには、それなりの負担が必要です。

ところで、みなさんは、

$$e^{\pi i}=-1$$

という式を見たことがありますか。自然対数の底 e と円周率 π と虚数単位 i を式のように組み合わせた簡素で美しい式です。この式はオイラーの公式と呼ばれています。

この美しさに魅せられて、この式を理解することを目標とした書籍が何冊も出版されています。中でも、吉田武著『オイラーの贈り物—人類の至宝 $e^{\pi i}=-1$ を学ぶ』がよく読まれています。等式に人類の至宝とは多少大げさな表現ですが、この式から広大な複素関数の世界が始まっていると考えれば、あながち誇張では無く思えます。複素関数は世界を叙述する言葉ですから。

指数×三角による指数関数の定義（②）の式で $x=0$、$y=\pi$ とすれば、

$$e^{0+\pi i}=e^{0}(\cos\pi+i\sin\pi)=1\cdot(-1+i\cdot 0)=-1$$

となりますから、オイラーの公式を容易に導くことができます。このことを以てして、「オイラーの公式を導くのは簡単だよ。定義式に代入すればいいんだよ。」と納得する人もいるでしょう。しかし、借りにも人類の至宝と呼ばれている式を、定義からすぐに導ける式だと思ってほしくないのです（②の定義式で妥当（well-defined）であることを理解したとしても）。これが本書で、べき級数によって指数関数を定義する2つめの理由です。

この節では、指数関数を定義するにあたり、その前提となる知識として、複素数の数列の収束、複素数の級数の収束、べき級数の収束半径を順に解説していきます。実数、実関数のときと比較しながら読んでください。結論からいうと、実数、実関数のときと同様です。先を急ぐ方は、2節　指数関数・三角関数に進んで構いません。

複素関数の数列の定義から確認していきます。

定義 2.01　複素数の数列 $\{z_n\}$ の収束

複素数列 $\{z_n\}$、複素数 α に関して

$$\lim_{n\to\infty}|z_n-\alpha|=0$$

が成り立つとき、$\{z_n\}$ は α に収束するという。

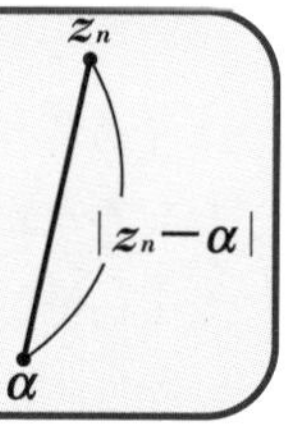

複素数列 $\{z_n\}$ が収束するとき、z_n の実部と z_n の虚部はそれぞれ収束します。

$\{z_n\}$ が $\alpha=a+ib$（a、b は実数）に収束するとき、z_n の実部、z_n の虚部を x_n、y_n とおくと、

$$\lim_{n\to\infty}x_n=a \qquad \lim_{n\to\infty}y_n=b$$

となります。これは、

$$|z_n-\alpha|=\sqrt{(x_n-a)^2+(y_n-b)^2}$$

という式が 0 に近づくときのことを考えればわかるでしょう。

複素数列 $\{z_k\}$ に関する無限和 $\sum_{k=0}^{\infty} z_k$ を**級数**といいます。これは有限部分和 $w_n=\sum_{k=0}^{n} z_k$ を複素数列 $\{w_n\}$ と見たときの極限 $\lim_{n\to\infty} w_n$ のことです。

例えば、$z_k=\left(\frac{i}{2}\right)^k$ とすると、

$$\sum_{k=0}^{\infty} z_k=\sum_{k=0}^{\infty}\left(\frac{i}{2}\right)^k=1+\frac{i}{2}+\left(\frac{i}{2}\right)^2+\left(\frac{i}{2}\right)^3+\cdots \qquad \cdots\cdots①$$

となります。これの有限部分和を

$$w_n=\sum_{k=0}^{n} z_k=1+\frac{i}{2}+\left(\frac{i}{2}\right)^2+\left(\frac{i}{2}\right)^3+\cdots+\left(\frac{i}{2}\right)^n$$

とおくと、

$$\sum_{k=0}^{\infty} z_k=\lim_{n\to\infty} w_n$$

と定義されます。①は複素数の無限等比級数です。無限等比級数の公式は、複素数のときも成り立ち、同様の公式を用いて値を計算することができます。2ページ後で計算します。

複素数の級数 $\sum_{k=0}^{\infty} z_k$ について、次の収束条件が知られています。

定理 2.02　絶対収束

実数列の級数 $\sum_{k=0}^{\infty}|z_k|$ が収束するとき、「複素数列の級数 $\sum_{k=0}^{\infty} z_k$ は絶対収束する」といい、$\sum_{k=0}^{\infty} z_k$ も収束する。

証明は他書を参考にしてください。ここでは収束を実感してみましょう。

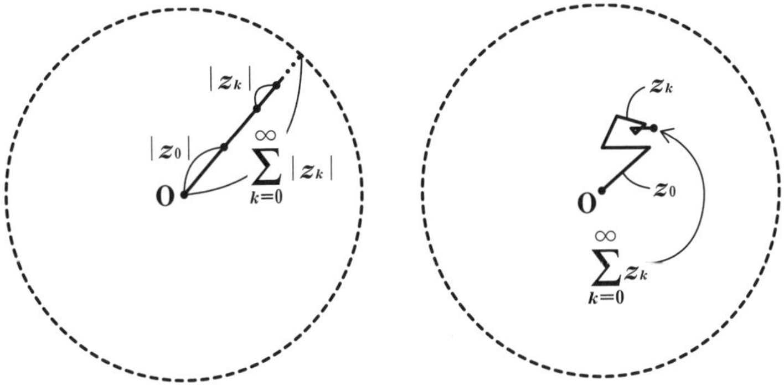

上右図では、折れ線を構成する各線分が z_k に当たります。この折れ線をピーンと伸ばしたのが上左図です。この折れ線が形状記憶合金であると想像しましょう。ピーンと伸ばした長さ $\sum_{k=0}^{\infty}|z_k|$ が有限の値なので、お湯で元の形に戻ると、$\sum_{k=0}^{\infty} z_k$ に対応する点は、O を中心とした半径 $\sum_{k=0}^{\infty}|z_k|$ の中にあると想像できます。

べき級数

複素数の数列 $\{a_k\}$ に対して、

$$\sum_{k=0}^{\infty} a_k z^k = a_0 + a_1 z + a_2 z^2 + \cdots + a_n z^n + \cdots$$

という無限次数多項式を、**0 を中心としたべき級数**または**整級数**といいます。右辺が収束するとき、この式は z の関数になっていることを意識しましょう。

また、これを b だけ平行移動した式、すなわち z を $(z-b)$ に置き換えた式

$$\sum_{k=0}^{\infty} a_k (z-b)^k = a_0 + a_1(z-b) + a_2(z-b)^2 + \cdots + a_n(z-b)^n + \cdots$$

を b を**中心としたべき級数**または**整級数**といいます。

この級数は平行移動しただけですから、べき級数の諸性質を調べる上では0を中心としたべき級数について議論しておけば十分です。

一般にはべき級数が収束するとは限りません。べき級数の収束条件について説明していきましょう。

問題　収束半径

z に関してのべき級数

$$\sum_{k=0}^{\infty} z^k = 1+z+z^2+\cdots+z^n+\cdots$$

は、$|z|<1$ で収束し、$|z|>1$ で発散することを示せ。

これは無限等比数列の和です。実数の場合は経験があるでしょう。複素数の場合もほとんど同じです。

第 n 項までの和を計算し、$n\to\infty$ とします。第 n 項までの和は

$$\sum_{k=0}^{n} z^k = 1+z+z^2+\cdots+z^n = \frac{1-z^{n+1}}{1-z}$$

となります。実数の無限等比数列の和の公式から、収束するのであれば収束値は $\dfrac{1}{1-z}$ と予想されますから、これとの差を取ります。

$$\left|\frac{1}{1-z}-\frac{1-z^{n+1}}{1-z}\right| = \left|\frac{z^{n+1}}{1-z}\right| = \frac{|z|^{n+1}}{|1-z|} \quad \cdots\cdots①$$

$|z|<1$ のとき、$n\to\infty$ でこの式は0に収束します。つまり、

$$\frac{1}{1-z} = 1+z+z^2+\cdots+z^n+\cdots$$

が成り立ちます。

$|z|>1$ のとき、n を大きくすることで、$\dfrac{1}{1-z}$ と $\displaystyle\sum_{k=0}^{n} z^k$ の差の絶対値（①）をいくらでも大きくすることができますから、$\displaystyle\sum_{k=0}^{n} z^k$ は $n\to\infty$ で発散します。

まとめると、原点を中心とする半径1の円Cの内部で収束し、外部で発散します。この場合の円Cを収束円といます。半径の1は収束円の半径なので、**収束半径**といいます。

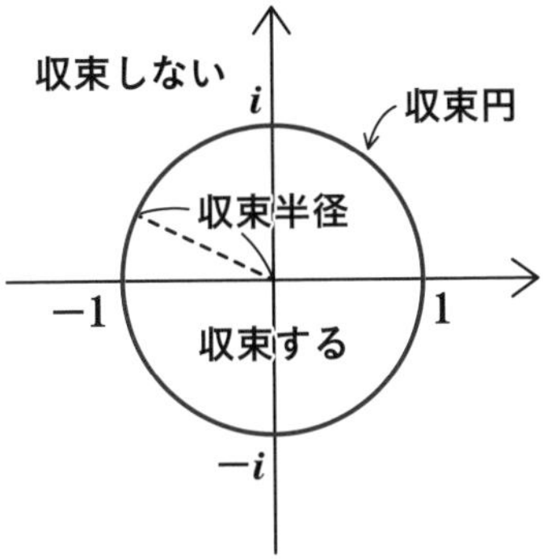

実関数のときも収束半径と呼びましたが、円でもないのになぜ半径というのかと疑問に思っていた方もいるでしょう。複素数の場合は文字通り円の半径ですから納得感があります。

実は、一般のべき級数の場合であっても収束する領域と発散する領域を分けるのは常に円なのです。楕円や三角形であることはありません。この事実は私にとっては不思議な現象なのですが、みなさんはどう思われましたか。

収束する領域が円でなくてもっと融通が利けばべき級数はもっと使えるのになあと思います。この収束円の存在がべき級数すなわち、解析関数の桎梏《しっこく》でもあるのです。

べき級数の係数から収束半径を求める公式を紹介しましょう。公式には実関数のときと同じように、ダランベールの公式とコーシー・アダマールの公式の2つがあります。どちらで計算しても同じ結果が得られます。

定理 2.03　収束半径の公式（ダランベールの公式）

係数が 0 でないべき級数 $\sum_{k=0}^{\infty} a_k z^k$ について、R を

$$R=\frac{1}{\displaystyle\lim_{k\to\infty}\left|\frac{a_{k+1}}{a_k}\right|}$$

とおくと、べき級数は $|z|<R$ で収束し、$|z|>R$ で発散する。ただし、分母が 0 に収束するときは $R=+\infty$、分母が発散するときは $R=0$ と解釈する。

さっそく $\frac{1}{1-z}$ のべき級数（p.86 の問題の右辺）で定理を応用してみましょう。

$\frac{1}{1-z}$ のべき級数の k 次の係数を a_k とすると、$a_k=1$ なので、$R=1$ となり収束半径は 1 になります。問題の結果と対応しています。

厳密な証明ではありませんが、なぜ成り立つかをざっくり解説しておきましょう。

k が十分に大きいところでは、$|a_{k+1}| \fallingdotseq \frac{1}{R}|a_k|$ が成り立ちますから、十分に大きい n に対しては、

$$|a_{n+l}| \fallingdotseq |a_n|\left(\frac{1}{R}\right)^l$$

$$|a_{n+l}z^{n+l}| \fallingdotseq \left|a_n z^n\left(\frac{z}{R}\right)^l\right| = |a_n z^n|\left(\frac{|z|}{R}\right)^l \quad (l=0,\ 1,\ 2,\ \cdots)$$

$|z|<R$ であれば、$\frac{|z|}{R}$ は 1 より小さくなります。

$|z|<R$ を満たす z を取れば、十分大きい n から先では、公比の絶対値が 1 より小さい無限等比級数と見なせるので、べき級数は収束するというわけです。

ダランベールの公式では、$a_n \neq 0$ でない場合しか収束半径を求めることができません（工夫をすれば求められる場合もあります）。$\cos z$，$\sin z$ のべき級数（定義式）では、係数が 0 になることがありますから、ダランベールの公式は使えません。こんなときでも使えるのがコーシー・アダマールの公式です。

定理 2.04　収束半径の公式（コーシー・アダマールの公式）

べき級数 $\displaystyle\sum_{k=0}^{\infty} a_k z^k$ について、R を

$$R=\frac{1}{\displaystyle\varlimsup_{k\to\infty}\sqrt[k]{|a_k|}}$$

とおくと、べき級数は $|z|<R$ で収束し、$|z|>R$ で発散する。ただし、分母が 0 に収束するときは $R=+\infty$、分母が発散するときは $R=0$ と解釈する。

$\varlimsup$ という記号は、高校では習わないので説明しておきましょう。この記号は**上極限**といいます。

普通の極限では、数列のすべての項が収束値に近づいていくイメージですが、上極限の場合は、項の中で値の大きいもの（上のもの）だけに着目したときの極限を表します。

下図で表されるような数列は、普通の極限は存在しませんが、上極限は存在します。

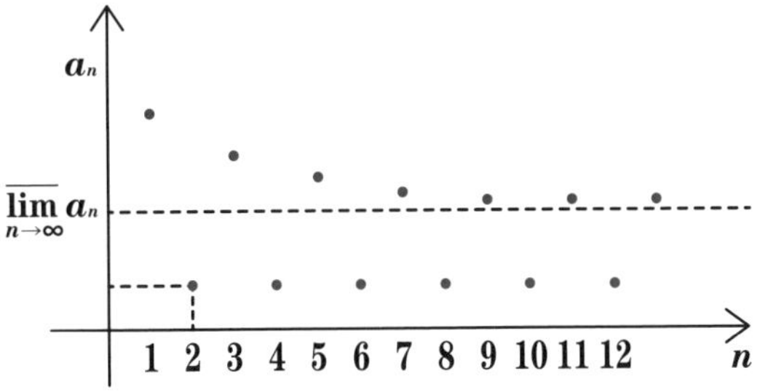

上極限の便利なところは、有界な数列であれば、どんな数列であっても収束値が存在するところです。上極限の定義をきちんと書くと、次のようになります。

$$\overline{\lim_{n\to\infty}} a_n = \lim_{n\to\infty}(\sup_{k\geqq n} a_k)$$

$\sup_{k\geqq n} a_k$ は、「数列の第 n 項以降のどれよりも大きいか同じ数」のうち最小の数です。有界な数列であれば、「数列の第 n 項以降のどれよりも大きいか同じ数」というのは、図のような範囲になります。その範囲の最小の数を ρ とすると、

$$a_k \leqq \rho \quad (k \geqq n)$$

が成り立ちます。下図のようなイメージになります。

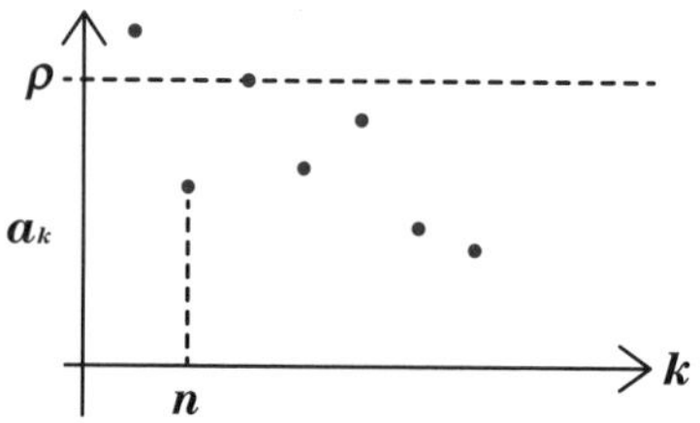

最大値がある場合

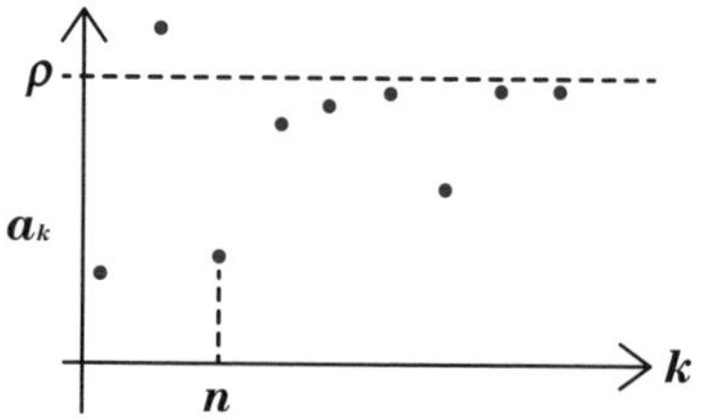

最大値がない場合

$a_k(k\geqq n)$の中に最大値があれば $\sup_{k\geqq n} a_k$ は最大値になりますし、最大値がないときは、「すべての $a_k(k\geqq n)$ より大きい実数の集合」が最小値をもち、その数になります。

$\sup_{k\geqq n} a_k$ と $\sup_{k\geqq n+1} a_k$ を比べると、前者の方が１項分多く条件が付きますから、

$$\sup_{k\geqq n} a_k \geqq \sup_{k\geqq n+1} a_k$$

となります。すなわち、$\{\sup_{k\geqq n} a_k\}$ は単調減少する数列になります。$\{a_n\}$ が有界のとき、$\{\sup_{k\geqq n} a_k\}$ は有界な単調数列になりますから、有界単調数列の収束定理により上極限が存在することが分かります。

2 指数関数・三角関数

前章では、ここまで複素関数の例として、z の多項式によって表される関数、1 次分数関数を紹介しました。

指数関数、三角関数を複素数にまで拡張するには、実数の微分積分で学習した関数のべき**マクローリン展開**（無限次数の多項式で表すこと）を用います。

指数関数

さっそく複素数の指数関数を定義したいところですが、実数と複素数の違いを確認する意味で、指数関数 $y=a^x$ の作り方、自然対数の底 e の定義から復習しておきます。

定義域を実数とする指数関数 $y=a^x(a>0,\ a\neq1)$ の作り方から始めます。

正の数 a に対して、a^2、a^3、a^{-1}、a^{-2} など a の整数べき乗 a^n の値が決まります。

次に、a^n の m 乗根を取ることで a の有理数乗 $a^{\frac{n}{m}}$ の値が決まります。

任意の実数は有理数の数列の極限として表すことができます。実数 α に収束する有理数列を $\{\alpha_n\}$ とすると、a の実数乗 a^α は a の有理数乗 a^{α_n} の極限として決まります。

こうして作った指数関数 $y=a^x$ は、連続関数であり、単調関数であり、指数法則を満たすことが証明できます。

ここで指数関数を用いて、自然対数の底 e を次のように定義します。

定義 2.05　自然対数の底 e

$$\lim_{t\to 0}(1+t)^{\frac{1}{t}}$$

を e とおき、自然対数の底という。

e の値を実際に求めてみると、

$$e=2.718281\cdots$$

となります。e は無理数であることが知られています。上の式が収束することの証明は他書で調べてみてください。

指数関数 $y=a^x$ は単調性を持ちますから、逆関数を定義することができます。ご存じの通り、対数関数 $y=\log_a x$ です。この対数関数を用いて、

$$\lim_{h\to 0}\frac{a^h-1}{h}$$

を求めてみましょう。$h=\log_a(1+t)$ とおくと、$a^h-1=(1+t)-1=t$ ですから、

$$\lim_{h\to 0}\frac{a^h-1}{h}=\lim_{t\to 0}\frac{t}{\log_a(1+t)}=\lim_{t\to 0}\frac{1}{\log_a(1+t)^{\frac{1}{t}}}=\frac{1}{\log_a e}=\log_e a=\log a$$

これを用いると $y=a^x$ の導関数を求めることができます。導関数の定義式

$$f'(x)=\lim_{h\to 0}\frac{f(x+h)-f(x)}{h}$$

に $f(x)=a^x$ を代入すると、

$$(a^x)'=\lim_{h\to 0}\frac{a^{x+h}-a^x}{h}=\lim_{h\to 0}a^x\left(\frac{a^h-1}{h}\right)=(\log a)a^x$$

$a=e$ のとき、$\log a=1$ ですから、

$$(e^x)'=e^x$$

となります。e^x は実数全体で無限回微分可能な関数です。

テイラーの定理（『1冊でマスター 大学の微分積分』、p.171参照）によれば、0を含む区間［a, b］で無限回微分可能な関数 $f(x)$ は、$a<x<b$ のとき、各 n に対して0と x の間に c をうまくとり、

$$f(x)=f(0)+f'(0)x+\frac{f^{(2)}(0)}{2!}x^2+\cdots+\frac{f^{(n-1)}(0)}{(n-1)!}x^{n-1}+\frac{f^{(n)}(c)}{n!}x^n \qquad (a<x<b)$$

とすることができます。c は n に依存しています。$n \to \infty$ で、$\dfrac{f^{(n)}(c)}{n!}x^n$ が0に収束するとき、$f(x)$は収束します。

$$f(x)=f(0)+f'(0)x+\frac{f^{(2)}(0)}{2!}x^2+\cdots+\frac{f^{(n)}(0)}{n!}x^n+\cdots$$

と無限次の多項式で表されるとき、これをマクローリン展開と呼ぶのでした。

実関数の微積分において、e^x、$\sin x$、$\cos x$、$\log(1+x)$はマクローリン展開できることが知られていて、まとめておくと次のようになります。

$$e^x=1+x+\frac{1}{2!}x^2+\cdots+\frac{1}{n!}x^n+\cdots \qquad (-\infty<x<\infty)$$

$$\sin x=x-\frac{1}{3!}x^3+\frac{1}{5!}x^5-\cdots+\frac{(-1)^n}{(2n+1)!}x^{2n+1}+\cdots \qquad (-\infty<x<\infty)$$

$$\cos x=1-\frac{1}{2!}x^2+\frac{1}{4!}x^4-\cdots+\frac{(-1)^n}{(2n)!}x^{2n}+\cdots \qquad (-\infty<x<\infty)$$

$$\log(1+x)=x-\frac{1}{2}x^2+\frac{1}{3}x^3-\cdots+\frac{(-1)^{n-1}}{n}x^n+\cdots \qquad (-1<x\leqq 1)$$

[これらのマクローリン展開の求め方]

上の式は実数で成り立つ式ですが、これらの x に複素数 z を代入することで、複素数の指数関数、三角関数を定義します。右辺はカッコで書かれた範囲の実数のとき収束するのですが、複素数の場合でもうまく収束してくれるのです。

e^x のマクローリン展開の式を用いて複素数 z に対して e^z を定義します。

定義 2.06　複素数の指数関数

z に対して、e^z を次の式で定義する。

$$e^z=\sum_{k=0}^{\infty}\frac{1}{k!}z^k=1+z+\frac{1}{2!}z^2+\cdots+\frac{1}{n!}z^n+\cdots$$

z が実数のときは実数のマクローリン展開の式になりますから、この式で複素数の指数関数の定義をすると、実数のときと矛盾することなく複素数に拡張していることになります。

定義のべき級数が収束することを確認しておきましょう。

e^z の定義式の k 次の係数を a_k とすると、$a_k=\dfrac{1}{k!}$ ですから、定理 2.03 より、

$$R=\frac{1}{\displaystyle\lim_{k\to\infty}\left|\frac{a_{k+1}}{a_k}\right|}=\frac{1}{\displaystyle\lim_{k\to\infty}\left|\frac{k!}{(k+1)!}\right|}=\frac{1}{\displaystyle\lim_{k\to\infty}\frac{1}{k+1}}=\infty$$

収束半径は ∞ になります。これは $\mathbb{C}$ 上の任意の z で e^z のべき級数が収束することに対応しています。

ちなみに、三角関数のマクローリン展開の式はこの本では証明すべき式として扱いますが、これが定義の式であるとする数学的に厳密な立場もあります。しかし、応用を目的とする人は気にしなくてよいところです。

e^x のマクロリーン展開の式は実数 x だけでなく複素数に関しても収束する性質のよい式であることが上で確かめられました。

余談になりますが、このべき級数表示の z を行列 A にしても収束するというのですからなお興味深いです。すなわち、行列 A にも指数関数 e^A が存在するのです。e^z のべき級数表示は、私にとって自然の神秘を感じる式の 1 つです。

さて、指数関数の複素数の値までたどり着くことができました。次に確かめたいのは、指数法則です。実数の指数関数では、$e^{x+y}=e^xe^y$ が成り立っていました。x、y が複素数になっても、この式が成り立つことを確かめましょう。

定理 2.07　e^z の指数法則

任意の複素数 z、w に対して、

$$e^{z+w}=e^ze^w$$

が成り立つ。

等式が成り立つ理由を味わってみましょう。

左辺は、

$$e^{z+w}=1+(z+w)+\frac{1}{2!}(z+w)^2+\frac{1}{3!}(z+w)^3+\frac{1}{4!}(z+w)^4+\cdots\cdots \qquad \cdots\cdots①$$

右辺は、

$$e^ze^w=\left(1+z+\frac{1}{2!}z^2+\frac{1}{3!}z^3+\frac{1}{4!}z^4+\cdots\cdots\right)\times\left(1+w+\frac{1}{2!}w^2+\frac{1}{3!}w^3+\frac{1}{4!}w^4+\cdots\cdots\right)\cdots\cdots②$$

となります。②を展開したとき、4次になる項を書き出してみると、

$$\frac{1}{4!}z^4+\frac{1}{3!}z^3\cdot w+\frac{1}{2!}z^2\cdot\frac{1}{2!}w^2+z\cdot\frac{1}{3!}w^3+\frac{1}{4!}w^4$$

$$=\frac{1}{4!0!}z^4+\frac{1}{3!1!}z^3w+\frac{1}{2!2!}z^2w^2+\frac{1}{1!3!}zw^3+\frac{1}{0!4!}w^4$$

$$=\frac{1}{4!}\left(\frac{4!}{4!0!}z^4+\frac{4!}{3!1!}z^3w+\frac{4!}{2!2!}z^2w^2+\frac{4!}{1!3!}zw^3+\frac{4!}{0!4!}w^4\right)$$

$$=\frac{1}{4!}({}_4\mathrm{C}_0z^4+{}_4\mathrm{C}_1z^3w+{}_4\mathrm{C}_2z^2w^2+{}_4\mathrm{C}_3zw^3+{}_4\mathrm{C}_4w^4)$$

二項定理を用いて

$$=\frac{1}{4!}(z+w)^4$$

となり、①の4次の項に一致します。n次の場合でも展開した式を二項定理によってまとめると①のn次の項になります。だから、定理の等式が成り立つのです。

厳密なことを言うと、一般には無限級数の項の順序を入れ換えたとき、級数の値がもとの級数の値と一致するかどうかは保証されません。しかし、絶対収束するときは項を入れ換えても級数の値は変わらないという定理があるので入れ換えても構いません。上の説明を一般の式にすれば、きちんとした証明を書くことができます。

ところで、実数の指数法則では、$a^{x+y}=a^x\times a^y$、$a^{xy}=(a^x)^y$が成り立っていました。それならば、$e^{zw}=(e^z)^w$も成り立つだろうと予想するかもしれませんが、一般には成り立ちません。右辺は複素数の複素数乗になっていますから、そう簡単ではないのです。先に進んでから論じましょう。

三角関数

前の節で、指数関数の方は、e の定義から始めて、e の複素数乗まで破綻なく定義できました。同様に三角関数の方も実数の三角関数 $\cos x$、$\sin x$ のマクローリン展開

$$\cos x=\sum_{k=0}^{\infty}\frac{(-1)^k}{(2k)!}x^{2k}=1-\frac{1}{2!}x^2+\frac{1}{4!}x^4-\cdots+\frac{(-1)^n}{(2n)!}x^{2n}+\cdots$$

$$\sin x=\sum_{k=0}^{\infty}\frac{(-1)^k}{(2k+1)!}x^{2k+1}=x-\frac{1}{3!}x^3+\frac{1}{5!}x^5-\cdots+\frac{(-1)^n}{(2n+1)!}x^{2n+1}+\cdots$$

を用いて複素数の三角関数を作ります。この式の実数 x を複素数 z に置き換えて、$\cos z$、$\sin z$ を定義します。

定義 2.08　複素数の三角関数

複素数 z に対して、$\cos z$、$\sin z$ を次の式で定義する。

$$\cos z=\sum_{k=0}^{\infty}\frac{(-1)^k}{(2k)!}z^{2k}=1-\frac{1}{2!}z^2+\frac{1}{4!}z^4-\cdots+\frac{(-1)^n}{(2n)!}z^{2n}+\cdots$$

$$\sin z=\sum_{k=0}^{\infty}\frac{(-1)^k}{(2k+1)!}z^{2k+1}=z-\frac{1}{3!}z^3+\frac{1}{5!}z^5-\cdots+\frac{(-1)^n}{(2n+1)!}z^{2n+1}+\cdots$$

$\cos z$ の定義式が任意の複素数 z に対して収束することを確認してみましょう。

各項の絶対値を取って、第 $(n+1)$ 項までの和を取り直すと、

$$\sum_{k=0}^{n}\left|\frac{(-1)^k}{(2k)!}z^{2k}\right|=\sum_{k=0}^{n}\frac{1}{(2k)!}|z|^{2k}\leqq\sum_{k=0}^{\infty}\frac{1}{k!}|z|^{k}=e^{|z|}$$

となります。これは z を止めるごとに左辺が上から抑えられた形の式になっています。定理 2.02 より、$\cos z$ の定義式が収束することが分かります。コーシー・アダマールの公式を用いても確認することができます。$\cos z$ の定義式は、a_k を

$$a_k=\begin{cases}(-1)^m\dfrac{1}{(2m)!} & (k=2m,\ m=0,\ 1,\ 2,\ \cdots)\\[2ex] 0 & (k=2m+1,\ m=0,\ 1,\ 2,\ \cdots)\end{cases}$$

としたときのべき級数 $\sum\limits_{k=0}^{\infty} a_k z^k$ です。コーシー・アダマールの公式を使うために、

$$\varlimsup_{k\to\infty}\sqrt[k]{|a_k|}$$

を計算します。

$$(2m)!\geqq\underbrace{2m\cdot(2m-1)\cdot\cdots\cdot(m+1)}_{\text{各項は } m \text{ より大きい}}\cdot\underbrace{m\cdot(m-1)\cdot\cdots\cdot1}_{\text{各項は 1 以上}}$$

$$\geqq m\cdot m\cdot\cdots\cdot m\cdot1\cdot1\cdot\cdots\cdot1\geqq m^m$$

これを用いて、

$$\sqrt[2m]{|a_{2m}|}=\sqrt[2m]{\left|(-1)^m\frac{1}{(2m)!}\right|}=\sqrt[2m]{\frac{1}{(2m)!}}\leqq\sqrt[2m]{\frac{1}{m^m}}=\frac{1}{\sqrt{m}}\to0\ (m\to\infty)$$

ですから、

$$\varlimsup_{k\to\infty}\sqrt[k]{|a_k|}=\lim_{m\to\infty}\sqrt[2m]{|a_{2m}|}=0$$

したがって、コーシー・アダマールの公式により、$R=\infty$

($\cos z$ の定義式のべき級数は全複素数平面 $\mathbb{C}$ で収束します。)

e^z も $\cos z$、$\sin z$ も定義式の級数に出てくる項は、$\dfrac{1}{k!}z^k$ ですから、互いに関係がありそうです。次のような式が成り立ちます。

定理 2.09　指数関数と三角関数の関係

任意の複素数 z に対して次が成り立つ。

(1)　$e^{iz}=\cos z+i\sin z$

(2)　$\cos z=\dfrac{e^{iz}+e^{-iz}}{2}$、$\sin z=\dfrac{e^{iz}-e^{-iz}}{2i}$

定理の証明をしておきます。

［証明］(1)　$e^{iz}=\sum_{k=0}^{\infty}\frac{1}{k!}(zi)^k$

$$=1+zi+\frac{1}{2!}(zi)^2+\frac{1}{3!}(zi)^3+\frac{1}{4!}(zi)^4+\frac{1}{5!}(zi)^5+\cdots$$

$$=\left(1+\frac{1}{2!}(zi)^2+\frac{1}{4!}(zi)^4+\cdots\right)+\left(zi+\frac{1}{3!}(zi)^3+\frac{1}{5!}(zi)^5+\cdots\right)$$

［級数が絶対収束するとき、項の順序を入れ換えてよいという定理があり、それを用いています。］

$$=\left(1-\frac{1}{2!}z^2+\frac{1}{4!}z^4-\cdots\right)+i\left(z-\frac{1}{3!}z^3+\frac{1}{5!}z^5-\cdots\right)$$

$$=\sum_{k=0}^{\infty}\frac{(-1)^k}{(2k)!}z^{2k}+i\sum_{k=0}^{\infty}\frac{(-1)^k}{(2k+1)!}z^{2k+1}=\cos z+i\sin z$$

すなわち、

$$e^{iz}=\cos z+i\sin z \qquad \cdots\cdots①$$

(2)　$e^{iz}=\sum_{k=0}^{\infty}\frac{1}{k!}(zi)^k$　と　$e^{-iz}=\sum_{k=0}^{\infty}\frac{1}{k!}(-zi)^k$

を比べると、k が奇数のとき後者の項は前者の項の（-1）倍になりますから、奇数乗の項の和である $\sin z$ の部分が（-1）倍になり、

$$e^{-iz}=\cos z-i\sin z \quad \cdots\cdots②$$

となります。①、②の 2 式より、

$$\cos z=\frac{e^{iz}+e^{-iz}}{2}、\sin z=\frac{e^{iz}-e^{-iz}}{2i}$$

となります。　　　　　　　　　　　　　　　　　　　　［証明終わり］

ここで、この定理の z が任意の複素数であることを強調しておきます。というのも、具体的な計算では（1）の z が実数の場合を用いることが多いからです。z が実数であれば、$\cos z$、$\sin z$ も実数の三角関数となります。

$z=\theta$（実数）のとき、

$$e^{i\theta}=\cos\theta+i\sin\theta$$

の $\cos\theta$、$\sin\theta$ が実数となるので、$e^{i\theta}$ の実部は $\cos\theta$、虚部は $\sin\theta$ となります。定理 2.09（1）は、z が実数のときオイラーの公式として知られています。

定理 2.10　オイラーの公式

θ が実数のとき、$e^{i\theta}=\cos\theta+i\sin\theta$

$e^{i\theta}$ の実部は $\cos\theta$、虚部は $\sin\theta$、また　$|e^{i\theta}|=1$

e^z を具体的に計算するときは、z を実部と虚部に分け、虚部はオイラーの公式をもとに計算します。まとめておくと、次のようになります。

公式 2.11　e^z

(1)　$z=x+yi$（x、y は実数）のとき、

$$e^z=e^{x+yi}=e^x(\cos y+i\sin y)$$

(2)　e^z の絶対値は $e^{\mathrm{Re}z}$、偏角は $\mathrm{Im}z$

(3)　$e^z\neq 0$

(4)　$\overline{e^z}=e^{\overline{z}}$

［証明］　(1)、(2)　$e^z=e^{x+yi}=e^xe^{yi}=e^x(\cos y+i\sin y)$

定理 2.07　定理 2.09

で、x、y が実数であることに注意すると、この式は極形式表示になっていますから、e^z の絶対値は $e^x=e^{\mathrm{Re}z}$、e^z の偏角は $y=\mathrm{Im}z$ です。

(3)　$e^x>0$ であり、$\cos y$、$\sin y$ は同時に 0 にならないので、

$$e^z=e^x(\cos y+i\sin y)\neq 0$$

(4)　$\overline{e^z}=\overline{e^x(\cos y+i\sin y)}=\overline{e^x}\ \overline{(\cos y+i\sin y)}=e^x(\cos y-i\sin y)$

(1)　公式 1.05 (iii)

$$e^{\overline{z}}=e^{\overline{x+yi}}=e^{x-yi}=e^{x+(-y)i}=e^x\{\cos(-y)+i\sin(-y)\}=e^x(\cos y-i\sin y)$$

［証明終わり］

公式 2.11 (1) から、

$$e^{z+2n\pi i}=e^z\{\cos(2n\pi)+i\sin(2n\pi)\}=e^z \qquad (n\text{ は整数})$$

$$e^{z+2n\pi i}=e^z \qquad (n\text{ は整数})$$

が導かれます。この式は、

複素数の指数関数 e^z は周期 $2\pi i$ を持つ周期関数である

ということを示しています。

増加率が増している数列について、「指数関数的に増大する」などと無邪気に表現することがありますが、周期性を持つ複素数の指数関数を学んでしまった今となっては違和感を持つことでしょう。それだけ成長したということです。

具体的な計算をしてみましょう。

ホップ　問題　e の計算　（別 p.20）

次の複素数の実部、虚部を求めよ。

(1)　e^{3+2i}

(2)　$e^{\log 4-\frac{\pi}{3}i}$

(1)　$e^{3+2i}=e^3e^{2i}=e^3(\cos 2+i\sin 2)$

より、実部は $e^3\cos 2$、虚部は $e^3\sin 2$ です。

公式 2.11 (1)
x、y が実数のとき、
$e^{x+yi}=e^x(\cos y+i\sin y)$

(2)　$e^{\log 4-\frac{\pi}{3}i}=e^{\log 4}e^{-\frac{\pi}{3}i}$

$$=e^{\log 4}\left\{\cos\left(-\frac{\pi}{3}\right)+i\sin\left(-\frac{\pi}{3}\right)\right\}$$

$$=4\left(\frac{1}{2}-\frac{\sqrt{3}}{2}i\right)=2-2\sqrt{3}\,i$$

複素数の tan は、実関数のときに成り立つ式、

$$\tan z=\frac{\sin z}{\cos z}$$

によって定義します。

実数の三角関数には多くの公式がありました。それらは、複素数に拡張した三角関数でも成り立ちます。三角関数の加法定理を示すことができます。

公式 2.12　−1 倍、周期、加法定理、三平方の定理

任意の複素数 z、w に関して次が成り立つ。

(1)　$\cos(-z)=\cos z$　$\sin(-z)=-\sin z$　$\tan(-z)=-\tan z$

(2)　$\cos(z+2n\pi)=\cos z$　$\sin(z+2n\pi)=\sin z$　$\tan(z+n\pi)=\tan z$

（n は整数）

(3)　$\cos(z+w)=\cos z\cos w-\sin z\sin w$

$\sin(z+w)=\sin z\cos w+\cos z\sin w$

$$\tan(z+w)=\frac{\tan z+\tan w}{1-\tan z\tan w}$$

(4)　$\cos^2 z+\sin^2 z=1$

［証明］(1)　これらはべき級数の式（定義 2.08）に代入するとすぐに分かります。

cos の各項は偶数乗なので z を $-z$ に変えても変わらず、sin の各項は奇数乗なので、z を $-z$ に変えると符号が反転します。

(2)　e^z の周期性に還元されます。

$$\cos(z+2n\pi)=\frac{e^{(z+2n\pi)i}+e^{-(z+2n\pi)i}}{2}=\frac{e^{zi+2n\pi i}+e^{-zi-2n\pi i}}{2}=\frac{e^{zi}+e^{-zi}}{2}=\cos z$$

次の、cos、sin の加法定理で $w=2n\pi$（n は整数）とおいても示すことができます。

(3)　cos の加法定理を示しましょう。

$$\cos z\cos w-\sin z\sin w=\left(\frac{e^{iz}+e^{-iz}}{2}\right)\left(\frac{e^{iw}+e^{-iw}}{2}\right)-\left(\frac{e^{iz}-e^{-iz}}{2i}\right)\left(\frac{e^{iw}-e^{-iw}}{2i}\right)$$

$$=\frac{e^{i(z+w)}+e^{i(z-w)}+e^{i(-z+w)}+e^{-i(z+w)}}{4}+\frac{e^{i(z+w)}-e^{i(z-w)}-e^{i(-z+w)}+e^{-i(z+w)}}{4}$$

$$=\frac{e^{i(z+w)}+e^{-i(z+w)}}{2}=\cos(z+w)$$

$\sin(z+w)$の加法定理も同様に示せます。実関数のときの tan の加法定理は、cos、sin の加法定理から導きましたから、複素関数の cos、sin の加法定理が示せたので、tan の加法定理も示せたことになります。

(4)　cos の加法定理で $w=-z$ とすると、

$\cos(z-z)=\cos z\cos(-z)-\sin z\sin(-z)$　　$\cos 0=\cos z\cos z-\sin z(-\sin z)$

$1=\cos^2 z+\sin^2 z$

［証明終わり］

sin$z$、cos$z$ の零点

多くの公式を掲げましたが、基本である $\cos z$、$\sin z$、$\tan z$ の値を与えて z を求める問題を解いていませんでした。ただ、a が一般のときの $\cos z=a$ を満たす z を求めるのは今の段階では無理なので、$a=0$ のときについて解いてみましょう。

$f(z)=0$ を満たす z を $f(z)$ の零点と呼びます。

問題

sin$z$ の零点を求めよ。

$z=x+yi$　(x、y は実数) のとき、

$$\sin z=\frac{e^{(x+yi)i}-e^{-(x+yi)i}}{2i}=\frac{1}{2i}(e^{-y+xi}-e^{y-xi})$$

$$=\frac{1}{2i}\{e^{-y}(\cos x+i\sin x)-e^{y}(\cos x-i\sin x)\}$$　公式 2.12 (1)

$$=-\frac{i}{2}(e^{-y}-e^{y})\cos x+\frac{1}{2}(e^{-y}+e^{y})\sin x$$

これが 0 であるためには、

$(e^{-y}-e^{y})\cos x=0$　…①　かつ　$(e^{-y}+e^{y})\sin x=0$　…②

$e^{-y}+e^{y}>0$ であり、②より、$\sin x=0$　　$x=n\pi$

このとき、①は、

$(e^{-y}-e^{y})(-1)^n=0$　　$1-e^{2y}=0$　　$2y=0$　　$y=0$

結局、$\sin z=0$ となるのは、$z=n\pi$ (n は整数) のときです。

同様に $\cos z$ の零点も計算することができます。$\sin z$ のときと一緒にまとめておくと、

$$\sin z = 0 \quad \Leftrightarrow \quad z = n\pi \qquad (n \text{ は整数})$$

$$\cos z = 0 \quad \Leftrightarrow \quad z = \frac{\pi}{2} + n\pi \qquad (n \text{ は整数})$$

結局、零点に関しては実関数のときと同じです。

ここまで複素数の三角関数が実関数の三角関数と類似している点ばかりを述べてきました。しかし、もちろん異なる点もあります。それは、$|\cos z|$、$|\sin z|$ が 1 以下になるとは限らない点です（Web 補足）。

双曲線関数

実関数では、$\cosh x$（ハイパボリックコサイン）、$\sinh x$（ハイパボリックサイン）といった双曲線関数がありました。これらは指数関数 e^x をもとに定義されていましたから、複素数の指数関数 e^z を用いて複素関数に拡張されます。実関数のときと同様の公式が成り立ちます。

定義 2.13　複素数の双曲線関数

$$\cosh z = \frac{e^z + e^{-z}}{2} \qquad \sinh z = \frac{e^z - e^{-z}}{2} \qquad \tanh z = \frac{e^z - e^{-z}}{e^z + e^{-z}}$$

実数の双曲線関数のグラフは下図のようになります。周期関数ではありません。

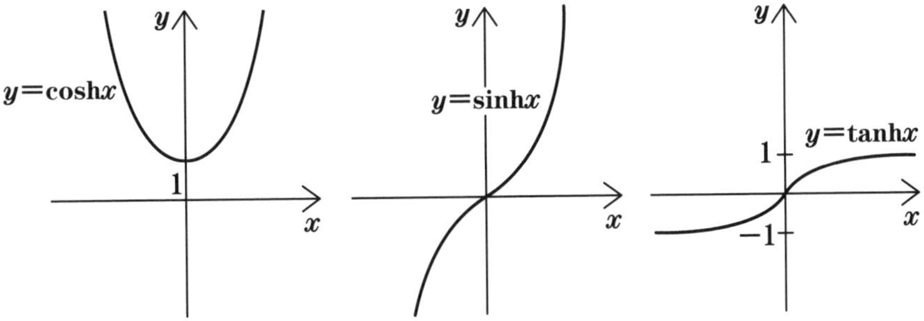

しかし、複素数の双曲線関数では、そもそも e^z が $2\pi i$ で周期を持ちますから、

$\cosh z$、$\sinh z$ も $2\pi i$ の周期を持ちます。

公式 2.14　双曲線関数

(1)　$\cosh(-z)=\cosh z$　　$\sinh(-z)=-\sinh z$

$\tanh(-z)=-\tanh z$

(2)　$\cosh(z+2\pi i)=\cosh z$　　$\sinh(z+2\pi i)=\sinh z$

(3)　$\cosh(z+\pi i)=-\cosh z$　　$\sinh(z+\pi i)=-\sinh z$

$\tanh(z+\pi i)=\tanh z$

(4)　$\cosh^2 z-\sinh^2 z=1$

(5)　$\cosh(z+w)=\cosh z\cosh w+\sinh z\sinh w$

$\sinh(z+w)=\sinh z\cosh w+\cosh z\sinh z$

$\cosh z$、$\sinh z$ の定義式を代入すれば確かめることができます。

三角関数、双曲線関数を絡めた公式としては、次のようなものがあります。

公式 2.15　三角関数と双曲線関数

(1)　$\cosh(iz)=\cos z$　　$\sinh(iz)=i\sin z$　　$\tanh(iz)=i\tan z$

(2)　$\cos(x+yi)=\cos x\cosh y-i\sin x\sinh y$

$\sin(x+yi)=\sin x\cosh y+i\cos x\sinh y$

(2) の x、y は複素数でも成り立ちますが、x、y を実数とすれば $z=x+yi$ のときの $\cos z$ の実部が $\cos x\cosh y$、虚部が $-\sin x\sinh y$ と解釈できます。

3 対数関数

対数関数を複素数に拡張しましょう。指数関数・三角関数とは実関数のマクローリン展開の式から作りましたから、対数関数も同様に定義したいのですが、そもそも実数の対数関数 $\log(1+x)$ のマクローリン展開は $-1 \leqq x \leqq 1$ で成り立ち、$1<|x|$ では収束しません。実数直線上でこの体たらくですから、マクローリン展開の式では複素数平面全体で対数を定義することができません。そこで、複素関数の対数関数を定義するには、対数関数が指数関数の逆関数であることを用います。

$a>0$ に対して、$a=e^b$ となる b を a の自然対数とよび $\log a$ で表しました。a を変数 x とすると、対数関数 $\log x$ となります。この本では対数の底は e しか出てこないので、自然対数のことを単に対数と呼ぶことにします。複素数の対数も定義は同じです。

定義 2.16　複素数の対数関数

0 でない複素数 z に対して、$z=e^w$ を満たす複素数 w を、z の対数といい $\log z$ で表す。$z \neq 0$ のとき

$$z=e^w \quad \Leftrightarrow \quad w=\log z$$

実数の対数関数 $y=\log x$ の場合、

定義域は $x>0$、値域は $-\infty<y<\infty$（すべての実数）でした。複素数の対数関数はどうなるでしょうか。

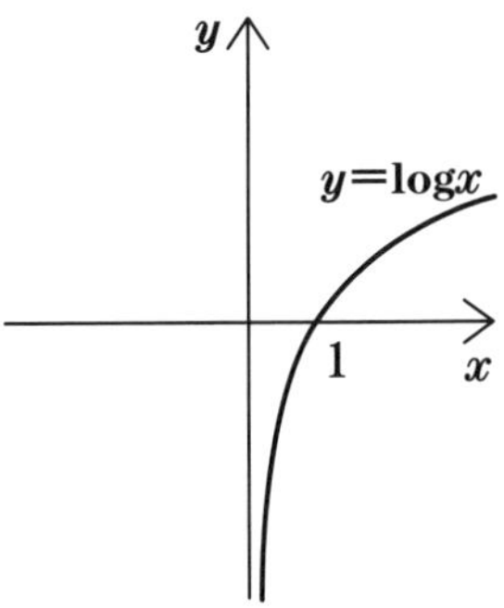

定義域は 0 以外の複素数です。

値域を考えるときは、複素数の指数関数が周期関数になることに注意しなければいけません。

$e^w=2$ を満たすような w は、実数の範囲では $\log 2$ だけですが、複素数まで定義域を広げると、$\log 2$ に周期 $2\pi i$ の整数倍を足した数、

$$\cdots\cdots、\log 2-4\pi i、\log 2-2\pi i、\log 2、\log 2+2\pi i、\log 2+4\pi i、\cdots\cdots$$

などはすべて、$e^w=2$ を満たすことになります。

$e^w=2$ を満たす複素数 w は無限個存在し、

$$w=\log 2+2n\pi i \quad (n\text{ は整数})$$

と表されます。このように $\log z$ の値は無限個存在するのです。

この値でよいか確かめてみると、

$$e^w=e^{\log 2+2n\pi i}\underset{\text{公式 2.12 (1)}}{=}e^{\log 2}\{\cos(2n\pi)+i\sin(2n\pi)\}=2\cdot 1=2$$

と、確かに成り立っています。逆に $e^x(\cos y+i\sin y)=2$ となる実数 x、y は、$x=\log 2$、$y=2n\pi$ しかありません。

このように z を1つ決めたとき、z に対して $f(z)$ の値が複数存在するとき、$f(z)$ を**多価関数**といいます。1つの z に対して $f(z)$ の値が1つに決まる関数は、**一価関数**といいます。

複素関数としての log2 が、複数の値を持つ様子を図に表すと次のようになります。

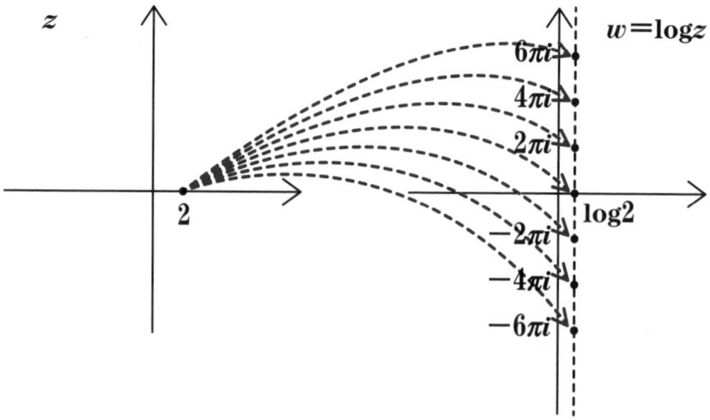

複素数の対数関数 $\log z$ の虚部は、$2\pi i$ 飛びに無限個の値を持ちます。

次に z が実数でないとき、$\log z$ を求めてみましょう。

ホップ

問題　対数の計算　(別 p.22)

$\log(-2+2\sqrt{3}i)$ を求めよ。

$e^w=-2+2\sqrt{3}\,i$ を満たす w を求めましょう。

$w=x+yi$（x、y は実数）とおくと、

$$e^w=e^{x+yi}=e^xe^{yi}=e^x(\cos y+i\sin y) \quad \cdots\cdots①$$

となります。$-2+2\sqrt{3}\,i$ の方も極形式で表しておきましょう。

絶対値は、$\sqrt{(-2)^2+(2\sqrt{3}\,)^2}=4$ ですから、

$$-2+2\sqrt{3}\,i=4\left(-\frac{1}{2}+\frac{\sqrt{3}}{2}i\right)=4\left\{\cos\left(\frac{2}{3}\pi\right)+i\sin\left(\frac{2}{3}\pi\right)\right\} \quad \cdots\cdots②$$

①と②が等しいので、極形式の一意性から、

$$e^x=4 \quad \cos y=\cos\left(\frac{2}{3}\pi\right) \quad \sin y=\sin\left(\frac{2}{3}\pi\right)$$

この式を満たす x、y は、

$$x=\log 4、y=\frac{2}{3}\pi+2n\pi \quad (n\text{ は整数})$$

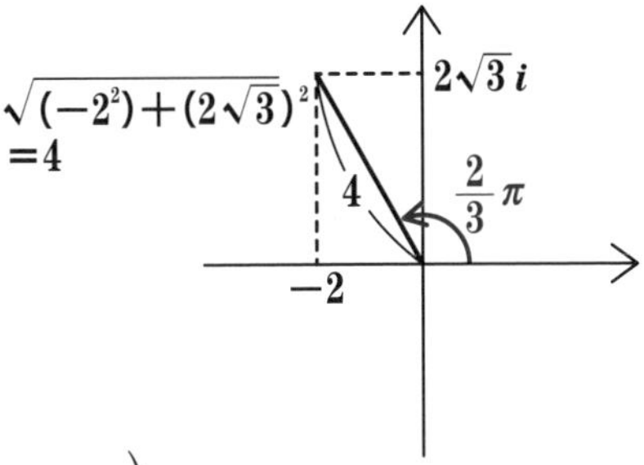

と求まります。答えは、

$$\log(-2+2\sqrt{3}\,i)=\log 4+\left(\frac{2}{3}\pi+2n\pi\right)i \quad (n\text{ は整数})$$

です。初めての本格的な $\log z$ の求値だったので、方程式っぽく解きましたが、慣れれば次のように解いてもよいでしょう。

$$-2+2\sqrt{3}\,i=4\left\{\cos\left(\frac{2}{3}\pi\right)+i\sin\left(\frac{2}{3}\pi\right)\right\}=e^{\log 4}e^{\frac{2}{3}\pi i}=e^{\log 4+\frac{2}{3}\pi i}$$

として e の肩に乗せた後、次に、

$$\log(-2+2\sqrt{3}\,i)=\log 4+\left(\frac{2}{3}\pi+2n\pi\right)i \quad (n\text{ は整数}) \quad \cdots\cdots③$$

と書いてもよいでしょう。

式変形のポイントは、対数を求めたい複素数を極形式で表し、絶対値の部分は実関数の対数を用いて e の肩へ、偏角の部分はオイラーの公式を用いて e の肩へ乗せればよいわけです。

③の左辺の log は複素数の対数、右辺の log は実関数の対数を表しています。実関数の対数の方を ln で表記することも考えましたが、好きではないので同じ形で済ませます。

logのあとに正の実数が続くときは、とくに断らない限り、実数の対数を表していると思ってください。

$\log z$の虚部は、$2\pi i$飛びに値を持ちます。ですから、虚部の値の中には、$-\pi$より大きくπ以下のものが必ずただ1つ存在します。これを$\log z$の主値といい、$\mathrm{Log}\, z$で表します。

上の問題の場合、主値は虚部を$\frac{2}{3}\pi$にとり、

$$\mathrm{Log}(-2+2\sqrt{3}\,i)=\log 4+\frac{2}{3}\pi i \quad \cdots\cdots②$$

となります。

極形式で表された複素数の対数の計算方法をまとめておきましょう。

zが$z=re^{i\theta}$（$r>0$、$-\pi<\theta\leqq\pi$）と極形式表示されているとき、

$$z=re^{i\theta}=e^{\log r+i\theta}=e^{\log r+(\theta+2n\pi)i}$$

と表されるので、

$$\log z=\log r+(\theta+2n\pi)i \quad (n\text{は整数})$$

$$\text{主値は}\quad \mathrm{Log}\, z=\log r+\theta i$$

です。$r=|z|$、$\theta=\mathrm{Arg}\, z$　（$-\pi<\theta\leqq\pi$）とおくと次のようにまとまります。
（Argについてはp.30参照）

公式2.17　対数関数

$$\log z=\log|z|+(\mathrm{Arg}\, z+2n\pi)i \quad (n\text{は整数})$$

$$\text{主値は}\quad \mathrm{Log}\, z=\log|z|+i\mathrm{Arg}\, z$$

いくつか練習をしてみましょう。上のまとめの前にあるように、zの対数$\log z$を求めるにはzを極形式表示にすることがポイントです。

ホップ

問題　対数の計算　(別 p.22)

次の複素関数としての対数の値を求めよ。

(1)　$\log(1-i)$

(2)　$\log(-1)$

(3)　$\log 2i$

(1)　$z=1-i$ とおくと、

$$|z|=\sqrt{1^2+(-1)^2}=\sqrt{2}\text{、}\mathrm{Arg}z=-\frac{\pi}{4}$$

であり、

$$\log(1-i)=\log(\sqrt{2})+\left(-\frac{\pi}{4}+2n\pi\right)i \quad (n\text{ は整数})$$

$\log|z|+(\mathrm{Arg}z+2n\pi)i$

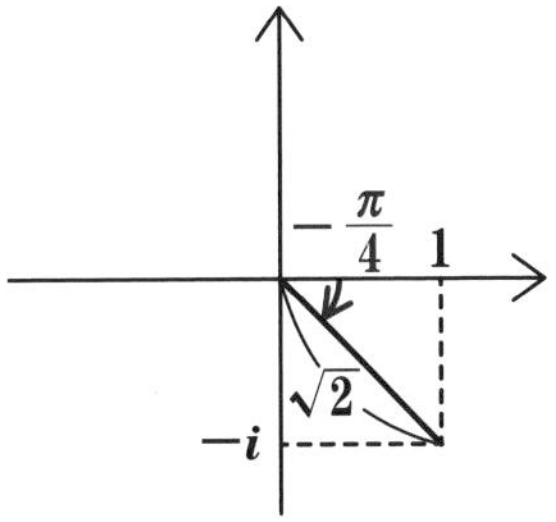

(2)　$z=-1$ とおくと、

$$|z|=\sqrt{(-1)^2+0^2}=1\text{、}\mathrm{Arg}z=\pi$$

であり、

$$\log(-1)=\log 1+(\pi+2n\pi)i=(\pi+2n\pi)i$$

$\log|z|+(\mathrm{Arg}z+2n\pi)i$

$(n$ は整数$)$

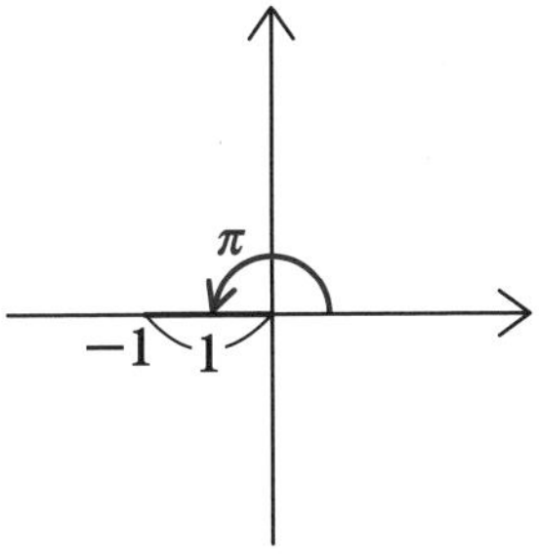

(3)　$z=2i$ とおくと、

$$|z|=\sqrt{0^2+2^2}=2\text{、}\mathrm{Arg}z=\frac{\pi}{2}$$

であり、

$$\log 2i=\log 2+\left(\frac{\pi}{2}+2n\pi\right)i \quad (n\text{ は整数})$$

$\log|z|+(\mathrm{Arg}z+2n\pi)i$

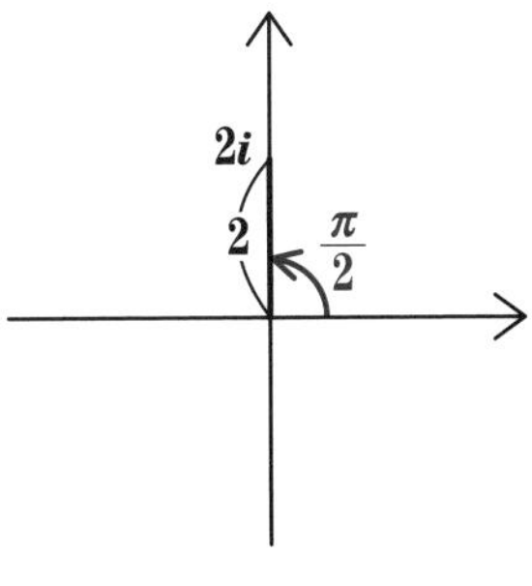

実数の対数関数に関しては次のような公式が成り立ちました。

(1)　$\log ab = \log a + \log b$

(2)　$\log\left(\dfrac{a}{b}\right) = \log a - \log b$

(3)　$\log a^n = n\log a$

複素数の対数に関しては、多価関数として（1）、（2）は成り立ちますが、（3）は成り立ちません。

（3）に関しては、

$$\underline{\log}(-1)^2 = \underline{\log}1 = \underset{\text{- - -}}{\log}1 + 2n\pi i = 2n\pi i$$

$$2\underline{\log}(-1) = 2(\underset{\text{- - -}}{\log}|-1| + (\pi + 2n\pi)i) = 2(\pi + 2n\pi)i = 2\pi i + 4n\pi i$$

──は複素対数関数、- - -は実対数関数

が反例となります。$\log(-1)^2$ が $2\pi i$ 飛びであるのに対し、$2\log(-1)$ は $4\pi i$ 飛びになってしまいます。

公式 2.18　対数法則

0 でない複素数 z、w に対して、次が成り立つ。

(1)　$\log zw = \log z + \log w$

(2)　$\log\left(\dfrac{z}{w}\right) = \log z - \log w$

［証明］

(1)　$\log zw = \log|zw| + i(\mathrm{Arg}(zw) + 2n\pi)$

$\qquad = \log|z| + \log|w| + i(\mathrm{Arg}z + \mathrm{Arg}w + 2m\pi)$　（n、m は整数）

$\log z + \log w = \log|z| + i(\mathrm{Arg}z + 2k\pi) + \log|w| + i(\mathrm{Arg}w + 2l\pi)$

$\qquad = \log|z| + \log|w| + i(\mathrm{Arg}z + \mathrm{Arg}w + 2(k+l)\pi)$　（k、l は整数）

これより、

$\mathrm{Re}(\log zw) \equiv \mathrm{Re}(\log z + \log w)$　$\mathrm{Im}(\log zw) \equiv \mathrm{Im}(\log z + \log w)$　$(\mathrm{mod}\ 2\pi)$

なので、左辺と右辺は多価関数として等しくなります。

（2）も同様です。

実関数では、対数関数は指数関数の逆関数でした。すなわち、

x が実数のとき、

$$\log(e^x)=x \quad (\log \text{ は実関数})$$

が成り立ちました。複素関数の場合、log が多価関数なのでこのままでは成り立ちません。

公式 2.19　対数関数は指数関数の逆関数（条件付き）

(1)　$e^{\log z}=z$

(2)　$-\pi<\mathrm{Im}z\leqq\pi$ のとき、$\mathrm{Log}(e^z)=z$

［証明］ (1)　$z=re^{i\theta}$　($r>0$、$-\pi<\theta\leqq\pi$) とおくと、

$$\log z=\log r+i(\theta+2n\pi) \qquad e^{\log z}=e^{\log r+i(\theta+2n\pi)}=e^{\log r}e^{i(\theta+2n\pi)}=re^{i\theta}e^{2n\pi i}=z$$

実関数の log

(2)　$z=x+yi$　($-\pi<y\leqq\pi$) とおくと、

$$\mathrm{Log}(e^z)=\mathrm{Log}(e^{x+yi})=\mathrm{Log}(e^x e^{yi})=\mathrm{Log}\{e^x(\cos y+i\sin y)\}$$

$$=\log|e^x|+yi=x+yi=z$$

［証明終わり］

複素数の複素数乗

対数を用いると、$(1+i)^i$ のような複素数の複素数乗を計算することができるようになります。

a が正の実数、b が実数のとき、

$$a^b=(e^{\log a})^b=e^{b\log a}$$

となりました。複素数でも対数を定義しましたから、この式を用いれば a、b が複素数であっても式の値を求めることができます。ただし、対数関数は多価関数ですから、複素数の複素数乗も一般には多価関数になります。

定義 2.20　複素数の複素数乗

複素数 $\alpha(\neq 0)$、β について、α の β 乗を、

$$\alpha^{\beta}=e^{\beta\log\alpha}$$

で定義する。

$(1-i)^i$ を定義にしたがって求めてみましょう。問題より、

$$\underset{\log z=\log|z|+i\arg z}{\log(1-i)}=\log\sqrt{2}+\left(-\frac{\pi}{4}+2n\pi\right)i \quad (n\text{ は整数})$$

でしたから、

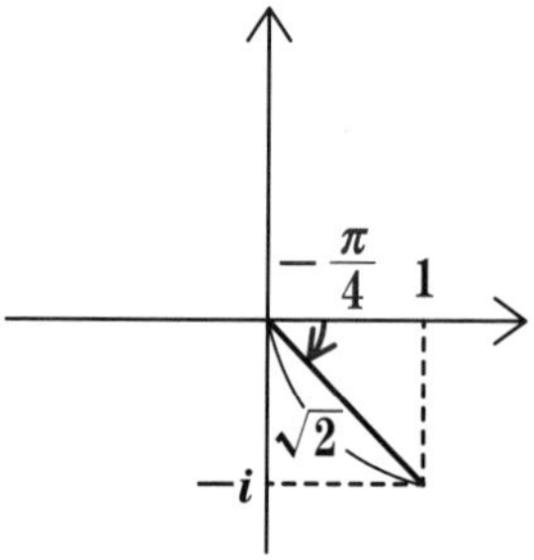

$$\begin{aligned}(1-i)^i&=e^{i\log(1-i)}\\&=\exp[i\log(1-i)] \quad [e^z\text{ を }\exp z\text{ と表す}]\\&=\exp\left[i\left\{\log\sqrt{2}+\left(-\frac{\pi}{4}+2n\pi\right)i\right\}\right]\\&=\exp\left[\frac{\pi}{4}-2n\pi+i\log\sqrt{2}\right] \quad (n\text{ は整数})\end{aligned}$$

[n のままでもよいが、$n'=-n$ とすると、-2 が 2 になる]

$$=e^{\frac{\pi}{4}+2n'\pi}\{\cos(\log\sqrt{2})+i\sin(\log\sqrt{2})\} \quad (n'\text{ は整数})$$

ここで宿題にしていた $e^{zw}=(e^z)^w$ が成り立つかについて考察してみましょう。

左辺は一価関数、右辺は多価関数ですから一般には成り立たないことが分かります。

$z=x+yi$ とおくと、

$$\log e^z=\log e^{x+yi}=\log e^{x+(y+2n\pi)i}=x+(y+2n\pi)i \quad (n\text{ は整数})$$

e^z を $\exp z$ と表すと、右辺は上の定義 2.20 より、

$$(e^z)^w=\exp[w\log e^z]=\exp[w(x+(y+2n\pi)i)] \quad (n\text{ は整数})$$

一方、左辺は $e^{zw}=\exp[w(x+yi)]$ です。右辺の多価関数の値の中に、左辺の一価関数の値が含まれています。

練習問題もやってみましょう。

ホップ

問題　複素数の複素数乗 （別 p.22）

次を計算せよ。

(1)　i^i　　　　(2)　$(1+\sqrt{3}\,i)^{-2+\sqrt{3}\,i}$

底になっている複素数の対数をあらかじめ計算しておくとよいでしょう。

(1)　$z=i$ とおくと、$|z|=1$、$\arg z=\dfrac{\pi}{2}+2n\pi$　（n は整数）ですから、

$$\log i=\log 1+\left(\frac{\pi}{2}+2n\pi\right)i=\left(\frac{\pi}{2}+2n\pi\right)i \quad (n\text{ は整数})$$

$\log z=\log|z|+i\arg z$

これを用いて、

$$i^i=e^{i\log i}=\exp[i\log i]$$

$$=\exp\left[i\left(\frac{\pi}{2}+2n\pi\right)i\right]=\exp\left[-\left(\frac{\pi}{2}+2n\pi\right)\right]$$

（n は整数）

$$=e^{-\frac{\pi}{2}+2n'\pi} \quad (n'\text{ は整数}) \quad n'=-n$$

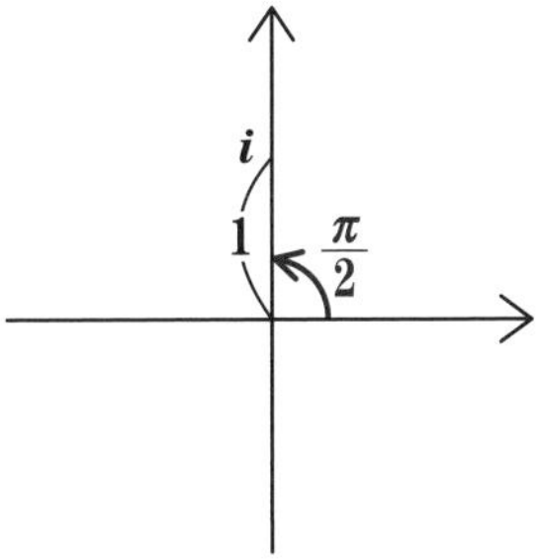

(2)　$z=1+\sqrt{3}\,i$ とおくと、$|z|=2$、$\arg z=\dfrac{\pi}{3}+2n\pi$　（n は整数）

$$\log(1+\sqrt{3}\,i)=\log 2+\left(\frac{\pi}{3}+2n\pi\right)i \quad (n\text{ は整数})$$

$\log z=\log|z|+i\arg z$

$$(1+\sqrt{3}\,i)^{-2+\sqrt{3}\,i}=e^{(-2+\sqrt{3}\,i)\log(1+\sqrt{3}\,i)}$$

$$=\exp\left[(-2+\sqrt{3}\,i)\left\{\log 2+\left(\frac{\pi}{3}+2n\pi\right)i\right\}\right]$$

$$=\exp\left[-2\log 2-\frac{\sqrt{3}\,\pi}{3}-2\sqrt{3}\,n\pi\right.$$

$$\left.+\left(\sqrt{3}\log 2-\frac{2\pi}{3}-4n\pi\right)i\right] \quad (n\text{ は整数})$$

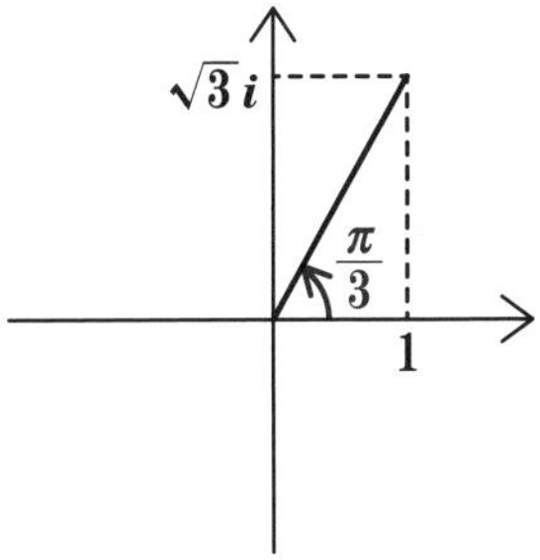

$$=e^{-2\log 2-\frac{\sqrt{3}\,\pi}{2}+2\sqrt{3}\,n'\pi}\left\{\cos\left(\sqrt{3}\log 2-\frac{2\pi}{3}+4n'\pi\right)+i\sin\left(\sqrt{3}\log 2-\frac{2\pi}{3}+4n'\pi\right)\right\}$$

（n' は整数）　$n'=-n$

第3章

複素関数の微分

1 微分の定義

ここまで多項式関数、1次分数変換、指数関数、三角関数、対数関数を複素数に拡張しました。この節では、複素関数の微分を紹介しましょう。

初めに言ってしまうと、複素関数でも実関数のときと同じように計算できます。微分の定義式も同じです。関数の和差、定数倍、積、商の公式が成り立ちますし、多項式関数の微分も同じ式になります。また、実数での初等関数 e^x、$\cos x$、$\sin x$ を複素数に拡張した関数 e^z、$\cos z$、$\sin z$ についても、その導関数（微分した関数）は実関数のときの導関数と一致します。

ですから、複素関数の微分をするときでも、実関数のときの要領で微分して答えを得ることができます。

複素数の世界に足を踏み入れれば何か新しいことが起こるのではないかと期待していた人にとっては、何とも肩透かしな結果です。

これから微分の公式の紹介、具体的な関数の微分計算と続きます。

微分の定義式は極限の式で表されます。

ですから、微分の公式を紹介する前に複素関数における極限の定義、極限計算の法則（和、定数倍、積、商）について確認しておきましょう。

議論を進める前に、複素関数の極限を確認しておきます。

定義 3.01　複素関数の極限

$$|z-a| \to 0 \text{ ならば、} |f(z)-\alpha| \to 0$$

となるとき、z が a に限りなく近づくときの $f(z)$ の極限は α であるといい、

$$\lim_{z \to a} f(z) = \alpha \qquad \text{または} \qquad f(z) \to \alpha \quad (z \to a)$$

と表す。

定義の式の1行目の→は、実関数に関する極限を表す矢印です。絶対値を取る

ことで複素関数の極限を実関数の極限の話に還元しているわけです。

関数の和、定数倍、積、商で表される関数についての極限の公式も、実関数のときと同じように成り立ちます。

定理 3.02　極限の計算

$\lim_{z \to a} f(z) = \alpha$、$\lim_{z \to a} g(z) = \beta$ のとき、

(1)　$\lim_{z \to a} \{f(z) + g(z)\} = \alpha + \beta$

(2)　$\lim_{z \to a} cf(z) = c\alpha$

(3)　$\lim_{z \to a} f(z)g(z) = \alpha\beta$

(4)　$\beta \neq 0$ のとき、$\lim_{z \to a} \dfrac{f(z)}{g(z)} = \dfrac{\alpha}{\beta}$

実関数を扱う極限の計算公式についての証明は、$\varepsilon - \delta$ 論法にまで遡らなければならないですが、複素関数の場合、この本のように極限の定義を実数の極限に仮託してしまえば、次のように $\varepsilon - \delta$ 論法を用いずに証明することができます。

［証明］ (1)、(2) の証明は皆さんにお任せいたします。

ここでは (1)、(2) を用いて (3)、(4) を証明します。

(3)

$$
\begin{aligned}
|f(z)g(z) - \alpha\beta| &= |f(z)g(z) - \alpha g(z) + \alpha g(z) - \alpha\beta| \\
&\leqq |f(z)g(z) - \alpha g(z)| + |\alpha g(z) - \alpha\beta| \quad \text{公式 1.11(三角不等式)} \\
&= |f(z) - \alpha|\,|g(z)| + |\alpha|\,|g(z) - \beta| \to 0 \quad (z \to a)
\end{aligned}
$$

これより $|f(z)g(z) - \alpha\beta| \to 0$ $(z \to a)$ が成り立ちます。

(4)

$$
\begin{aligned}
\left| \frac{f(z)}{g(z)} - \frac{\alpha}{\beta} \right| &= \left| \frac{f(z)}{g(z)} - \frac{\alpha}{g(z)} + \frac{\alpha}{g(z)} - \frac{\alpha}{\beta} \right| \\
&= \left| \frac{f(z) - \alpha}{g(z)} + \frac{\alpha(\beta - g(z))}{g(z)\beta} \right|
\end{aligned}
$$

$$\leqq \left|\frac{f(z)-\alpha}{g(z)}\right| + \left|\frac{\alpha(\beta-g(z))}{g(z)\beta}\right| \qquad \text{公式 1.11（三角不等式）}$$

$$= \frac{1}{|g(z)|}|f(z)-\alpha| + \frac{|\alpha|}{|g(z)||\beta|}|g(z)-\beta| \quad \to 0 \quad (z \to a)$$

これより、$\left|\dfrac{f(z)}{g(z)}-\dfrac{\alpha}{\beta}\right| \to 0 \quad (z \to a)$ となります。 ［証明終わり］

関数を微分するときの定義式は、実関数のときと同じです。ただし、極限に現れる h は複素数となります。定義式の極限を表す $h\to 0$ は、h が 0 にあらゆる方向から近づく場合を含めて表しています。

定義 3.03　微分

$z=a$ の周りで $f(z)$ が定義されているとする。$f(z)$ の $z=a$ での微分 $f'(a)$ は、

$$f'(a) = \lim_{h\to 0}\frac{f(a+h)-f(a)}{h}$$

で計算する。右辺が存在するとき $f(z)$ は $z=a$ で微分可能または正則であるという。

上の定義から分かるように正則であるか否かは、各点ごとに決まります。正則でない点を**特異点**といいます。特異点の周りに自分以外の特異点がないとき、特に**孤立特異点**といいます。この本では孤立特異点しか出てきませんから、単に特異点とだけ言うことにします。

「$z=a$ の周り（a 自身は除く）で正則である」とは、$z=a$ を中心にして小さい半径で円を取れば、その中に a 以外の特異点が含まれないようにできることです。

孤立でない特異点を想像できないかもしれないので、例を挙げておきます。例えば、

$$w=\frac{1}{\sin\left(\dfrac{\pi}{z}\right)}$$

という関数は、$z=0$ のとき定義できませんし、$z=\dfrac{1}{n}$（n は 0 以外の整数）のときも分母が 0 になり値を持ちません。この関数は、0、$\dfrac{1}{n}$（n は 0 以外の整数）が特異点になります。

$z_n=\dfrac{1}{n}$ とおくと、数列 $\{z_n\}$ は 0 に収束しますから、0 を中心としてどんなに小さい半径で円を書いたとしても、その中に含まれる特異点（z_n）があります。0 は孤立でない特異点です。

本当は複素数平面のどこで微分可能かということが重要なのですが、この節では微分の定義式を確認し、微分の公式、関数の微分を確認するにとどめます。

公式 3.04　微分の公式

$f(z)$、$g(z)$ が微分可能であるとき、次が成り立つ。

(1)　$(\alpha f(z))'=\alpha f'(z)$

(2)　$(f(z)+g(z))'=f'(z)+g'(z)$

(3)　$(f(z)g(z))'=f'(z)g(z)+f(z)g'(z)$

(4)　$\left(\dfrac{f(z)}{g(z)}\right)'=\dfrac{f'(z)g(z)-f(z)g'(z)}{\{g(z)\}^2}$

(5)　$\{f(g(z))\}'=f'(g(z))g'(z)$

［証明］（3）の場合だけ示してみます。他は各自に任せます。実関数の場合と同じです。

$$\frac{f(z+h)g(z+h)-f(z)g(z)}{h}$$

$$=\frac{f(z+h)g(z+h)-f(z)g(z+h)+f(z)g(z+h)-f(z)g(z)}{h}$$

$$=\frac{(f(z+h)-f(z))g(z+h)+f(z)(g(z+h)-g(z))}{h}$$

$$=\frac{f(z+h)-f(z)}{h}\cdot g(z+h)+f(z)\cdot\frac{g(z+h)-g(z)}{h}$$

$$\to f'(z)g(z)+f(z)g'(z) \qquad (h\to 0)$$

［証明終わり］

さて、実際の関数を微分してみましょう。

問題　多項式関数の微分

$f(z)=z^3$ のとき、$f(z)$ は $\mathbb{C}$ 全体で正則であり、$f'(z)=3z^2$ となることを示せ。

定義式を用いて計算します。

$$\frac{f(z+h)-f(z)}{h}=\frac{(z+h)^3-z^3}{h}=\frac{(z^3+3z^2h+3zh^2+h^3)-z^3}{h}$$

$$=\frac{3z^2h+3zh^2+h^3}{h}=3z^2+3zh+h^2 \quad\to\quad 3z^2 \quad (h\to 0)$$

これも実関数のときと同じです。波線部が 0 に近づくことをしっかり示すには、

$$|3zh+h^2|\leqq 3|z||h|+|h|^2 \quad\to\quad 0 \quad (|h|\to 0)$$

と絶対値を抑え込めばよいでしょう。$\mathbb{C}$ 上で任意の z について成り立ちます。

この問題から分かるように以下が成り立ちます。

定理 3.05　多項式関数の微分

$f(z)=z^n$ のとき、$f(z)$ は $\mathbb{C}$ 全体で正則であり、$f'(z)=nz^{n-1}$ となる。

これと（1）（2）を用いれば、多項式関数の場合は実関数の場合と全く同じように微分できることが分かると思います。

次は、指数関数の微分をしてみましょう。

問題　指数関数の微分

$f(z)=e^z$ のとき、$f(z)$ は $\mathbb{C}$ 全体で正則であり、$f'(z)=e^z$ となることを示せ。

$$\frac{f(z+h)-f(z)}{h}=\frac{e^{z+h}-e^z}{h}=\frac{e^z(e^h-1)}{h}$$

となりますから、e^z の微分を求めるには $\displaystyle\lim_{h\to 0}\frac{e^h-1}{h}$ を考えることがポイントとなります。（この極限で h は複素数の値をとりながら 0 に近づきます。）

この極限が 1 になることを示しましょう。

$$\left|\frac{e^h-1}{h}-1\right|=\left|\frac{e^h-1-h}{h}\right|=\left|\frac{1}{h}\left(\sum_{k=0}^{\infty}\frac{h^k}{k!}-1-h\right)\right|=\left|\frac{1}{h}\sum_{k=2}^{\infty}\frac{h^k}{k!}\right|$$

定義 2.05（e^z の定義）

$$\leqq\frac{1}{|h|}\sum_{k=2}^{\infty}\frac{|h|^k}{k!}=\frac{1}{|h|}\left(\sum_{k=0}^{\infty}\frac{|h|^k}{k!}-|h|-1\right)$$

$$=\frac{e^{|h|}-1}{|h|}-1\to 0\quad(|h|\to 0)$$

p.93（実関数 e^x のマクローリン展開）

（p.93 参照）

よって、

$$\left|\frac{f(z+h)-f(z)}{h}-e^z\right|=\left|\frac{e^z(e^h-1)}{h}-e^z\right|=|e^z|\left|\frac{e^h-1}{h}-1\right|\to 0\ (h\to 0)$$

つまり、

$$\frac{f(z+h)-f(z)}{h}\to e^z\ (h\to 0)$$

を示すことができました。

指数関数の微分ができると、指数関数に紐づけられた三角関数の微分もできることになります。三角関数の微分も一緒にまとめておくと、次のようになります。

定理 3.06　指数関数・三角関数の微分

$$(e^z)'=e^z$$

$$(\cos z)'=-\sin z \qquad (\sin z)'=\cos z$$

$$(\tan z)'=\frac{1}{\cos^2 z} \quad \left(z\neq\frac{\pi}{2}+n\pi\right)$$

［証明］ $\cos z$ だけやってみます。

$$(\cos z)'=\left(\frac{e^{iz}+e^{-iz}}{2}\right)'=\frac{ie^{iz}-ie^{-iz}}{2}=-\frac{e^{iz}-e^{-iz}}{2i}=-\sin z$$

［証明終わり］

結局、指数関数、三角関数の微分は実数のときと同じようにできることになります。

2 正則関数

前の節では、微分の定義式と具体的な複素関数について微分の計算を確認しました。

この節では少し抽象的に、一般の複素関数$f(z)$が微分可能になるための条件について追及していきましょう。

微分可能な複素関数のことを**正則関数**といいます。この節では複素関数が正則関数になるための条件、正則関数の性質を解説していきます。

正則関数を考える上で重要なのはその定義域です。正則関数の定義文の中で定義域を指すときに「領域D」と呼ばれる用語が出てきますので、あらかじめ解説しておきます。

高校数学では「…を満たす領域を求めよ」という設問形式の問題を解いたことがあるかもしれません。しかし、複素関数論で「領域」という言葉を用いるときは、もう少し限定した使い方をします。

複素関数論で領域Dという場合は、次ページの図のように複素数平面の部分集合で境界上の点を一切含まないひとつながりの集合を表します。数学ではこのような境界上の点を含まない集合を**開集合**といいます。

領域Dには次ページの図②のように穴が開いていても構いません（例えば、$\{z \mid 1<|z|<2\}$）。ただ、穴の周りの境界も含んではいけません。

また、領域Dには、次ページの図③のようにぽつぽつと離れた点（有限個）が空いても構いません（例えば $\{z \mid |z|<2、z\neq0、z\neq1\}$。これも境界がない集合ということができます。

次ページの図④のように$\mathbb{C}$全体も境界がないので、領域Dの1例になります。

なぜこのような境界を含まない集合を考えるのでしょうか。それは定義の説明の中で述べることにします。

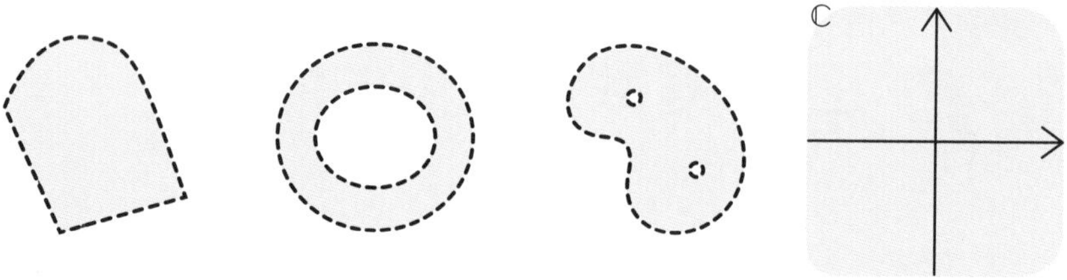

①　②　③　④

定義 3.07　複素関数の微分

$f(z)$を領域Dで定義された複素関数とする。Dに含まれる各zに対して、

$$\lim_{h\to 0}\frac{f(z+h)-f(z)}{h}$$

が存在するとき、$f(z)$はDで正則であるといい、この極限を$f'(z)$と表す。

実関数も複素関数も微分の定義式は見た目では同じです。異なるところはどこでしょうか。

実関数の微分の式で、$h\to 0$の近づき方は2通りありました。すなわち、hが正の値を取りながら0に近づくとき（$h\to +0$と表す）と、hが負の値を取りながら近づくとき（$h\to -0$と表す）です。

$h\to +0$で取った極限を**右微分係数**、$h\to -0$で取った極限を**左微分係数**といいます。

$$\lim_{h\to -0}\frac{f(x+h)-f(x)}{h} \qquad \lim_{h\to +0}\frac{f(x+h)-f(x)}{h}$$

左微分係数　　　　右微分係数

例えば、$y=|x|(1-|x|)$という関数に関して、$x=0$での右微分係数は1、$x=0$での左微分係数は-1です。ざっくりいえば、$x\geqq 0$部分の曲線の$x=0$での接線の傾きが$x=0$での右微分係数、$x\leqq 0$部分の曲線の$x=0$での接線の傾きが$x=0$での左微分係数です。

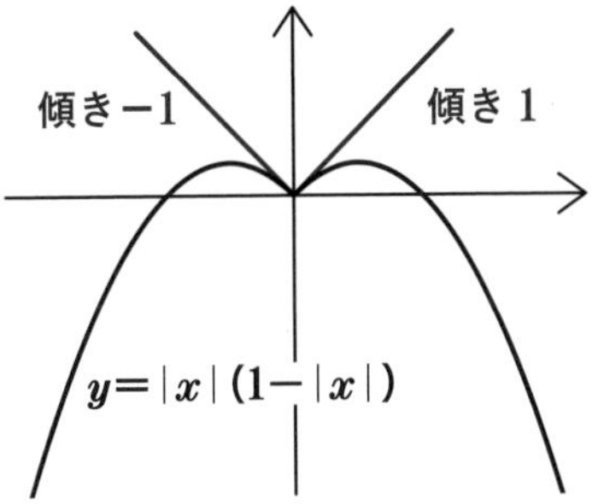

$x=a$ での右微分係数と左微分係数が一致するとき、関数は $x=a$ で微分可能となります。式で書けば、

$$\lim_{h\to+0}\frac{f(a+h)-f(a)}{h}=\lim_{h\to-0}\frac{f(a+h)-f(a)}{h}$$

となるときです。

上の図の例では、$x=0$ での右微分係数と左微分係数が一致しませんから、この関数は $x=0$ で微分不可能ということになります。

複素関数の微分を考える場合、$h\to0$ の近づき方は無数にあります。h が動くのが１次元の数直線上ではなくて、２次元の複素数平面上だからです。近づき方は z をめがけて直線的に進む場合だけでなく、ジグザグに進む場合や渦巻きを描きながら近づく場合もありえます。どのような近づき方の場合でも h の絶対値 $|h|$ が０に近づくことには変わりありません。

前の節では、z^n の微分でも e^z の微分でも $|h|\to0$ のときに極限が存在することを確かめましたから、$h\to0$ がどんな近づき方をしていても極限は存在する、すなわち微分できるのです。

複素関数の場合、無数の近づき方に対して極限は１つに決まらなければならないので、微分可能である（正則である）という条件は、複素関数にとって強い条件であろうと想像できますね。

なお、実関数の場合、微分可能であれば連続でした。この点に関しては複素関数の場合も同じです。

定理 3.08　正則ならば連続

$z=a$ で正則な関数 $f(z)$ は、$z=a$ で連続である。

［証明］　微分の定義式で、$a+h$ を z と書くと、

$$f'(a)=\lim_{h\to 0}\frac{f(a+h)-f(a)}{h}=\lim_{z\to a}\frac{f(z)-f(a)}{z-a}$$

絶対値を取って、

$$|f'(a)|=\lim_{z\to a}\frac{|f(z)-f(a)|}{|z-a|}$$

となります。右辺の極限が存在するためには、$|z-a|\to 0$ のとき、$|f(z)-f(a)|\to 0$ でなければならないので $f(z)$ は連続です。　［証明終わり］

ここで、関数が正則であることを述べるのに、境界のない集合、領域 D を持ち出す理由を説明しておきましょう。

実関数 $f(x)$ を $x=a$ で微分するには、

$$\lim_{h\to 0}\frac{f(a+h)-f(a)}{h}$$

を計算しました。上で説明したように、微分を計算するためには $f(a)$ の値だけでなく、$x=a$ の周りの値が与えられていなければなりません。周りといっても極限を取って $h\to 0$ となるわけですから、ほんの小さい範囲での関数の値が分かればよいわけです。

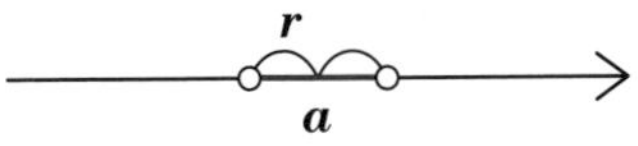

$\{x \mid |x-a|<r\}$

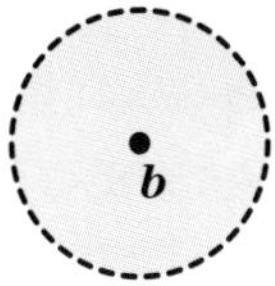

$D(b, r)$

具体的には、数直線上であれば、$\{x \mid |x-a|<r\}$　すなわち a が中心で幅 $2r$ の開区間です。r は正の数であればなんでもよいのですが、ごく小さい数のイメージを持っておきましょう。$f(x)$ の $x=a$ での微分を考えるには、こうした a の付近での関数の値が必要です。

複素数の微分の場合でも同じで、複素関数 $f(z)$ の $z=b$ での微分の値を求めるには、$f(b)$ の値だけでなく、$z=b$ の付近での関数の値が必要になります。
複素数平面での場合では、小さい正の実数 r を用いて表される開円板

$$D(b,\ r)=\{z \mid |z-b|<r\}$$

です。$f(z)$ の $z=b$ での微分可能性を考えるのであれば、$D(b,\ r)$ のような付近での情報が必要です。

領域 D に含まれる点 b を取ると、点 b がどの位置にあっても、r を小さく取ることによって、領域 D に含まれる $D(b,\ r)$ を取ることができます。これは領域 D が境界を一切含まない集合、開集合だからこそなのです。

境界を少しでも含む集合（開集合でない）ではこのようにはいきません。もしも領域 D が境界を含むとして、点 b として境界上の点を取ることにします。すると、領域 D に含まれるように $D(b,\ r)$ を取ることができません。下右図の円のように半分ほどは領域 D の外にはみ出てしまうからです。これでは都合が悪いので初めから領域 D は境界を含まないという条件をつけているのです。

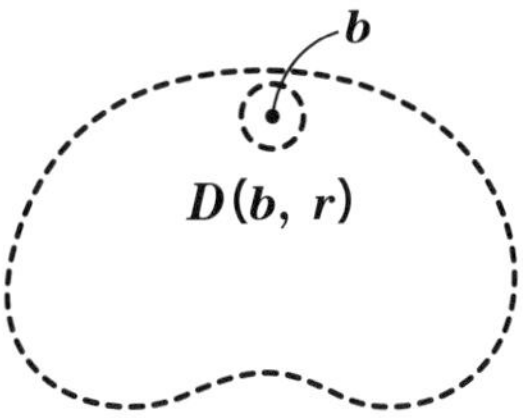

境界を含まない集合

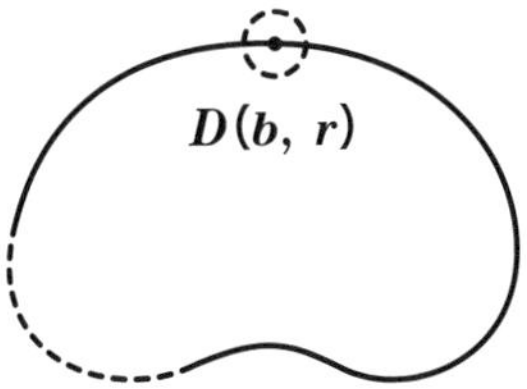

境界を含む集合

D が境界を含まないので、領域 D における関数 $f(z)$ の値が与えられていれば、D の任意の点 z で $f(z)$ が微分可能であるかどうかの判定ができます。点 z の近傍を取ることができるからです。

正則という用語を使う練習をしてみます。

問題　正則

次を確かめよ。

(1)　$\dfrac{1}{z}$ は、$\mathbb{C}$ から $z=0$ を除いた領域で正則である。

(2)　$\dfrac{1}{\sin z}$ は、$\mathbb{C}$ から $z=n\pi$ （n は整数）を除いた領域で正則である。

(1)　$\dfrac{1}{z}$ は $z=0$ のとき値を持ちませんから、$z=0$ で微分できません。

$z\neq0$ では、微分して、$\left(\dfrac{1}{z}\right)'=-\dfrac{1}{z^2}$ となります。

(2)　$\sin z$ の零点は $z=n\pi$ （n は整数）です。

$\dfrac{1}{\sin z}$ は $z=n\pi$ （n は整数）で値を持ちませんから微分できません。

$z\neq n\pi$ では、微分して、$\left(\dfrac{1}{\sin z}\right)'=-\dfrac{\cos z}{\sin^2 z}$ となります。

● 正則関数の必要十分条件

この節では一般の複素関数 $f(z)$ が正則関数になるための必要十分条件を求めます。

[偏微分の公式の復習]

その前に偏微分という用語と2変数の合成関数に関する公式を簡単に紹介しておきましょう。

x、yの2変数関数$f(x,\ y)$があるとき、$f(x,\ y)$のyを定数として、xだけの関数と見なしてxで微分することを「xで偏微分する」といいます。この本では$f(x,\ y)$のxの偏微分を$\dfrac{\partial f(x,\ y)}{\partial x}$あるいは$\dfrac{\partial f}{\partial x}(x,\ y)$、また$(x,\ y)$を省略して$\dfrac{\partial f}{\partial x}$で表すことにします。

例えば、$f(x,\ y)=x^2y+\cos(xy^2)$であれば、

$$\frac{\partial f}{\partial x}=2xy-y^2\sin(xy^2) \qquad \frac{\partial f}{\partial y}=x^2-2xy\sin(xy^2)$$

となります。

2変数関数の合成関数を微分するときの公式を問題の形で紹介しましょう。

問題　2変数関数の合成関数の微分

x、yがtの関数で$x(t)=t^2-2t$、$y(t)=t^3$と表されるとき、$f(x,\ y)=x^2y$をtで微分せよ。

$f(x,\ y)=x^2y$をtで書き換え、

$$f(x,\ y)=(t^2-2t)^2t^3 \quad \cdots\cdots①$$

をtで微分すればよいわけですが、ここでは偏微分の公式

$$\frac{df}{dt}=\frac{\partial f}{\partial x}\frac{dx}{dt}+\frac{\partial f}{\partial y}\frac{dy}{dt} \quad \cdots\cdots②$$

を用いてみましょう。

この式は合成関数の微分の公式$\dfrac{df}{dt}=\dfrac{df}{dx}\dfrac{dx}{dt}$の拡張になっています。$f$を動かすものが$x$、$y$の2つあるので、上のような式になるのです。

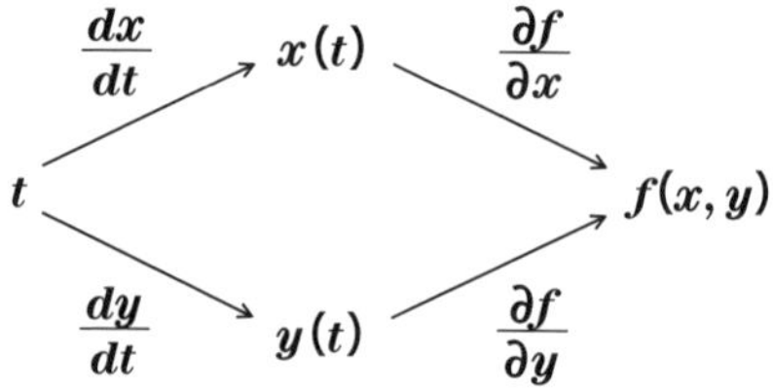

さて、②の公式を用いて$\dfrac{df}{dt}$を求めましょう。

$$\frac{\partial f}{\partial x}=2xy \quad \frac{\partial f}{\partial y}=x^2 \quad \frac{dx}{dt}=2t-2 \quad \frac{dy}{dt}=3t^2$$

ですから、

$$\begin{aligned}\frac{df}{dt}&=\underset{\frac{\partial f}{\partial x}}{\underline{2xy}}\,\underset{\frac{dx}{dt}}{\underline{(2t-2)}}+\underset{\frac{\partial f}{\partial y}}{\underline{x^2}}\,\underset{\frac{dy}{dt}}{\underline{(3t^2)}}\\&=2(t^2-2t)(t^3)(2t-2)+(t^2-2t)^2(3t^2)\\&=7t^6-24t^5+20t^4\end{aligned}$$

となります。これが①を t で微分した値と一致することは各自確かめてください。

公式をもう一度挙げておきます。

公式 3.09　2 変数関数の合成関数の微分

偏微分可能な x、y の 2 変数関数 $f(x,\ y)$ があり、x、y が t の関数 $x(t)$、$y(t)$ で表され、微分可能であるとき、

$$\frac{df}{dt}=\frac{\partial f}{\partial x}\frac{dx}{dt}+\frac{\partial f}{\partial y}\frac{dy}{dt}$$

$$\frac{df(x(t),\ y(t))}{dt}=\frac{\partial f(x,\ y)}{\partial x}\frac{dx(t)}{dt}+\frac{\partial f(x,\ y)}{\partial y}\frac{dy(t)}{dt}$$

● コーシー・リーマンの関係式

複素関数$f(z)$を、実部、虚部に分けて考えます。

すなわち、複素関数$f(z)$が、$z=x+yi$のx、yについての2変数実関数$u(x,\ y)$、$v(x,\ y)$を用いて、

$$f(z)=u(x,\ y)+iv(x,\ y)$$

と表されているものとします。例えば、$f(z)=z^2$であれば、

$$f(z)=z^2=(x+yi)^2=x^2-y^2+2xyi$$

ですから、$u(x,\ y)=x^2-y^2$、$v(x,\ y)=2xy$となります。一般には、$u(x,\ y)$、$v(x,\ y)$は多項式とは限りません。

実関数$f(x)$の微分では、$h\to 0$のとき、hの0への近づき方は、正から0に近づく場合（$h\to +0$）と負から0に近づく場合（$h\to -0$）の2通りありました。

一方、複素関数$f(z)$の微分では、$h\to 0$のとき、hの0への近づき方は複素数平面ですから無数にあります。無数にありますが、まずは、実軸方向から近づく場合と、虚軸方向から近づく場合を考えて、$f(z)$が正則となる必要条件を求めてみましょう。

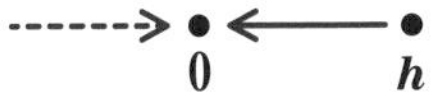

$h=\varDelta x\to 0$

実軸方向から近づく

$h=(\varDelta y)i\to 0$

虚軸方向から近づく

$$f(z)=u(x,\ y)+iv(x,\ y)$$

と表されたときの$u(x,\ y)$、$v(x,\ y)$はそれぞれx、yで偏微分可能であるとしましょう。

$h\to 0$を実軸方向から0に近づくとすると、微分の定義式で$h=\varDelta x$として、

$$\lim_{\substack{h\to 0\\(\text{実})}}\frac{f(z+h)-f(z)}{h}=\lim_{\varDelta x\to 0}\frac{u(x+\varDelta x,\ y)+iv(x+\varDelta x,\ y)-u(x,\ y)-iv(x,\ y)}{\varDelta x}$$

$$=\left(\lim_{\varDelta x\to 0}\frac{u(x+\varDelta x,\ y)-u(x,\ y)}{\varDelta x}\right)$$

$$+i\left(\lim_{\Delta x\to 0}\frac{v(x+\Delta x,\ y)-v(x,\ y)}{\Delta x}\right)=\frac{\partial u}{\partial x}+i\frac{\partial v}{\partial x}$$

となります。また、$h\to 0$ を虚軸方向から 0 に近づくとすると、微分の定義式で、$h=(\Delta y)i$ として、

$$\lim_{\substack{h\to 0\\(\text{虚})}}\frac{f(z+h)-f(z)}{h}=\lim_{(\Delta y)i\to 0}\frac{u(x,y+\Delta y)+iv(x,y+\Delta y)-u(x,y)-iv(x,y)}{(\Delta y)i}$$

$$=\left(\lim_{\Delta y\to 0}\frac{u(x,\ y+\Delta y)-u(x,\ y)}{(\Delta y)i}\right)$$

$$+i\left(\lim_{\Delta y\to 0}\frac{v(x,\ y+\Delta y)-v(x,\ y)}{(\Delta y)i}\right)$$

$$=-i\left(\lim_{\Delta y\to 0}\frac{u(x,\ y+\Delta y)-u(x,\ y)}{(\Delta y)}\right)$$

$$+\left(\lim_{\Delta y\to 0}\frac{v(x,\ y+\Delta y)-v(x,\ y)}{(\Delta y)}\right)$$

$$=\frac{\partial v}{\partial y}-i\frac{\partial u}{\partial y}$$

実関数で微分可能であるためには、左微分係数と右微分係数が一致していなければならないように、複素関数 $f(z)$ が正則（微分可能）であるためには、実軸方向から 0 に近づく場合の微分係数と虚軸方向から 0 に近づく場合の微分係数が一致していなければなりません。

実軸方向から近づいたときの極限は、$\dfrac{\partial u}{\partial x}+i\dfrac{\partial v}{\partial x}$

虚軸方向から近づいたときの極限は、$\dfrac{\partial v}{\partial y}-i\dfrac{\partial u}{\partial y}$

です。これらが一致するためには、

$$\frac{\partial u}{\partial x}=\frac{\partial v}{\partial y}\qquad \frac{\partial v}{\partial x}=-\frac{\partial u}{\partial y}$$

が成り立っていなければなりません。

これは 2 方向の近づき方の極限が一致するという条件ですから、$f(z)$ が正則であるための必要条件です。この条件が満たされたとしても、他の近づき方で、極

限が$\dfrac{\partial u}{\partial x}+i\dfrac{\partial v}{\partial x}$、$\left(\dfrac{\partial v}{\partial y}-i\dfrac{\partial u}{\partial y}\right)$に一致するかどうかは、ここまでの議論では保証されていません。

しかし、実はこれに$\dfrac{\partial u}{\partial x}$、$\dfrac{\partial u}{\partial y}$、$\dfrac{\partial v}{\partial x}$、$\dfrac{\partial v}{\partial y}$が連続であることを加えた条件が十分条件になっていることを主張しているのが、次の定理です。

定理 3.10　コーシー・リーマンの関係式

複素関数$f(z)=u(x,\ y)+iv(x,\ y)$が領域Dで正則であるための必要十分条件は、

$u(x,\ y)$、$v(x,\ y)$の1階の偏微分が連続で、

$$\frac{\partial u}{\partial x}=\frac{\partial v}{\partial y}\qquad \frac{\partial v}{\partial x}=-\frac{\partial u}{\partial y}$$

となることである。

[証明]（十分性）　$h=\Delta x+i\Delta y$ とおいて、

$$\begin{aligned}&f(z+h)-f(z)\\&=u(x+\Delta x,\ y+\Delta y)-u(x,\ y)+i\{v(x+\Delta x,\ y+\Delta y)-v(x,\ y)\}\end{aligned}$$

……①

ここで$g(t)=u(x+t\Delta x,\ y+t\Delta y)$ という t の関数を考えます。

平均値の定理を用いて、

$$g(1)-g(0)=g'(k)(1-0)\qquad (0<k<1)$$

となるkが存在します。$g'(t)$を求めるには、公式3.09　2変数関数の合成関数の微分を用いて、

$$\frac{dg(t)}{dt}=\frac{\partial u(x(t),\ y(t))}{\partial x}\frac{dx}{dt}+\frac{\partial u(x(t),\ y(t))}{\partial y}\frac{dy}{dt}$$

[$x(t)=x+t\Delta x$、$y(t)=y+t\Delta y$ であり]

$$=\frac{\partial u}{\partial x}(x+t\Delta x,\ y+t\Delta y)\Delta x+\frac{\partial u}{\partial y}(x+t\Delta x,y+t\Delta y)\Delta y$$

とします。これを用いて、

$$u(x+\Delta x,\ y+\Delta y)-u(x,\ y)$$
$$=g(1)-g(0)=g'(k)$$
$$=\frac{\partial u}{\partial x}(x+k\Delta x,\ y+k\Delta y)\Delta x+\frac{\partial u}{\partial y}(x+k\Delta x,\ y+k\Delta y)\Delta y \quad \cdots\cdots②$$

となります。vの方も同様に考えて、$0<l<1$となるlがあって、

$$v(x+\Delta x,\ y+\Delta y)-v(x,\ y)$$
$$=\frac{\partial v}{\partial x}(x+l\Delta x,\ y+l\Delta y)\Delta x+\frac{\partial v}{\partial y}(x+l\Delta x,\ y+l\Delta y)\Delta y \quad \cdots\cdots③$$

となります。①に②、③を代入して整理します。式を見やすくするために$(x+k\Delta x,\ y+k\Delta y)$を$(k)$などと省略して書くと、

$$f(z+h)-f(z)$$
$$=\frac{\partial u}{\partial x}(k)\Delta x+\frac{\partial u}{\underline{\partial y}}(k)\Delta y+i\left(\frac{\partial v}{\partial x}(l)\Delta x+\frac{\partial v}{\underline{\partial y}}(l)\Delta y\right)$$

［上の$\underline{\quad}$にコーシー・リーマンの関係式$\dfrac{\partial v}{\partial y}=\dfrac{\partial u}{\partial x}$、$\dfrac{\partial u}{\partial y}=-\dfrac{\partial v}{\partial x}$を用いて］

$$=\frac{\partial u}{\partial x}(k)\Delta x-\frac{\partial v}{\partial x}(k)\Delta y+i\left(\frac{\partial v}{\partial x}\underset{\text{ア}}{\underline{(l)}}\Delta x+\frac{\partial u}{\partial x}\underset{\text{イ}}{\underline{(l)}}\Delta y\right)$$
$$=\frac{\partial u}{\partial x}(k)\Delta x-\frac{\partial v}{\partial x}(k)\Delta y+i\left(\frac{\partial v}{\partial x}\underset{\text{ウ}}{\underline{(k)}}\Delta x+\frac{\partial u}{\partial x}\underset{\text{エ}}{\underline{(k)}}\Delta y\right)$$
$$+i\left(\frac{\partial v}{\partial x}(l)-\frac{\partial v}{\partial x}(k)\right)\Delta x+i\left(\frac{\partial u}{\partial x}(l)-\frac{\partial u}{\partial x}(k)\right)\Delta y$$

ア、イのlをウ、エのkにするために
←この行を足した

$$=\left(\frac{\partial u}{\partial x}(k)+i\frac{\partial v}{\partial x}(k)\right)(\Delta x+i\Delta y)$$
$$+i\left(\frac{\partial v}{\partial x}(l)-\frac{\partial v}{\partial x}(k)\right)\Delta x+i\left(\frac{\partial u}{\partial x}(l)-\frac{\partial u}{\partial x}(k)\right)\Delta y$$
$$=\left(\frac{\partial u}{\partial x}(k)+i\frac{\partial v}{\partial x}(k)\right)h+h\left\{i\left(\frac{\partial v}{\partial x}(l)-\frac{\partial v}{\partial x}(k)\right)\frac{\Delta x}{h}+i\left(\frac{\partial u}{\partial x}(l)-\frac{\partial u}{\partial x}(k)\right)\frac{\Delta y}{h}\right\}$$

となりますから、

$$\frac{f(z+h)-f(z)}{h}=\frac{\partial u}{\partial x}(k)+i\frac{\partial v}{\partial x}(k)$$
$$+\underline{\left\{i\left(\frac{\partial v}{\partial x}(l)-\frac{\partial v}{\partial x}(k)\right)\frac{\Delta x}{h}+i\left(\frac{\partial u}{\partial x}(l)-\frac{\partial u}{\partial x}(k)\right)\frac{\Delta y}{h}\right\}}$$

波線部を上から抑えていきます。

$$\left|i\left(\frac{\partial v}{\partial x}(l)-\frac{\partial v}{\partial x}(k)\right)\frac{\Delta x}{h}+i\left(\frac{\partial u}{\partial x}(l)-\frac{\partial u}{\partial x}(k)\right)\frac{\Delta y}{h}\right|$$

$$\leqq\left|\frac{\partial v}{\partial x}(l)-\frac{\partial v}{\partial x}(k)\right|\left|\frac{\Delta x}{h}\right|+\left|\frac{\partial u}{\partial x}(l)-\frac{\partial u}{\partial x}(k)\right|\left|\frac{\Delta y}{h}\right| \qquad \left|\frac{\Delta x}{h}\right|\leqq 1、\left|\frac{\Delta y}{h}\right|\leqq 1$$

$$\leqq\left|\frac{\partial v}{\partial x}(x+l\Delta x,\ y+l\Delta y)-\frac{\partial v}{\partial x}(x+k\Delta x,\ y+k\Delta y)\right|$$

$$+\left|\frac{\partial u}{\partial x}(x+l\Delta x,\ y+l\Delta y)-\frac{\partial u}{\partial x}(x+k\Delta x,\ y+k\Delta y)\right| \quad \cdots\cdots④$$

$\Delta x+i\Delta y\to 0$ のとき、

$$(x+l\Delta x,\ y+l\Delta y)\to(x,\ y)、(x+k\Delta x,\ y+k\Delta y)\to(x,\ y)$$

です。条件より $\dfrac{\partial v}{\partial x}$、$\dfrac{\partial u}{\partial x}$ は連続ですから、④は 0 に収束します。

結局、$h=\Delta x+i\Delta y\to 0$ のとき、$(k)=(x+k\Delta x, y+k\Delta y)\to(x,\ y)$ であり、

$$\lim_{h\to 0}\frac{f(z+h)-f(z)}{h}=\frac{\partial u}{\partial x}(x,\ y)+i\frac{\partial v}{\partial x}(x,\ y)$$

となります。これは h の 0 に近づく近づき方によらず極限の値が定まることを示しています。

u、v の 1 階の偏微分が連続で、コーシー・リーマンの関係式を満たすことが、関数が正則であるための十分条件であることが分かりました。

（必要性）　こちらは簡単そうに見えて、偏微分した関数 $\dfrac{\partial u}{\partial x}$、$\dfrac{\partial u}{\partial y}$、$\dfrac{\partial v}{\partial x}$、$\dfrac{\partial v}{\partial y}$ が連続であることを示すところが難しいです。関係式が成り立つことは、定理の前の解説から分かります。

偏微分した関数の連続性を簡単に示すにはあとで紹介する定理を用います。定理 4.14（グルサの定理）より、$f(z)$ が正則であるとき、$f'(z)$ も正則になります。よって、

$$f'(z)=\frac{\partial u}{\partial x}+i\frac{\partial v}{\partial x}=\frac{\partial v}{\partial y}-i\frac{\partial v}{\partial x}$$

は連続になります。

［証明終わり］

ホップ

問題　コーシー・リーマンの関係式　（別 p.24）

次の関数 $f(z)$ がコーシー・リーマンの関係式を満たすか吟味し、正則関数か否かを判定せよ。

(1)　$f(z)=e^z$

(2)　$f(z)=z^5$

(3)　$f(z)=\mathrm{Im}z$

$z=x+yi$ とおいて、$f(z)$ を $f(z)=u(x,\ y)+iv(x,\ y)$ と表します。

(1)　$f(z)=e^z=e^{x+iy}=e^xe^{iy}=e^x(\cos y+i\sin y)=e^x\cos y+ie^x\sin y$

実部、虚部を $u(x,\ y)$、$v(x,\ y)$ とおくと、

$u(x,\ y)=e^x\cos y$、$v(x,\ y)=e^x\sin y$ ですから、

$\dfrac{\partial u}{\partial x}=e^x\cos y$、$\dfrac{\partial v}{\partial y}=e^x\cos y$ より、$\dfrac{\partial u}{\partial x}=\dfrac{\partial v}{\partial y}$

$\dfrac{\partial u}{\partial y}=-e^x\sin y$、$\dfrac{\partial v}{\partial x}=e^x\sin y$ より、$\dfrac{\partial v}{\partial x}=-\dfrac{\partial u}{\partial y}$

これらは連続であり、コーシー・リーマンの関係式を満たすので、$f(z)=e^z$ は正則関数です。

(2)　$f(z)=z^5=(x+yi)^5=\displaystyle\sum_{k=0}^{5}{}_5C_kx^{5-k}(yi)^k$

$$=x^5+{}_5C_1x^4(yi)+{}_5C_2x^3(yi)^2+{}_5C_3x^2(yi)^3+{}_5C_4x(yi)^4+(yi)^5$$
$$=x^5-10x^3y^2+5xy^4+(5x^4y-10x^2y^3+y^5)i$$

実部、虚部を $u(x,\ y)$、$v(x,\ y)$ とおくと、

$u(x,\ y)=x^5-10x^3y^2+5xy^4$　　$v(x,\ y)=5x^4y-10x^2y^3+y^5$

ですから、

$\dfrac{\partial u}{\partial x}=5x^4-30x^2y^2+5y^4$　　$\dfrac{\partial u}{\partial y}=-20x^3y+20xy^3$

$\dfrac{\partial v}{\partial x}=20x^3y-20xy^3$　　$\dfrac{\partial v}{\partial y}=5x^4-30x^2y^2+5y^4$

であり、

$$\frac{\partial u}{\partial x}=\frac{\partial v}{\partial y}、\frac{\partial v}{\partial x}=-\frac{\partial u}{\partial y}$$

これらは連続で、コーシー・リーマンの関係式を満たすので、$f(z)=z^5$ は正則関数です。

[$f(z)=z^n$ の場合は Web 補足で]

(3)　$f(z)=\mathrm{Im}z=\mathrm{Im}(x+iy)=y$ より、$u=0$、$v=y$

$\frac{\partial u}{\partial x}=0$、$\frac{\partial v}{\partial y}=1$ なので、$\frac{\partial u}{\partial x}\neq\frac{\partial v}{\partial y}$　コーシー・リーマンの関係式を満たさないので、$f(z)=\mathrm{Im}z$ は正則関数ではありません。

コーシー・リーマンの関係式を用いて、$\mathrm{Log}z$ を微分してみましょう。

問題　$\mathrm{Log}z$ の微分

$\mathrm{Re}z>0$ のとき、$\mathrm{Log}z$ が正則であることを確かめてから微分せよ。

偏角を表すために tan の逆関数 $\tan^{-1}$ と、その微分を紹介しておきましょう。tan は回転角（偏角）に対して傾きを対応させる関数ですから、逆関数である $\tan^{-1}$ は傾きに偏角を対応させる関数です。

$y=\tan x$　$\left(-\frac{\pi}{2}<x<\frac{\pi}{2}\right)$のとき、値域は実数全体になります。

これに対して、$y=\tan^{-1}x$ は、定義域と値域を入れ換えて、定義域が実数全体で、値域は $-\frac{\pi}{2}$より大きく$\frac{\pi}{2}$未満となります。

$y=\tan^{-1}x$ のグラフは、$y=\tan x$ のグラフの $-\frac{\pi}{2}<x<\frac{\pi}{2}$の部分を $y=x$ に関して対称移動したグラフになります。

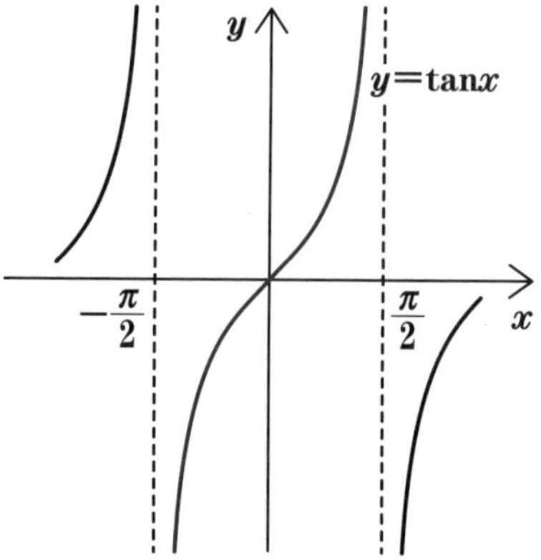

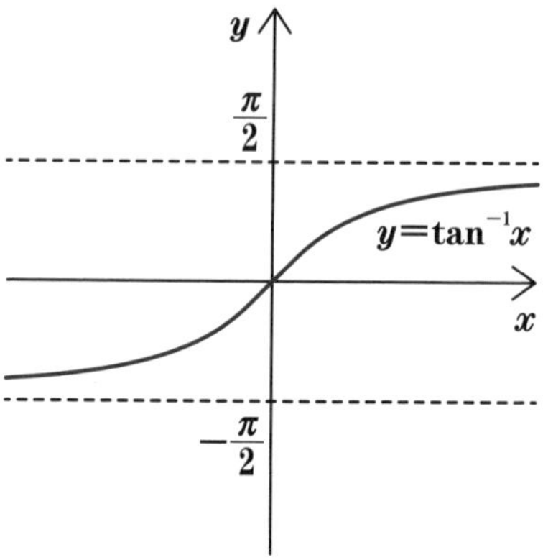

$y=\tan^{-1}x$ の導関数を求めておきましょう。

$\tan y=x$ を x で微分して、

$\dfrac{1}{\cos^2 y}\cdot\dfrac{dy}{dx}=1$　　　よって、$\dfrac{dy}{dx}=\cos^2 y=\dfrac{1}{1+\tan^2 y}=\dfrac{1}{1+x^2}$

複素関数としての対数関数は、$z=x+yi\,(x>0)$ のとき、

$$\mathrm{Log}z=\log|z|+i\mathrm{Arg}z$$

$$=\log\sqrt{x^2+y^2}+i\tan^{-1}\left(\frac{y}{x}\right)$$

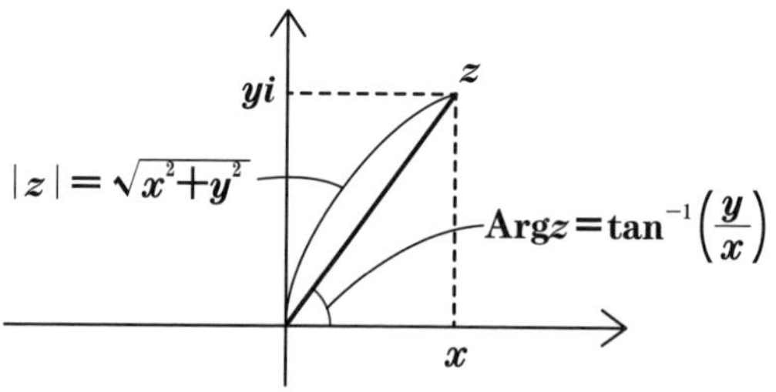

と表されます。0 と z を結んだ直線の傾きは $\dfrac{y}{x}$ であり、$x>0$ のとき $\tan^{-1}\left(\dfrac{y}{x}\right)$ で z の偏角を表します。

$\mathrm{Log}z$ の実部、虚部を $u(x,\ y)$、$v(x,\ y)$ とおきます。

$$u(x,\ y)=\log\sqrt{x^2+y^2}\qquad v(x,\ y)=\tan^{-1}\left(\frac{y}{x}\right)$$

偏微分して、

$$\frac{\partial u(x,\ y)}{\partial x}=\frac{\partial}{\partial x}\left(\frac{1}{2}\log(x^2+y^2)\right)=\frac{1}{2}\cdot\frac{2x}{x^2+y^2}=\frac{x}{x^2+y^2}$$

$$\frac{\partial v(x,\ y)}{\partial y}=\frac{\partial}{\partial y}\left(\tan^{-1}\left(\frac{y}{x}\right)\right)=\frac{1}{1+\left(\frac{y}{x}\right)^2}\cdot\frac{1}{x}=\frac{x}{x^2+y^2}$$

$$\frac{\partial u(x,\ y)}{\partial y}=\frac{y}{x^2+y^2}$$

$$\frac{\partial v(x,\ y)}{\partial x}=\frac{\partial}{\partial x}\left(\tan^{-1}\left(\frac{y}{x}\right)\right)=\frac{1}{1+\left(\frac{y}{x}\right)^2}\cdot\left(-\frac{y}{x^2}\right)=-\frac{y}{x^2+y^2}$$

$x>0$（平面の右半分）のときこれらは連続で、コーシー・リーマンの関係式

$$\frac{\partial u(x,\ y)}{\partial x}=\frac{\partial v(x,\ y)}{\partial y} \qquad \frac{\partial u(x,\ y)}{\partial y}=-\frac{\partial v(x,\ y)}{\partial x}$$

が成り立っているので、Log$z$ は Re$z>0$ で正則です。

$$\frac{d}{dz}(\mathrm{Log}z)=\frac{\partial u(x,\ y)}{\partial x}-i\frac{\partial u(x,\ y)}{\partial y}=\frac{x-yi}{x^2+y^2}=\frac{\bar{z}}{|z|^2}=\frac{\bar{z}}{z\cdot\bar{z}}=\frac{1}{z}$$

うまい具合に、実関数のときと同じ形になりました。

Im$z>0$（平面の上半分）のときは $\mathrm{Arg}z=\frac{\pi}{2}-\tan^{-1}\left(\frac{x}{y}\right)$ と表すことができるので、

$$u(x,\ y)=\log\sqrt{x^2+y^2} \qquad v(x,\ y)=\frac{\pi}{2}-\tan^{-1}\left(\frac{x}{y}\right)$$

とおけば、やはりコーシー・リーマンの関係式を満たすことが確かめられ、

$$\frac{d}{dz}(\mathrm{Log}z)=\frac{1}{z}$$

となることが確かめられます。Im$z<0$（平面の下半分）も同様に示せます。

結局、Log$z$ は、$\mathbb{C}$ から実軸の 0 以下の部分を取り除いた領域で正則となります。

また、log$z$ の虚部は Log$z$ の虚部と 2π の定数倍の違いですから、log$z$ が一価関数となるようにうまく値域を取れば、$z\neq0$ で、

$$\frac{d}{dz}(\log z)=\frac{1}{z}$$

となります。詳しくはp.215～p.217で。

公式 3.11　対数関数の微分

$$(\log z)'=\frac{1}{z}\quad (z\neq 0)$$

べき級数で表された関数の微分

べき級数で表された関数に対して微分を考えてみましょう。例えば、無限等比数列の和の公式、

$$\frac{1}{1-z}=1+z+z^2+\cdots+z^n+\cdots \qquad (|z|<1)$$

の両辺を微分します。すると、

$$\frac{1}{(1-z)^2}=1+2z+3z^2+\cdots+nz^{n-1}+\cdots \qquad (|z|<1)$$

となります。このようにべき級数の微分は、各項を微分すればよいことを保証してくれるのが次の定理です。

もとのべき級数と微分したべき級数の収束半径について面白いことが言えます。

定理 3.12　べき級数の項別微分

$f(z)$が収束半径Rのべき級数で、

$$f(z)=a_0+a_1z+a_2z^2+\cdots+a_nz^n+\cdots$$

と表されるとき、$f(z)$の微分$f'(z)$は、各項を微分したべき級数、

$$f'(z)=a_1+2a_2z+\cdots+na_nz^{n-1}+\cdots$$

で表される。$f'(z)$のべき級数の収束半径もRである。

$f(z)$のzの次数が有限であれば、項別に微分することは当然ですが、次数が無

限の場合には自明なことではありません。証明しなければなりませんが長くなるので Web で補足します。ここではべき級数で表された$f(z)$と$f'(z)$の収束半径が同じになることを確認するだけにします。

この計算をするときに用いる次の極限を示しておきましょう。

公式 3.13

$$\lim_{n\to\infty}\sqrt[n]{n}=1$$

［証明］ $a_n=\sqrt[n]{n}$、$b_n=\log a_n=\log\sqrt[n]{n}=\dfrac{1}{n}\log n$ とおきます。

$\lim\limits_{n\to\infty}a_n=1$ の代わりに、$\lim\limits_{n\to\infty}b_n=\lim\limits_{n\to\infty}\log a_n=0$ を示しましょう。
ここで$f(n)=\sqrt{n}-\log n$ とおきます。

$$f'(n)=\frac{1}{2\sqrt{n}}-\frac{1}{n}=\frac{\sqrt{n}-2}{2n}>0 \quad (n>4)$$

$$f(4)=\sqrt{4}-\log 4>2-\log(e^2)=0$$

ですから、$n>4$ のとき、$f(n)>0$、すなわち$\sqrt{n}>\log n$ となります。これを使って、

$$b_n=\frac{1}{n}\log n<\frac{\sqrt{n}}{n}=\frac{1}{\sqrt{n}}\to 0 \quad (n\to\infty)$$

となりますから、$\lim\limits_{n\to\infty}\sqrt[n]{n}=1$ が示せました。　［証明終わり］

それでは、この公式を用いて定理 3.12 を証明してみましょう。

$f(z)$の収束半径がRであることより、$\dfrac{1}{R}=\overline{\lim_{k\to\infty}}\sqrt[k]{|a_k|}$

$f'(z)$に関してべき級数が収束するかどうか、コーシー・アダマールの判定法を試してみましょう。

$f'(z)$の$k-1$ 次の係数はka_k であり、

$$\sqrt[k-1]{|ka_k|}=|ka_k|^{\frac{1}{k-1}}=\left(|ka_k|^{\frac{1}{k}}\right)^{\frac{k}{k-1}}=\left(\sqrt[k]{k}\sqrt[k]{|a_k|}\right)^{\frac{k}{k-1}}$$

ですから、コーシー・アダマールの判定法の極限は、

$$\varlimsup_{k\to\infty} \sqrt[k-1]{|ka_k|} = \varlimsup_{k\to\infty} \left(\sqrt[k]{k}\sqrt[k]{|a_k|}\right)^{\frac{k}{k-1}} = \left(1\cdot\frac{1}{R}\right)^1 = \frac{1}{R}$$

$f(z)$の収束半径と$f'(z)$の収束半径が等しいことが確かめられました。

上の定理を使って指数関数・三角関数の定義式、対数関数のマクローリン展開の微分をしてみて下さい。

$$(e^z)' = e^z、(\cos z)' = -\sin z、(\sin z)' = \cos z、(\mathrm{Log}(1+z))' = \frac{1}{1+z}$$

が確かめられたと思います。うまくいっているものだなあ。

つまり、べき級数$f(z)$は収束円内で何回も微分できるということが分かります。微分したからと言って、収束半径が小さくなるということはないのです。これは、領域Dで正則な関数は何回も微分することができ、微分した関数はDで正則であるという正則関数の性質を、べき級数の側から見たものであると言えます。

等角写像

正則な関数には等角性という性質があります。問題の形で例に当たってみましょう。

問題　等角性

複素数平面上の曲線

$C_1 : 4t + (2t - t^2)i \quad (t \geqq 0) \qquad C_2 : 4s + s^2 i \quad (s \geqq 0)$

を、複素数平面上の写像$w = z^2$で移した曲線をそれぞれC'_1、C'_2とする。

C_1とC_2が$t=1$、$s=1$のときに交わる点をPとし、Pを写像$w = z^2$で移した点をP$'$とする。

(1)　PでのC_1とC_2の接線のなす角をθとするとき、$\tan\theta$を求めよ。

(2)　P$'$でのC'_1とC'_2の接線のなす角をθ'とするとき、$\tan\theta'$を求めよ。

理解のために縮尺など状況をデフォルメして先に図に表すと、下図のようになります。

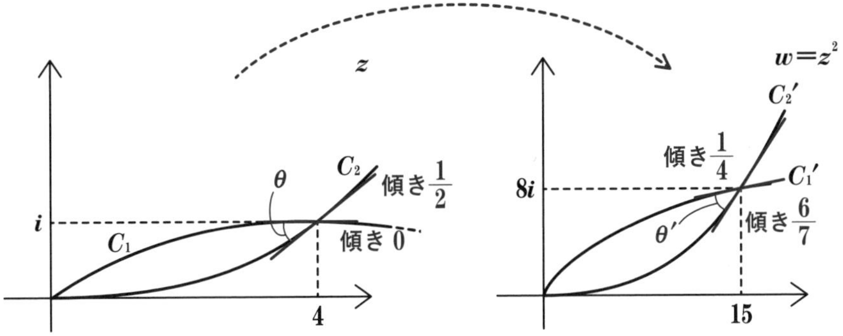

(1)　P$(4+i)$での接線の傾きを求めるには、数Ⅲで学んだ、曲線が媒介変数表示されているときの傾きの求め方を用います。

C_1の傾きは、$(x,\ y)=(4t,\ 2t-t^2)$として、$\dfrac{dy}{dx}$を求めるのです。

$\dfrac{dx}{dt}=4\quad\dfrac{dy}{dt}=2-2t$ ですから、

$\dfrac{dy}{dx}=\dfrac{dy}{dt}\Big/\dfrac{dx}{dt}=\dfrac{2-2t}{4}=\dfrac{1-t}{2}$　　$t=1$のとき、$\dfrac{dy}{dx}=0$

C_2の傾きは、$(x,\ y)=(4s,\ s^2)$ として、

$\dfrac{dx}{ds}=4\quad\dfrac{dy}{ds}=2s$ ですから、

$$\frac{dy}{dx}=\frac{dy}{ds}\Big/\frac{dx}{ds}=\frac{2s}{4}=\frac{s}{2}\qquad s=1\text{のとき、}\frac{dy}{dx}=\frac{1}{2}$$

これより、$\tan\theta=\dfrac{1}{2}$

(2)　C_1とC_2を$w=z^2$で移して、

C'_1：$\{4t+(2t-t^2)i\}^2=(4t)^2-(2t-t^2)^2+8t(2t-t^2)i$

$$=12t^2+4t^3-t^4+(16t^2-8t^3)i$$

C'_2：$(4s+s^2i)^2=16s^2-s^4+8s^3i$

C_1とC_2の交点PはC'_1とC'_2の交点P$'$に移るので、P$'$は、C'_1、C'_2で、

$t=1$、$s=1$ の表す点であり、

$(4+i)^2=16-1+8i=15+8i$ です。

C'_1 の $\mathrm{P}'(15+8i)$ での傾きは、

$$\frac{dy}{dx}=\frac{dy}{dt}\bigg/\frac{dx}{dt}=\frac{d}{dt}(16t^2-8t^3)\bigg/\frac{d}{dt}(12t^2+4t^3-t^4)$$

$$=\frac{32t-24t^2}{24t+12t^2-4t^3}=\frac{8t-6t^2}{6t+3t^2-t^3}$$

これに $t=1$ を代入して $\dfrac{1}{4}$

C'_2 の $15+8i$ での傾きは、

$$\frac{dy}{dx}=\frac{dy}{ds}\bigg/\frac{dx}{ds}=\frac{d}{ds}(8s^3)\bigg/\frac{d}{ds}(16s^2-s^4)=\frac{24s^2}{32s-4s^3}=\frac{6s^2}{8s-s^3}$$

これに $s=1$ を代入して $\dfrac{6}{7}$

次の図のように接線と実軸のなす角を α、β とすると、

$\tan\alpha=\dfrac{1}{4}$、$\tan\beta=\dfrac{6}{7}$ であり、

$$\tan\theta'=\tan(\beta-\alpha)=\frac{\tan\beta-\tan\alpha}{1+\tan\beta\tan\alpha}$$

$$=\frac{\dfrac{6}{7}-\dfrac{1}{4}}{1+\dfrac{6}{7}\cdot\dfrac{1}{4}}=\frac{1}{2}$$

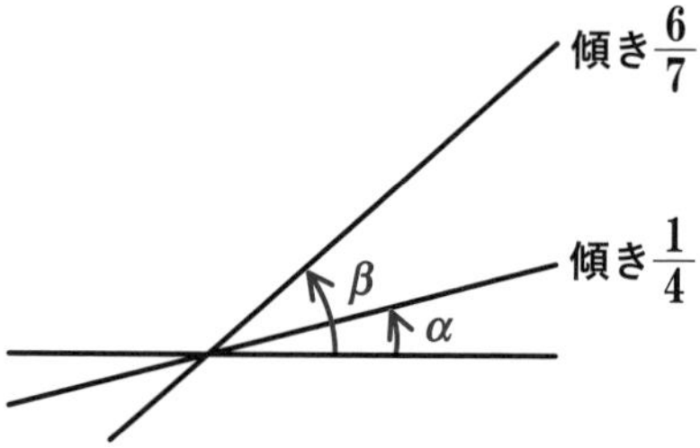

$\tan\theta=\tan\theta'$ ですから、(1) の角度 θ と (2) の角度 θ' は同じになりました。これは偶然ではありません。$w=z^2$ でなくとも、正則関数であれば成り立ちます。

p.60 の左図で直交している黒い直線と赤い直線を $w=z^2$ で移したのが、右図の黒い放物線と赤い放物線です。黒い放物線と赤い放物線は交点で直交しています。

この性質が正則関数による変換が持つ等角性です。等角性が成り立つ条件まで含めてまとめると以下のようになります。

定理 3.14　正則写像の等角性

正則関数 $f(z)$ による変換 $w=f(z)$ は、$f'(a)\neq 0$ となる $z=a$ での角の大きさを不変にする。

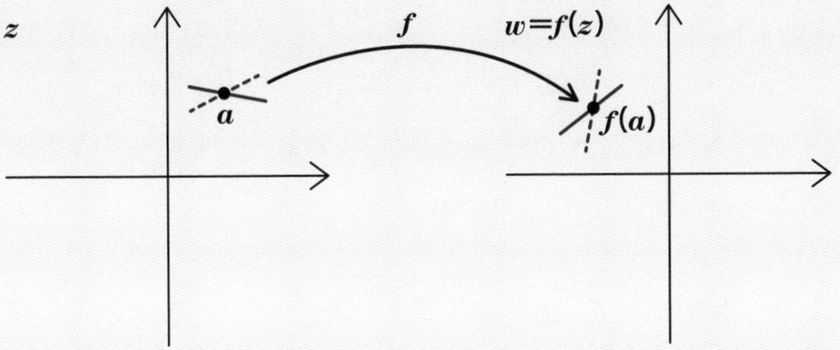

［証明］　複素数平面上の $z=a$ を通る曲線を $C:g(t)=x(t)+y(t)i$（t は実数）とし、$t=\beta$ のとき $a=g(\beta)$ であるとします。

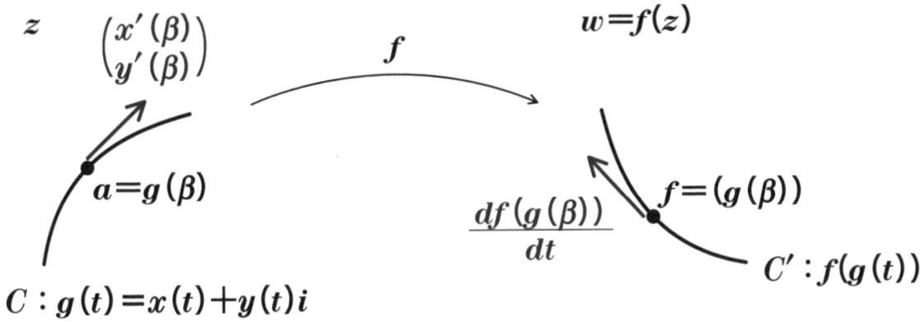

このとき　$g'(t)=x'(t)+y'(t)i$ は C の各点での接線方向のベクトルとみなせます。

$g'(\beta)=x'(\beta)+y'(\beta)i$ は $z=a=g(\beta)$ での接線方向のベクトルとみなせます。

C を $w=f(z)$ で移した曲線は $C':f(g(t))$ になり、$\dfrac{df(g(t))}{dt}$ は C' の各点での接線方向のベクトルとみなせます。

$$\frac{df(g(t))}{dt}=f'(g(t))g'(t)\quad\cdots\cdots①$$

$f'(g(t))$も$g'(t)$も複素数であることに注意しましょう。

$$\arg\left(\frac{df(g(t))}{dt}\right)=\arg(f'(g(t))+\arg(g'(t)))$$

$t=\beta$を代入して、

$$\arg\left(\frac{df(g(\beta))}{dt}\right)=\arg(f'(a))+\arg(g'(\beta))$$

［C'の接線の偏角］　　　　［Cの接線の偏角］

となります。つまり、C'の接線の偏角はCの接線の偏角よりも$\arg(f'(a))$だけ大きいということです。ここで$\arg(f'(a))$はgによらない（Cの取り方によらない）一定値であることに注意しましょう。C'の接線方向は、Cの接線方向を$\arg(f'(a))$だけ回転した方向になります。

$z=a$を通る2本の曲線の$z=a$でのそれぞれの接線をl_1、l_2とします。2本の曲線を$w=f(z)$で移した曲線の$f(a)$でのそれぞれの接線をl'_1、l'_2とするとき、l'_1もl'_2もそれぞれl_1、l_2を$\arg(f'(a))$だけ回転した直線ですから、l_1、l_2のなす角とl'_1、l'_2のなす角は等しくなります。

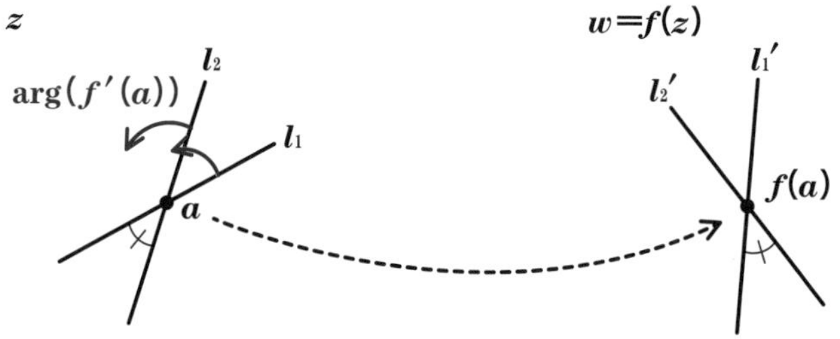

変換$w=f(z)$によって$z=a$の付近（といってもごく近いところ）は、$\arg(f'(a))$だけ回転して移ることになります。絶対値まで含めて表現すれば、変換$w=f(z)$によって$z=a$の周りは、回転拡大（$\arg(f'(a))$回転、$|f'(a)|$倍）して$f(a)$の周りに移ることになります。

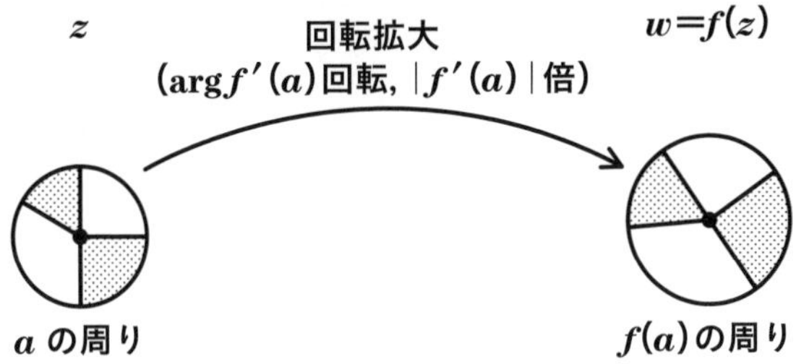

［証明終わり］

なお、$f'(a)=0$ の場合には①の式の値が 0 になってしまい arg が定義できませんから定理が成り立ちません。例えば、上の問題の $w=z^2$ は微分して $2z$ であり、$z=0$ での値は 0 ですから原点では等角性は成り立ちません。角度は大きさが 2 倍になって移ります。

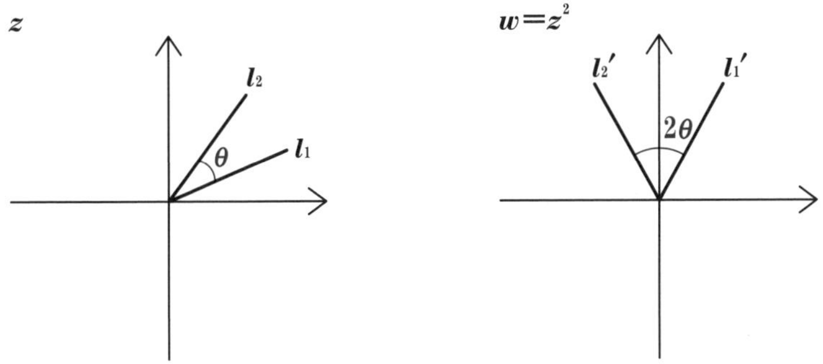

等角写像を紹介したので、複素関数論の定理の中で筆者が一番好きなリーマンの写像定理を紹介します。

定理 3.15　リーマンの写像定理

2つの任意の単連結な領域 D、$D'(\neq\mathbb{C})$ とそれぞれの中の点 a、b があるとき、D を D' に1対1に、a を b に移す等角写像 $w=f(z)$ が存在する。

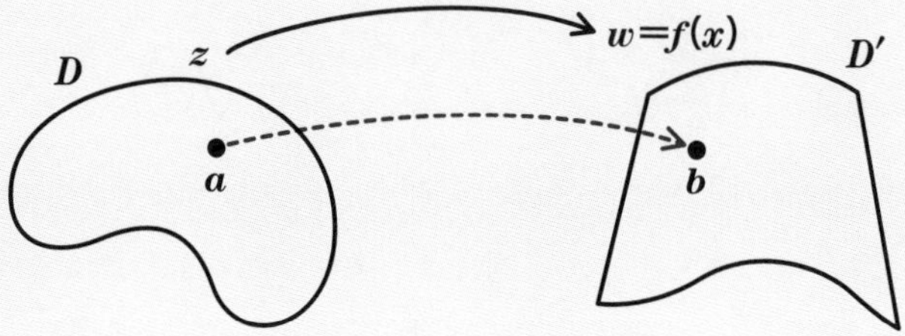

等角写像というのは局所的には同じ形を同じ形に移すということです。全く異なる形をした2つの領域を局所的には同じ形で移し合うことができるということは驚くべきことです。驚くと同時に自然の摂理の深遠さを感じざるを得ません。

流体力学には、領域の中に生じる流れを考察する問題があります。この問題に対してリーマンの写像定理が応用されます。複雑な形の領域に対しても、円板や上半平面といった単純な形の領域に還元して流れを考察できるからです。リーマンの写像定理は美しいだけでなく、華々しい応用もあるところが素晴らしいと感じています。

第4章

複素関数の積分

1 複素関数の線積分

線積分の定義

ここまでは複素関数の微分までしか扱ってきませんでした。いよいよ、複素関数の積分についての話をしていきましょう。その前に、実関数の定積分（リーマン積分）から復習していきます。

連続関数$f(x)$を区間［a, b］で定積分することを説明します。

区間［a, b］をn個の区間に分割します。各区間の大きさは同じでなくて構いません。n個の区間を

$$[x_0,\ x_1]、[x_1,\ x_2]、[x_2,\ x_3]、\cdots、[x_{n-1},\ x_n]$$

とします（$a=x_0$、$b=x_n$）。

各区間に1個ずつ点を取ります。［x_{i-1}, x_i］での点をy_iとします。y_iの取り方は区間内であればどこでも構いません。

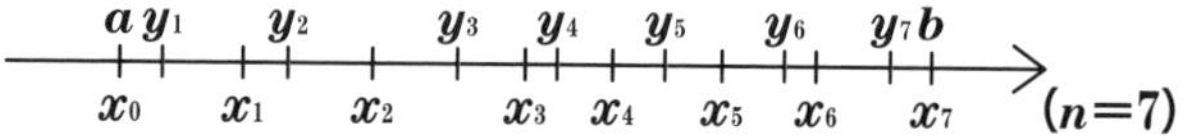

このとき、区間の幅を$\Delta x_i=x_i-x_{i-1}$とおいて（Δx_iで1つの文字です）、

$$\sum_{i=1}^{n} f(y_i)\Delta x_i$$

という総和を考えます。$f(y_i)\Delta x_i$は下図の赤い長方形の面積になりますから、総和は太線で囲まれた部分の面積になります。

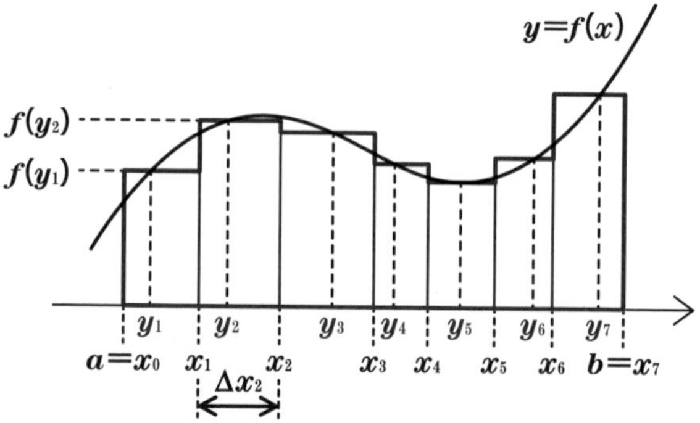

ここでnを大きくしていくと同時に、各区間の幅Δx_iを0に近づけていきましょう。各区間の幅Δx_iを0に近づけるということは、幅Δx_iの最大値$\max\Delta x_i$を0に近づける、すなわち、$\max\Delta x_i \to 0$と表現できます。$\max\Delta x_i \to 0$のとき、自然とnは大きくなります。

この条件のもとで、総和が収束する値を、$f(x)$をaからbまで積分した値と定義したのでした。すなわち、

$$\int_a^b f(x)dx = \lim_{\max\Delta x_i \to 0} \sum_{i=1}^{n} f(y_i)\Delta x_i$$

これからお話しする複素関数の線積分は、この実関数の定積分を拡張したものです。実関数の場合と比べながら読んでみてください。

実関数の場合では数直線上の閉区間（線分）で積分しましたが、複素関数の場合では複素数平面上の曲線Cで積分します。

連続な複素関数$f(z)$を曲線Cに沿って線積分することを説明してみましょう。Cの端点には始点と終点の区別があり、Cは始点から終点への向きがあるものとします。始点をa、終点をbとします。線積分のときの、向きまで考えた曲線Cを**積分路**または**積分経路**といいます。

C上に端点まで含めて$n+1$個の点を取ります。始点から終点に順に

$$z_0(=a)、z_1、z_2、\cdots、z_{n-1}、z_n(=b)$$

であるとします。

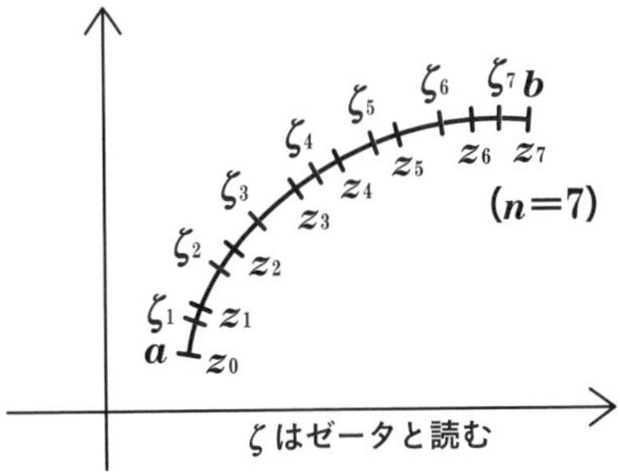

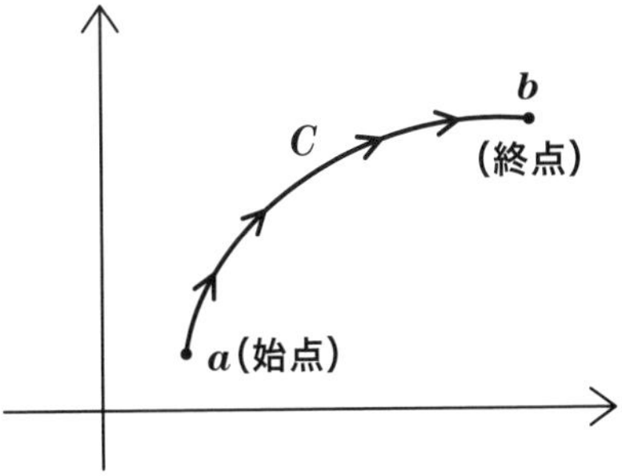

さらにC上でz_{i-1}とz_iの間にζ_iを取り、z_{i-1}とz_iの差を$\Delta z_i = z_i - z_{i-1}$とおいて、総和

$$\sum_{i=1}^{n} f(\zeta_i)\Delta z_i$$

を考えます。下図では、$f(\zeta_i)\Delta z_i$ を長方形の面積として表現しましたが、$f(\zeta_i)$ も Δz_i も複素数ですから、$f(\zeta_i)\Delta z_i$ も複素数で実際には面積を表すわけではありません。

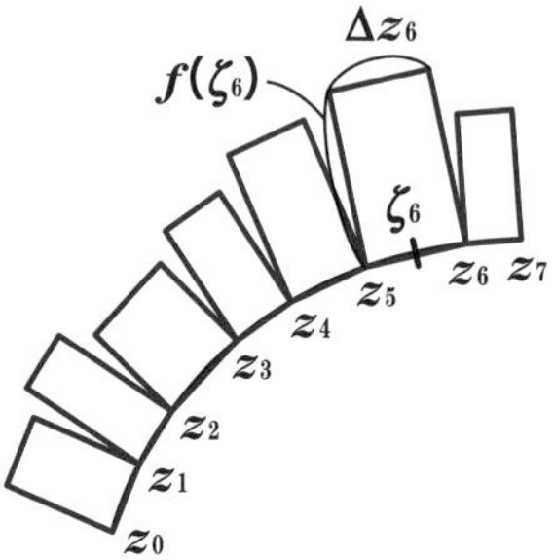

$n \to \infty$ のとき、$\max|\Delta z_i| \to 0$ となるように、z_i、ζ_i を取っていきます。このとき、総和が収束する値が、$f(z)$ の C に沿った線積分の値であり、

$$\int_C f(z)dz = \lim_{\max|\Delta z_i| \to 0} \sum_{i=1}^{n} f(\zeta_i)\Delta z_i$$

の左辺のように表します。この計算を、$f(z)$ の C に沿った**線積分**といいます。関数や経路によっては右辺の極限が収束しない場合もあるでしょうが、この本では右辺が収束する、すなわち積分可能な場合だけを考えるものとします。

具体的な計算に入る前に、この定義だけから分かる積分の計算法則を確認しておきます。実数の定積分では、

$$\int_a^b \{f(x)+g(x)\}dx = \int_a^b f(x)dx + \int_a^b g(x)dx$$

$$\int_a^b kf(x)dx = k\int_a^b f(x)dx$$

という法則が成り立ちました。

線形代数を学んだことがある人は、この定積分についての法則は、「関数全体を線形空間としてみたときの定積分という写像の線形性を表している」とまとめることができるでしょう。

実数の定積分と複素数の線積分の定義式の類似性より、次の法則が成り立つことが分かるでしょう。

定理 4.01　線積分の計算法則　線形性

C 上で積分可能な複素関数 $f(z)$、$g(z)$ と複素数 α に関して、

(1)　$\displaystyle\int_C \{f(z)+g(z)\}dz=\int_C f(z)dz+\int_C g(z)dz$

(2)　$\displaystyle\int_C \alpha f(z)dz=\alpha\int_C f(z)dz$

また、実関数の定積分では、積分区間についての法則がありました。

(1)　区間を逆向きに定積分を計算すると値は（-1）倍になる。

$$\int_a^b f(x)dx=-\int_b^a f(x)dx$$

(2)　区間を継ぎ足すと定積分は和になる。

$$\int_a^c f(x)dx=\int_a^b f(x)dx+\int_b^c f(x)dx$$

複素関数の線積分の場合も同様な法則が成り立ちます。

積分路 C が a から b へ向き付けられているとき、積分路 C が表す曲線上を b から a に向かう積分路を $-C$ とします。

また、積分路 C_1 が a から b、積分路 C_2 が b から c を表す場合、C_1+C_2 で a から b を経由して c までに至る積分路を表すことにします。

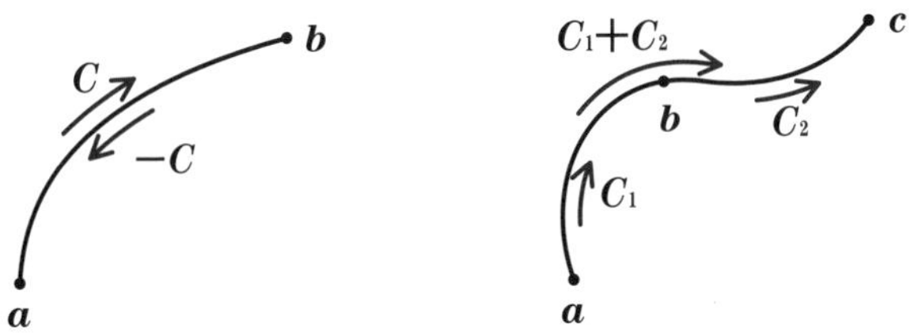

このとき、次が成り立ちます。

定理 4.02　積分経路の演算

(1)　$\displaystyle\int_{-C} f(z)dz = -\int_C f(z)dz$

(2)　$\displaystyle\int_{C_1+C_2} f(z)dz = \int_{C_1} f(z)dz + \int_{C_2} f(z)dz$

なお、これから先よく出てくるのは積分路がループ（閉曲線）になっている場合です。**周回積分**と呼ばれ、$\oint f(z)dz$ のように書くことがあります。通常、向きは反時計回りに取ります。ループの場合、適当に点を取り、そこを始点、終点として積分します。始点（終点）はどこにとっても構いません。

最後にもう一つ、複素関数の線積分で重要な不等式を紹介しておきます。実関数の定積分でも同様な不等式があるのですが、高校の数学では定積分の不等式をあまり使うことがないので印象に残っていないかもしれません。

実関数$f(x)$の$[a,\ b]$での$|f(x)|$の最大値をMとすると、

$$\left|\int_a^b f(x)dx\right| \leqq \int_a^b |f(x)|dx \leqq M(b-a)$$

という不等式が成り立ちます。

$y=f(x)$のグラフが次の図のような関数であり、$y=f(x)$の曲線とx軸で囲まれた部分の面積をS_1、S_2（ともに正の値）とすると、上の不等式は、

$$|S_1-S_2| \leqq S_1+S_2 \leqq M(b-a)$$

という不等式を表しています。

左の不等号は2つの正の数に関して和の方が差より大きいことを示している当たり前の式です。右の不等号は、「曲線とx軸で囲まれた部分（網目部、面積S_1+S_2）」と赤い長方形（面積は$M\times(b-a)$）を比べると成り立つことが納得できます。長方形の縦が最大値のMなので網目部は長方形の中に含まれます。

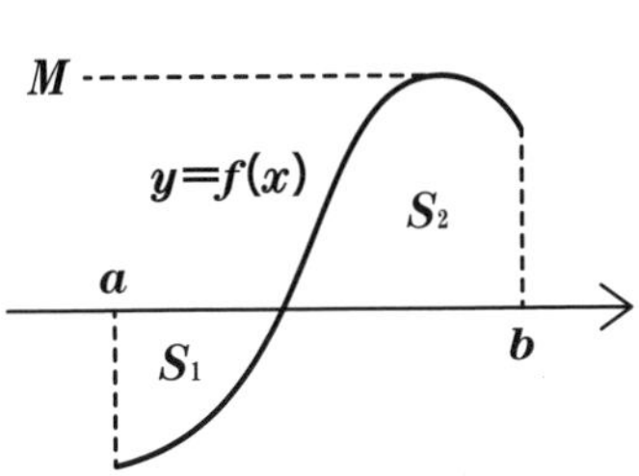

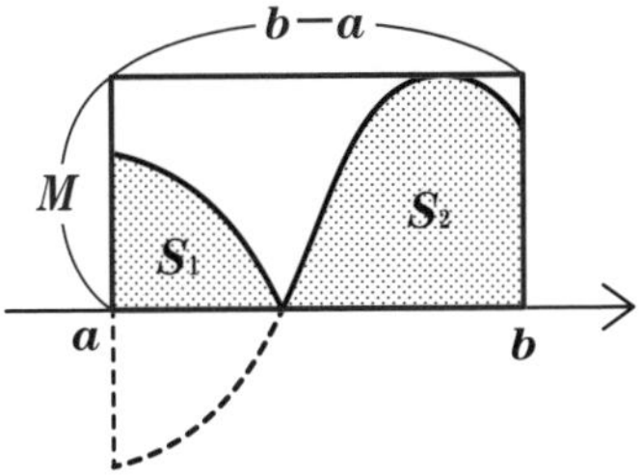

これの複素関数バージョンを紹介する前に、新しい線積分の記号を導入しておきましょう。それは複素関数の線積分で、$f(z)$と dz に絶対値をつけたもので、$f(z)$の線積分と同じ設定のもとで次のように定義します。

$$\int_C |f(z)||dz| = \lim_{\max|\Delta z_i| \to 0} \sum_{i=1}^{n} |f(\zeta_i)||\Delta z_i|$$

右辺は絶対値の積の和ですから、この線積分の値は 0 以上の数になります。

定理 4.03　線積分の絶対値を評価する不等式

L を積分路 C の長さ、M を C 上で $|f(z)| \leqq M$ が成り立つ実数とする。

$$\left|\int_C f(z)dz\right| \leqq \int_C |f(z)||dz| \leqq ML$$

$$\begin{aligned}
&\left|\sum_{i=1}^{n} f(\zeta_i)\Delta z_i\right| \quad \cdots\cdots①\\
&= |f(\zeta_1)\Delta z_1 + f(\zeta_2)\Delta z_2 + \cdots + f(\zeta_n)\Delta z_n|\\
&\leqq |f(\zeta_1)||\Delta z_1| + |f(\zeta_2)||\Delta z_2| + \cdots + |f(\zeta_n)||\Delta z_n| \quad \cdots\cdots②\\
&\leqq M|\Delta z_1| + M|\Delta z_2| + \cdots + M|\Delta z_n|\\
&\leqq M(|\Delta z_1| + |\Delta z_2| + \cdots + |\Delta z_n|) \quad \cdots\cdots③
\end{aligned}$$

$|\Delta z_i| \to 0$ のとき、③のカッコの中は積分路の長さ L に近づきます。$|\Delta z_i| \to 0$ のとき、①、②は定義により、それぞれ定理の左辺、中辺の線積分の式に近づきます。

$|\Delta z_i| \to 0$ のときの、①、②、③に着目して、

$$\left|\int_C f(z)dz\right| \leqq \int_C |f(z)||dz| \leqq ML$$

となります。

　この不等式は、定理の証明や実関数の定積分への応用問題で大活躍します。この定理を直接用いる問題を解いておきましょう。

ホップ

問題　線積分の絶対値を評価する不等式　（別 p.26）

次の不等式を示せ。

$$\left|\int_C e^z dz\right| \leqq e\pi \qquad C: z=\cos\theta+i\sin\theta \quad (0\leqq\theta\leqq\pi)$$

積分路 C は単位円の上半分になります。

被積分関数を上から抑え込み（最大値を見つけ）ましょう。

$$|e^z|=|e^{\cos\theta+i\sin\theta}|=e^{\cos\theta}\leqq e$$

また、積分路の長さは π であるので、

$$\left|\int_C e^z dz\right| \leqq \int_C |e^z||dz| \leqq e\pi$$

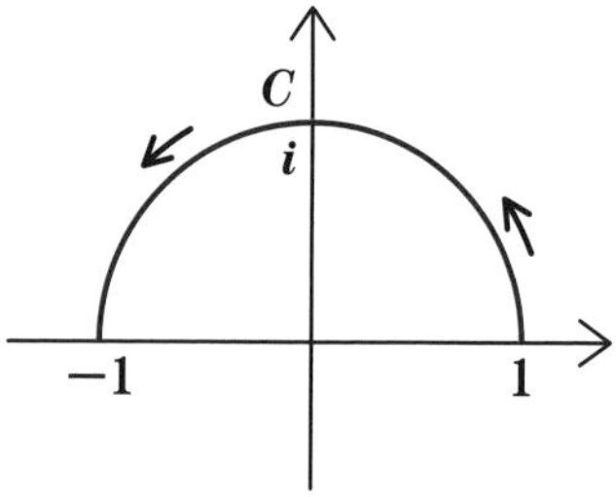

2 線積分の具体的な計算

複素関数の線積分は

$$\int_C f(z)dz=\lim_{\max|\Delta z_i|\to 0}\sum_{i=1}^{n} f(\zeta_i)\Delta z_i$$

で定義されました。この節では実際に線積分の値を計算してみましょう。

具体的な計算をするために、$f(z)$、Δz_i を実部・虚部に分けて論じます。

$f(z)=\underbrace{u(z)}_{\text{実}}+i\underbrace{v(z)}_{\text{虚}}$、$\Delta z_i=\underbrace{\Delta x_i}_{\text{実}}+i\underbrace{\Delta y_i}_{\text{虚}}$ とおくと、

$$\begin{aligned}f(\zeta_i)\Delta z_i&=\{u(\zeta_i)+iv(\zeta_i)\}(\Delta x_i+i\Delta y_i)\\&=\underbrace{(u(\zeta_i)\Delta x_i-v(\zeta_i)\Delta y_i)}_{\text{実}}+i\underbrace{(u(\zeta_i)\Delta y_i+v(\zeta_i)\Delta x_i)}_{\text{虚}}\end{aligned}$$

これらの総和を取って、$\max|\Delta z_i|\to 0$ とするときの収束値は、積分記号を用いて、

$$\int_C f(z)dz=\underbrace{\int_C u(z)dx-\int_C v(z)dy}_{\text{実}}+i\underbrace{\left(\int_C u(z)dy+\int_C v(z)dx\right)}_{\text{虚}}\quad\cdots\cdots①$$

と表されます。右辺の4つの線積分は積分範囲が曲線 C になっていますが、$u(z)$、$v(z)$、Δx_i、Δy_i は実数に値を持つので、実関数の定積分として計算でき、線積分の値はどれも実数になります。

ここで、右辺の第1項を考えてみます。

$$\int_C u(z)dx=\int_C u(x+iy)dx$$

ですが、x、y は同時に動くので、このままでは積分できません。そこで曲線 C を実数の媒介変数 t で表示されていて、微分可能であるとしてみましょう。

曲線 C が媒介変数 t によって、

$$C: z(t)=x(t)+iy(t)\qquad(\alpha\leqq t\leqq\beta)$$

と表されているものとします。$x(t)$ は $z(t)$ の実部、$y(t)$ は $z(t)$ の虚部です。

$z(t)$ は実数から複素数への関数です。$z(t)$ を t で微分した関数 $z'(t)$ は、

$$z'(t)=\{x(t)+iy(t)\}'=x'(t)+iy'(t)$$

となります。①の右辺に置換積分を用いてから、この式を使うと、

$$\underbrace{\int_\alpha^\beta u(z)x'(t)dt-\int_\alpha^\beta v(z)y'(t)dt}_{\text{実}}+i\underbrace{\left(\int_\alpha^\beta u(z)y'(t)dt+\int_\alpha^\beta v(z)x'(t)dt\right)}_{\text{虚}}$$

$$=\int_\alpha^\beta [\underbrace{\{u(z)x'(t)-v(z)y'(t)\}}_{\text{実}}+i\underbrace{\{u(z)y'(t)+v(z)x'(t)\}}_{\text{虚}}]dt$$

$$=\int_\alpha^\beta \{u(z(t))+iv(z(t))\}(x'(t)+iy'(t))dt$$

$$=\int_\alpha^\beta f(z(t))z'(t)dt$$

と見た目は、実関数での置換積分のようにまとまります。

定理 4.04　C に沿った線積分

複素数平面上の曲線 C が、$z(t)=x(t)+iy(t)$　$(\alpha \leqq t \leqq \beta)$ と実数の媒介変数で表示されている（$x(t)$、$y(t)$ は t で微分可能）。
関数 $f(z)=u(z)+iv(z)$ を C に沿って積分した値は、

$$\int_C f(z)dz=\int_\alpha^\beta f(z(t))z'(t)dt$$

$$=\int_\alpha^\beta \{u(z(t))+iv(z(t))\}(x'(t)+iy'(t))dt$$

と計算できる。

問題で確認してみましょう。

ホップ

問題　正則関数の線積分　（別 p.30）

始点 0 と終点 $4+2i$ を結ぶ曲線 C_1、C_2 がある。

C_1 : $z=4t+2ti$　$(0 \leqq t \leqq 1)$　　　　C_2 : $z=t^2+ti$　$(0 \leqq t \leqq 2)$

このとき次の線積分を求めよ。

(1)　$\displaystyle\int_{C_1} zdz$　　　　(2)　$\displaystyle\int_{C_2} zdz$

曲線 C_1、C_2 は下図のようになります。

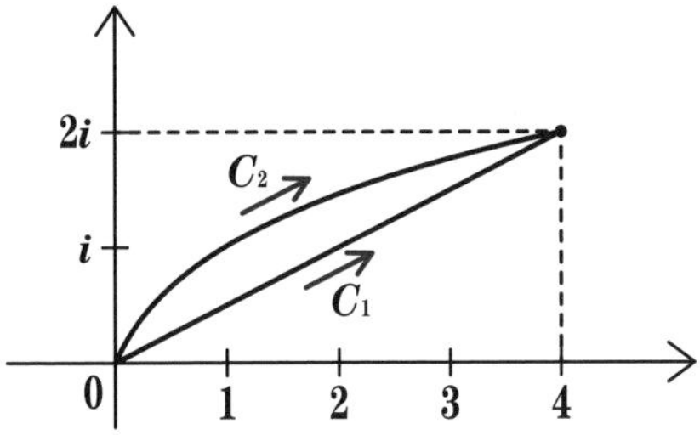

(1)　$z=4t+2ti$ を微分すると、$dz=(4+2i)dt$ であり、

$$\int_{C_1} zdz=\int_0^1 (4t+2ti)(4+2i)dt=\int_0^1 (12t+16ti)dt$$

$$=\Big[6t^2+8t^2i\Big]_0^1=6+8i$$

(2)　$z=t^2+ti$ を微分すると、$dz=(2t+i)dt$ であり、

$$\int_{C_2} zdz=\int_0^2 (t^2+ti)(2t+i)dt=\int_0^2 (2t^3-t+3t^2i)dt$$

$$=\left[\frac{1}{2}t^4-\frac{1}{2}t^2+t^3i\right]_0^2=6+8i$$

(1)と(2)で同じ値になりました。始点と終点が同じであれば、どのような経路であっても、複素関数の線積分は同じになるのでしょうか。

被積分関数が $f(z)=z$ の場合は直接確かめることができます。

始点 a、終点 b を結ぶ曲線 C を

$$C : z(t)=x(t)+iy(t)\quad (\alpha \leqq t \leqq \beta)\qquad a=z(\alpha)、b=z(\beta)$$

とすれば、

$$\int_C zdz=\int_\alpha^\beta (x(t)+iy(t))(x'(t)+iy'(t))dt$$

$$=\int_\alpha^\beta \underbrace{(x(t)x'(t)-y(t)y'(t))}_{\text{実}}+i\underbrace{(x(t)y'(t)+y(t)x'(t))}_{\text{虚}}dt$$

$$=\left[\frac{1}{2}x(t)^2-\frac{1}{2}y(t)^2+ix(t)y(t)\right]_\alpha^\beta$$

$$=\left[\frac{1}{2}(x(t)+iy(t))^2\right]_\alpha^\beta=\left[\frac{1}{2}(z(t))^2\right]_\alpha^\beta=\frac{1}{2}(b^2-a^2)$$

ですから、確かに線積分の値は経路の始点 a、終点 b だけによることがわかります。

さらに、定数関数 $f(z)=q$ についても、

$$\int_C q\,dz=q\int_\alpha^\beta (x'(t)+iy'(t))dt=q\Big[x(t)+iy(t)\Big]_\alpha^\beta=q\Big[z(t)\Big]_\alpha^\beta=q(b-a)$$

と計算できますから、定理 4.01（線形性）を用いることで次の定理のようにまとまります。任意の 1 次関数については始点と終点さえ決まれば、積分路の選び方によらず線積分の値が決まるのです。

定理 4.05　1 次関数の線積分

$z=a$ から $z=b$ までの任意の曲線 C に沿った 1 次関数 $f(z)=pz+q$ の線積分は、

$$\int_C (pz+q)dz=\frac{1}{2}p(b^2-a^2)+q(b-a)$$

この結果を見るとわかるように、1 次関数の積分は実関数の定積分と同じように計算してよいことがわかります。

$$\int_C (pz+q)dz=\left[\frac{1}{2}pz^2+qz\right]_a^b=\frac{1}{2}p(b^2-a^2)+q(b-a)$$

ですから、p.158 の問題（1）（2）はいずれも以下のように計算できます。

$$\int_0^{4+2i} z\,dz=\left[\frac{1}{2}z^2\right]_0^{4+2i}=\frac{1}{2}(4+2i)^2=6+8i$$

さて、一般の正則関数の場合にはどうでしょうか。これについては p.162 で議論します。

次は、この本で特徴的な「達人のコメント」で、初めて出てきました。「達人のコメント」では、後ろで学習する内容を先取りして解説しているものが多々あります。一通り学習した人が読むとより立体的に理解が深まります。初めての人で筋道を立てて理解したい人は飛ばして読んだ方がよいかもしれません。

[達人のコメント]

被積分関数が ℂ 全体で正則な関数のときは、実関数の定積分のときと同じように計算することができます。p.158 の場合、$f(z)=z$ は ℂ 全体で正則関数ですから当てはまります。

$f(z)=z$ の場合、ℂ 全体で正則ですから特異点もありません。特異点がなければ、始点と終点を結ぶ積分経路をどのように選んでも線積分の値は変わりません。C_1 での線積分と C_2 での線積分の値は一致します。ということは、始点と終点の情報だけで線積分が求まるということです。実数のときと同じように原始関数を求め、始点・終点の値を代入して差を取ればよいのです。

被積分関数が正則でない場合の線積分を定理 4.04 を用いて計算してみましょう。

ホップ

問題　正則でない関数の線積分　(別 p.30)

始点 0 と終点 $2+4i$ を結ぶ曲線 C_1、C_2 がある。

$C_1 : z=2t+4ti \quad (0 \leqq t \leqq 1)$　　　　$C_2 : z=t+t^2 i \quad (0 \leqq t \leqq 2)$

このとき次の線積分を求めよ。

(1) $\displaystyle\int_{C_1} \overline{z}dz$　　　　(2) $\displaystyle\int_{C_2} \overline{z}dz$

曲線 C_1、C_2 は下図のようになります。

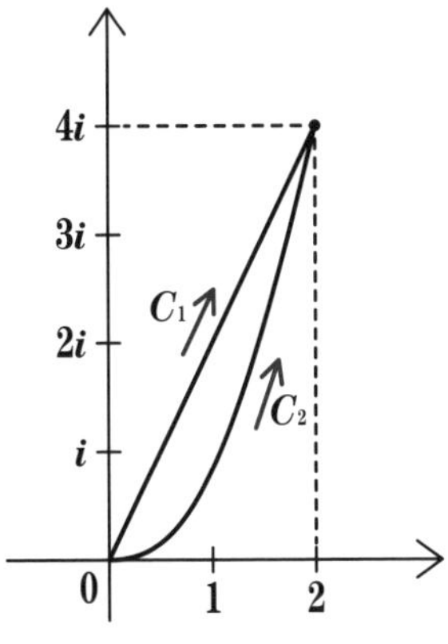

(1)　$z=2t+4ti$ を微分して、$dz=(2+4i)dt$

$$\int_{C_1}\bar{z}dz=\int_0^1 (2t-4ti)(2+4i)dt=\int_0^1 20tdt=\Big[10t^2\Big]_0^1=10$$

(2)　$z=t+t^2i$ を微分して、$dz=(1+2ti)dt$

$$\int_{C_1}\bar{z}dz=\int_0^2 (t-t^2i)(1+2ti)dt=\int_0^2 (t+2t^3+t^2i)dt=\left[\frac{1}{2}t^2+\frac{1}{2}t^4+\frac{1}{3}t^3i\right]_0^2$$

$$=10+\frac{8}{3}i$$

[達人のコメント]

$f(z)=\bar{z}$ は正則関数ではありません。いたるところで微分不可能です。正則関数ではないので、始点・終点が同じであっても積分経路が異なれば線積分の値は異なった値になります。こういう場合は原始関数は存在せず定理 4.04 の式にしたがって計算しなければなりません。

次は、被積分関数が特異点を持つ場合に線積分を計算してみましょう。

$f(z)=\dfrac{1}{z}$ は 0 で特異点を持ちますが、$\mathbb{C}-\{0\}$ では正則になります。正則な領域 $\mathbb{C}-\{0\}$ の中に 3 通りの積分経路を取り、それぞれの場合の線積分を、定理 4.04 を用いて計算してみましょう。

問題　$\dfrac{1}{z}$ の線積分

始点 $1-\sqrt{3}i$ と終点 $1+\sqrt{3}i$ を結ぶ曲線 C_1、C_2、C_3 がある。

$C_1: z=2e^{i\theta}\quad\left(-\dfrac{\pi}{3}\leqq\theta\leqq\dfrac{\pi}{3}\right)$　　$C_2: z=1+ti\quad(-\sqrt{3}\leqq t\leqq\sqrt{3})$

$C_3: z=2e^{i\theta}\quad\left(\dfrac{\pi}{3}\leqq\theta\leqq\dfrac{5\pi}{3}\right)$

このとき、次の線積分を求めよ。

(1)　$\displaystyle\int_{C_1}\frac{1}{z}dz$　　(2)　$\displaystyle\int_{C_2}\frac{1}{z}dz$　　(3)　$\displaystyle\int_{C_3}\frac{1}{z}dz$

曲線C_1、C_2、C_3は次の図のようになります。

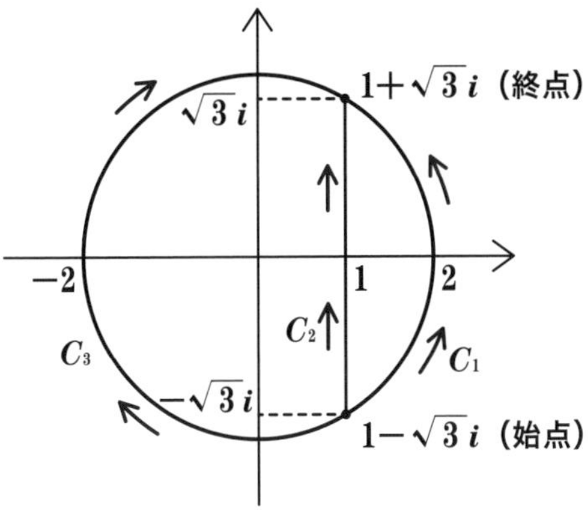

(1)　$z=2e^{i\theta}$をθで微分しておきます。オイラーの公式を用いて、

$$\frac{dz}{d\theta}=\frac{d}{d\theta}(2e^{i\theta})$$

$$=\frac{d}{d\theta}\{2(\cos\theta+i\sin\theta)\}$$　　定理 2.09（オイラーの公式）$e^{i\theta}=\cos\theta+i\sin\theta$

$$=2(-\sin\theta+i\cos\theta)=2i(\cos\theta+i\sin\theta)=2ie^{i\theta}$$

と計算できます。また、θは実数ですが、$z=2e^{i\theta}$を複素関数の合成関数、$z=2e^{w}$、$w=i\theta$であるとして、

$$\frac{dz}{d\theta}=\frac{dz}{dw}\frac{dw}{d\theta}=2e^{w}\cdot i=2ie^{i\theta}$$

と計算してもよいです。

$dz=2ie^{i\theta}d\theta$を用いて、

$$\int_{C_1}\frac{1}{z}dz=\int_{-\frac{\pi}{3}}^{\frac{\pi}{3}}\frac{1}{2e^{i\theta}}2ie^{i\theta}d\theta=\int_{-\frac{\pi}{3}}^{\frac{\pi}{3}}id\theta=\Big[i\theta\Big]_{-\frac{\pi}{3}}^{\frac{\pi}{3}}=\frac{\pi i}{3}-\left(-\frac{\pi i}{3}\right)=\frac{2\pi i}{3}$$

(2)　$$\frac{1}{z}=\frac{1}{1+ti}=\frac{1-ti}{(1+ti)(1-ti)}=\frac{1-ti}{1+t^2}$$

また$z=1+ti$を微分して、$dz=idt$

$$\int_{C_2}\frac{1}{z}dz=\int_{-\sqrt{3}}^{\sqrt{3}}\left(\frac{1-ti}{1+t^2}\right)idt=\int_{-\sqrt{3}}^{\sqrt{3}}\frac{i+t}{1+t^2}dt=i\int_{-\sqrt{3}}^{\sqrt{3}}\frac{1}{1+t^2}dt+\int_{-\sqrt{3}}^{\sqrt{3}}\frac{t}{1+t^2}dt$$

右辺第１項の定積分を置換積分で計算しましょう。

$t=\tan u$ と置換します。

$$1+t^2=1+\tan^2 u=1+\frac{\sin^2 u}{\cos^2 u}=\frac{1}{\cos^2 u} \quad \text{また } dt=\frac{1}{\cos^2 u}du \text{ より、}$$

$$i\int_{-\sqrt{3}}^{\sqrt{3}}\frac{1}{1+t^2}dt=i\int_{-\frac{\pi}{3}}^{\frac{\pi}{3}}\cos^2 u\cdot\frac{1}{\cos^2 u}du=\Big[iu\Big]_{-\frac{\pi}{3}}^{\frac{\pi}{3}}=i\left\{\frac{\pi}{3}-\left(-\frac{\pi}{3}\right)\right\}=\frac{2\pi}{3}i$$

[$\dfrac{1}{1+x^2}$ の不定積分が $\tan^{-1}x$ であることを知っている人は、もっと楽に計算できます。
$(\tan^{-1}x)'=\dfrac{1}{1+x^2}$ であることは、p.138、p.139参照]

右辺第2項の線積分を計算すると、

$$\int_{-\sqrt{3}}^{\sqrt{3}}\frac{t}{1+t^2}dt=\int_{-\sqrt{3}}^{\sqrt{3}}\frac{1}{2}\cdot\frac{2t}{1+t^2}dt=\left[\frac{1}{2}\log(1+t^2)\right]_{-\sqrt{3}}^{\sqrt{3}}=\frac{1}{2}\log 4-\frac{1}{2}\log 4=0$$

[「奇関数を [$-a$, a] で積分すると0」を用いると早い。]

まとめると、

$$\int_{C_2}\frac{1}{z}dz=\frac{2\pi}{3}i$$

(3)　置換の仕方は(1)と同じですが、$\theta=\dfrac{5\pi}{3}$ のとき始点、$\theta=\dfrac{\pi}{3}$ のとき終点であることに注意しましょう。

$$\int_{C_3}\frac{1}{z}dz=\int_{\frac{5\pi}{3}}^{\frac{\pi}{3}}\frac{1}{2e^{i\theta}}2ie^{i\theta}d\theta=\int_{\frac{5\pi}{3}}^{\frac{\pi}{3}}i\,d\theta=\Big[i\theta\Big]_{\frac{5\pi}{3}}^{\frac{\pi}{3}}=\frac{\pi i}{3}-\frac{5\pi i}{3}=-\frac{4\pi}{3}i$$

(1)と(2)は同じ結果になりましたが、(3) は異なる値となりました。(1)、(2)と(3)の間にはどのような違いがあるのでしょうか。

$f(z)=\dfrac{1}{z}$ は、$\mathbb{C}$ 全体から $z=0$ を除いた領域で正則になる関数です。

次の図のように曲線が C_1 から C_3 まで連続的に変化することを考えます。C_1 から C_2 まで動かすときは、変化する曲線は正則な領域を通っています。一方、C_2 から C_3 まで動かすときは、関数が正則にならない点、すなわち特異点（$z=0$）を越えています。

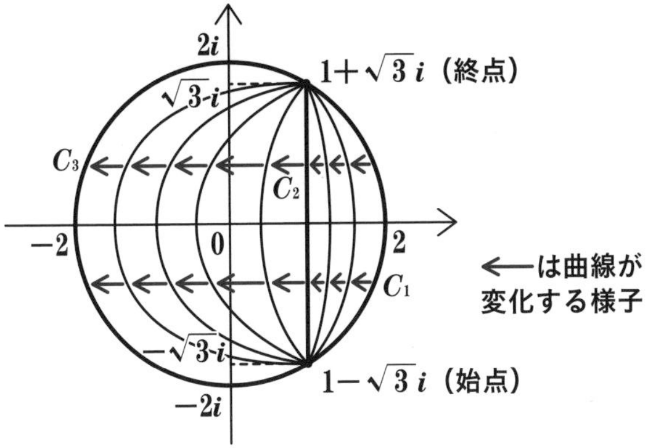

正則な領域の中で曲線をいくら連続的に変化させても線積分の値は変わりません。一方、変化させるとき特異点を越えると線積分の値は異なった値になることがあります。$z=0$ が特異点ですから、C_1 を正則な領域の中で連続的に変化させて C_3 にすることはできません。

下左図の場合、どの曲線に沿って計算しても線積分は$\frac{2\pi}{3}i$、

下右図の場合、どの曲線に沿って計算しても線積分は $-\frac{4\pi}{3}i$ になります。

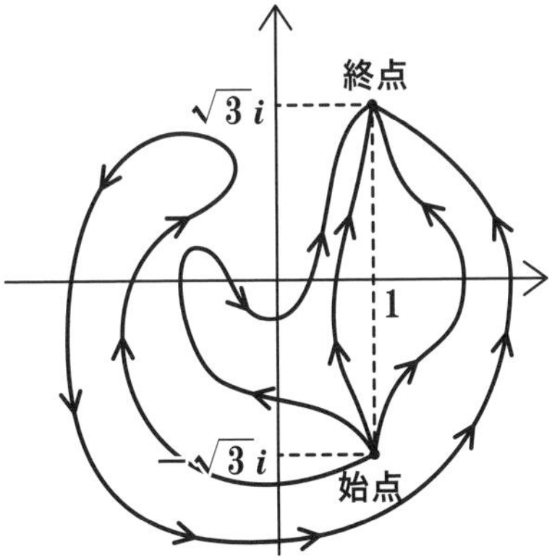

$$\int_C \frac{1}{z}dz=\frac{2\pi}{3}i$$

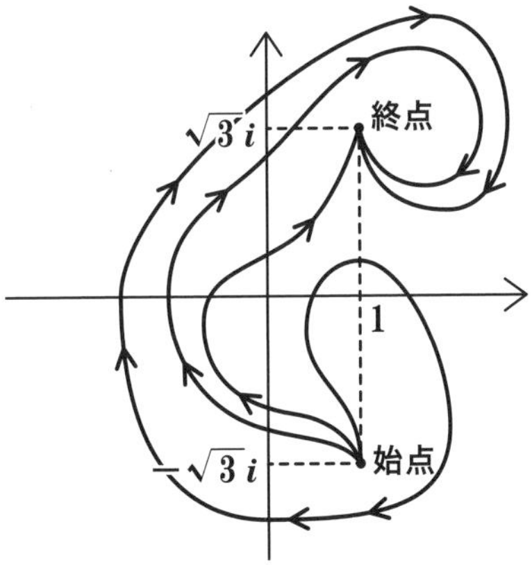

$$\int_C \frac{1}{z}dz=-\frac{4\pi}{3}i$$

被積分関数を$f(z)=\frac{1}{z^2}$にして、C_1、C_2、C_3 のそれぞれに沿って線積分すると、どのような値になるでしょうか。

［C_1 に沿った線積分］

$$\int_{C_1}\frac{1}{z^2}dz=\int_{-\frac{\pi}{3}}^{\frac{\pi}{3}}\frac{1}{(2e^{i\theta})^2}2ie^{i\theta}d\theta=\int_{-\frac{\pi}{3}}^{\frac{\pi}{3}}\frac{i}{2}e^{-i\theta}d\theta=\left[-\frac{1}{2}e^{-i\theta}\right]_{-\frac{\pi}{3}}^{\frac{\pi}{3}}=-\frac{1}{2}\left(e^{-\frac{\pi}{3}i}-e^{\frac{\pi}{3}i}\right)$$

$$=-\frac{1}{2}\left\{\cos\left(-\frac{\pi}{3}\right)+i\sin\left(-\frac{\pi}{3}\right)-\cos\left(\frac{\pi}{3}\right)-i\sin\left(\frac{\pi}{3}\right)\right\}=\frac{\sqrt{3}}{2}i$$

［C_2 に沿った線積分］

$$\int_{C_2}\frac{1}{z^2}dz=\int_{-\sqrt{3}}^{\sqrt{3}}\left(\frac{1-ti}{1+t^2}\right)^2 idt=\int_{-\sqrt{3}}^{\sqrt{3}}\frac{2t}{(1+t^2)^2}dt+i\int_{-\sqrt{3}}^{\sqrt{3}}\frac{1-t^2}{(1+t^2)^2}dt$$

$$=i\left[\frac{t}{1+t^2}\right]_{-\sqrt{3}}^{\sqrt{3}}=\frac{\sqrt{3}}{2}i \qquad \left(\frac{t}{1+t^2}\right)'=\frac{1+t^2-t\cdot 2t}{(1+t^2)^2}=\frac{1-t^2}{(1+t^2)^2}$$

［C_3 に沿った線積分］

$$\int_{C_3}\frac{1}{z^2}dz=\int_{\frac{5\pi}{3}}^{\frac{\pi}{3}}\frac{1}{(2e^{i\theta})^2}2ie^{i\theta}d\theta=\int_{\frac{5\pi}{3}}^{\frac{\pi}{3}}\frac{i}{2}e^{-i\theta}d\theta=\left[-\frac{1}{2}e^{-i\theta}\right]_{\frac{5\pi}{3}}^{\frac{\pi}{3}}=-\frac{1}{2}\left(e^{-\frac{\pi}{3}i}-e^{-\frac{5\pi}{3}i}\right)$$

$$=-\frac{1}{2}\left\{\cos\left(-\frac{\pi}{3}\right)+i\sin\left(-\frac{\pi}{3}\right)-\cos\left(-\frac{5\pi}{3}\right)-i\sin\left(-\frac{5\pi}{3}\right)\right\}=\frac{\sqrt{3}}{2}i$$

今度は、C_1、C_2、C_3 のどれに沿っても値は $\frac{\sqrt{3}}{2}i$ になります。$z=0$ は $f(z)=\frac{1}{z^2}$ の特異点ですが、上図のように曲線を変化させて、特異点を越えることがあっても積分値は変わらないのです。

これは $f(z)=\frac{1}{z^n}$ の周回積分に関する次の定理から分かります。

定理 4.06　留数定理の原理

（ア）　中心原点、半径 r の円周 $|z|=r$ を

反時計回りに一周する経路を C とする。

$$\oint_C \frac{1}{z^n}dz=\begin{cases}2\pi i\,(n=1)\\ 0\ \ (n\neq 1)\end{cases}$$

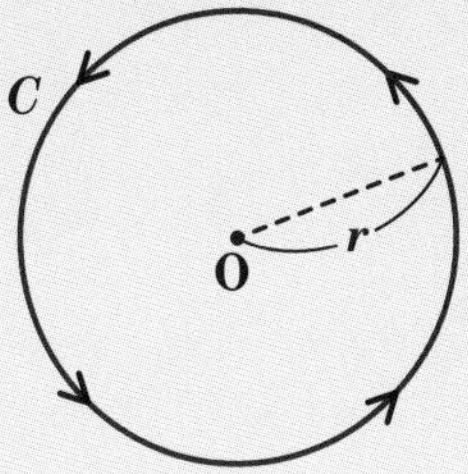

（イ）　中心 a、半径 r の円周 $|z-a|=r$ を

反時計回りに一周する経路を C とする。

$$\oint_C \frac{1}{(z-a)^n}dz=\begin{cases}2\pi i\,(n=1)\\ 0\ \ (n\neq 1)\end{cases}$$

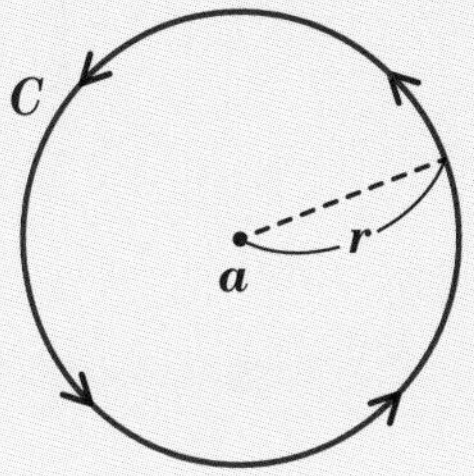

半径 r の円についての線積分（周回積分）にもかかわらず、値から半径 r が消えているところがまず面白いです。しかもほとんどの場合が0になります。

（ア）　C を、媒介変数 θ によって、

$$C : re^{i\theta}\quad (0\leqq\theta\leqq 2\pi)$$

とおきます。前問の(1)で計算したように

$$\frac{d}{d\theta}(re^{i\theta})=rie^{i\theta}$$

ですから、$z=re^{i\theta}$ とおくと、$z^n=(re^{i\theta})^n=r^ne^{n\theta i}$、$dz=rie^{i\theta}d\theta$ となり、

$$\frac{1}{z^n}dz=\frac{1}{r^ne^{n\theta i}}rie^{i\theta}d\theta=\frac{ie^{-(n-1)\theta i}}{r^{n-1}}d\theta=\frac{i(\cos(n-1)\theta-i\sin(n-1)\theta)}{r^{n-1}}d\theta$$

$n=1$ のとき、

$$\oint_C \frac{1}{z}dz=\int_0^{2\pi} id\theta=2\pi i$$

$n\neq 1$ のとき、

$$\oint_C \frac{1}{z^n}dz=\frac{i}{r^{n-1}}\int_0^{2\pi}\{\cos(n-1)\theta-i\sin(n-1)\theta\}\,d\theta$$

$$=\frac{i}{r^{n-1}}\left[\frac{\sin(n-1)\theta}{n-1}+\frac{i\cos(n-1)\theta}{n-1}\right]_0^{2\pi}=0$$

（イ）（ア）の場合を a だけ平行移動した場合なので成り立ちます。

$f(z)=\dfrac{1}{z}$ については C_1、C_2 に沿った線積分の値と C_3 に沿った線積分の値が異なり、$f(z)=\dfrac{1}{z^2}$ については C_1、C_2、C_3 のどれに沿っても線積分の値が同じになったことについて振り返ってみましょう。

$f(z)=\dfrac{1}{(z-a)^n}$ の $z=a$ の周りの周回積分は、$n\neq 1$ のときは 0、$n=1$ のときは $2\pi i$ ですから、積分経路を連続的に変化させて特異点 $z=a$ を越えるとき、$n\neq 1$ であれば線積分の値は変わりませんが、$n=1$ のときは線積分の値が変わるのです。

[達人のコメント]

この計算が、第 5 章のテーマ「複素関数を周回積分すると、関数を経路内の特異点 a を中心にローラン展開したときの $\dfrac{1}{z-a}$ の係数だけが残る、すなわち留数定理が成り立つこと」の鍵になります。

複素関数の周回積分は、

正則関数の場合はコーシーの積分定理で 0 に、

特異点のある場合は留数定理（本質的には定理 4.06）

で計算できます。

3 コーシーの積分定理

この節では複素関数論の定理の中でも美しさが際立っているコーシーの積分定理を紹介します。

コーシーの積分定理の記述で用いられる用語から説明していきます。

自己交差することのない閉じた1本の曲線を単純閉曲線といいます。単純閉曲線は、途中で折れ曲がっていても構いません。単純閉曲線には向きがあるものとします。

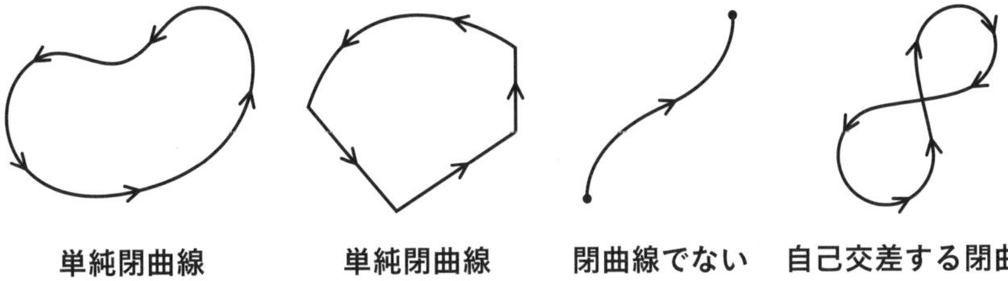

領域 D に含まれる任意の閉曲線が領域内で1点に連続的に縮めることができるとき、領域 D は単連結であるといいます。

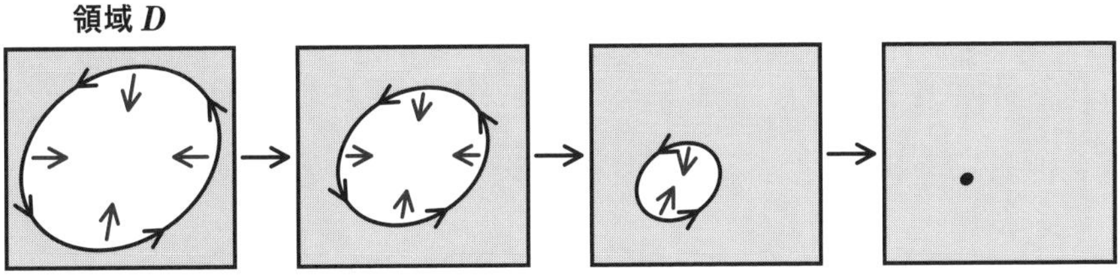

例えば、単位円板（単位円の内部）$\{z \mid |z|<1\}$ や複素数平面 $\mathbb{C}$ は単連結です。一般に、単純閉曲線で囲まれる領域は単連結になります。

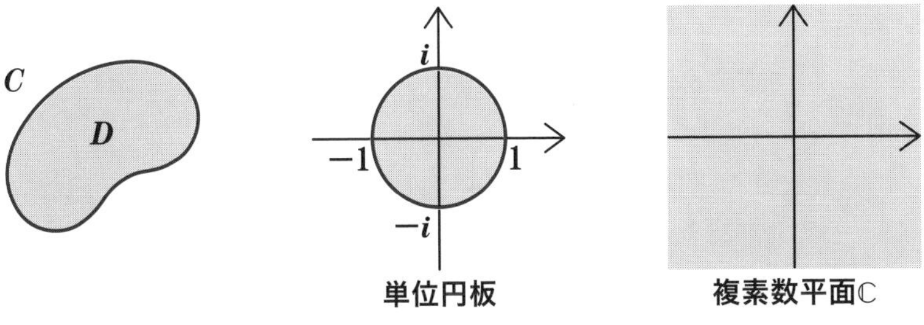

ドーナツ型の領域は単連結ではありません。複素関数論では、下左図のように穴が1個空いている領域を二重連結、2個空いている領域を三重連結、…と呼んでいます。穴は1点でも構いません。

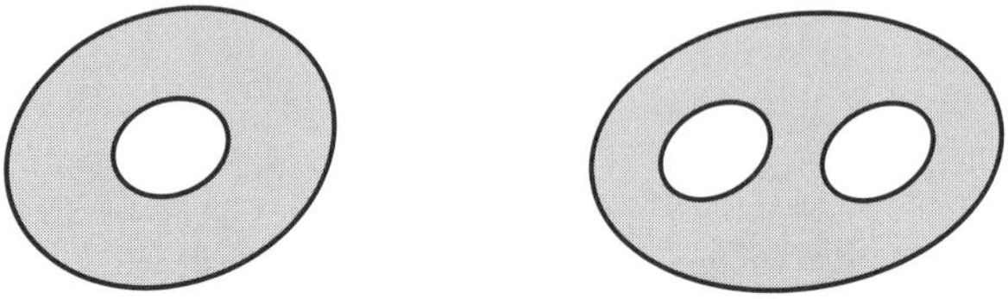

二重連結　　　三重連結

二重連結の領域は適切な1カ所に切り込みを入れると単連結な領域、三重連結の領域は適切な2カ所に切り込みを入れると単連結な領域になります。

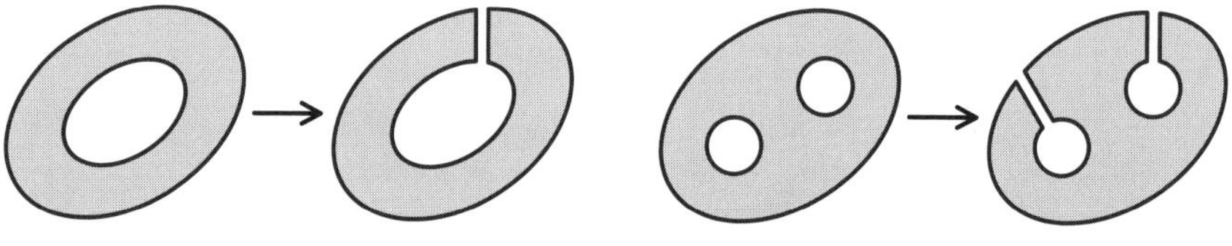

二重連結　　単連結　　三重連結　　単連結

単連結な領域に関するコーシーの積分定理は次のようになります。

定理 4.07　コーシーの積分定理（単連結バージョン）

単純閉曲線 C で囲まれた領域 D がある。

$f(z)$ が $\overline{D}$（D と C を合わせた部分）で正則なとき、次が成り立つ。

$$\oint_C f(z)dz=0$$

$\overline{D}$ は境界を含みます。点での正則を判定するには、点の周辺（近くでよい）の値が必要ですから、$\overline{D}$ で正則であれば $\overline{D}$ の周辺の値が必要です。「$\overline{D}$ で正則である」は、「$\overline{D}$ を含む領域で正則である」と書いてもよいですが、煩わしいので「$\overline{D}$ で正則である」と書きます。

この定理は、複素数平面 $\mathbb{C}$ 全体で正則な関数はどんな単純閉曲線 C に関して積分しても、周回積分の値が0になるという印象的でエレガントな定理です。$\mathbb{C}$ 全体で正則な関数が調和の取れた関数である証左の1つであるといえましょう。

コラムで証明を与えることにして、この節では定理をさっそく使ってみたいと思います。次の定理は、p.162の問題の後で例示したように、正則な領域の中で積分路を変化させても線積分の値は変化しないことを主張しています。

定理 4.08　正則関数の線積分

単連結な領域 D で正則な関数 $f(z)$ がある。D 内に定点 A、B を取る。A、B を始点、終点とする D に含まれる曲線 C で $f(z)$ を線積分するとき、C の取り方によらず線積分の値は一定である。

[証明]　A、B を始点、終点とする 2 本の曲線 C_1 と C_2 で、線積分の値が一致することを示しましょう。B を始点、A を終点とする曲線 C_0 を、C_1 と C_2 と交わらないように取ります。

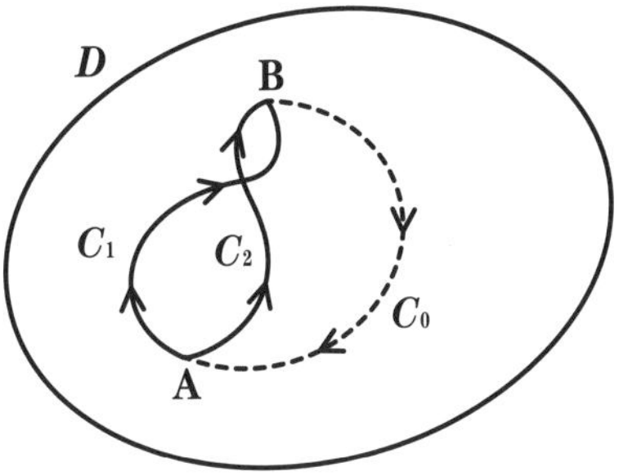

C_0+C_1、C_0+C_2 はそれぞれ単純閉曲線で、その内部と周で関数 $f(z)$ は正則になりますから、コーシーの積分定理を用いることができて、

$$\int_{C_0+C_1} f(z)\,dz=0 \qquad \int_{C_0+C_2} f(z)\,dz=0$$

となります。これに定理 4.02 を用いて整理すると、

$$\int_{C_1} f(z)\,dz=-\int_{C_0} f(z)\,dz \qquad \int_{C_2} f(z)\,dz=-\int_{C_0} f(z)\,dz$$

となりますから、

$$\int_{C_1} f(z)\,dz=\int_{C_2} f(z)\,dz$$

が導けます。

自己交差しない曲線の図で考えましたが、C_1 と C_2 はそれぞれ自己交差しても構いません。例えば、右図のように赤い部分の線積分は 0 になるので、取り除いて考えればよいのです。

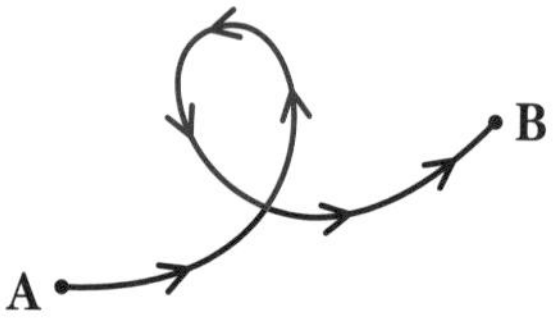

［証明終わり］

このことを用いると複素数平面全体で正則な関数の線積分を、実関数のときのように不定積分を用いて計算できることが示せます。

単連結な領域 D で正則な関数 $f(z)$ があるとします。下左図のように領域 D の中に 2 点 α と z を取り、α と z を結ぶ積分路 C に関して線積分した値は、α と z が与えられると定理 4.08 により C の取り方によらず 1 つの値に決まりますから、

$$\int_{\alpha}^{z} f(w)dw$$

と表すことができます。α が固定されているとき右辺の線積分は z の関数となり $F(z)$ とおくことができます。そこで、

$$F(z)=\int_{\alpha}^{z} f(w)dw$$

とおきます。下右図のように領域 D に β、γ を取り、β から γ への線積分を、$F(z)$ を用いて表してみましょう。β から γ への積分路を C_1、α から β への積分路を C_2 とすると、

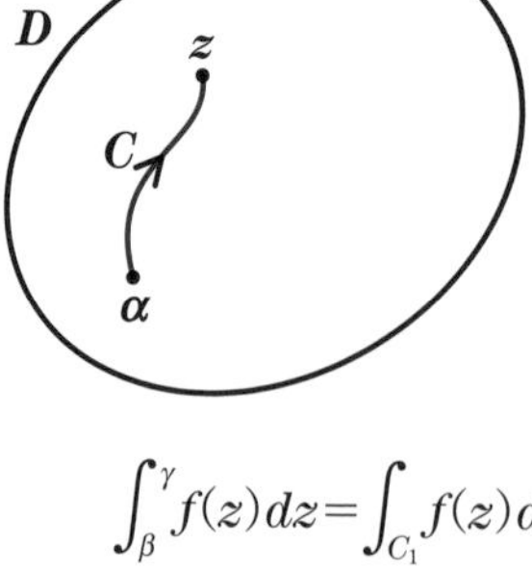

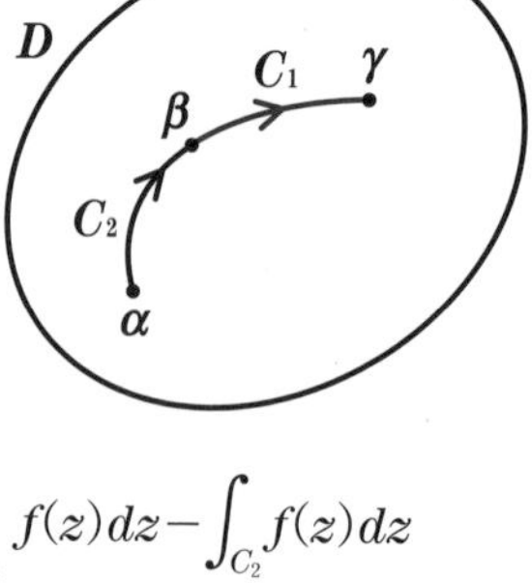

$$\int_{\beta}^{\gamma} f(z)dz=\int_{C_1} f(z)dz=\int_{C_2+C_1} f(z)dz-\int_{C_2} f(z)dz$$

$$=\int_{\alpha}^{\gamma} f(w)dw-\int_{\alpha}^{\beta} f(w)dw=F(\gamma)-F(\beta)$$

と計算することができます。つまり、$F(z)$に関してC_1の始点βと終点γでの値の差を取ればよいのです。$F(z)$の値はαの取り方により変わりますが、$F(\gamma)-F(\beta)$はβからγへの線積分の値を表していますから、$F(z)$を作るときのαの取り方にはよらず一定の値となります。

$F(z)$は、実関数の定積分における原始関数の役割を担っていると言えます。実際、$F(z)$は領域Dで正則な関数になり、$F(z)$を微分すると$f(z)$になります。

$$F'(z)=f(z) \qquad \text{（あとで確認します）}$$

複素関数のときも$F(z)$を**原始関数**または**不定積分**と呼びましょう。$f(z)$を具体的な関数としたとき、積分定数Cを省略して書くと、

$f(z)=z^n$（nは0以上の正数）のときは、$F(z)=\dfrac{1}{n+1}z^{n+1}$

$f(z)=\sin z$のときは、$F(z)=-\cos z$

となります。微分が実関数のときと同じようにできるので、その逆演算である不定積分も実関数のときと同じように求めることができます。

前ページでは$F(z)$を作るのに始点が必要でしたが、$G'(z)=f(z)$となる$G(z)$さえ手に入れれば、$f(z)$をβからγまで線積分した値は$F(z)$を作るときの始点に寄らないので、線積分の値を求めることができます。なぜなら、

$(F(z)-G(z))'=f(z)-f(z)=0$なので、コーシー・リーマンの関係式を用いて、

$F(z)-G(z)=c$（cは定数）となります。$G(z)$を用いても、

$$G(\gamma)-G(\beta)=(F(\gamma)+c)-(F(\beta)+c)=F(\gamma)-F(\beta)$$

というように線積分の値は同じ結果を得ます。

なお、$f(z)$の線積分を求めるときには意識する必要はありませんが、$f(z)=z^n$で$z=0$を始点にすると$F(z)=\dfrac{1}{n+1}z^n$、$f(z)=\sin z$で$z=\dfrac{\pi}{2}$を始点にすると$F(z)=-\cos z$を作ることができます。

［$F'(z)=f(z)$の確認］

$$F(z+h)-F(z)=\int_\alpha^{z+h} f(w)dw-\int_\alpha^z f(w)dw=\int_z^{z+h} f(w)dw \quad \cdots\cdots①$$

積分するための変数wに対してzは定数扱いになることに注意すると、$f(z)$は

$$\frac{1}{h}\int_z^{z+h} f(z)dw=\frac{1}{h}\Big[f(z)w\Big]_z^{z+h}=\frac{f(z)(z+h)-f(z)z}{h}=f(z) \quad \cdots\cdots②$$

定理4.05

と表すことができますから、①、②を用いて

$$\frac{F(z+h)-F(z)}{h}-f(z)=\frac{1}{h}\int_{z}^{z+h} f(w)dw-\frac{1}{h}\int_{z}^{z+h} f(z)dw$$

$$=\frac{1}{h}\int_{z}^{z+h} \{f(w)-f(z)\}dw \quad \cdots\cdots③$$

ここで右辺の積分は経路によらないので、積分路を線分に取り、

$$C: w=z+th \quad (0\leqq t\leqq 1)$$

とします。領域 D の中に z があるので、$|h|$ を十分小さく取れば z と $z+h$ を結ぶ線分 C は領域 D の中に含まれるようにすることができます。③は、積分の変数を t にして、

$$\frac{1}{h}\int_{z}^{z+h} \{f(w)-f(z)\}dw=\frac{1}{h}\int_{0}^{1} \{f(z+th)-f(z)\}hdt \quad \cdots\cdots④$$

となります。

ここで、$|f(z+th)-f(z)|\,(0\leqq t\leqq 1)$ には最大値が存在し、その値を M とします（厳密に考えたい人はコラム「最大値の原理」参照)。

$f(z)$ が正則なので連続であり、$|h|\to 0$ のとき、$|f(z+th)-f(z)|\to 0$ となるので、上から抑えられると考えてもよいです。

すると、③の左辺の絶対値は、次のように M で抑えられます。

$$\left|\frac{F(z+h)-F(z)}{h}-f(z)\right|=\left|\frac{1}{h}\int_{0}^{1} \{f(z+th)-f(z)\}hdt\right|$$

$$\leqq\frac{1}{|h|}\int_{0}^{1} |f(z+th)-f(z)|\,|h|dt$$

定理 4.03

$$=\int_{0}^{1} |f(z+th)-f(z)|dt\leqq\int_{0}^{1} Mdt=M$$

$f(z)$ は正則で、とくに連続なので、$|h|\to 0$ のとき、$M\to 0$ ですから、$F'(z)=f(z)$ が言えたことになります。　［証明終わり］

$f(z)$ が $\mathbb{C}$ 全体で正則な関数のとき、線積分は積分経路の始点終点だけで決まること、実関数のときの原始関数のように $F(z)$ から計算できることを踏まえて、次の問題のように計算することができます。

ホップ　問題　原始関数による線積分　(別 p.26)

次の線積分を求めよ。

(1) $\displaystyle\int_0^i (z+i)^2 dz$　　(2) $\displaystyle\int_0^{\frac{\pi}{3}} e^{iz} dz$　　(3) $\displaystyle\int_0^{\frac{\pi}{4}} \cos(iz) dz$

(1) $\displaystyle\int_0^i (z+i)^2 dz = \left[\frac{1}{3}(z+i)^3\right]_0^i = \frac{1}{3}(2i)^3 - \frac{1}{3}i^3 = -\frac{7}{3}i$

(2)
$$\int_0^{\frac{\pi}{3}} e^{iz} dz = \left[\frac{1}{i}e^{iz}\right]_0^{\frac{\pi}{3}} = \frac{1}{i}\left(e^{\frac{\pi}{3}i} - 1\right) = \frac{1}{i}\left(\cos\frac{\pi}{3} + i\sin\frac{\pi}{3} - 1\right)$$
$$= \frac{1}{i}\left(\frac{1}{2} + \frac{\sqrt{3}}{2}i - 1\right)$$
$$= \frac{\sqrt{3}}{2} + \frac{1}{2}i$$

(3)
$$\int_0^{\frac{\pi}{4}} \cos(iz) dz = \left[\frac{1}{i}\sin(iz)\right]_0^{\frac{\pi}{4}} = \frac{1}{i}\sin\left(\frac{\pi}{4}i\right)$$
$$= \frac{1}{i}\cdot\frac{1}{2i}\left(e^{\frac{\pi}{4}i\cdot i} - e^{-\frac{\pi}{4}i\cdot i}\right) \qquad \sin z = \frac{e^{iz} - e^{-iz}}{2i}$$
$$= -\frac{1}{2}\left(e^{-\frac{\pi}{4}} - e^{\frac{\pi}{4}}\right) = \sinh\frac{\pi}{4}$$

コーシーの積分定理（単連結バージョン）が成り立つためには、領域Dは単連結であるという条件は外せません。この定理は$f(z)$がDの内部のすべての点で正則でなければ成り立ちません。1点でも正則でない点があれば、定理は成り立たないのです。

ですから、多重連結な領域Dに関しては外周で周回積分するだけでは、積分の値は0になるとは限りません。しかし、コーシーの積分定理は単連結の場合しか使ってはいけないと短絡的に理解してしまうのはよくありません。多重連結な領域Dの場合でも、コーシーの積分定理（単連結バージョン）に持ち込むことで、次のような定理が成り立ちます。初学者が混乱しやすいところなので、じっくり読んで理解してください。

定理 4.09　コーシーの積分定理（多重連結バージョン）

2本の単純閉曲線 C_0（外周）、C_1（内周）で挟まれた二重連結な領域 D（①）がある。C_0、C_1 はどちらも反時計回りに向きを付ける。$\overline{D}$（D、C_0、C_1 を合わせた部分）で正則な関数 $f(z)$ について、次が成り立つ。

$$\oint_{C_0} f(z)dz = \oint_{C_1} f(z)dz$$

3本の単純閉曲線 C_0（外周）、C_1、C_2（内周）で挟まれた三重連結な領域 D（②）がある。C_0、C_1、C_2 はどれも反時計回りに向きを付ける。$\overline{D}$（D、C_0、C_1、C_2）を合わせた部分）で正則な関数 $f(z)$ について、次が成り立つ。

$$\oint_{C_0} f(z)dz = \oint_{C_1} f(z)dz + \oint_{C_2} f(z)dz$$

①
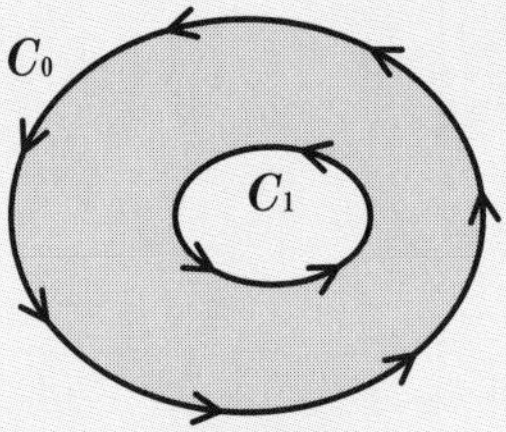

二重連結

②
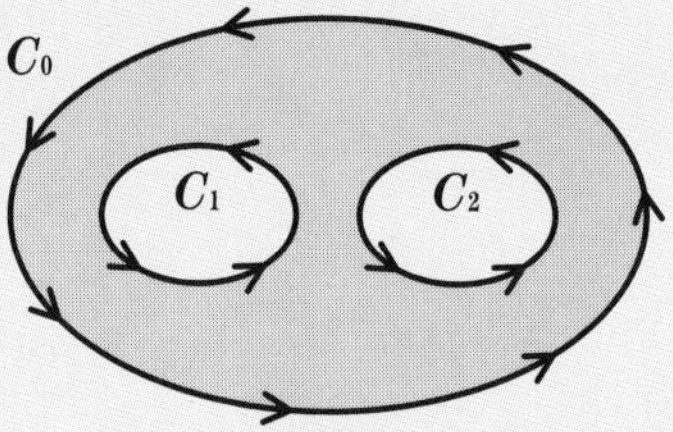

三重連結

条件の与え方から、C_1、C_2 で囲まれた部分で $f(z)$ が正則でないような印象を持つかもしれませんが、次の証明を読めば分かるように正則であっても正則でなくても定理は成り立ちます。

［証明］　領域 D が三重連結の場合で示しましょう。一般の n 重連結の場合も同様にできます。

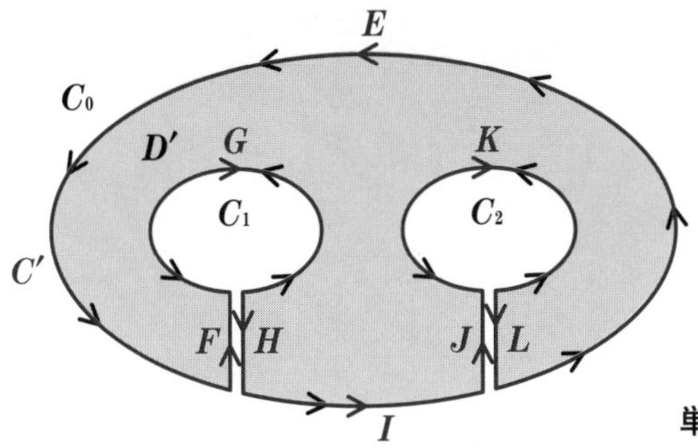

単連結

図にアカい線で書き込まれた積分経路C'を考えます。図では、直線部が２重線に見えますが、実際には１本の線分上を、向きを変えて積分経路が走っています。

領域Dから２本の線分を取り除いた領域をD'とすると、D'は単連結になり、C'は領域D'の周になっています。ですから、コーシーの積分定理（単連結バージョン）を適用することができて、

$$\oint_{C'} f(z)dz=0 \quad \cdots\cdots①$$

となります。C'の曲線部をE、G、I、K、直線部をF、H、J、Lとすると、

$C'=E+F+G+H+I+J+K+L$ですから、線積分で$f(z)dz$を省略して書けば、

$$\oint_{C'}=\int_E+\int_F+\oint_G+\int_H+\int_I+\int_J+\oint_K+\int_L$$

［FとHは同じ辺で向きが異なっていますから、Fに関する線積分とHに関する線積分はキャンセルされます。同様にJに関する線積分とLに関する線積分もキャンセルされます。］

$$=\int_E+\oint_G+\int_I+\oint_K \quad \cdots\cdots②$$

［GとC_1は向きが逆、KとC_2は向きが逆であることに注意して］

$$=\oint_{C_0}-\oint_{C_1}-\oint_{C_2} \quad \cdots\cdots③$$

①より、この式の値が０になるので、

$$\oint_{C_0}f(z)dz=\oint_{C_1}f(z)dz+\oint_{C_2}f(z)dz$$

となります。 ［証明終わり］

三重連結の場合、もし C_1、C_2 の向きを逆向きに（時計回りに）取れば、③の − は + になり、

$$\oint_{C_0} f(z)dz+\oint_{C_1} f(z)dz+\oint_{C_2} f(z)dz=0$$

が成り立ちます。つまり、外周も内周も、領域 D を左側に見て進む方向に曲線の向きを付けると、全周上で積分すれば線積分の値は 0 となります。

数学の定理としてはこちらの方が美しいですね。しかし、あとの応用のことを考えると定理のような表現の方がよいのでそうしています。

応用上は周回積分を見たら、頭の中で次のように考えられるようになっておくとよいでしょう。

定理 4.09 で、$f(z)$ が正則となる領域 D が二重連結の場合は、

積分経路 C_0 を積分経路 C_1 に取り換えても周回積分は変わらない。

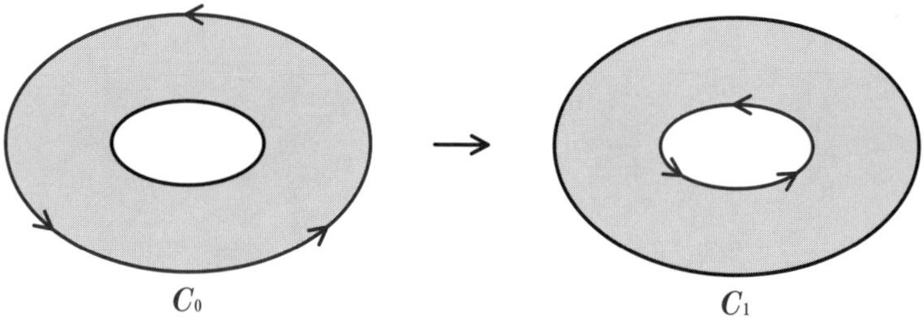

ということですし、$f(z)$ が正則となる領域 D が三重連結の場合では、

積分経路 C_0 を積分経路「C_1+C_2」に取り換えても周回積分は変わらない。

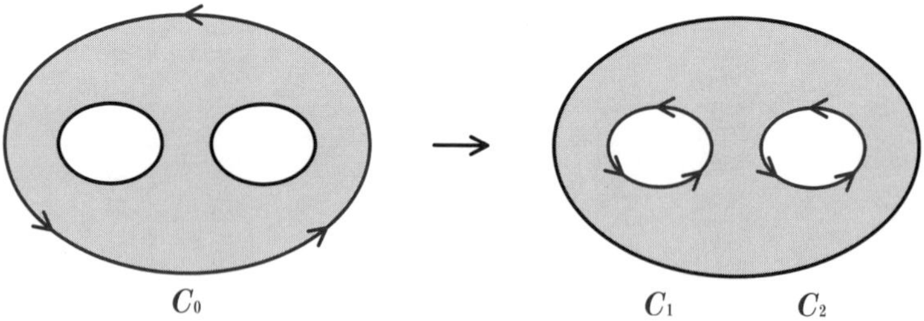

ということになります。

つまり、大きい周に関する周回積分であっても、正則でないところ、すなわち特異点の周りだけにフォーカスして周回積分すればよいというテクニックをこの定理は保証しています。

ここまで読んで注意深い人は、C' に関して F と H、J と L が重なっているの

で、C'は単純閉曲線ではないのではないか、単純閉曲線ではないのでコーシーの積分定理を適用できないのではないかと疑念を抱くかもしれません。結論から言えばこの場合はコーシーの積分定理を適用できます。FとH、JとLの間に隙間を開けてC'が単純閉曲線となるようにしておき、C'にコーシーの積分定理を適用したあと、隙間を小さくしたときの極限を取ればよいのです。

実関数の線積分への応用

次の定積分は、フレネル積分と呼ばれる工学で応用のある定積分です。レンズの屈折率を計算するときに使います。この積分は実関数の定積分ですが、複素関数の積分を用いて求めましょう。

ホップ

問題　コーシーの積分定理の実関数の定積分への応用　（別 p.32、p.36）

$$\int_0^{\infty}\cos(x^2)\,dx=\int_0^{\infty}\sin(x^2)\,dx=\frac{\sqrt{2\pi}}{4}$$

を示せ。

複素関数$f(z)=e^{-z^2}$を考えます。

この関数を実軸上の区間［0, R］で積分し、$R\to\infty$としたときの線積分の実部、虚部の値から示すことができます。

$f(z)=e^{-z^2}$は複素数平面全体で正則な関数です。そこで、下図のような閉曲線Cで周回積分します。

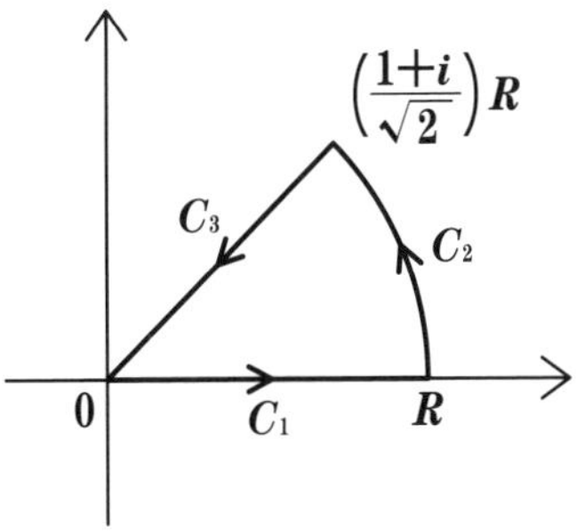

Cを3つの部分に分けて考えます。

$C_1 : z=x\quad (0\leqq x\leqq R)$

$$C_2 : z=R(\cos\theta+i\sin\theta) \quad \left(0 \leqq \theta \leqq \frac{\pi}{4}\right)$$

$$C_3 : z=t\left(\cos\frac{\pi}{4}+i\sin\frac{\pi}{4}\right)=\left(\frac{1+i}{\sqrt{2}}\right)t \quad (0 \leqq t \leqq R)$$

すると、

$$\oint_C f(z)dz=\int_{C_1} f(z)dz+\int_{C_2} f(z)dz+\int_{C_3} f(z)dz \quad \cdots\cdots①$$

となります。C_1 について、

$$\int_{C_1} f(z)dz=\int_0^R e^{-x^2}dx$$

となります。$R \to \infty$ のとき、積分の値はガウス積分という有名な積分で、$\frac{\sqrt{\pi}}{2}$ に収束することが知られています。

複素関数とは関係ないので、求め方は Web の補足を参考にして下さい。

C_3 については、$z^2=\left(\frac{1+i}{\sqrt{2}}\right)^2 t^2=it^2$、$dz=\left(\frac{1+i}{\sqrt{2}}\right)dt$ ですから、

$$\int_{C_3} f(z)dz=\int_R^0 e^{-it^2}\left(\frac{1+i}{\sqrt{2}}\right)dt$$

$$=-\frac{1}{\sqrt{2}}\int_0^R \{\cos(t^2)-i\sin(t^2)\}(1+i)dt$$

$$=-\frac{1}{\sqrt{2}}\left\{\int_0^R \{\cos(t^2)+\sin(t^2)\}dt+i\int_0^R \{\cos(t^2)-\sin(t^2)\}dt\right\}$$

実は $R \to \infty$ のとき、C_2 に沿った線積分は 0 に収束します。このことは後で示すことにして、先に答えを求めてしまいましょう。

$f(z)$ は全平面で正則なので、コーシーの積分定理より C で周回積分すると 0 になります。①の左辺は 0 です。

$R \to \infty$ のとき、①は、

$$0=\frac{\sqrt{\pi}}{2}-\frac{1}{\sqrt{2}}\left\{\int_0^\infty \{\cos(t^2)+\sin(t^2)\}dt+i\int_0^\infty \{\cos(t^2)-\sin(t^2)\}dt\right\}$$

となります。左辺が 0 なので、右辺の実部と虚部も 0 になり、

$$\frac{\sqrt{\pi}}{2}-\frac{1}{\sqrt{2}}\int_0^\infty \{\cos(t^2)+\sin(t^2)\}dt=0 \qquad \frac{1}{\sqrt{2}}\int_0^\infty \{\cos(t^2)-\sin(t^2)\}dt=0$$

すなわち、

$$\int_0^{\infty}\cos(t^2)dt+\int_0^{\infty}\sin(t^2)dt=\frac{\sqrt{2\pi}}{2} \qquad \int_0^{\infty}\cos(t^2)dt=\int_0^{\infty}\sin(t^2)dt$$

これより、

$$\int_0^{\infty}\cos(t^2)dt=\int_0^{\infty}\sin(t^2)dt=\frac{\sqrt{2\pi}}{4}$$

となります。

$R\to\infty$ のとき C_2 に沿った積分が 0 に収束することを示しておかなければなりません。示してみましょう。ポイントは被積分関数（の絶対値）をうまく上から評価する（抑え込む）ところです。

C_2 では、$z=R(\cos\theta+i\sin\theta)$ ですから、

$$|f(z)|=|e^{-z^2}|=|e^{-R^2(\cos2\theta+i\sin2\theta)}|=|e^{-R^2\cos2\theta-iR^2\sin2\theta}|$$
$$=e^{-R^2\cos2\theta}\leqq e^{-R^2\left(1-\frac{4}{\pi}\theta\right)}$$

最後の不等式では、$\cos2\theta\geqq1-\dfrac{4}{\pi}\theta$ $\left(0\leqq\theta\leqq\dfrac{\pi}{4}\right)$ となることを用いています。

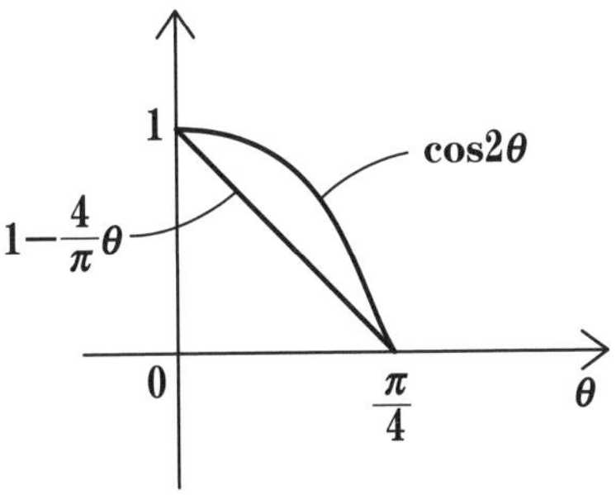

これは $\cos2\theta$ と $1-\dfrac{4}{\pi}\theta$ のグラフが右図のようになることからわかります。

$$dz=R(-\sin\theta+i\cos\theta)d\theta$$

となることを用いると、

$$\left|\int_{C_2}f(z)dz\right|\leqq\int_{C_2}|f(z)||dz|$$

定理 4.03

$$=\int_0^{\frac{\pi}{4}}|e^{-R^2(\cos2\theta+i\sin2\theta)}||R(-\sin\theta+i\cos\theta)|d\theta$$

$$\leqq\int_0^{\frac{\pi}{4}}e^{-R^2\left(1-\frac{4}{\pi}\theta\right)}Rd\theta=Re^{-R^2}\int_0^{\frac{\pi}{4}}e^{\frac{4R^2}{\pi}\theta}d\theta=Re^{-R^2}\left[\frac{\pi}{4R^2}e^{\frac{4R^2}{\pi}\theta}\right]_0^{\frac{\pi}{4}}$$

$$=\frac{\pi e^{-R^2}}{4R}(e^{R^2}-1)=\frac{\pi}{4R}\left(1-\frac{1}{e^{R^2}}\right)$$

$R\to\infty$ のとき、右辺は 0 に収束するので、左辺も 0 に収束します。

Column
コラム

コーシーの積分定理の証明

コーシーの積分定理の証明は、

（ア）　コーシー・リーマンの条件式とグリーンの定理を用いる証明

（イ）　1点の周りに帰着させる証明

と、主に2つの証明が知られています。（ア）の方はグリーンの定理に準備が必要なので、ここでは（イ）の方のあらすじを紹介することにしましょう。

（イ）では、まず領域Dが三角形の場合で証明し、それを組み合わせることで任意の単連結な領域Dに帰着させるという流れを取ります。

定理 4.10　コーシーの積分定理（三角形バージョン）

三角形の領域Dとその周Cで$f(z)$が正則であるとき、

$$\oint_C f(z)dz=0$$

［証明のあらすじ］　領域Dの周が作る三角形をT_0、その周を$C_0=C$とします。いま、三角形T_0の辺の中点を結んで、T_0をT_0と相似な三角形4個に分割します。それぞれの周をE、F、G、H（反時計回りが正）とします。

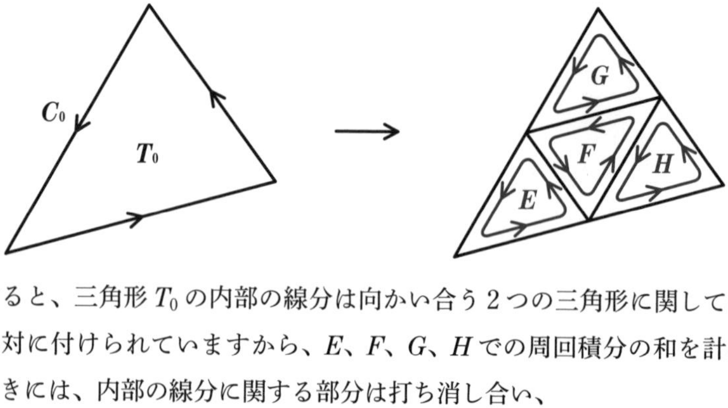

すると、三角形T_0の内部の線分は向かい合う2つの三角形に関して向きが反対に付けられていますから、E、F、G、Hでの周回積分の和を計算するときには、内部の線分に関する部分は打ち消し合い、

$$\oint_{C_0} f(z)\,dz = \oint_E f(z)\,dz + \oint_F f(z)\,dz + \oint_G f(z)\,dz + \oint_H f(z)\,dz$$

が成り立ちます。右辺の4個の線積分の中で絶対値が一番大きいものの周を C_1、それを周に持つ三角形を T_1 とすると、

$$\left|\oint_{C_0} f(z)\,dz\right| \leqq \left|\oint_E f(z)\,dz\right| + \left|\oint_F f(z)\,dz\right| + \left|\oint_G f(z)\,dz\right| + \left|\oint_H f(z)\,dz\right|$$

公式 1.11

$$\leqq 4\left|\oint_{C_1} f(z)\,dz\right|$$

が成り立ちます。

次に T_1 に対しても中点を結んで4個に分割し、4個の三角形のうち周の線積分の絶対値が一番大きいものを T_2（周は C_2）というように、順繰りに三角形を細かく分解していきます。

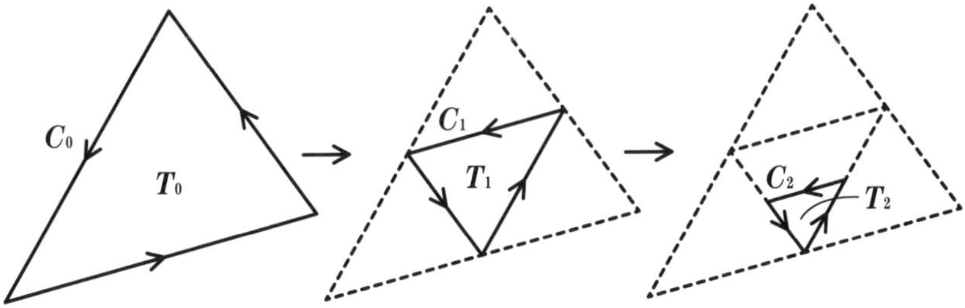

すると、

$$\left|\oint_{C_n} f(z)\,dz\right| \leqq 4\left|\oint_{C_{n+1}} f(z)\,dz\right|$$

となり、これを繰り返し用いて、

$$\left|\oint_{C_0} f(z)\,dz\right| \leqq 4^n\left|\oint_{C_n} f(z)\,dz\right|$$

が成り立ちます。

一方、C_n の長さを l_n、T_n の周または内部に2点を取ったときの距離の最大値を a_n とすると、

$$l_{n+1} = \frac{1}{2} l_n \qquad a_{n+1} = \frac{1}{2} a_n$$

ですから、

$$l_n=\frac{1}{2^n}l_0 \qquad a_n=\frac{1}{2^n}a_0$$

また、T_n の実軸への正射影 $[x_n,\ x'_n]$、虚軸への正射影 $[y_ni,\ y'_ni]$ を考えると、

x_n、y_n は単調増加、x'_n、y'_n は単調減少で、$n\to\infty$ のとき、$|x'_n-x_n|\to 0$、$|y'_n-y_n|\to 0$ ですから、T_n は1点に収束します。この複素数を α とすると次が成り立ちます。

$$\mathrm{Re}\alpha=\lim_{n\to\infty}x_n=\lim_{n\to\infty}x'_n \qquad \mathrm{Im}\alpha=\lim_{n\to\infty}y_n=\lim_{n\to\infty}y'_n$$

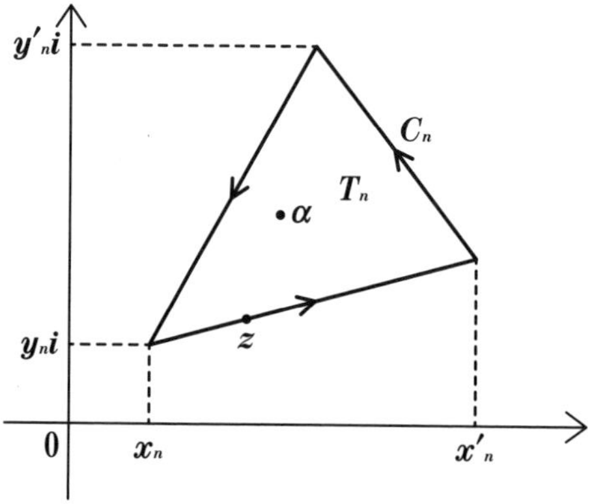

ここで、z が C_n 上を動くとき、

$$\left|\frac{f(z)-f(\alpha)}{z-\alpha}-f'(\alpha)\right|=\frac{|f(z)-f(\alpha)-f'(\alpha)(z-\alpha)|}{|z-\alpha|}\cdots\cdots①$$

は連続関数ですから、定理により最大値が存在します。(コラム　最大値の原理参照) その値を M_n とすると、

$$|f(z)-f(\alpha)-f'(\alpha)(z-\alpha)|\leqq M_n|z-\alpha|\leqq a_nM_n$$

が成り立ちます。

ところで、$f(\alpha)+f'(\alpha)(z-\alpha)$ は z の1次関数ですから、閉曲線 C_n で線積分すると、定理4.05から、

$$\oint_{C_n}\{f(\alpha)+f'(\alpha)(z-\alpha)\}dz=0$$

です。したがって、

$$\oint_{C_n}\{f(z)-f(\alpha)-f'(\alpha)(z-\alpha)\}dz=\oint_{C_n}f(z)dz$$

となります。

$$\left|\oint_{C_n} f(z)\,dz\right| = \left|\oint_{C_n} \{f(z)-f(\alpha)-f'(\alpha)(z-\alpha)\}\,dz\right|$$

$$\leqq \oint_{C_n} |f(z)-f(\alpha)-f'(\alpha)(z-\alpha)|\,|dz|$$

定理 4.03

$$\leqq \oint_{C_n} a_n M_n |dz| = a_n l_n M_n = \left(\frac{1}{2^n}a_0\right)\left(\frac{1}{2^n}l_0\right)M_n = \frac{1}{4^n}M_n a_0 l_0$$

これを用いて、

$$\left|\oint_{C_0} f(z)\,dz\right| \leqq 4^n \left|\oint_{C_n} f(z)\,dz\right| \leqq 4^n \frac{1}{4^n} M_n a_0 l_0 = M_n a_0 l_0 \quad \cdots\cdots②$$

$f(z)$は$z=\alpha$で正則ですから、①の最大値M_nは、$n\to\infty$のとき$M_n\to 0$になります。よって、②の左辺は0です。　［証明終わり］

定理 4.11　コーシーの積分定理

単純閉曲線Cで囲まれた領域Dがある。$f(z)$が$\overline{D}$で正則であるとき、

$$\oint_C f(z)\,dz = 0$$

［証明のあらすじ］　閉曲線上にいくつか点を取り多角形を作り、その周をC'とします。次に、多角形の内部を三角形に分割し、それぞれの三角形の周をT_i（$i=1,\ 2,\ \cdots\cdots$）とします。三角形の周は反時計回りに向きを付けておきます。

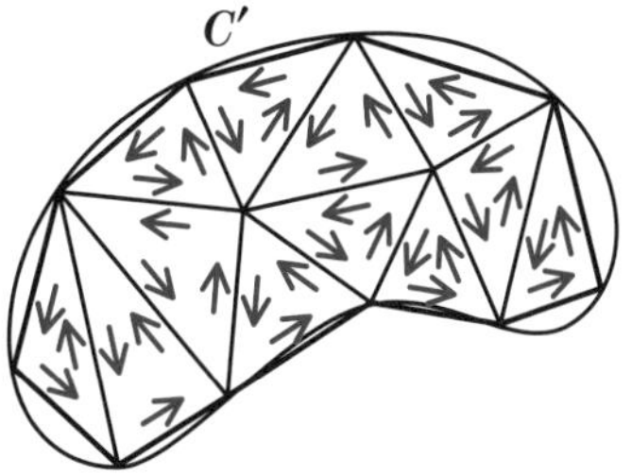

三角形の周に関しては前の定理によりコーシーの積分定理が成り立ち、正

則な関数 $f(z)$ の線積分は 0 になります。多角形の内部の辺には、となり合う 2 つの三角形に関して向きが反対に付けられていますから、T_i に関する周回積分の総和を計算するとき各辺に関しての線積分はキャンセルされます。C' の辺に関する線積分だけが残りますから、

$$\oint_{C'} f(z)dz = \sum_i \oint_{T_i} f(z)dz = 0$$

閉曲線上の点を多く取るようにすると、$f(z)$ は正則関数で連続ですから、C' に沿った線積分を C に沿った線積分にいくらでも近づけていくことができます。C' に沿った線積分が 0 なので、C に関する線積分も 0 です。

［証明のあらすじ終わり］

4 コーシーの積分公式

前の節で扱ったのがコーシーの積分定理、ここで紹介するのはコーシーの積分公式です。ややこしいです。積分公式は、積分定理に少し考察を加えると導くことができます。コーシーの積分定理をコーシーの積分公式にしておくと、応用範囲がぐんと広がります。積分定理も美しいですが、積分公式も美しいです。

定理 4.12　コーシーの積分公式（単連結バージョン）

単純閉曲線 C で囲まれた領域 D があり、$f(z)$ は $\overline{D}$ で正則である。このとき、D の内部の点 a に対して、次が成り立つ。

$$f(a)=\frac{1}{2\pi i}\oint_C \frac{f(z)}{z-a}\,dz$$

ただし、C の向きは反時計周りであるとする。

これは、$\overline{D}$ で正則な関数 $f(z)$ に $\dfrac{1}{2\pi i}\left(\dfrac{1}{z-a}\right)$ を掛けて D の周 C で積分すると、$f(a)$ の値を取り出すことができるという公式です。

$f(z)$ が $\overline{D}$ 全体で正則であっても、$\dfrac{f(z)}{z-a}$ は $\overline{D}$ 全体では正則とは限りません。

$\dfrac{f(z)}{z-a}$ は $z=a$ で正則ではない場合があるのです。しかし、D から $z=a$ の周りを取り除いてしまえば正則になります。

すなわち、D に含まれるような閉円板 $D(a,\ r)$［中心 a，半径 r］を設定し、D から $D(a,\ r)$ を取り除いた領域では、$\dfrac{f(z)}{z-a}$ は正則になります。

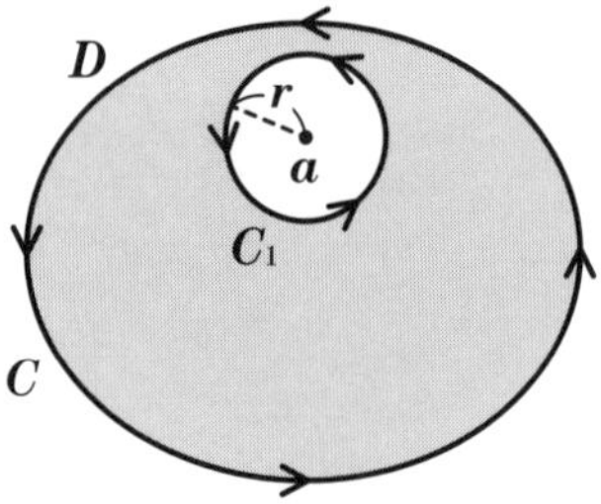

$D(a,\ r)$ の周の閉曲線（中心 a，半径 r）を C_1（向きは反時計回り）とすると、D から $D(a,\ r)$ を取り除いた領域は二重連結ですから、定理 4.09「コーシーの積分定理（多重連結バージョン）」を用いることができます。

この定理は二重連結領域の外側境界の閉曲線で積分する代わりに、内側境界の閉曲線で積分しても積分の値は変わらないという定理でした。

$$\oint_C \frac{f(z)}{z-a}\,dz=\oint_{C_1}\frac{f(z)}{z-a}\,dz \quad \cdots\cdots①$$

が成り立ちます。右辺は、

$$\oint_{C_1}\frac{f(z)}{z-a}\,dz=\oint_{C_1}\frac{f(z)-f(a)}{z-a}\,dz+\oint_{C_1}\frac{f(a)}{z-a}\,dz \quad \cdots\cdots②$$

第 2 項は、$f(a)$が定数であることに注意しましょう。$z=a$ を中心とした円周で$\dfrac{1}{z-a}$を積分するのですから、定理 4.06「留数定理の原理」が使えて、

$$\oint_{C_1}\frac{f(a)}{z-a}\,dz=f(a)\oint_{C_1}\frac{1}{z-a}\,dz=2\pi i f(a) \quad \cdots\cdots③$$

となります。①、②、③より、

$$\oint_C \frac{f(z)}{z-a}\,dz=\oint_{C_1}\frac{f(z)-f(a)}{z-a}\,dz+2\pi i f(a) \quad \cdots\cdots④$$

$f(z)$は正則であり連続ですから、任意の正の数 ε について、
$|f(z)-f(a)|<\varepsilon$ を満たすように r を取ることができます。

すると、④の右辺第 1 項は、

$$\left|\oint_{C_1}\frac{f(z)-f(a)}{z-a}\,dz\right|\leqq\oint_{C_1}\frac{|f(z)-f(a)|}{|z-a|}|dz|\leqq\frac{\varepsilon}{r}\cdot 2\pi r=2\pi\varepsilon$$

と評価できます。ε はいくらでも小さく取ることができますから、④の右辺の第 1 項は 0 です。④は、

$$\oint_C \frac{f(z)}{z-a}\,dz = 2\pi i f(a)$$

となります。 ［証明終わり］

計算問題のときは、全体に $2\pi i$ を掛けて次の形で用います。こちらの方の形を覚えておきましょう。

公式 4.13　コーシーの積分公式

a の周りを反時計回りに1周する単純閉曲線 C がある。$f(z)$ が C で囲まれた内部と境界で正則であるとき、

$$\oint_C \frac{f(z)}{z-a}\,dz = 2\pi i f(a)$$

C で $z=a$ の周りを1回転するのだから 2π と覚えるとよいでしょう。

ホップ 問題　コーシーの積分公式

次の周回積分を計算せよ。ただし、積分路は反時計回りに取るものとする。

(1) $\displaystyle\oint_C \frac{\cos(\pi z)}{z-2}\,dz$ 　　$C: |z-1| = \sqrt{3}$

(2) $\displaystyle\oint_C \frac{z^2}{(z+1)(z-1)(z-3)}\,dz$ 　　$C: |z| = 2$

(1)　$\cos(\pi z)$ は複素数平面全体で正則な関数であり、分母の $z-2$ の2は次の図のように C の内部の点なので、$f(z)=\cos(\pi z)$、$a=2$ としてコーシーの積分公式を用います。

$$\oint_C \frac{\cos(\pi z)}{z-2}dz=2\pi i\times\cos 2\pi=2\pi i$$

$\left[\ \int_C \frac{f(z)}{z-a}dz=2\pi i f(a)$ で、$f(z)=\cos\pi z$、$a=2$ とおいた $\right]$

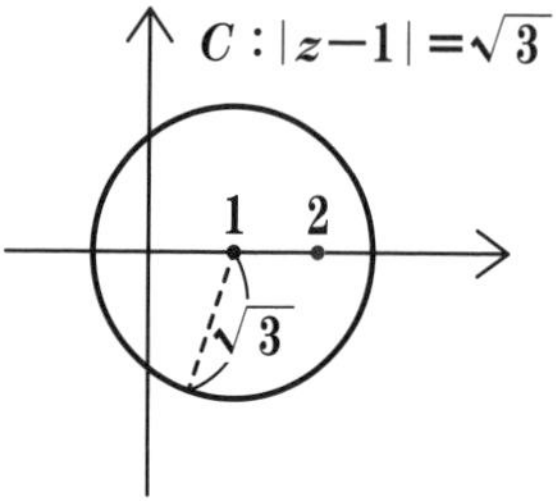

(2)　$f(z)=\dfrac{z^2}{(z-1)(z-3)}$ とおくと、

$\dfrac{z^2}{(z+1)(z-1)(z-3)}=\dfrac{f(z)}{z-(-1)}$ となります。

このもとで公式 4.13 を適用したいところですが、$f(z)$ は $|z|=2$ の内部の点 $z=1$ で正則ではありません。ですから、このまま公式を適用することはできません。ただし、$z=1$、3 を除いた領域は正則です。

そこで定理 4.09「コーシーの積分定理（多重連結バージョン）」を用います。この定理は、三重連結領域の外側境界の閉曲線に沿って積分する代わりに、内側境界の 2 本の閉曲線に沿って積分しても値は変わらないということを示していました。

定理 4.09 を用いて、$|z|=2$ での周回積分を、$z=-1$ の周りの周回積分と、$z=1$ の周りの周回積分の和にします。

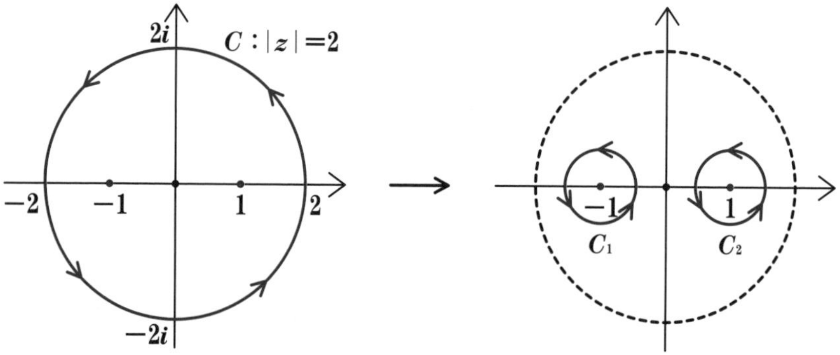

C_1：$|z+1|=r$、C_2：$|z-1|=r$　（r は小さい正数、1 より小さければなんでもよい）とすると、

$$\oint_C \frac{z^2}{(z+1)(z-1)(z-3)}dz=\oint_{C_1}\frac{z^2}{(z+1)(z-1)(z-3)}dz$$

$$+\oint_{C_2}\frac{z^2}{(z+1)(z-1)(z-3)}dz \quad \cdots\cdots ①$$

となります。

右辺第1項の周回積分は、$f(z)=\dfrac{z^2}{(z-1)(z-3)}$ とおくと、今度は $|z+1|=r$ の内部で $f(z)$ が正則になりますから、公式 4.13 を用いることができます。

$$\oint_{C_1}\frac{z^2}{(z+1)(z-1)(z-3)}dz=\oint_{C_1}\frac{f(z)}{z+1}dz=2\pi i f(-1)$$

$$=2\pi i\times\frac{(-1)^2}{(-1-1)(-1-3)}=\frac{\pi}{4}i \quad \cdots\cdots②$$

第2項の線積分は、$g(z)=\dfrac{z^2}{(z+1)(z-3)}$ とおくと、$|z-1|=r$ の内部で $g(z)$ が正則になりますから、公式 4.13 を用いることができます。

$$\oint_{C_2}\frac{z^2}{(z+1)(z-1)(z-3)}dz=\oint_{C_2}\frac{g(z)}{z-1}dz$$

$$=2\pi i\,g(1)=2\pi i\times\frac{1^2}{(1+1)(1-3)}=-\frac{\pi}{2}i \quad \cdots\cdots③$$

①は、②、③を用いると、

$$\oint_{C}\frac{z^2}{(z+1)(z-1)(z-3)}dz=\frac{\pi}{4}i-\frac{\pi}{2}i=-\frac{\pi}{4}i$$

有理関数の定積分への応用

複素関数の周回積分を用いて、実関数の定積分の値を求めるテクニックを p.179 の問題で紹介しました。コーシーの積分公式を用いると、さらに適用できる関数のタイプが広がります。

次に扱う定積分の問題は、実関数の範囲では、公式

$$\int\frac{1}{x^2+a^2}dx=\frac{1}{a}\tan^{-1}\left(\frac{x}{a}\right)+C \qquad \left[\text{p.138 の} (\tan^{-1}x)'=\frac{1}{x^2+1} \text{から導出できます}\right]$$

を用いて解くところですが、説明のため複素関数の積分を使って解いてみましょう。

これを複素関数の周回積分を用いて計算すると次のようになります。

問題　コーシーの積分公式の実関数の定積分への応用

$$\int_{-\infty}^{\infty}\frac{1}{x^2+4}\,dx$$

を複素関数の積分を用いて計算せよ。

$-\infty$ から ∞ まで積分する問題がこれからも頻出なので初めに断っておきますが、この計算は定義では、

$$\int_{-\infty}^{\infty}\frac{1}{x^2+4}\,dx=\lim_{b\to-\infty}\lim_{a\to\infty}\int_{b}^{a}\frac{1}{x^2+4}\,dx \quad \cdots\cdots ①$$

と別々に極限を取って計算しなければなりません。しかし、

$$\lim_{a\to\infty}\int_{-a}^{a}\frac{1}{x^2+4}\,dx \quad \cdots\cdots ②$$

と計算しても同じ結果を得ます。これは被積分関数が偶関数だからです。この本で $-\infty$ から ∞ まで積分するときの被積分関数はすべて偶関数なので②のように計算してかまいません（詳しくは Web で補足）。

$-R$ から R まで実軸上を進み、そこから中心が原点で半径 R の半円弧を反時計回りに進んで $-R$ に戻る積分経路 C を考えます。

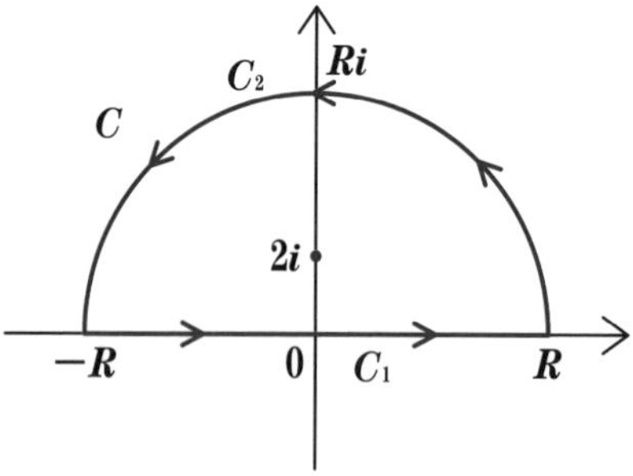

式で表すと、

C_1：$z=x$（$-R\leqq x\leqq R$、R は大きい正数）

C_2：$z=Re^{i\theta}$（$0\leqq\theta\leqq\pi$）

C として、上の C_1、C_2 を合わせたものを考えるわけです。

$$\oint_C\frac{1}{z^2+4}\,dz=\oint_C\frac{1}{(z-2i)(z+2i)}\,dz$$

$f(z)=\dfrac{1}{z+2i}$ とおくと、$f(z)$ は C に囲まれた内部と境界で正則になりますから、公式 4.13 を用いることができます。

$$\oint_C \frac{1}{(z-2i)(z+2i)}\,dz=\oint_C \frac{f(z)}{z-2i}\,dz=2\pi i f(2i)=2\pi i\times\frac{1}{2i+2i}=\frac{\pi}{2}$$

つまり、

$$\oint_C \frac{1}{z^2+4}\,dz=\frac{\pi}{2} \quad \cdots\cdots ③$$

となります。

一方、C_1、C_2 に沿って積分すると、

$$\oint_C \frac{1}{z^2+4}\,dz=\int_{C_1} \frac{1}{z^2+4}\,dz+\int_{C_2} \frac{1}{z^2+4}\,dz$$

$$=\int_{-R}^{R}\frac{1}{x^2+4}\,dx+\int_0^{\pi} \frac{1}{R^2e^{2i\theta}+4}Rie^{i0}d\theta \quad \cdots\cdots ④$$

となります。

ここで、$R\to\infty$ のときを考えます。右辺第 1 項は求める実関数の定積分になります。

実は、第 2 項は $R\to\infty$ のとき 0 に収束します。このことを示しましょう。

[達人のコメント]

被積分関数は分数で、分母が R の 2 次式、分子が R の 1 次式だから、分数は R が大きいところで、$\dfrac{1}{R}$ と見なせる。$\dfrac{1}{R}\to 0$ $(R\to\infty)$

達人のコメントを気にせず、まじめに計算すると、

$$\left|\int_0^{\pi} \frac{1}{R^2e^{2i\theta}+4}Rie^{i\theta}d\theta\right| \leqq \int_0^{\pi} \left|\frac{1}{R^2e^{2i\theta}+4}Rie^{i\theta}\right|\,|d\theta|$$

定理 4.03

$$=\int_0^{\pi} \frac{1}{|R^2e^{2i\theta}+4|}|Rie^{i\theta}|d\theta$$

$$\leqq \int_0^{\pi} \frac{1}{|R^2|-4} |Rie^{i\theta}| d\theta$$

公式 1.11 三角不等式より、
$|R^2e^{2i\theta}+4| \geqq ||R^2e^{2i\theta}|-4| = |R^2-4|$
R^2 が 4 より大きいとき、
$|R^2-4| = R^2-4$

$$= \int_0^{\pi} \frac{R}{R^2-4} d\theta = \frac{\pi R}{R^2-4} = \frac{\pi}{R-\dfrac{4}{R}}$$

$R \to \infty$ のとき右辺は 0 に収束しますから、左辺も 0 に収束します。④の第 2 項が、$R \to \infty$ のとき 0 に収束することが分かります。

つまり、$R \to \infty$ のとき④は、

$$\oint_C \frac{1}{x^2+4} dx = \lim_{R\to\infty} \int_{-R}^{R} \frac{1}{x^2+4} dx = \int_{-\infty}^{\infty} \frac{1}{x^2+4} dx \quad \cdots\cdots ⑤$$

となりますから、③、⑤より、

$$\int_{-\infty}^{\infty} \frac{1}{x^2+4} dx = \frac{\pi}{2}$$

みなさんは、実数の範囲で積分する解法と、複素関数の積分を用いる解法のどちらが好みでしたか。慣れないうちは、後者のほうが難しく感じるかもしれません。特に、第 2 項の評価をするところが実関数の積分にはない手順ですね。

しかし、複素関数を用いる解法の方が簡単になる場合や、複素関数を用いることでしか解けない場合もありますから、複素関数による解法は身につけておきたいテクニックです。

$P(x)$、$Q(x)$ を x の多項式とするとき、$\dfrac{P(x)}{Q(x)}$ を x の有理関数といいます。被積分関数に有理関数が含まれるとき、このテクニックを使うことが多いです。

なお、ここで計算した内容は後に留数定理として公式化されることになります。このタイプの積分の計算は留数定理の応用問題として練習しましょう。

5 複素関数の解析関数

この節と次節のポイントは次の通りです。

・正則関数は無限回微分可能である。

・正則関数はテイラー展開することができる。

・正則関数の定義域が拡張できるとき、拡張のしかたは1通りである。

・$z^{\frac{1}{2}}$、$\log z$ のような複数の値を持つ関数に対して、1対1の写像となるように定義域を作ることができる（リーマン面）

数学的には興味深い内容ですから、ぜひとも玩味してもらいたいところです。一方、この内容を応用する問題は被積分関数の中に x^{α}（α は整数でない）が入っている場合の線積分だけです（p.219）。この問題の解法を正確に理解するためにはリーマン面の概念が必要です。

p.219 の問題は難度が高い部類に入りますから、先を急ぐ人はこの節と次節は後回しにしてもよいでしょう。p.219 の問題、演習編の p.77〜p.82 については、まるごと解答を覚えるという処世もあり得ます。

正則関数の正体

$f(z)$ がある領域で正則となるとき、領域内のすべての z で $f'(z)$ が存在します。これは正則の定義です。では、$f'(z)$ は再び正則となるでしょうか。

結論から言うと、$f'(z)$ も同じ領域内のすべての点で正則関数となります。これは複素関数だからこそ成り立つきれいな性質です。

実関数では、$f(x)$ が微分可能であるからといって、$f'(x)$ が微分可能であるとは限りません。例えば、

$$f(x)=\begin{cases} x^2 & (x \geqq 0) \\ -x^2 & (x<0) \end{cases}$$

は、実数全体で微分可能であり、

$$f'(x)=\begin{cases}2x & (x\geqq 0)\\ -2x & (x<0)\end{cases}$$

となりますが、導関数$f'(x)$は$x=0$で微分可能ではありません。$f(x)$は1回しか微分できません。

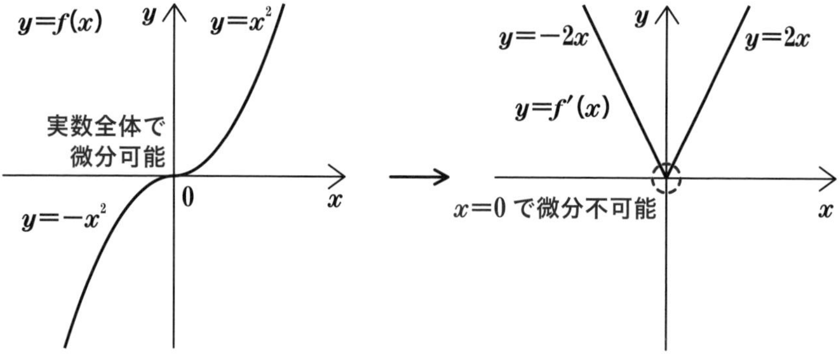

複素関数では、$f(z)$がある領域で微分可能であれば、$f'(z)$も同じ領域で微分可能になるのです。$f(z)$が微分可能のとき、$f'(z)$も微分可能になり、$f'(z)$が微分可能なので、$f''(z)$も微分可能になります。つまり、$f(z)$がある領域で正則であるとき、$f(z)$はその領域で何回でも微分できるということになります。n階の導関数$f^{(n)}(z)$はすべてのnで正則になります。これは、実関数にはない複素関数だけが持つ微分可能性の驚くべき性質です。

次の定理は、この正則関数の重要な性質を語るものです。

正則な関数$f(z)$に関して、そのn階の導関数$f^{(n)}(z)$を明示的に表すことでこの性質を示しましょう。

定理 4.14　グルサの定理　(単連結バージョン)

単純閉曲線Cで囲まれる領域Dがある。

$\overline{D}$で正則な関数$f(z)$、Dの内部の点aに対して、

$$f^{(n)}(a)=\frac{n!}{2\pi i}\oint_C \frac{f(z)}{(z-a)^{n+1}}\,dz \quad (n=0,\ 1,\ 2,\ \cdots)$$

が成り立つ。

$n=0$とすると、

$$f(a)=\frac{1}{2\pi i}\oint_C \frac{f(z)}{z-a}\,dz$$

コーシーの積分公式になります。この定理は、コーシーの積分公式の拡張であると言えます。

[達人のコメント]

$z=a$ で正則な関数は、a を中心としたべき級数展開をすることができ、

$$f(z)=f(a)+f'(a)(z-a)+\frac{f^2(a)}{2!}(z-a)^2+\cdots+\frac{f^{(n)}(a)}{n!}(z-a)^n+\cdots$$

これに $\frac{n!}{(z-a)^{n+1}}$ を掛けて、

$$\frac{n!f(z)}{(z-a)^{n+1}}=\frac{n!f(a)}{(z-a)^{n+1}}+\cdots+\frac{nf^{(n-1)}(a)}{(z-a)^2}$$

$$+\frac{f^{(n)}(a)}{z-a}+\frac{f^{(n+1)}(a)}{n+1}+\frac{f^{(n+2)}(a)}{(n+1)(n+2)}(z-a)+\cdots \qquad \cdots\cdots☆$$

定理4.09「コーシーの積分定理（多重連結バージョン）」により、積分経路は $D(a,\ r)$ の周 $C: |z-a|=r$ としてかまいません。ここで、r はべき級数の収束半径より小さくとっておきます。べき級数で表される関数を積分するには項別積分すればよいことが知られています。

☆の式を経路 C で周回積分すると、定理4.06「留数定理の原理」により、

$$\oint_C \frac{1}{(z-a)^n}\,dz=\begin{cases}2\pi i & (n=1)\\ 0 & (n\neq 1)\end{cases}$$

ですから、右辺は $\frac{f^{(n)}(a)}{z-a}$ 以外の項はすべてゼロになります。

$$\oint_C \frac{n!f(z)}{(z-a)^{n+1}}\,dz=\oint_C \frac{f^{(n)}(a)}{z-a}\,dz=2\pi i f^{(n)}(a)$$

つまり、$\frac{f^{(n)}(a)}{n!}(z-a)^n$ に $\frac{n!}{(z-a)^{n+1}}$ を掛けた部分が $\frac{f^{(n)}(a)}{z-a}$ となって、周回積分することで $f^{(n)}(a)$ が取り出せるということです。

［証明］　コーシーの積分公式は、

$$f(a)=\frac{1}{2\pi i}\oint_C \frac{f(z)}{z-a}\,dz$$

でした。この両辺を文字 a について続けて微分していくとき、右辺では被積分関数を a で微分していくと、

$$f'(a)=\frac{1}{2\pi i}\oint_C \frac{f(z)}{(z-a)^2}\,dz$$

$$f^{(2)}(a)=\frac{2}{2\pi i}\oint_C \frac{f(z)}{(z-a)^3}\,dz$$

$$f^{(3)}(a)=\frac{2\cdot 3}{2\pi i}\oint_C \frac{f(z)}{(z-a)^4}\,dz$$

$$f^{(4)}(a)=\frac{2\cdot 3\cdot 4}{2\pi i}\oint_C \frac{f(z)}{(z-a)^5}\,dz$$

……

となりますから、公式が成り立っていることが予想できますね。

これで証明もできたように思えますが、上の計算では、微分と積分の順序交換を行っています。詳しく述べると、$f'(a)$の場合であれば、

$$f'(a)=\frac{d}{da}f(a)=\frac{d}{da}\left(\frac{1}{2\pi i}\oint_C \frac{f(z)}{z-a}\right)dz\ \boxed{=}\ \frac{1}{2\pi i}\oint_C \frac{d}{da}\left(\frac{f(z)}{z-a}\right)dz$$

$$=\frac{1}{2\pi i}\oint_C \frac{f(z)}{(z-a)^2}\,dz$$

という計算をしていることになります。微分と積分の順序交換をしているところは、◯で囲んだ等号のところです。取り出すと、

$$\frac{d}{da}\left(\oint_C \frac{f(z)}{z-a}\,dz\right)=\oint_C \frac{d}{da}\left(\frac{f(z)}{z-a}\right)dz$$

となります。

結論としては、この場合は微分と積分の順序交換をしてよいのですが、一般には順序交換が成り立つ条件を確かめてからでないと順序交換することはできません。

ここを誤魔化さずまじめに証明しようとすると、次のようになります。

まず、Dに含まれる円板$D(a,\ r)$を設定します。Dの周をC、$D(a,\ r)$の周をC'とすると、領域Dが単連結なので、定理4.09「コーシーの積分定理（多重連結バージョン）」を用いることができて、

$$\frac{n!}{2\pi i}\oint_C \frac{f(z)}{(z-a)^{n+1}}dz=\frac{n!}{2\pi i}\oint_{C'}\frac{f(z)}{(z-a)^{n+1}}dz$$

となります。ですから、初めから積分経路をC'に取ってかまいません。

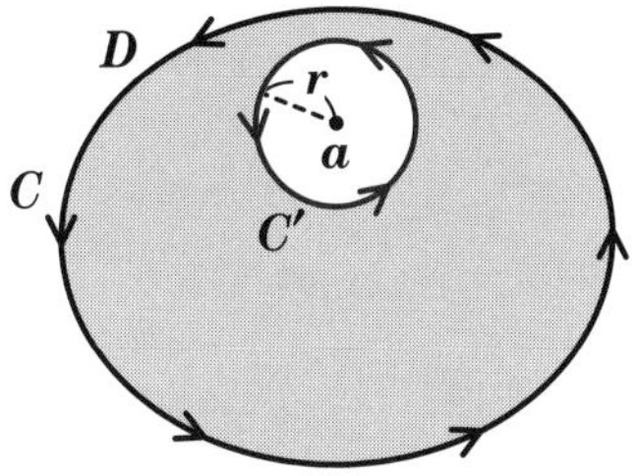

$n=1$の場合を証明してみましょう。

$$\left|\frac{f(a+h)-f(a)}{h}-\frac{1}{2\pi i}\oint_{C'}\frac{f(z)}{(z-a)^2}dz\right|$$

［ hはあとで0に近づけるのですから、初めから$|h|<r$となるように取っておきます。すると、$a+h$もaも$D(a,\ r)$の内部になり、$f(a+h)$、$f(a)$にコーシーの積分公式を用いることができます。］

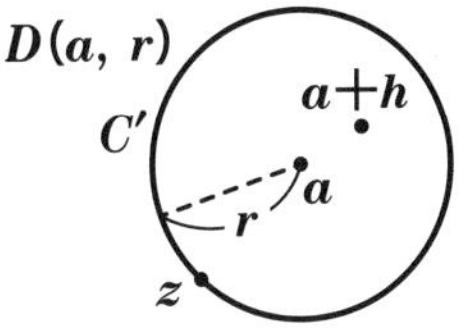

$$=\left|\frac{1}{h}\left(\frac{1}{2\pi i}\oint_{C'}\frac{f(z)}{z-(a+h)}dz-\frac{1}{2\pi i}\oint_{C'}\frac{f(z)}{z-a}dz\right)-\frac{1}{2\pi i}\oint_{C'}\frac{f(z)}{(z-a)^2}dz\right|$$

［ $\frac{1}{h}\left(\frac{1}{z-(a+h)}-\frac{1}{z-a}\right)=\frac{(z-a)-(z-a-h)}{h\{z-(a+h)\}(z-a)}=\frac{1}{\{z-(a+h)\}(z-a)}$となるので ］

$$=\left|\frac{1}{2\pi i}\oint_{C'}\frac{f(z)}{\{z-(a+h)\}(z-a)}dz-\frac{1}{2\pi i}\oint_{C'}\frac{f(z)}{(z-a)^2}dz\right|$$

［ $\frac{1}{\{z-(a+h)\}(z-a)}-\frac{1}{(z-a)^2}=\frac{(z-a)-(z-a-h)}{\{z-(a+h)\}(z-a)^2}=\frac{h}{\{z-(a+h)\}(z-a)^2}$となるので ］

$$=\frac{1}{2\pi}\left|\oint_{C'}\frac{f(z)h}{\{z-(a+h)\}(z-a)^2}dz\right|\leqq\frac{1}{2\pi}\oint_{C'}\frac{|f(z)||h|}{|z-(a+h)||z-a|^2}|dz|$$

定理4.03

……①

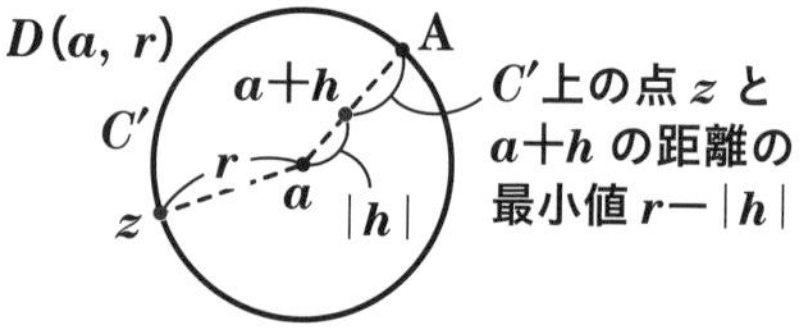

z が C' 上にあるので、$|z-a|=r$
また、z が C' 上にあるときの $|f(z)|$ の最大値を M とします。

z が C' 上にあるときの $|z-(a+h)|$ の最小値は、z が図の点 A にあるときで、$r-|h|$ になります。

これらを用いると、①の右辺は定理 4.03 を用いて、

$$\frac{1}{2\pi}\oint_{C'}\frac{|f(z)||h|}{|z-(a+h)||z-a|^2}|dz| \leqq \frac{M|h|\times 2\pi r}{2\pi(r-|h|)r^2}=\frac{M|h|}{(r-|h|)r} \quad \cdots\cdots②$$

と抑えることができます。ここで $|h|\to 0$ とすると、②の右辺が 0 に収束するので、①の一番左辺も 0 に収束することになり、

$$\lim_{h\to 0}\frac{f(a+h)-f(a)}{h}=\frac{1}{2\pi i}\oint_C\frac{f(z)}{(z-a)^2}dz$$

すなわち、

$$f'(a)=\frac{1}{2\pi i}\oint_C\frac{f(z)}{(z-a)^2}dz$$

が成り立ちます。$n\geqq 2$ の場合は、みなさんにお任せします。

［証明終わり］

上で述べた定理も正則関数の重要な性質を表す定理でしたが、次の定理もそれにまして重要な定理です。領域 D での正則関数は、領域 D に含まれる任意の円板 $D(a,\ R)$ 内で、a を中心としたべき級数表示が可能であるという定理です。

1 点の周りでべき級数表示できる関数を解析関数と言います。

この定理を標語的にまとめると、

正則関数は、解析関数である

実関数の場合は、無限回微分可能な関数であっても解析関数とは限りません。

例えば、$f(x)=\begin{cases} e^{-\frac{1}{x^2}} & x\neq 0 \\ 0 & x=0 \end{cases}$ （$x=0$ で無限回微分可能ですが、$x=0$ でマクローリン展開できません）

ですから、これは複素関数だけが持つ美しい性質です。

なお、複素関数をテーマにした訳書では、微分可能な関数を解析関数と呼ぶ場合が多いです。これは複素関数では、正則関数 = 解析関数であるからでしょう。

定理 4.15　べき級数（テイラー展開）

領域 D 上の正則関数 $f(z)$ がある。円板 $D(a,\ R)$ が D に含まれるとき、$D(a,\ R)$ の内部の点 z に関して、

$$f(z)=\sum_{n=0}^{\infty}\frac{f^{(n)}(a)}{n!}(z-a)^n$$

と表すことができる。

$D(a,\ R)$ の周に反時計回りに向きを付けた閉曲線を C とします。

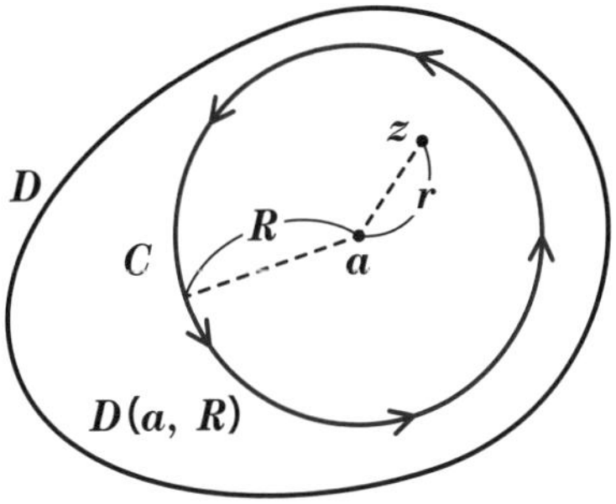

$D(a,\ R)$ を領域と見てコーシーの積分公式を用いると、$f(z)$ は、

$$f(z)=\frac{1}{2\pi i}\oint_C\frac{f(\zeta)}{\zeta-z}d\zeta$$

と表されます。ここで $\dfrac{1}{\zeta-z}$ を z の関数と見て、a を中心としたべき級数で表すところがポイントです。

$$\frac{1}{\zeta-z}=\frac{1}{(\zeta-a)-(z-a)}=\frac{1}{(\zeta-a)\underline{\left(1-\dfrac{z-a}{\zeta-a}\right)}}$$

無限等比級数の和
$|w|<1$ のとき
$$\frac{1}{1-w}=1+w+w^2+\cdots$$

$$=\frac{1}{(\zeta-a)}\underline{\left\{1+\left(\frac{z-a}{\zeta-a}\right)+\left(\frac{z-a}{\zeta-a}\right)^2+\cdots\cdots\right\}}$$

$$=\frac{1}{(\zeta-a)}+\frac{z-a}{(\zeta-a)^2}+\frac{(z-a)^2}{(\zeta-a)^3}+\cdots$$

$$=\sum_{n=0}^{\infty}\frac{(z-a)^n}{(\zeta-a)^{n+1}}\quad\cdots\cdots①$$

ここでzは$D(a,\ R)$の内部の点なので、$r=|z-a|$とおくと$r<R$を満たし、

$\left|\dfrac{z-a}{\zeta-a}\right|=\dfrac{|z-a|}{|\zeta-a|}=\dfrac{r}{R}<1$なのでアンダーラインの式変形が可能です。

(この級数は絶対収束します。)

この式と前の定理4.14(グルサの定理)を用いて、次のようにテイラー展開の式を導くことができます。

$$\begin{aligned}
f(z)&=\frac{1}{2\pi i}\oint_C \frac{f(\zeta)}{\zeta-z}\,d\zeta && \cdots\cdots\text{②}\\
&\underset{\text{①}}{=}\frac{1}{2\pi i}\oint_C \sum_{n=0}^{\infty}\frac{f(\zeta)(z-a)^n}{(\zeta-a)^{n+1}}\,d\zeta\\
&\underset{\uparrow}{=}\sum_{n=0}^{\infty}\frac{1}{2\pi i}\oint_C \frac{f(\zeta)(z-a)^n}{(\zeta-a)^{n+1}}\,d\zeta && \cdots\cdots\text{③}\\
&=\sum_{n=0}^{\infty}\frac{(z-a)^n}{n!}\cdot\frac{n!}{2\pi i}\oint_C \frac{f(\zeta)}{(\zeta-a)^{n+1}}\,d\zeta\\
&\underset{\text{定理4.14}}{=}\sum_{n=0}^{\infty}\frac{f^{(n)}(a)}{n!}(z-a)^n
\end{aligned}$$

つまり、Dで正則な関数はDに含まれる任意の点aを中心としたべき級数で表すことができる、すなわち正則関数は解析関数であるということです。ここがこの本の1つの到達点です。

定理4.06「留数定理の原理」、定理4.14「グルサの定理」の[達人のコメント]は、この定理の知見から得られるコメントになっています。いままで[達人のコメント]を読んでこなかったストイックな方は、ここで初めて達人のコメントを読むことができます。

なお、上の式変形で↑のところ(2行目と3行目を結ぶイコール)は、無限個を足すΣ記号と積分記号$\int$の順序を入れ替えています。数学的に厳密に示すのは準備がいるので説明をごまかしています。しかし、次のように②と「③のΣを有限和(第k項まで)にしたもの」との差を評価すれば、ここを厳密に示すことができます。Σが有限和のときは、定理4.01を繰り返し用いることで、Σ記号と積分記号の順序を入れ替えてよいことがわかります。

等比数列の和の公式から、

$$\frac{1}{\zeta-z}-\frac{1}{\zeta-z}\left(\frac{z-a}{\zeta-a}\right)^k=\frac{1}{(\zeta-a)}+\frac{z-a}{(\zeta-a)^2}+\frac{(z-a)^2}{(\zeta-a)^3}+\cdots+\frac{(z-a)^{k-1}}{(\zeta-a)^k}$$

［初項$\frac{1}{\zeta-a}$、公比$\frac{z-a}{\zeta-a}$の等比数列の初項から第k項までの和］

これより、

$$\frac{f(\zeta)}{\zeta-z}-\left\{\frac{f(\zeta)}{(\zeta-a)}+\frac{f(\zeta)(z-a)}{(\zeta-a)^2}+\cdots+\frac{f(\zeta)(z-a)^{k-1}}{(\zeta-a)^k}\right\}=\frac{f(\zeta)}{\zeta-z}\left(\frac{z-a}{\zeta-a}\right)^k$$

これに$\frac{1}{2\pi i}$をかけてCで周回積分すると、左辺は②と「③のΣを有限和（第k項まで）にしたもの」との差になります。

右辺の積分は、

$$\left|\oint_C \frac{f(\zeta)}{\zeta-z}\left(\frac{z-a}{\zeta-a}\right)^k d\zeta\right| \underset{\text{定理 4.03}}{\leqq} \oint_C \left|\frac{f(\zeta)}{\zeta-z}\left(\frac{z-a}{\zeta-a}\right)^k\right| |d\zeta| = \oint_C \frac{|f(\zeta)|}{|\zeta-z|}\left|\frac{z-a}{\zeta-a}\right|^k |d\zeta|$$

$$\leqq \oint_C \frac{M}{(R-r)}\left(\frac{r}{R}\right)^k |d\zeta| = \frac{2\pi RM}{(R-r)}\left(\frac{r}{R}\right)^k \quad (M\text{は}f(\zeta)\text{の最大値})$$

と評価でき、$k\to\infty$ のとき0に収束します。

$k\to\infty$のとき、② = ③となることがわかります。

解析接続と正則拡張

初めにこの節で説明したい事実を述べてしまいます。

連結な領域Dとそれに含まれる領域Eがあり、Eで定義された正則関数$f(z)$があるとします。このとき、領域Dの正則関数のうち、領域Eで$f(z)$と一致するものは1通りしかありません。

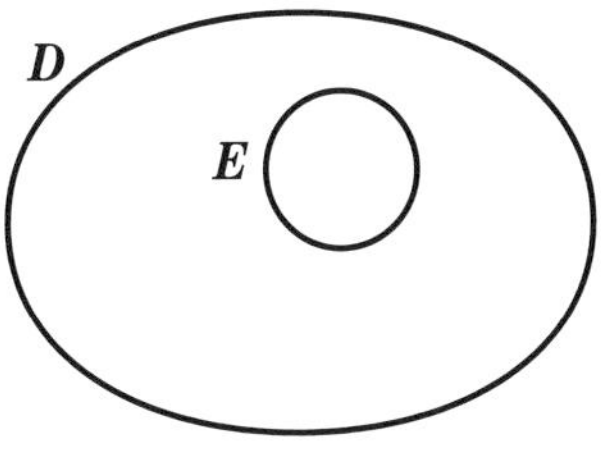

言い換えると、領域Eの正則関数$f(z)$があるとき、正則関数という性質を保ったまま$f(z)$の定義域を領域Dまで拡大しようとすると、そのような正則関数は1通りしかないのです。

領域Eで定義された正則関数$f(z)$の定義域を領域Dに拡大することを関数の拡張ということにします。この言葉を使うと、正則関数を正則性を保ったまま拡張した、すなわち正則拡張した関数は1通りに決まるのです。なお、正則拡張という用語は他の数学書では使われない用語です。意図あって使っています。

これは複素関数にだけある美しい性質です。

実関数の場合はこのようにはいきません。例えば、$[-1,\ 1]$で定義された$f(x)=x^2$という実関数の場合を考えてみましょう。

この関数を、実数全体で微分可能な関数となるように拡張する方法は何通りもあります。

$(-\infty,\ -1)$、$(1,\ \infty)$でもx^2として拡張してもよいですし（左図）

$(-\infty,\ -1)$で$-2x-1$、$(1,\ \infty)$で$2x-1$と拡張してもよいです（右図）。

どちらの場合でも$x=-1$での傾きは-2、$x=1$での傾きは2であり、$x=\pm2$で微分可能ですから、拡張した関数は実数全体で微分可能になります。

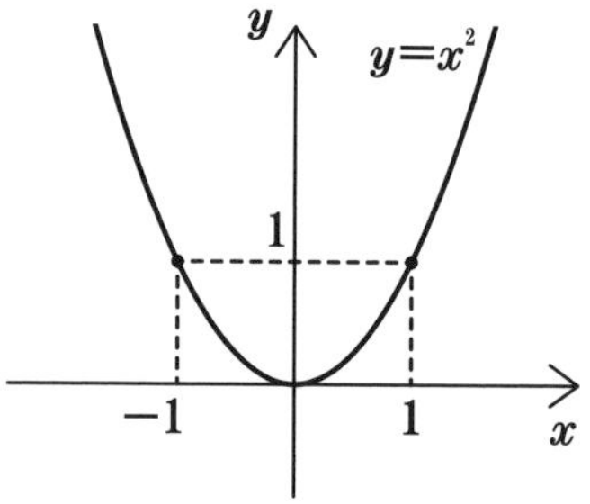

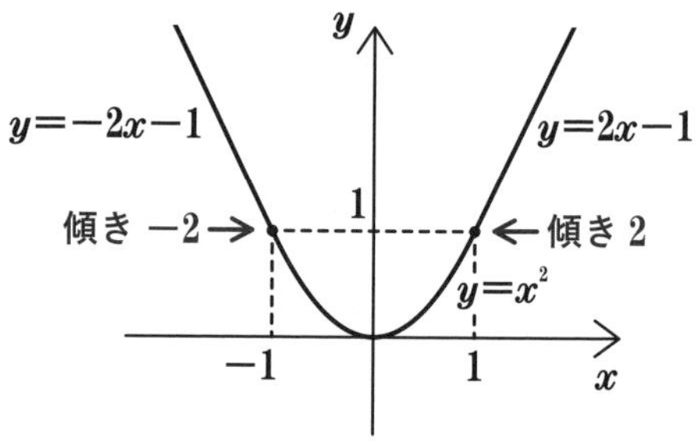

一方、複素関数の場合は正則拡張の方法が1通りしかないのですから、これは驚くべきことだと思います。

さらに驚くべきことに、最初に値を与える集合を、領域Eの代わりに曲線Cにしてもよいし、ある複素数αに収束する点列$\{z_n\}$ $[z_i \neq z_j\ (i \neq j),\ z_n \to \alpha\ (n \to \infty)]$にしてもよいのです。

つまり、領域Dで正則な関数$f(z)$に関して、領域Dに含まれる曲線C上での値が与えられれば、正則拡張は1通り、すなわちDのすべての点で正則関数の値が決まるということです。

また、領域Dで正則な関数$f(z)$に関して、D内の収束する無限点列$\{z_n\}$上での値が与えられれば、正則拡張は1通り、すなわちDのすべての点で正則関数の値が決まるということです。

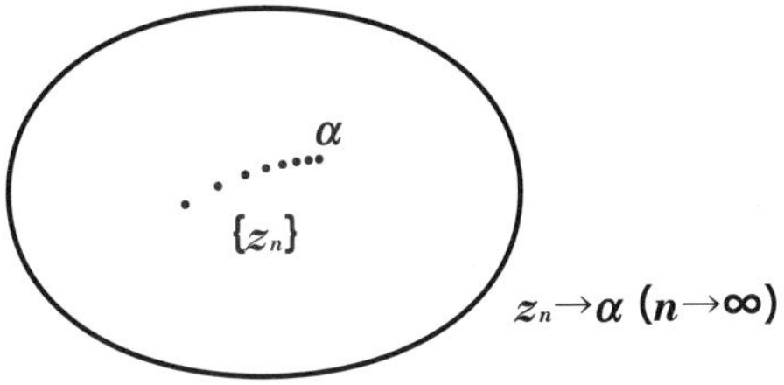

この性質についての証明をする前に、曲線上で関数の値が与えられたとき、それを正則拡張する例を紹介しましょう。

この本では、複素数の指数関数e^zを定義するのに、実関数e^xのマクローリン展開の式

$$e^x = 1 + x + \frac{1}{2!}x^2 + \cdots + \frac{1}{n!}x^n + \cdots$$

を用いました。実数xを複素数zに置き換えたわけです。

複素数平面の実軸上で実関数の指数関数e^xに一致するような複素関数は、他にないでしょうか。正則でない関数でもよいというのであれば、

$$e^{\mathrm{Re}z} = 1 + \mathrm{Re}z + \frac{1}{2!}(\mathrm{Re}z)^2 + \cdots + \frac{1}{n!}(\mathrm{Re}z)^n + \cdots$$

という関数でもよかったのです。この関数は正則ではありませんが、連続であり関数の性質としてはまあまあの性質を持っています。しかし、正則関数の中から、実軸上でe^xに一致するようなものを選ぼうとすると、e^zが唯一の選択となるのです。

正則拡張の一意性を用いると複素数の指数法則を示すこともできます。

問題　正則拡張

実数の指数法則 $e^{x+y}=e^x e^y$ と複素関数 e^z の正則性の要請から、複素数の指数法則 $e^{z+w}=e^z e^w$ を導け。

初めに確認しておくと、複素数平面全体で定数 0 を取る関数は正則関数です。正則拡張の性質を用いると、実軸全体で 0 の値をとるような正則関数は、複素数平面全体で 0 をとる定数関数 0 しかありません。

y を実数の定数として、複素関数 $f(z)=e^{z+y}-e^z e^y$ を考えます。

実数の指数法則 $e^{x+y}=e^x e^y$ より、$f(z)=e^{z+y}-e^z e^y$ は $z=x$（実数）のとき 0 になります。

e^z の正則性より $f(z)$ は複素数平面全体で正則関数ですから、複素数平面全体で $f(z)=0$ となります。

次に、複素数 z を固定して、複素関数 $g(w)=e^{z+w}-e^z e^w$ を考えます。

$g(w)$ は $w=y$（実数）のとき、$g(y)=e^{z+y}-e^z e^y=f(z)=0$ となります。

同様に $g(w)$ は複素数平面全体で正則な関数ですから、複素数平面全体で $g(w)=0$ となります。すなわち、$e^{z+w}=e^z e^w$ が成り立つことが示されました。

べき級数の展開式を比べることで示した第 2 章 p.95 の説明に比べて、手品のように示すことができました。深い理解に基づくと難しいことでも簡単に思えるようになることがうれしいです。

正則拡張の一意性の証明を紹介しましょう。

定理 4.16　一致の定理

連結な領域 D 上の正則関数 $f(z)$, $g(z)$ がある。相違なる項からなる収束列 $\{z_n\}$ とその収束値 c が D に含まれているとき、$f(z_n)=g(z_n)$ が成り立てば、正則関数 $f(z)$ と $g(z)$ は D 全体で一致する。

［証明］　$c=\lim_{n\to\infty} z_n$ とおき、D に含まれる円板 $D(c,\ r)$ を考えます。

$h(z)=f(z)-g(z)$とおき、$D(c,\ r)$での$h(z)$のcでのテイラー展開を考えます。$h(z)$もD上で正則であり、このべき級数の収束半径はr以上です。

$$h(z)=h(c)+h'(c)(z-c)+\frac{h^{(2)}(c)}{2!}(z-c)^2+\frac{h^{(3)}(c)}{3!}(z-c)^3+\cdots\cdots$$

cは$\{z_n\}$の収束点なので、$D(c,\ r)$には無限個のz_nがあることになります。ですから、$\{z_n\}$は初めからすべての項が$D(c,\ r)$に含まれているものとして考えましょう。また、$z_n=c$となる項があればそれを除くことで$z_n\neq c$として考えます。

$h(z_n)=f(z_n)-g(z_n)=0$であり、$h(z)$はD上で正則な関数なので連続ですから（定理3.08）、$\{z_n\}$の収束点cでも、$h(c)=0$となります。これを用いて、両辺を（$z-c$）で割った式を$H_1(z)$とおきます。

$$H_1(z)=\frac{h(z)}{z-c}=h'(c)+\frac{h^{(2)}(c)}{2!}(z-c)+\frac{h^{(3)}(c)}{3!}(z-c)^2+\cdots$$

すると、すべてのz_nで、

$$H_1(z_n)=\frac{h(z_n)}{z_n-c}=0$$

となります。$H_1(z)$は右辺よりD上で正則な関数なので、連続ですから、$\{z_n\}$の収束点cでも、$H_1(c)=0$となります。$H_1(c)=0$から$h'(c)=0$を導くことができます。

次に、これを用いて、

$$H_2(z)=\frac{H_1(z)}{z-c}=\frac{h^{(2)}(c)}{2!}+\frac{h^{(3)}(c)}{3!}(z-c)+\frac{h^{(4)}(c)}{4!}(z-c)^2+\cdots$$

とおきます。$H_2(z)$は右辺よりD上で正則な関数なので、連続ですから、$\{z_n\}$の収束点cでも、$H_2(c)=0$となります。$H_2(c)=0$から$\dfrac{h^{(2)}(c)}{2!}=0$を導くことができます。

同様の議論をくり返し、

$$\frac{h^{(n)}(c)}{n!}=0 \qquad h^{(n)}(c)=0$$

とテイラー展開のすべての係数が0になることが示されます。

このことから、<u>$D(c,\ r)$の内部のすべてのzで$h(z)=0$となる</u>ことが分かります。

Dに任意の点dをとり、cとdを曲線γで結び、γを円板で覆いましょう。Dの周上の点と曲線γ上の点の最短距離より小さい値rを半径として選びます。すると、γ上に中心を持つ円はDの周とは共有点を持ちません。

下図のように、D_2の中心c_2は$D_1=D(c,\ r)$に含まれる、D_3の中心c_3はD_2に含まれる、……というように、D内で開円板$D_i=D(c_i,\ r)$をつなげていきます。

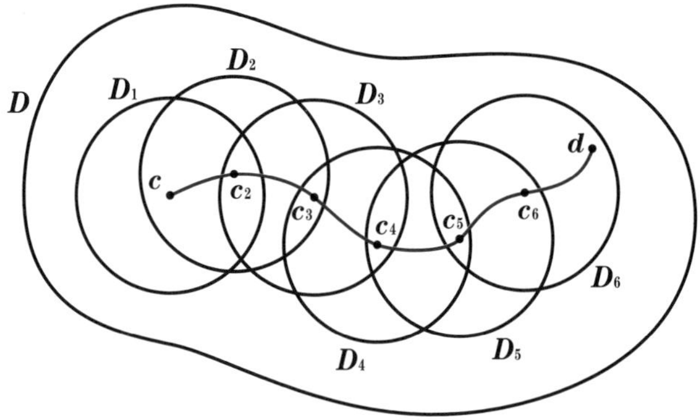

$D_1\cap D_2$の中に、c_2に収束する点列$\{z_n\}$をとります。$h(z)=f(z)-g(z)$とおき、$D_2(c_2,\ r)$上でc_2を中心とするテイラー展開を考えると、$D_1\cap D_2$で$h(z)=0$ですから、このべき級数の半径はr以上です。

$D_1=D(c,\ r)$で$h(z)=0$となることが分かっていますから、$h(z_n)=0$です。D_1で行ったテイラー展開の議論をくり返して、$h(z)$は$D_2=D(c_2,\ r)$上で$h(z)=0$です。

次に、$D_2\cap D_3$内に、c_3に収束する点列$\{z_n\}$をとり、$D_3=D(c_3,\ r)$上でc_3を中心とした$h(z)$のテイラー展開を考えます。$D_2=D(c_2,\ r)$で$h(z)=0$となることが分かっていますから、$h(z_n)=0$です。D_1で行ったテイラー展開の議論をくり返して、$h(z)$は$D_3=D(c_3,\ r)$上で$h(z)=0$となります。

$D_2,\ D_3,\ \cdots$と次々に円板D_iで$h(z)=0$であることがわかるので、$h(d)=0$となることが示されました。dは任意に取ることができますから、$h(z)$はD内の任意の点で0になる、すなわち$f(z)$と$g(z)$はD内で一致します。［証明終わり］

この定理により正則拡張の一意性が言えました。

証明を振り返ってみると、初めにD_1で局所的にべき級数で表される関数（解析関数）を作り、次にD_1と重なるD_2で解析関数を作り、……というように解析関数をつなげていきDでの正則関数の一意性を証明しました。このように解析関数をつなげて正則関数を拡張していくことを**「解析接続」**（以下、解析関数をつなげて定義域を広げることをカッコつきで表す）といいます。

実は、この本では正則関数の一意性を保ち定義域を広げていくことに正則拡張という用語を当ててきましたが、この本以外では**解析接続**（カッコなし）と呼んでいます。

解析接続の例題を解いてみましょう。

問題　解析接続（正則拡張）

$|z|<1$におけるべき級数で表された関数

$$f(z)=1+z+z^2+\cdots$$

を複素数平面から1点$z=1$を除いた部分に解析接続（正則拡張）せよ。

$|z|<1$のとき、無限等比級数の和の公式により、

$$f(z)=1+z+z^2+\cdots=\frac{1}{1-z}$$

と表されます。そこで、$g(z)$を

$$g(z)=\frac{1}{1-z}\quad(z\neq 1)$$

とおきます。$g(z)$は、$z\neq 1$で正則関数です。

$f(z)$と$g(z)$は、$|z|<1$でともに正則関数であり、$f(z)=g(z)$が成り立ちます。$\mathbb{C}$全体から0を除いた領域に定理4.16（一致の定理）を用いることで、$f(z)$（$|z|<1$）を、$g(z)$（$z\neq 1$）に解析接続（正則拡張）することができます。

解答を読んでどうでしょうか。原理的には「解析接続」をしているのかもしれませんが、一致の定理を用いているので見た目には解析関数をつなげていく「解析接続」などしていません。

この問題のように、具体的な関数の正則拡張には、「解析接続」が使われることはほとんどありません。それにも拘らず、正則拡張の1つの方法あるいは証明法を指す「解析接続」という言葉を用いて、正則拡張のことを解析接続と呼んでいるのです。

これは「油を売る」という慣用句に似ています。この慣用句は、江戸時代の油売りが油を注いでいる間に世間話をしていたことが語源です。しかし現代、オフィスで無駄なおしゃべりをしている社員に「油を売っているんじゃないよ」と注意しても、この社員がポマードやガソリンを売っているわけではありません。

数学書で解析接続という言葉を読んだとき、「解析接続」のことしか思い浮かばないと、これって解析接続ではないんじゃない？　と疑問を持ち、解析接続ってなんだか分からないという印象を持ってしまいます。初学者が混乱しないように正則拡張という言葉を使ってみました。

定理4.16では、関数$f(z)$は領域Dで正則であることが初めから与えられていました。設定を変えて「解析接続」について考えてみます。

$D_1=D(c_1,\ r_1)$ で正則な関数$f(z)$があり、c_1を中心にテイラー展開されているものとします。D_1の外で$f(z)$が正則であるか否かは分かっていないものとします。上の証明と同じようにD_1の中にc_2を取り、c_2を中心としたテイラー展開を考えます。収束半径がr_2となって$D_2=D(c_2,\ r_2)$でテイラー展開できたとします。うまい具合にD_2はD_1の外にはみ出した場合を考えます。次にD_2の中にc_3を取り、$D_3=D(c_3,\ r_3)$でテイラー展開ができたとします。このD_3もD_2の外にはみ出した場合を考えます。つまり、図としては前頁のように円板D_i（今度は円板ごとに半径が異なるけど）をつなげて、「解析接続」で$f(d)$の値が決めることができたとします。

定理4.16では、領域Dの中でどのように円板D_iをつなげていっても（どのような経路でも）、$f(d)$の値は一意に決まります。領域Dで正則な$f(z)$が与えられているので$f(d)$の値も決まっていて、その値を「解析接続」で得ることができます。

しかし、$D_1=D(c_1,\ r_1)$でのテイラー展開から始めた場合では$f(d)$の値が一意に定まるとは限りません。

例えば、次の図のようにdの値を求めるために「解析接続」の経路をγ、γ'と取った場合、γに沿って「解析接続」で求めた$f(d)$とγ'に沿って「解析接続」で求めた$f(d)$とでは、値が異なる場合があるのです。定理の証明から分かるように、γに対しては一意に$f(d)$が決まりますが、異なる経路γ'によって求めた$f(d)$の値が一致することは保証されていません。

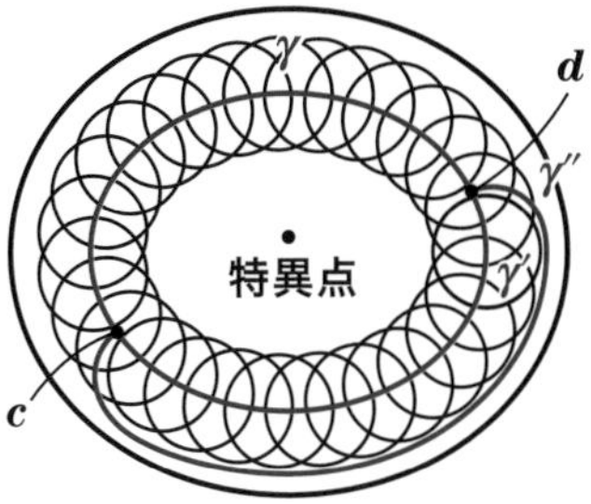

このことは定理4.16とは矛盾しません。$f(z)$は各円板D_i内では正則であっても、上の図のドーナツ部分の領域全体では正則にはならないからです。

実際、$\sqrt{z}$や$\log z$のような多価関数の場合には、このようなことが起こりえます。

異なることをそのまま受け入れて、うまく一価関数を作ることができないでしょうか。それを実現するのが次の節で説明するリーマン面です。

6 リーマン面

前節で予告した通り、この節ではリーマン面を作ります。

多価関数として、$z^{\frac{1}{2}}$と $\log z$ を選んでリーマン面を作ってみましょう。

実関数では、$x \geqq 0$ のとき、$x^{\frac{1}{2}}=\sqrt{x}$ であり、1つの x の値に対して $x^{\frac{1}{2}}$の値は1つに決まります。複素関数の $z^{\frac{1}{2}}$は、z の2乗根、すなわち X の2次方程式 $X^2=z$ の解を表します。

$z=r(\cos\theta+i\sin\theta)$ （$r>0$, $-\pi<\theta\leqq\pi$）の2乗根は、公式1.10より、

$$\sqrt{r}\left(\cos\frac{\theta}{2}+i\sin\frac{\theta}{2}\right),\ \sqrt{r}\left\{\cos\left(\frac{\theta}{2}+\frac{\pi}{2}\right)+i\sin\left(\frac{\theta}{2}+\frac{\pi}{2}\right)\right\}$$

と、2つの値を持ちます。$z^{\frac{1}{2}}$は2つの値を持つ2価関数です。ただし、$z=0$ のときは $z^{\frac{1}{2}}=0$ と、1つの値になります。

[$z^{\frac{1}{2}}$の場合]

初めは単位円周上の点で考えます。$w=z^{\frac{1}{2}}$は $z=\cos\theta+i\sin\theta$ に対して、

$$z^{\frac{1}{2}}=\cos\frac{\theta}{2}+i\sin\frac{\theta}{2} \quad \cdots\cdots① \quad と \quad z^{\frac{1}{2}}=\cos\left(\frac{\theta}{2}+\pi\right)+i\sin\left(\frac{\theta}{2}+\pi\right) \quad \cdots\cdots②$$

と2つの値を持ちます。

初めに z と $z^{\frac{1}{2}}$が1対1に対応するための大まかなアイデアを説明しておきましょう。

z が単位円周上を2周する（θ が0から 4π まで動く）とき、①の右辺は単位円周上を1周します。これは②の右辺の値を取っても言えることです。1対1の対応を作るには、複素数平面をもう一枚用意して、2枚分の複素数平面の上を z が動くようにすれば、1対1対応を作ることができるはずです。詳しく値を追いかけてみましょう。

二価関数である $w=z^{\frac{1}{2}}$で、z が単位円周上を動くときの $z^{\frac{1}{2}}$の動きを追いかけてみます。

$$l : z=\cos\theta+i\sin\theta \quad (-\pi<\theta\leqq\pi)$$

のとき、$w=z^{\frac{1}{2}}$は、

$$l'_1 : w_1 = \cos\frac{\theta}{2} + i\sin\frac{\theta}{2} \quad (-\pi < \theta \leqq \pi)$$

$$l'_2 : w_2 = \cos\left(\frac{\theta}{2} + \pi\right) + i\sin\left(\frac{\theta}{2} + \pi\right) \quad (-\pi < \theta \leqq \pi)$$

と2つの曲線を動きます。これをそのまま図に表すと下図のようになります。

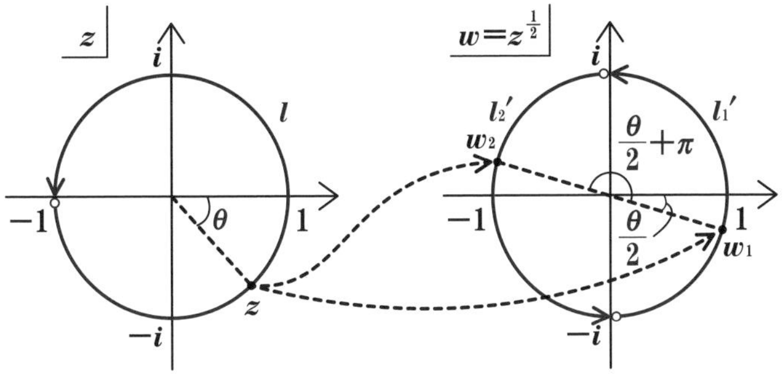

1対2の対応なので、1対1の対応にするために、定義域の方で複素数平面を2つ用意します。つまり、実質複素数平面 $\mathbb{C}$ と同じものですが $\mathbb{C}_1$, $\mathbb{C}_2$ を用意し、$z \neq 0$ となる z に対して、

$$\mathbb{C}_1 : z = r(\cos\theta + i\sin\theta) \quad \to \quad \mathbb{C}'_1 : w_1 = \sqrt{r}\left(\cos\frac{\theta}{2} + i\sin\frac{\theta}{2}\right) \quad (-\pi < \theta \leqq \pi)$$

$$\mathbb{C}_2 : z = r(\cos\theta + i\sin\theta) \quad \to \quad \mathbb{C}'_2 : w_2 = \sqrt{r}\left\{\cos\left(\frac{\theta}{2} + \pi\right) + i\sin\left(\frac{\theta}{2} + \pi\right)\right\}$$

$$(-\pi < \theta \leqq \pi)$$

と対応させるのです。

θ が $-\pi < \theta \leqq \pi$ を動くとき、$\dfrac{\theta}{2}$ は $-\dfrac{\pi}{2} < \dfrac{\theta}{2} \leqq \dfrac{\pi}{2}$ ですから、

複素数平面 $\mathbb{C}_1$ を z が動くとき、$z^{\frac{1}{2}}$ の①で表される値 w_1 は複素数平面の右半分($\mathbb{C}'_1$)を動きます（$\mathbb{C}'_1$ は $\mathrm{Re}z \geqq 0$ から虚軸の $\mathrm{Im}z \leqq 0$ となる部分を除いたもの）。

また、θ が $-\pi < \theta \leqq \pi$ を動くとき、$\dfrac{\theta}{2} + \pi$ は $\dfrac{\pi}{2} < \dfrac{\theta}{2} + \pi \leqq \dfrac{3\pi}{2}$ ですから

複素数平面 $\mathbb{C}_2$ を z が動くとき、$z^{\frac{1}{2}}$ の②で表される値 w_2 は複素数平面の左半分($\mathbb{C}'_2$)を動きます（$\mathbb{C}'_2$ は $\mathrm{Re}z \leqq 0$ から虚軸の $\mathrm{Im}z \geqq 0$ となる部分を除いたもの）。

図で表すと次のようになります。

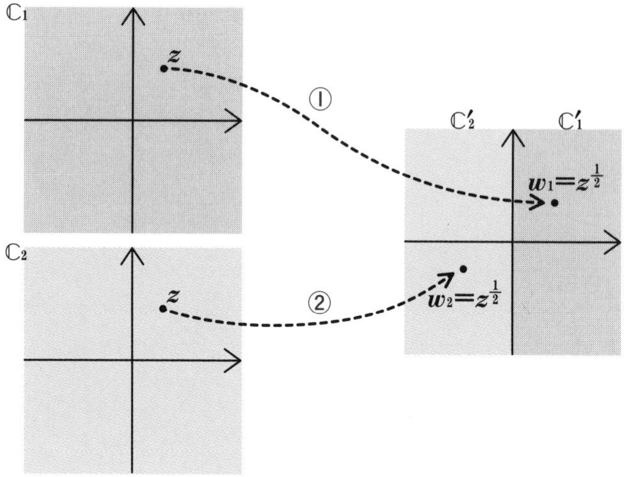

さらに詳しく見ていきましょう。

$\mathbb{C}_1$ の点 $\mathrm{E}(z=r(\cos\pi+i\sin\pi))$ に対応する

$\mathbb{C}'_1$ の点 $\mathrm{E}'\left(w_1=\sqrt{r}\left(\cos\dfrac{\pi}{2}+i\sin\dfrac{\pi}{2}\right)\right)$ と、

$\mathbb{C}_2$ の $\theta\to-\pi$ のときの点 $\mathrm{F}(z=r\{\cos(-\pi)+i\sin(-\pi)\})$ に対応する

$\mathbb{C}'_2$ の点 $\mathrm{F}'\left(w_2=\sqrt{r}\left\{\cos\left(\dfrac{-\pi}{2}+\pi\right)+i\sin\left(\dfrac{-\pi}{2}+\pi\right)\right\}\right)$ は

$$\sqrt{r}\left(\cos\frac{\pi}{2}+i\sin\frac{\pi}{2}\right)=\sqrt{r}\left\{\cos\left(\frac{-\pi}{2}+\pi\right)+i\sin\left(\frac{-\pi}{2}+\pi\right)\right\}$$

というように一致しています。

また、$\mathbb{C}_1$ の $\theta\to-\pi$ のときの点 $\mathrm{H}(z=r\{\cos(-\pi)+i\sin(-\pi)\})$ に対応する

$\mathbb{C}'_1$ の点 $\mathrm{H}'\left(w_1=\sqrt{r}\left\{\cos\left(-\dfrac{\pi}{2}\right)+i\sin\left(-\dfrac{\pi}{2}\right)\right\}\right)$ と

$\mathbb{C}_2$ の点 $\mathrm{G}(z=r(\cos\pi+i\sin\pi))$ に対応する

$\mathbb{C}'_2$ の点 $\mathrm{G}'\left(w_2=\sqrt{r}\left\{\cos\left(\dfrac{\pi}{2}+\pi\right)+i\sin\left(\dfrac{\pi}{2}+\pi\right)\right\}\right)$ は

$$\sqrt{r}\left\{\cos\left(-\frac{\pi}{2}\right)+i\sin\left(-\frac{\pi}{2}\right)\right\}=\sqrt{r}\left\{\cos\left(\frac{\pi}{2}+\pi\right)+i\sin\left(\frac{\pi}{2}+\pi\right)\right\}$$

と一致します。

この状況を図に表すと下図のようになります。

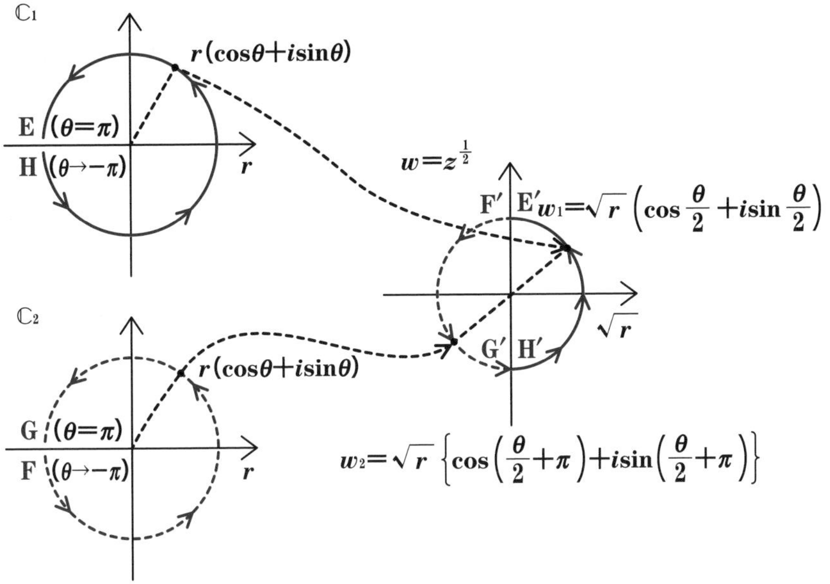

これらの考察から z と $z^{\frac{1}{2}}$ の 1 対 1 対応を作るには、複素数平面から原点を除いた平面を 2 枚（$\mathbb{C}_1$, $\mathbb{C}_2$）用意し、実軸の負の部分（$\mathrm{Im}z=0$、$\mathrm{Re}z<0$）に切り込みを入れ、ここで $\mathbb{C}_1$ と $\mathbb{C}_2$ を貼り合わせた曲面を作ります。このとき、E と F、G と H は重なり 1 つの点になります。最後に原点を埋めます。これが $z^{\frac{1}{2}}$ のリーマン面です。このリーマン面を $\mathcal{R}$ とすると、関数 $z^{\frac{1}{2}}$ は $\mathcal{R}$ から $\mathbb{C}$ への全単射となります。

$$z^{\frac{1}{2}}:\mathcal{R}\left\{\begin{matrix}\mathbb{C}_1-\{0\} & \to & \mathbb{C}'_1\\ \mathbb{C}_2-\{0\} & \to & \mathbb{C}'_2\\ \{0\} & \to & \{0\}\end{matrix}\right\}\mathbb{C}=\mathbb{C}'_1\cup\mathbb{C}'_2\cup\{0\}$$

貼り合わせた曲面を実軸の負の方向から見ると次のページの図のようになります。

破線の矢印は z が E=F を経て $\mathbb{C}_1$ から $\mathbb{C}_2$ へ移る様子を、実線の矢印は z が G, H を経て $\mathbb{C}_2$ から $\mathbb{C}_1$ へ移る様子を表しています。

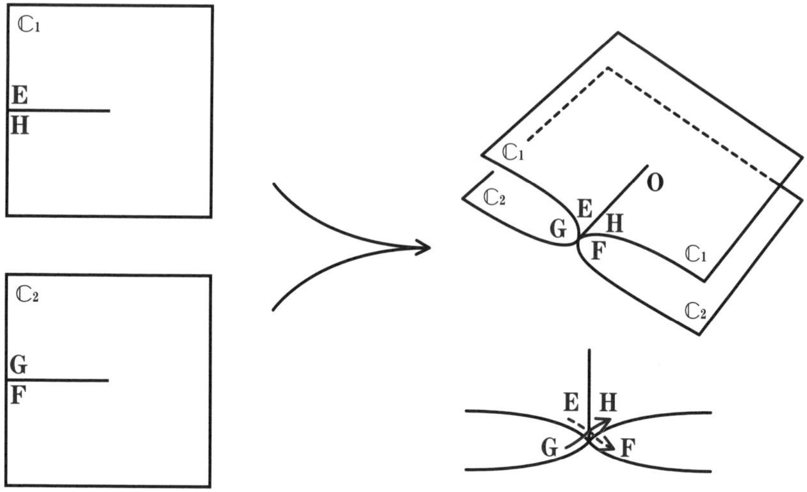

「作ります」と簡単にいいましたが、この3次元空間ではリーマン面のモデルを作ることはできません。リーマン面では $\mathbb{C}_1$ から $\mathbb{C}_2$ へ移るときの実軸の負の部分と、$\mathbb{C}_2$ から $\mathbb{C}_1$ へ移るときの実軸の負の部分は別物ですが、3次元空間に実現しようとすると一致してしまうからです。

[$\log z$ の場合]

$w=\log z$ は多価関数で、$\mathbb{C}$ 上の点 $z=r(\cos\theta+i\sin\theta)=re^{i\theta}$ $(r>0)$ に対して、

$$w=\log r+i(\theta+2n\pi) \qquad (n\text{ は整数})$$

と無数の値を持ちます。$z^{\frac{1}{2}}$では2枚の複素数平面を用意しましたが、$\log z$ では定義域として無限個の複素平面を用意すればよいでしょう。

複素数平面から原点を除いた平面を、…, $\mathbb{C}_{-1}$, $\mathbb{C}_0$, $\mathbb{C}_1$, $\mathbb{C}_2$, …と無限個用意して、関数 $w=\log z$ を次のように考えます。

……

$$\mathbb{C}_{-1}:z=re^{i\theta} \quad \to \quad \mathbb{C}'_{-1}:w_{-1}=\log r+i(\theta-2\pi) \quad (-\pi<\theta\leqq\pi)$$

$$\mathbb{C}_0:z=re^{i\theta} \quad \to \quad \mathbb{C}'_0:w_0=\log r+i\theta \quad (-\pi<\theta\leqq\pi)$$

$$\mathbb{C}_1:z=re^{i\theta} \quad \to \quad \mathbb{C}'_1:w_1=\log r+i(\theta+2\pi) \quad (-\pi<\theta\leqq\pi)$$

$$\mathbb{C}_2:z=re^{i\theta} \quad \to \quad \mathbb{C}'_2:w_2=\log r+i(\theta+4\pi) \quad (-\pi<\theta\leqq\pi)$$

……

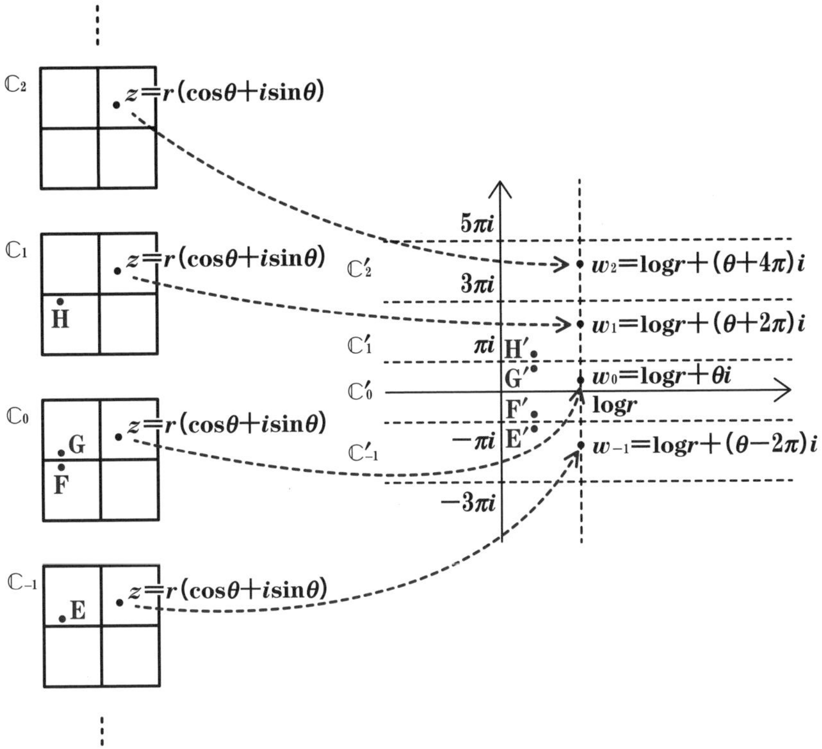

まとめると、整数 n に対応する複素数平面 $\mathbb{C}_n$ に対して、

$$\mathbb{C}_n : z=re^{i\theta} \quad \to \quad \mathbb{C}'_n : w_n=\log r+i(\theta+2n\pi) \quad (-\pi<\theta\leqq\pi)$$

となります。…，$\mathbb{C}_{-1}$，$\mathbb{C}_0$，$\mathbb{C}_1$，$\mathbb{C}_2$，…の実軸の負の部分に切り込みを入れ、ここで $\mathbb{C}_{-1}$ と $\mathbb{C}_0$，$\mathbb{C}_0$ と $\mathbb{C}_1$ を貼り合わせていきます。こうして無限個の $\mathbb{C}_i$ を貼り合わせて作った曲面が $w=\log z$ のリーマン面 $\mathcal{R}$ です。

この作り方から、正の数 r と一般角 θ（θ は実数全体を取りうる）を用いた組 $(r,\ \theta)$ が $\mathcal{R}$ の点と 1 対 1 に対応することが分かります。また、…、$\mathbb{C}'_{-1}$、$\mathbb{C}'_0$、$\mathbb{C}'_1$、$\mathbb{C}'_2$、…を合わせると全複素数平面 $\mathbb{C}$ になります。$w=\log z$ は $\mathcal{R}$ から $\mathbb{C}$ への 1 対 1 対応になります。

$\mathcal{R}$ は次頁の上図のようになり、O を中心にして反時計回りに進んでいくと、螺旋階段を登るように、…、$\mathbb{C}_{-1}$、$\mathbb{C}_0$、$\mathbb{C}_1$、$\mathbb{C}_2$、…と面を登っていきます。出来上がった $\mathcal{R}$ を見ると、実は実軸の負の部分に入れた切り込みは本質的ではなく、O から出る半直線であればどこでもよいことが分かるでしょう。

w=log$z$ のリーマン面

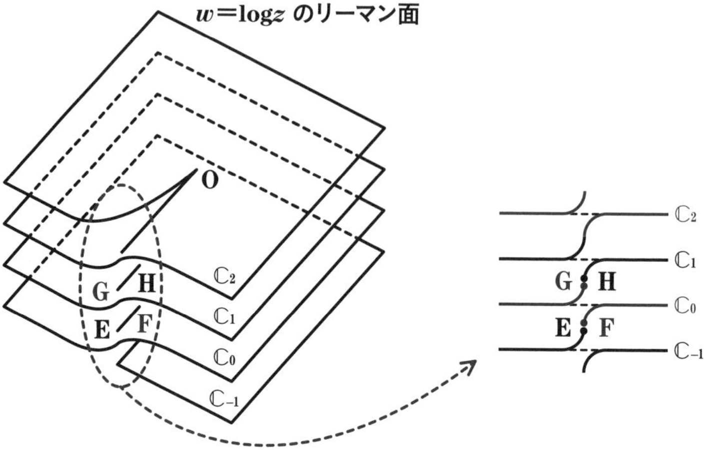

貼り合わせて対応に矛盾がないことを例で確かめておきます。

$\mathbb{C}_{-1}$ の点 E$(z=r(\cos\pi+i\sin\pi))$ に対応する

$\mathbb{C}'_{-1}$ の点 E$'(w_{-1}=\log r+(\pi-2\pi)i)$ と

$\mathbb{C}_0$ の $\theta\to-\pi$ のときの点 F$(z=r\{\cos(-\pi)+i\sin(-\pi)\})$ に対応する

$\mathbb{C}'_0$ の点 F$'(w_0=\log r+(-\pi)i)$ は、

$$\log r+(\pi-2\pi)i=\log r+(-\pi)i$$

と一致します。また、

$\mathbb{C}_0$ の点 G$(z=r(\cos\pi+i\sin\pi))$ に対応する $\mathbb{C}'_0$ の点 G$'(w_0=\log r+\pi i)$ と

$\mathbb{C}_1$ の $\theta\to-\pi$ のときの点 H$(z=r\{\cos(-\pi)+i\sin(-\pi)\})$ に対応する

$\mathbb{C}'_1$ の点 H$'(w_1=\log r+(-\pi+2\pi)i)$ は、

$$\log r+\pi i=\log r+(-\pi+2\pi)i$$

と一致します。

リーマン面上では、E と F、G と H は重なって 1 つの点になっています。

1 対 1 対応を作ることができたからそれがどうしたと思うかもしれませんが、リーマン面には数学上の華々しい応用があります。この本ではその多くを述べることができません。

簡単なこととしては、リーマン面上の単連結な領域 D では、コーシーの積分定理・公式が成り立ちます。例えば、次の図のような $\mathbb{C}_1$, $\mathbb{C}_2$ にまたがる領域 D でもコーシーの積分定理・公式が成り立ちます。これはそもそもリーマン面が正則拡張してできた面であると考えると納得がいくでしょう。

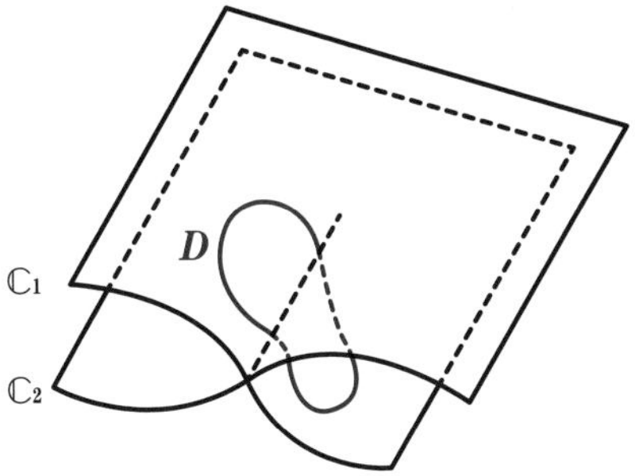

リーマン面上の周回積分の計算を用いて、実関数の定積分を求める応用問題を解いてみましょう。なお、この問題に対する演習問題は被積分関数に x^α の入った場合としてまとめ、リーマン面を表に出さずに解答しています。

問題　リーマン面上のコーシーの積分定理の応用　(別 p.79)

$-1<\alpha<0$、$b>0$ に対して、次の定積分を求めよ。

$$\int_0^\infty \frac{x^\alpha}{x+b}dx$$

実関数の代わりに次の複素関数の線積分を考えます。

$$\frac{z^\alpha}{z+b}=\frac{e^{\alpha\log z}}{z+b}$$

この問題の難しいところは、被積分関数の中に $\log z$ が含まれていますから、積分経路をリーマン面上で連続になるように取らなければいけないところです。

積分経路 C として次のような C_1, C_2, C_3, C_4 の和をとります。

$C_1 : z=x \quad (r\leqq x\leqq R)$

$C_2 : z=Re^{i\theta} \quad (0\leqq \theta\leqq 2\pi)$

$C_3 : z=x \quad (r\leqq x\leqq R)$

$C_4 : z=re^{i\theta} \quad (0\leqq \theta\leqq 2\pi)$

$$\oint_C \frac{z^\alpha}{z+b}dz=\int_{C_1}\frac{z^\alpha}{z+b}dz+\int_{C_2}\frac{z^\alpha}{z+b}dz+\int_{C_3}\frac{z^\alpha}{z+b}dz+\int_{C_4}\frac{z^\alpha}{z+b}dz \quad \cdots\cdots①$$

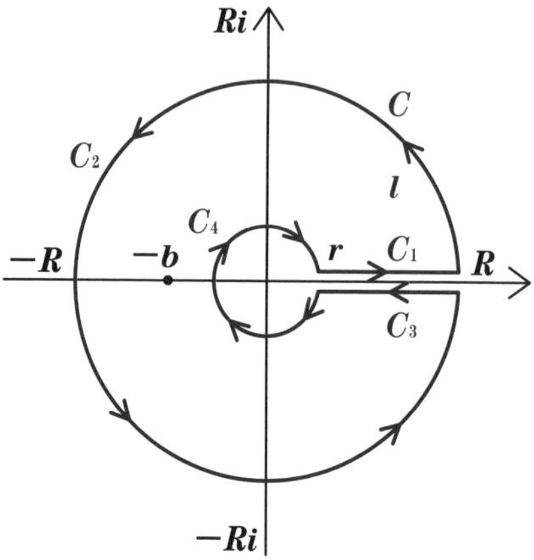

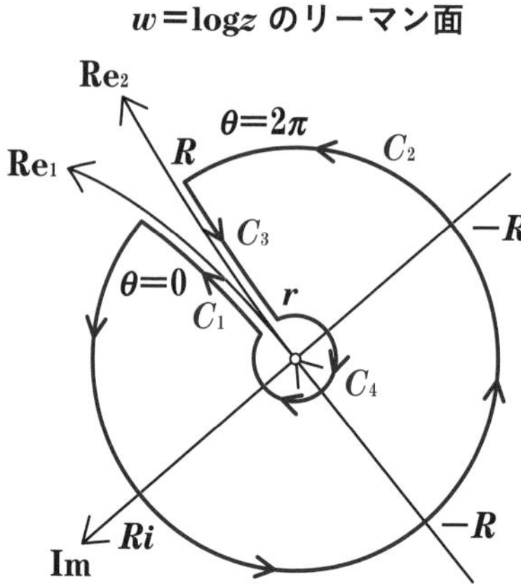

C_1 と C_3 は同じ線分を逆向きに進んでいるので、線積分はキャンセルして 0 になるのでは？と思う方もいるかもしれません。C_1 と C_3 は上左図では一致して見えますが、リーマン面上では異なる線分ですから、C_1 と C_3 の線積分を打ち消して 0 にすることはできません。

C_2 がリーマン面上にあるとします。C_2 は一般角 θ を用いて、

$C_2 : z=Re^{i\theta}$

と表されます。$\theta=0$ と $\theta=2\pi$ を代入すると同じ値 R をとります。しかし、z に対応する $\log z$ は

$$\log z=\log(Re^{i\theta})=\log R+i\theta$$

ですから、θ を 0 から 2π まで動かすと、

$\theta=0$ のとき、$\log z=\log R$

$\theta=2\pi$ のとき、$\log z=\log R+2\pi i$

と異なる $\log z$ の値を持ちます。これによれば、$\alpha\log z$ は、

$\theta=0$ のとき、$\alpha\log z=\alpha\log R$

$\theta=2\pi$ のとき、$\alpha\log z=\alpha\log R+2\pi\alpha i$

となり、同じ値 $z=R$ に対して、$\alpha\log z$ は $\theta=0$ のときと $\theta=2\pi$ のときで $2\pi\alpha i$ だけ異なっています。ですから、C_1 に関しては、

$$\int_{C_1}\frac{z^\alpha}{z+b}dz=\int_r^R\frac{z^\alpha}{z+b}dz=\int_r^R\frac{e^{\alpha\log z}}{z+b}dz=\int_r^R\frac{e^{\alpha\log x}}{x+b}dx=\int_r^R\frac{x^\alpha}{x+b}dx \quad \cdots\cdots②$$

一方、C_3 に関しては、$\alpha\log z$ は $\alpha\log R+2\pi\alpha i$ からつなげますから、

$\alpha\log z=\alpha\log x+2\pi\alpha i$ となるのです。

$$\int_{C_3}\frac{z^\alpha}{z+b}dz=\int_R^r\frac{z^\alpha}{z+b}dz=\int_R^r\frac{e^{\alpha\log z}}{z+b}dz=\int_R^r\frac{e^{\alpha\log x+2\pi\alpha i}}{x+b}dx$$

$$=e^{2\pi\alpha i}\int_R^r\frac{e^{\alpha\log x}}{x+b}dx=e^{2\pi\alpha i}\int_R^r\frac{x^\alpha}{x+b}dx$$

$$=-e^{2\pi\alpha i}\int_r^R\frac{x^\alpha}{x+b}dx \quad \cdots\cdots③$$

次に、$R\to\infty$ のとき C_2 での線積分が 0 に収束すること、$r\to 0$ のとき C_4 での線積分が 0 に収束することを示します。

[$R\to\infty$ のとき、(C_2 での線積分)$\to 0$]

$$\left|\int_{C_2}\frac{z^\alpha}{z+b}dz\right|=\left|\int_0^{2\pi}\frac{(Re^{i\theta})^\alpha}{Re^{i\theta}+b}\cdot iRe^{i\theta}d\theta\right|$$

$$\leqq\int_0^{2\pi}\frac{|Re^{i\theta}|^\alpha}{|Re^{i\theta}+b|}\cdot|iRe^{i\theta}|d\theta$$

定理 4.03

$$\leqq\int_0^{2\pi}\frac{R^{\alpha+1}}{R-b}d\theta=\frac{2\pi R^{\alpha+1}}{R-b}$$

公式 1.11 三角不等式
$|Re^{i\theta}+b|\geqq||Re^{i\theta}|-b|=|R-b|$
R が b より大きいとき、
$|R-b|=R-b$

$\alpha<0$ ですから、分子の R の次数は分母の次数より小さく、$R\to\infty$ のとき、右辺は 0 に収束します。よって、$R\to\infty$ のとき、C_2 での線積分が 0 に収束します。

[$r\to 0$ のとき、(C_4 での線積分)$\to 0$]

$$\left|\int_{C_4}\frac{z^\alpha}{z+b}dz\right|=\left|\int_{2\pi}^{0}\frac{(re^{i\theta})^\alpha}{re^{i\theta}+b}\cdot ire^{i\theta}d\theta\right|$$

$$\leqq\int_0^{2\pi}\frac{|re^{i\theta}|^\alpha}{|re^{i\theta}+b|}\cdot|ire^{i\theta}|d\theta$$

定理 4.03

$$\leqq\int_0^{2\pi}\frac{r^{\alpha+1}}{b-r}d\theta=\frac{2\pi r^{\alpha+1}}{b-r}$$

公式 1.11 三角不等式
$|re^{i\theta}+b|\geqq||re^{i\theta}|-b|=|r-b|$
r が b より小さいとき、
$|r-b|=b-r$

$-1<\alpha$ ですから、$\alpha+1>0$ であり、$r\to 0$ のとき、右辺は 0 に収束します。よって、$r\to 0$ のとき、C_4 での線積分が 0 に収束します。

[達人のコメント]　被積分関数$\dfrac{z^\alpha}{z+b}$はrが小さいところでは、r^αのオーダーになります。これに円周のオーダーrを掛けると、積分のオーダーは$r^{\alpha+1}$。

C_1とC_3は見た目で重なっていますが、閉曲線Cは分枝にまたがった単純閉曲線になっています。$f(z)=z^\alpha=e^{\alpha\log z}$とおくと、$C$の内部で$f(z)$は正則になっていますから、閉曲線$C$での周回積分は、コーシーの積分公式を用いることができます。

$$
\begin{aligned}
f(-b)&=e^{\alpha\log(-b)}\\
&=\exp[\alpha(\log|-b|+i\arg(-b))]\\
&=\exp[\alpha(\log b+\pi i)]\\
&=\exp[\log b^\alpha+\pi\alpha i]=b^\alpha e^{\pi\alpha i}
\end{aligned}
$$

$\log z$の偏角を
$0\leqq\arg z\leqq 2\pi$
として取っていたので
$\arg(-b)=\pi$

となりますから、

$$\oint_C\frac{z^\alpha}{z+b}dz=\oint_C\frac{f(z)}{z+b}dz=2\pi i f(-b)=2\pi i\,b^\alpha e^{\pi\alpha i}\quad\cdots\cdots④$$

結局、①で$R\to\infty$、$r\to 0$とすると、④、②、③を用いて、

$$
\begin{aligned}
2\pi i b^\alpha e^{\pi\alpha i}&=\int_0^\infty\frac{x^\alpha}{x+b}dx-e^{2\pi\alpha i}\int_0^\infty\frac{x^\alpha}{x+b}dx\\
&=(1-e^{2\pi\alpha i})\int_0^\infty\frac{x^\alpha}{x+b}dx
\end{aligned}
$$

求める定積分は、

$$\int_0^\infty\frac{x^\alpha}{x+b}dx=\frac{2\pi i b^\alpha e^{\pi\alpha i}}{1-e^{2\pi\alpha i}}=\frac{2\pi i b^\alpha}{e^{-\pi\alpha i}-e^{\pi\alpha i}}=-\frac{\pi b^\alpha}{\sin\pi\alpha}$$

Column コラム

最大値の原理

このコラムでは、「$\overline{D}$（有界な領域Dとその周C）で正則な関数$f(z)$があるとき、$|f(z)|$が最大値となるzは定義域の端、すなわちC上にある」ことを主張する定理を紹介します。中(D)ではなく端(C)で取るというところが鑑賞のポイントです。

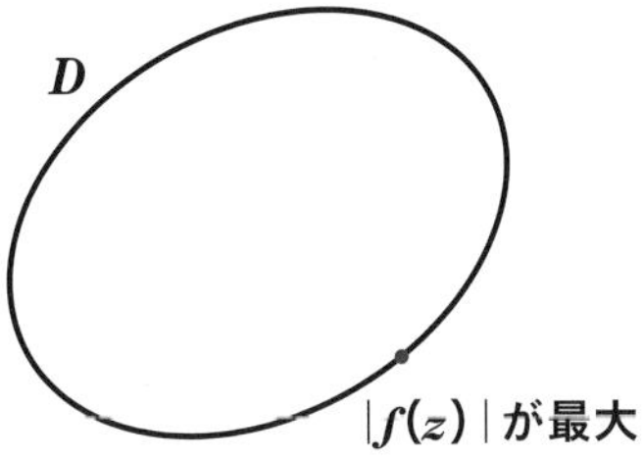

複素関数の定理を詳しく論じる前に、実関数の場合で、連続関数の最大値・最小値に関する定理を復習しましょう。

> **定理 4.17　有界な閉区間で定義された連続関数には最大・最小がある**
> **（実関数バージョン）**
>
> 閉区間$[a,\ b]$で定義された実数の連続関数$f(x)$は最大値・最小値を持つ。

この定理で閉区間という条件は外せません。開区間$(a,\ b)$で定義された連続関数の場合は、最大値も最小値も持たない場合があります。

例えば、開区間$(-1,\ 1)$で定義された次の関数は最大値・最小値がありません。

(1)　$f(x)=x$

(2)　$f(x)=\tan\dfrac{\pi x}{2}$

(1)は有界ですが、定義域の端がないため、最大値・最小値が存在しません。もしも、定義域が閉区間 $[-1,\ 1]$ であれば、最大値・最小値が存在します。

(2)の値域は上にも下にも有界でない場合です。これでは、最大値・最小値が存在しようがありません。

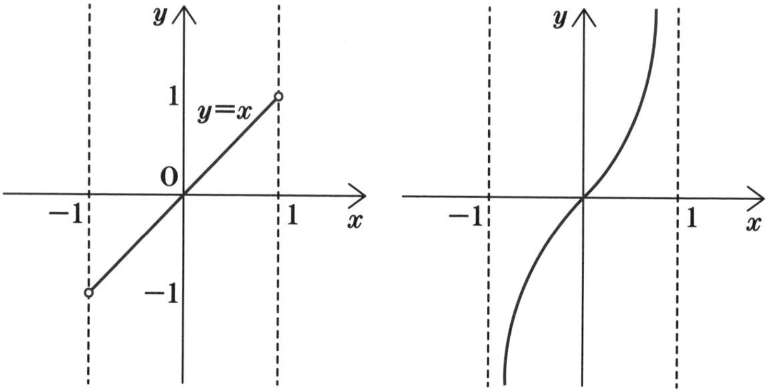

この例からも分かるように、区間の端が入るか入らないかは、最大値・最小値が存在するかしないかを決める重要な条件なのです。

端を含めている区間（集合）や、領域に境界を加えた集合は、数学では「閉である」と表現します。数直線上や複素数平面上の「閉である」集合に関して、集合に含まれる点から作られる数列 $\{z_n\}$ が収束するとき、これが収束する点も集合に属します。これが「閉である」集合の重要な性質の１つです。

さて、閉区間 $[a,\ b]$ で定義された連続関数 $f(x)$ は最大値・最小値を持ちます。

最大値・最小値を取るような x は、区間の端（$x=a,\ x=b$）の場合もあれば、そうでない場合（$a<x<b$）もあります。一方、正則な関数 $f(z)$ に関しては、$|f(z)|$ の最大値は境界上でしかとらないというのですから不思議です。

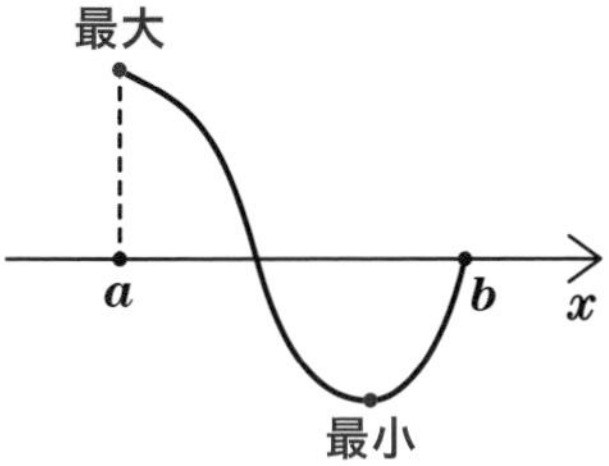

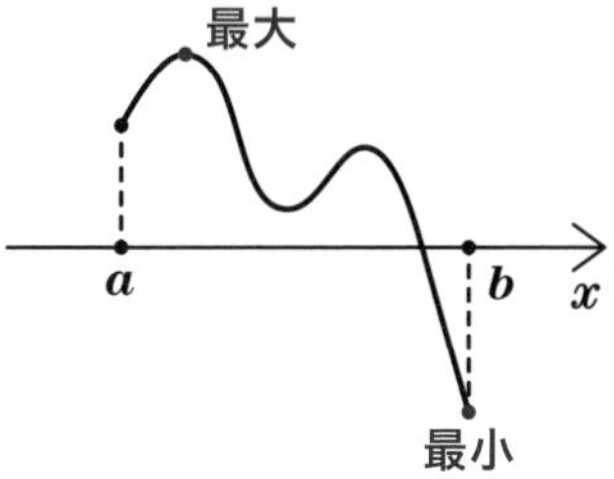

［定理 4.17（実関数バージョン）の証明のあらすじ］

最大値に関して、閉区間 $I_0=[0,\ 1]$ の場合で説明します。この区間を $A=\left[0,\ \dfrac{1}{2}\right]$ と $B=\left[\dfrac{1}{2},\ 1\right]$ に分け、$f(x)$ の最大値を実現する x がありそうな方（勝ち組）を選びます。

勝ち組の選び方

A の各元 a ごとに、$f(a) \leqq f(b)$ を満たすような B の元 b が存在するとき、B を勝ち組とする。そうでないときは、A を勝ち組とする。

選んだ区間を I_1 とします。例えば、B が選ばれ $I_1=\left[\dfrac{1}{2},\ 1\right]$ となったとします。次に区間 I_1 を $A=\left[\dfrac{1}{2},\ \dfrac{3}{4}\right]$ と $B=\left[\dfrac{3}{4},\ 1\right]$ に分け、上の選び方により A か B を選び I_2 とします。例えば、A が選ばれ $I_2=\left[\dfrac{1}{2},\ \dfrac{3}{4}\right]$ となったとします。次に、区間 I_2 を半分の A と B に分け…、というように、順に区間を 2 つに分けて上の選び方で一方を選んで、区間の列 $\{I_n\}$ を作ります。

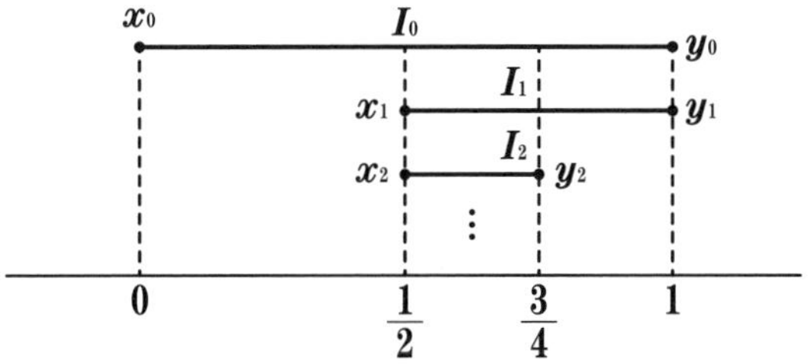

このとき、$I_0=[0,\ 1]$に含まれる任意の元γ_0に対して、$f(\gamma_0)\leqq f(\gamma_n)$を満たす$I_n$の元$\gamma_n$が存在することを確認してみましょう。

まず、勝ち組の選び方の「そうでないとき」をはっきりさせておきましょう。

「そうでないとき」とは、

Aのすべての元aについて、「$f(a)\leqq f(b)$を満たすようなBの元bが存在する」の否定ですから、

Aのある元aが存在して「Bのすべての元bに対して、$f(a)>f(b)$が成り立つ」ときです。

ですから、AとBのいずれが勝ち組になっても、負け組の各元cに対して、勝ち組から元dを選んで、$f(c)\leqq f(d)$とすることができることになります。

このことを用いて、I_kに含まれるγ_kから作られる数列$\{\gamma_k\}$で

$$f(\gamma_0)\leqq f(\gamma_1)\leqq f(\gamma_2)\leqq\cdots\leqq f(\gamma_n)\leqq\cdots$$

を満たすものを作ることができます。

γ_kがI_{k+1}に含まれるとき（勝ち組に残ったとき）は、

γ_{k+1}を$\gamma_{k+1}=\gamma_k$とする［$f(\gamma_k)=f(\gamma_{k+1})$］。

γ_kがI_{k+1}に含まれないとき（負け組になったとき）は、

$f(\gamma_k)\leqq f(d)$を満たすI_{k+1}の元dをγ_{k+1}とする［$f(\gamma_k)\leqq f(\gamma_{k+1})$］。

という要領で数列$\{\gamma_k\}$を作ればよいのです。

区間I_nが［$x_n,\ y_n$］であるとすると、I_nの作り方からx_nは単調増加、y_nは単調減少、ですから、有界な単調数列は収束するという定理により数列$\{x_n\}$、$\{y_n\}$は収束します。さらに、$y_n-x_n=\dfrac{1}{2^n}$ですから収束値は一致します。その収束値をαとおきましょう。

数列$\{x_n\}$、$\{y_n\}$は閉区間［0, 1］の数列で、区間が閉であることから、収束値αも区間［0, 1］に含まれます。また、作り方から収束値αはすべての区間I_nに含まれます。

$f(\alpha)$が最大値になることを示しましょう。［0, 1］からαと異なる数βを取り、$\gamma_0=\beta$として、上の要領で数列$\{\gamma_k\}$を作っておきます。

もしも$f(\alpha)<f(\beta)$が成り立っていると仮定します。すると、

$$f(\alpha) < f(\beta) \leqq f(\gamma_1) \leqq f(\gamma_2) \leqq \cdots \leqq f(\gamma_n) \leqq \cdots \quad \cdots\cdots①$$

が成り立つことになります。

数列$\{\gamma_n\}$は、$x_n \leqq \gamma_n \leqq y_n$を満たしますから、やはり$\alpha$に収束します。

$f(x)$が連続関数なので、nを大きくしていけば$f(\gamma_n)$の値をいくらでも$f(\alpha)$に近づけていくことができます。しかし、このことは①の不等式と矛盾しますから、背理法によって、$f(\alpha) \geqq f(\beta)$であること、すなわち$f(\alpha)$が最大値であることが示されました。　　　　［定理 4.17 の証明あらすじ終わり］

上の定理を複素関数にした定理は次のようになります。

定理 4.18　有界かつ閉領域の連続関数には最大・最小がある
（複素数平面バージョン）

$\overline{D}$（有界な領域Dとその周C）で定義された複素数の連続関数$f(z)$がある。

このとき、$|f(z)|$は$\overline{D}$で最大値・最小値を持つ。

［証明のあらすじ］

有界な閉区間で定義された関数の場合は、区間を半分、半分にしていきました。この定理の場合も$\overline{D}$が有界ですから、$\overline{D}$の実軸方向の幅、虚軸方向の幅を順に半分半分にして勝ち組の領域を決めて閉領域の列$\{\overline{D_n}\}$を作り、閉区間バージョンと同じようにして証明できます。

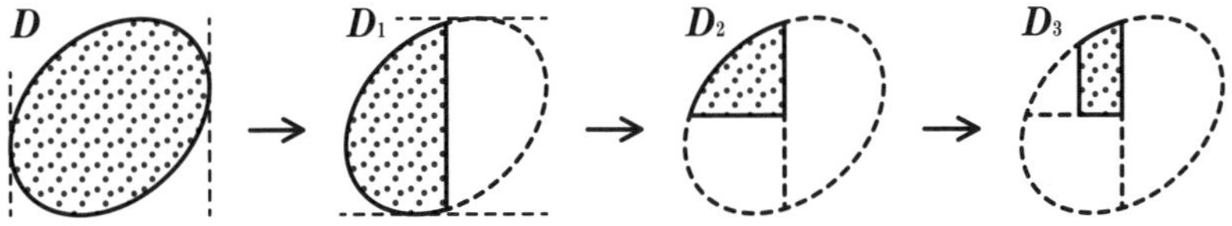

さて、複素関数$f(z)$が正則であれば連続ですから（定理3.08）、$\overline{D}$で正則な関数$f(z)$に対し、$|f(z)|$は$\overline{D}$を定義域、実数を値域として持つ連続関数になります。この定理により、$|f(z)|$は$\overline{D}$上で最大値・最小値が存在することになります。さらに、最大値に関してはC上で取ると主張しているのが次の定理です。

定理 4.19　最大値の原理

有界な領域Dがあり、$\overline{D}$（領域Dとその周C）で正則な関数$f(z)$がある。このとき、$|f(z)|$はC上で最大値を取る。

［証明］

$f(z)$が正則な関数なので、$f(z)$、$|f(z)|$は連続関数であり、定理4.22により、$|f(z)|$は$\overline{D}$上で最大値を持ちます。その最大値をMとおきます。

もしも、$|f(z)|$の最大値Mを取る点$z=a$がC上にないとしたらどうなるでしょうか。実はこのとき、$f(z)$は$\overline{D}$全体で定数関数となり、やはりC上で最大値をとるのです（定数関数の場合、どこでも最大値といえる）。このことを示せば証明は終わりです。

$z=a$が領域Dの内部にあると仮定します。

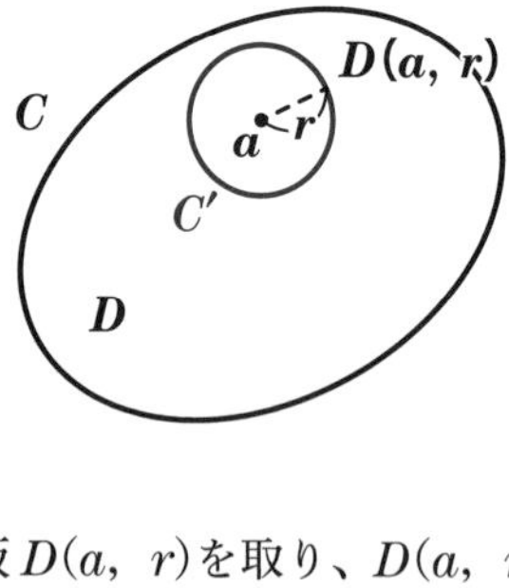

領域Dに含まれる円板$D(a,\ r)$を取り、$D(a,\ r)$の周C'でコーシーの積分定理を用いましょう。C'上で$|f(z)|\leqq M$が成り立ちますから

$$M=|f(a)|=\left|\frac{1}{2\pi i}\oint_{C'}\frac{f(z)}{z-a}dz\right|\underset{\text{①}}{\leqq}\frac{1}{2\pi}\oint_{C'}\frac{|f(z)|}{|z-a|}|dz|\underset{\text{②}}{\leqq}\frac{1}{2\pi}\cdot\frac{M}{r}(2\pi r)=M$$

これが成り立つためには、②の不等号は等号でなければならず、C'上で$|f(z)|=M$が成り立っていることになります。

つまり、C'上で定数関数になります。$D(a,\ r)$の半径rはこれ以下で任意に取ることができますから、$|f(z)|$は$D(a,\ r)$内全体で定数関数$|f(z)|=M$になります。

この式だけからは、$f(z)$は絶対値がMに決まっても偏角は決まりません。しかし、$f(z)$が正則であるという条件を用いると、$f(z)$は複素数の定数となります。このことを示してみましょう。

$z=x+yi$に対して、$f(z)=u(x,\ y)+iv(x,\ y)$とおきます。
$|f(z)|=M$から$u^2+v^2=M^2$であり、この式をx、yで微分すると、

$$\begin{cases} 2uu_x+2vv_x=0 \\ 2uu_y+2vv_y=0 \end{cases} \qquad \left(v_x=\frac{\partial u}{\partial x},\ \cdots \text{とする} \right)$$

コーシー・リーマンの関係式$u_x=v_y$、$u_y=-v_x$を用いて整理すると、

$$\begin{cases} uu_x+vv_x=0 \\ -uv_x+vu_x=0 \end{cases}$$

となります。Mの値で場合分けして考えましょう。

$M=0$のとき、$D(a,\ r)$内全体で$(u,\ v)=(0,\ 0)$となり確かに満たします。

$M\neq 0$のとき、$D(a,\ r)$の各点でu、vの少なくとも一方は0ではありません。上のu、vの連立1次方程式が$(u,\ v)=(0,\ 0)$以外の解を持つ条件は、${u_x}^2+{v_x}^2=0$です。

このとき、$u_x=v_y=0$、$v_x=-u_y=0$であり、u、vについてxの1階偏微分、yの1階偏微分がともに0になりますから、u、vは実数の定数、すなわち$f(z)$は複素数の定数になります。

Mの値によらず、$f(z)$は複素数の定数です。この定数をcとおきます。

$f(z)$は$\overline{D}$で正則で、$D(a,\ r)$内全体で$f(z)=c$ですから、定理4.16一致の定理により$\overline{D}$で$f(z)=c$となり、$|f(z)|$はC上で最大値を取ります。

［証明終わり］

ちなみに、最小値の方で証明できないのは、①の不等号の向きが変えられないからです。

第5章

ローラン展開と留数定理

1 ローラン展開

前の節までは主に複素数平面全体で正則な関数を扱ってきました。この節からは主に正則でない関数を扱います。正則でない関数といっても至るところ正則でない関数では流石に手に負えません。

$\dfrac{e^z}{z^2}$や$\dfrac{z}{(z-1)(z-2)}$のように、特異点（正則でない点）を持つような関数を扱います。

これらは全平面 $\mathbb{C}$ から、特異点を除いた領域では正則です。

$\dfrac{e^z}{z^2}$は、$z\neq 0$（$\mathbb{C}$ から $z=0$ を除いた領域）で正則

$\dfrac{z}{(z-1)(z-2)}$は、$z\neq 1$ かつ $z\neq 2$（$\mathbb{C}$ から $z=1$ と $z=2$ を除去した領域）で正則です。

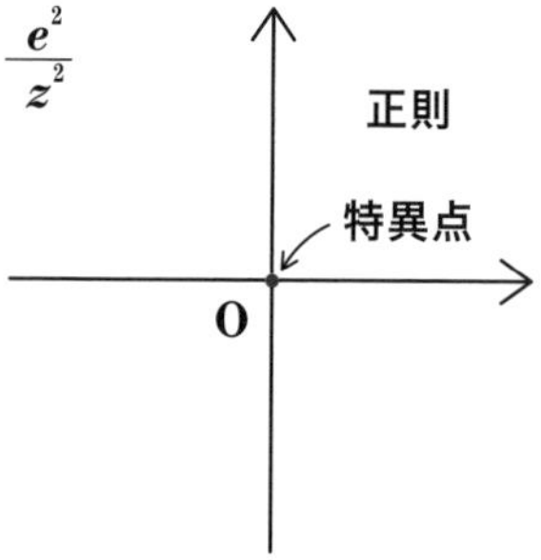

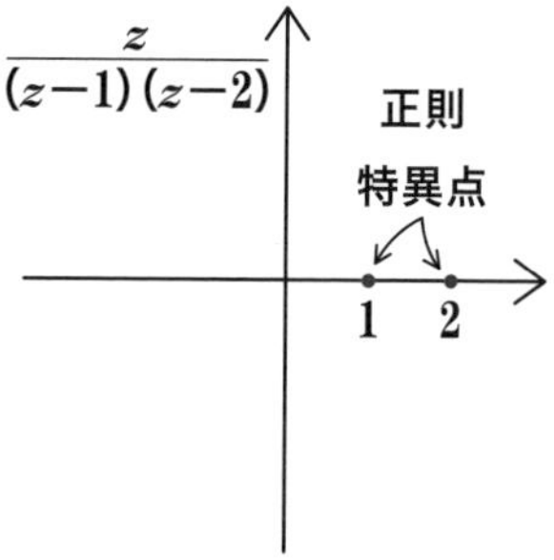

複素関数 $f(z)$ が $z=a$ で正則なとき、$f(z)$ は $z=a$ を中心としたテイラー展開をすることができました。テイラー展開とは、$(z-a)$ の多項式で $f(z)$ を表すことでした。

$$f(z)=c_0+c_1(z-a)+c_2(z-a)^2+c_3(z-a)^3+\cdots$$
$$=\sum_{k=0}^{\infty} c_k(z-a)^k$$

正則でないときはどうしたらよいでしょう。実は、$f(z)$ が $z=a$ で正則でないときでも、$z=a$ の周りで正則であれば、$(z-a)$ のマイナス乗の項をつけ足して、

$f(z)$を表すことができます。すなわち、

$$f(z)=\cdots+c_{-2}(z-a)^{-2}+c_{-1}(z-a)^{-1}+c_0+c_1(z-a)+c_2(z-a)^2+c_3(z-a)^3+\cdots \quad \cdots\cdots①$$

これを**ローラン展開**といいます。

最初になぜローラン展開を考えるのかということも説明しておきましょう。

コーシーの積分定理により、単連結な領域Dとその周Cで正則な関数は、Dの周Cで周回積分すると0になります。しかし、単連結な領域Dの中で、$z=a$以外では正則で、$z=a$で正則でない場合は、必ずしも周回積分が0にはなりません。周回積分が0でないこともあるのです。

例えば、定理4.12コーシーの積分公式や定理4.14グルサの定理です。

$$\oint_C \frac{f(z)}{z-a}dz=2\pi i\,f(a) \qquad \oint_C \frac{f(z)}{(z-a)^{n+1}}dz=\frac{2\pi i}{n!}f^{(n)}(a)$$

これらの周回積分の被積分関数は、$z=a$で正則でないことが分数の形からも明らかでした。それでは、このような分数の形をしていないけれど、$z=a$で正則でない関数$f(z)$を被積分関数にして周回積分するときはどう計算したらよいでしょうか。このときの手掛かりとなるのがローラン展開なのです。

定理4.06留数定理の原理では、

$$\oint_C \frac{1}{(z-a)^n}dz=\begin{cases}2\pi i & (n=1)\\ 0 & (n\neq 1)\end{cases}$$

という周回積分を計算しました。

これから分かるように、ローラン展開の式①を周回積分すると、右辺の$(z-a)^n$のうち$n=-1$以外ではすべて0であり、$n=-1$でだけ0でないものが残ります。

このように関数をローラン展開することの目的の一つは、$z=a$で正則でない関数$f(z)$の周回積分を求めることです。

$z=a$で正則でなく、$z=a$の周りで正則である場合から紹介しましたが、$z=a$を中心にした円環領域$D=\{z|r<|z-a|<R\}$で正則な関数は、Dでaを中心とするローラン展開が可能です。

開円板$D(a,\ R)$から$z=a$を除いた領域は、円環領域で$r=0$の場合に当たります。

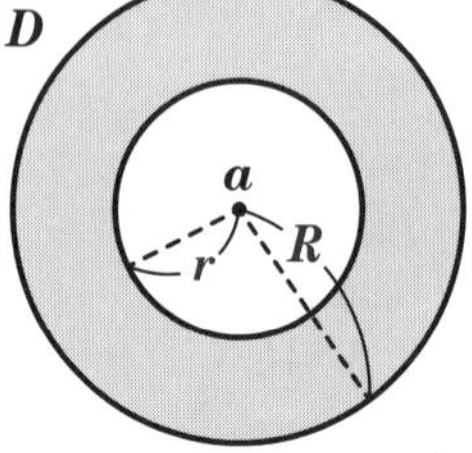

円環領域
$r<|z-a|<R$

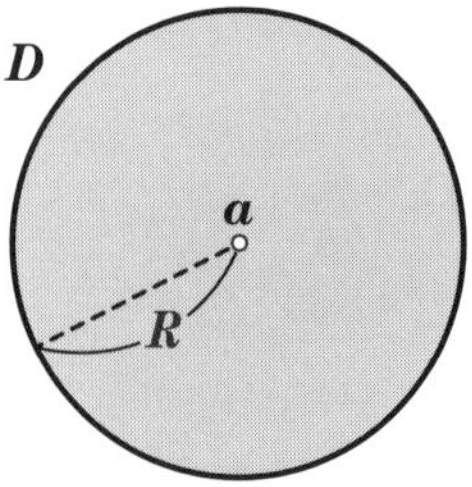

開円板 $D(a, R)$ から $z=a$ を除いた領域
$0<|z-a|<R$

定義 5.01　ローラン展開

円環領域 $D=\{z|r<|z-c|<R\}$ で正則な関数 $f(z)$ を

$$f(z)=\cdots+c_{-3}(z-a)^{-3}+c_{-2}(z-a)^{-2}+c_{-1}(z-a)^{-1}$$
$$+c_0+c_1(z-a)+c_2(z-a)^2+c_3(z-a)^3+\cdots$$
$$=\sum_{k=-\infty}^{\infty} c_k(z-a)^k$$

と展開することを、$z=a$ を中心とした $r<|z-a|<R$ でのローラン展開またはローラン級数展開という。

具体的な関数について、ローラン展開の例を見ていきましょう。次の問題に挙げた関数はどれも $z=0$ で正則でないだけで、$\mathbb{C}$ から $z=0$ を除いた領域では正則です。

ホップ

問題　ローラン展開　（別 p.40、p.44）

次の関数を $z=0$ を中心としてローラン展開せよ。

(1)　$\dfrac{e^z}{z^2}$

(2)　$\dfrac{\sin z}{z}$

(3)　$e^{\frac{1}{z}}$

この問題に挙げた関数はどれも $z\neq0$ では正則で、$z=0$ は特異点です。

そこで、$z=0$ の周りでローラン展開します。ローラン級数展開を求めるには、べき級数による定義式の形を用います。

(1) $$\frac{e^z}{z^2}=\frac{1}{z^2}\left(1+z+\frac{1}{2!}z^2+\frac{1}{3!}z^3+\cdots\right)$$

$$=\underset{\sim\sim\sim\sim}{\frac{1}{z^2}+\frac{1}{z}}+\frac{1}{2!}+\frac{1}{3!}z+\frac{1}{4!}z^2+\cdots\cdots=\sum_{k=-2}^{\infty}\frac{z^k}{(k+2)!}$$

z の負の数乗の部分（波線部）を**主要部**といいます。また、指数は -2 が最小なので、$\frac{e^z}{z^2}$ は $z=0$ で位数 2 の極を持つといいます。

(2) $$\frac{\sin z}{z}=\frac{1}{z}\left(z-\frac{1}{3!}z^3+\frac{1}{5!}z^5-\frac{1}{7!}z^7+\cdots\right)$$

$$=1-\frac{1}{3!}z^2+\frac{1}{5!}z^4-\frac{1}{7!}z^6+\cdots\cdots=\sum_{k=0}^{\infty}\frac{(-1)^k z^{2k}}{(2k+1)!}$$

このように $\frac{\sin z}{z}$ のローラン展開には z の負の数乗の部分はありません。

このようなとき、$z\to0$ のときの $\frac{\sin z}{z}$ の極限を考えると、ローラン展開の定数項の 1 になることが分かります。これは高校で学んだ、

$$\lim_{x\to0}\frac{\sin x}{x}=1$$

とも符合します。

$\frac{\sin z}{z}$ は $z=0$ で特異点を持ちますが、

$$f(z)=\begin{cases}\dfrac{\sin z}{z} & (z\neq0)\\[2ex] 1 & (z=0)\end{cases}$$

とすれば $f(z)$ は $\mathbb{C}$ 全体で正則になります。ですから、$\frac{\sin z}{z}$ の $z=0$ を除去できる特異点といいます。

(3)　$e^{\frac{1}{z}}=1+\left(\frac{1}{z}\right)+\frac{1}{2!}\left(\frac{1}{z}\right)^2+\frac{1}{3!}\left(\frac{1}{z}\right)^3+\frac{1}{4!}\left(\frac{1}{z}\right)^4+\cdots$

$$=1+\frac{1}{z}+\frac{1}{2!z^2}+\frac{1}{3!z^3}+\frac{1}{4!z^4}+\cdots\cdots=\sum_{k=-\infty}^{0}\frac{1}{(-k)!}z^k$$

このローラン展開の主要部は無限個の項が並びます。負の数乗は、いわば $-\infty$ 乗まであります。このようなとき、$z=0$ を真性特異点といいます。

この問題で出てきた3種類の特異点はすべて孤立特異点です。孤立でない特異点では、そもそも $0<|z-a|<R$ で $f(z)$ が正則となるように R を取ることはできません。

次で、孤立特異点の種類をまとめておきます。

定義 5.02　孤立特異点の種類

$0<|z-a|<R$ で正則な（$z=a$ では必ずしも正則でない）関数 $f(z)$ が、

$$f(z)=\cdots+c_{-3}(z-a)^{-3}+c_{-2}(z-a)^{-2}+c_{-1}(z-a)^{-1}$$
$$+c_0+c_1(z-a)+c_2(z-a)^2+c_3(z-a)^3+\cdots$$
$$=\sum_{k=-\infty}^{\infty}c_k(z-a)^k$$

とローラン展開されているとき、波線部（$(z-a)$の負の数乗の部分）を主要部または特異部という。主要部の形によって以下の3通りに分かれる。

(i)　主要部がないとき、$f(a)$の値を c_0 に定義しなおすと、$f(z)$ は $z=a$ で正則になり、ローラン展開はテイラー展開（$|z-a|<R$）になる。$z=a$ は除去できる特異点である。

(ii)　正の整数 m に対して、$c_k=0(k<-m)$、$c_k\neq 0(k=-m)$ となるとき、$f(z)$ は $z=a$ で位数 m の極（または m 位の極）を持つという。

(iii)　$c_k\neq 0$、$k<0$ となる k が無数にあるとき、$z=a$ は $f(z)$ の真性特異点という。

前の問題ではたまたま、$\mathbb{C}$ から $z=0$ を除いた領域全体で正則な関数ばかりを集めていました。穴のつぶれた領域 $0<|z-a|<R$ だけではなく、穴のある円環領域 $0<r<|z-a|<R$ でのローラン展開も紹介しましょう。

次の問題では、特異点が2つある関数を取り上げて、ローラン展開ができる領域について考察します。特異点が2つある場合（A、Bとする）は、特異点Aの周りではローラン展開できても、もう一方の特異点（B）ではそのローラン展開の式は値を持たないはずです。$\mathbb{C}$ からAを除去した領域のすべてでローラン展開できるわけではありません。ローラン展開ができる領域が問題になってきます。

ホップ

問題　ローラン展開　（別 p.44）

次の関数 $f(z)$ を、(1)～(4)の要領でローラン展開せよ。

$$f(z)=\frac{1}{z(1-z)}=\frac{1}{z}+\frac{1}{1-z}$$

(1)　$z=0$ を中心に、$0<|z|<1$ の領域

(2)　$z=0$ を中心に、$1<|z|$ の領域

(3)　$z=-1$ を中心に、$1<|z+1|<2$ の領域

(4)　$z=2i$ を中心に、$2<|z-2i|<\sqrt{5}$ の領域

どれもローラン展開する領域はドーナツ型になっています（(1)のドーナツの穴は1点ですが）。展開の中心を定め、それを中心にして同心円でドーナツを作るとすると、特異点と特異点のすき間をドーナツの実が通るような図になります。

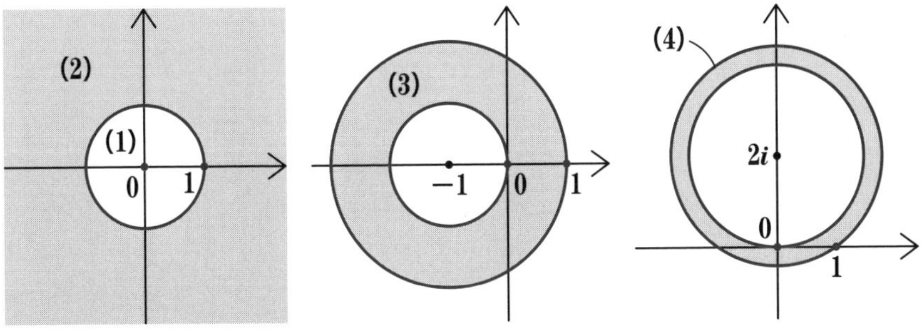

この問題のような分数関数のローラン展開をするには、等比数列の和の公式が役に立ちます。確認しておきます。

定理 5.03　等比数列の和

$|z|<1$ のとき、

$$\frac{1}{1-z}=1+z+z^2+z^3+\cdots \qquad \frac{1}{1+z}=1-z+z^2-z^3+\cdots$$

(1)　$0<|z|<1$ のとき、$\dfrac{1}{1-z}$ は等比数列の和の公式を用いてべき級数展開します。

$$f(z)=\frac{1}{z}+\frac{1}{1-z}$$

$$=\frac{1}{z}+1+z+z^2+z^3+\cdots$$

$0<|z|<1$ の範囲で収束しますから、$f(z)$ を $z=0$ を中心に、$0<|z|<1$ の範囲でローラン展開したことになります。

(2)　$|z|>1$ のとき、$\dfrac{1}{|z|}<1$ となりますから、$\dfrac{1}{z}$ が等比数列の和の公式の公比になるように変形します。

$$f(z)=\frac{1}{z}+\frac{1}{1-z}=\frac{1}{z}-\frac{1}{z\left(1-\dfrac{1}{z}\right)}$$

$$=\frac{1}{z}-\frac{1}{z}\left(1+\frac{1}{z}+\frac{1}{z^2}+\frac{1}{z^3}+\cdots\right)$$

$$=-\frac{1}{z^2}-\frac{1}{z^3}-\frac{1}{z^4}-\cdots\cdots$$

$f(z)$ を $z=0$ を中心に、$|z|>1$ の範囲でローラン展開したことになります。

(3)　$f(z)=\dfrac{1}{z}+\dfrac{1}{1-z}$

$$=\frac{1}{(z+1)-1}+\frac{1}{2-(z+1)}$$ （$z+1$ を括り出すように変形）

$$=\frac{1}{(z+1)\left(1-\dfrac{1}{z+1}\right)}+\frac{1}{2\left(1-\dfrac{z+1}{2}\right)}$$ （等比数列の和の公式が使えるように変形）

$1<|z+1|<2$ のとき、

$$\left|\frac{1}{z+1}\right|<1 \qquad \left|\frac{z+1}{2}\right|<1$$

ですから、等比数列の和の公式を用いることができて、

$$=\frac{1}{z+1}\left(1+\frac{1}{z+1}+\frac{1}{(z+1)^2}+\cdots\cdots\right)+\frac{1}{2}\left(1+\frac{z+1}{2}+\left(\frac{z+1}{2}\right)^2+\cdots\cdots\right)$$

$$=\cdots+\frac{1}{(z+1)^2}+\frac{1}{z+1}+\frac{1}{2}+\frac{1}{2^2}(z+1)+\frac{1}{2^3}(z+1)^2+\cdots$$

$f(z)$ を $z=-1$ を中心に、$1<|z+1|<2$ の範囲でローラン展開したことになります。

(4)　(3)では中心を実軸上に持ってきましたが、そうでなくとも構いません。

$$f(z)=\frac{1}{z}+\frac{1}{1-z}$$

$$=\frac{1}{(z-2i)+2i}+\frac{1}{1-2i-(z-2i)}$$ （$z-2i$ を括り出すように変形）

$$=\frac{1}{(z-2i)\left(1+\dfrac{2i}{z-2i}\right)}+\frac{1}{(1-2i)\left(1-\dfrac{z-2i}{1-2i}\right)}$$ （等比数列の和の公式が使えるように変形）

$2<|z-2i|<\sqrt{5}$ のとき、

$$\left|\frac{2i}{z-2i}\right|=\frac{2}{|z-2i|}<1 \qquad \left|\frac{z-2i}{1-2i}\right|=\frac{|z-2i|}{|1-2i|}=\frac{|z-2i|}{\sqrt{5}}<1$$

ですから、等比数列の和の公式を用いることができて、

$$=\frac{1}{z-2i}\left(1-\frac{2i}{z-2i}+\left(\frac{2i}{z-2i}\right)^2+\cdots\cdots\right)$$

$$+\frac{1}{1-2i}\left(1+\frac{z-2i}{1-2i}+\left(\frac{z-2i}{1-2i}\right)^2+\cdots\cdots\right)$$

$$=\cdots+\frac{(2i)^2}{(z-2i)^3}-\frac{2i}{(z-2i)^2}+\frac{1}{z-2i}+\frac{1}{1-2i}+\frac{z-2i}{(1-2i)^2}+\frac{(z-2i)^2}{(1-2i)^3}+\cdots$$

$f(z)$を $z=2i$ を中心に、$2<|z-2i|<\sqrt{5}$ の範囲でローラン展開したことになります。

上で挙げた例はどれも、等比数列の和の公式を用いてローラン展開をすることができるいかにもな式でした。一般の関数でもローラン展開ができるでしょうか。

実は、ドーナツ型の領域で正則な関数はローラン展開できます。ですから、特異点が下図の A(a)、B(b)だけであるような関数 $f(z)$を、O(c)を中心としてローラン展開するときは、

（ア）　$0<|z-c|<|a-c|$

（イ）　$|a-c|<|z-c|<|b-c|$

（ウ）　$|b-c|<|z-c|$

の 3 つの領域が考えられるわけです。上の問題から分かるように、ローラン展開の中心が同じであっても、関数を展開する領域が異なれば、ローラン展開は異なる形になります。なお、孤立特異点の分類のときは（ア）の形の領域でローラン展開したときの主要部を見ます。

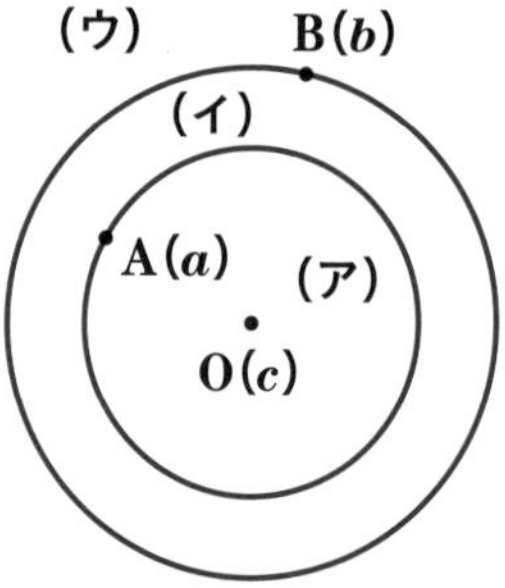

ドーナツ型の領域で正則な関数がローラン展開できることを主張するのが次の式です。証明はごつい式が出てくるので後で読んでもかまいません。証明には上の問題のテクニックが使われています。

定理 5.04　ローラン展開

領域 $D: r<|z-a|<R$ で正則な関数 $f(z)$ は、領域 D でローラン展開できる。

すなわち、D 上で $f(z)$ を

$$f(z)=\sum_{n=1}^{\infty}\frac{b_n}{(z-a)^n}+\sum_{n=0}^{\infty}c_n(z-a)^n$$

$$b_n=\frac{1}{2\pi i}\oint_C f(\zeta)(\zeta-a)^{n-1}d\zeta \qquad c_n=\frac{1}{2\pi i}\oint_C \frac{f(\zeta)}{(\zeta-a)^{n+1}}d\zeta$$

と表すことができる。C は領域 D の中の閉曲線で $z=a$ を反時計回りに1周する。

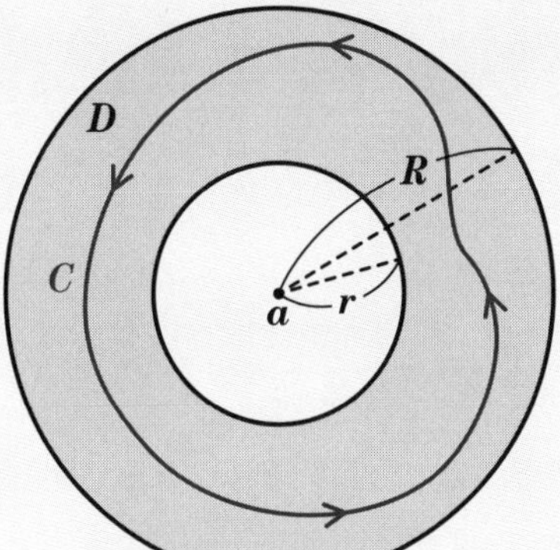

［証明］　領域 D 内に z を取り、右図のように二重連結である領域 D から内円と外円を結ぶ線分を取り除いて単連結な領域 D' を作ります。

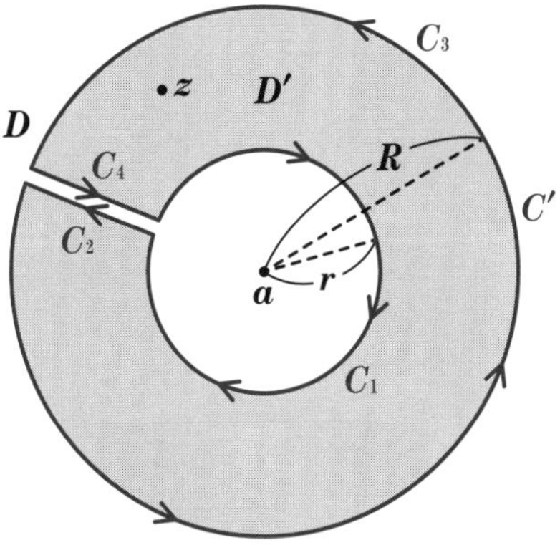

この領域 D' の周 C' に関してコーシーの積分公式を適用します。

$$f(z)=\frac{1}{2\pi i}\oint_{C'}\frac{f(\zeta)}{\zeta-z}d\zeta$$

C' は C_1(内側)$+C_2+C_3$(外側)$+C_4$ と曲線の和で表すことができ、C_2 と C_4 は向きが反対で打ち消し合います。

$$\begin{aligned}f(z)&=\frac{1}{2\pi i}\oint_{C'}\frac{f(\zeta)}{\zeta-z}d\zeta\\&=\frac{1}{2\pi i}\oint_{C_1}\frac{f(\zeta)}{\zeta-z}d\zeta+\frac{1}{2\pi i}\oint_{C_3}\frac{f(\zeta)}{\zeta-z}d\zeta\qquad\cdots\cdots①\end{aligned}$$

ここで、$\dfrac{1}{\zeta-z}$ の式変形で問題を解いた経験が生かされます。

$z-a$ を括り出した後、

$$C_1 \text{ の方では、}\frac{\zeta-a}{z-a}\qquad C_3 \text{ の方では、}\frac{z-a}{\zeta-a}$$

を括り出します。というのも、

$$C_1 \text{ 上の } \zeta \text{ では、}\frac{|\zeta-a|}{|z-a|}=\frac{r}{|z-a|}<1\qquad C_3 \text{ 上の } \zeta \text{ では、}\frac{|z-a|}{|\zeta-a|}=\frac{|z-a|}{R}<1$$

が成り立ち、等比級数の和の公式を使うことができるからです。

C_1 上の ζ に対して、

$$\begin{aligned}\frac{1}{\zeta-z}&=\frac{1}{(\zeta-a)-(z-a)}=\frac{1}{(z-a)\left(\dfrac{\zeta-a}{z-a}-1\right)}=-\frac{1}{(z-a)\left(1-\dfrac{\zeta-a}{z-a}\right)}\\&=-\frac{1}{(z-a)}\left(1+\frac{\zeta-a}{z-a}+\left(\frac{\zeta-a}{z-a}\right)^2+\cdots\right)\\&=-\frac{1}{(z-a)}-\frac{\zeta-a}{(z-a)^2}-\frac{(\zeta-a)^2}{(z-a)^3}-\cdots\\&=-\sum_{n=1}^{\infty}\frac{(\zeta-a)^{n-1}}{(z-a)^n}\end{aligned}$$

と変形し、これを用いて第1項は、

$$\frac{1}{2\pi i}\oint_{C_1}\frac{f(\zeta)}{\zeta-z}d\zeta=\frac{1}{2\pi i}\oint_{C_1}f(\zeta)\left(-\sum_{n=1}^{\infty}\frac{(\zeta-a)^{n-1}}{(z-a)^n}\right)d\zeta$$

$\int$ と Σ の交換（項別積分）を用いています。p.202 参照

$$=-\sum_{n=1}^{\infty}\left(\frac{1}{2\pi i}\oint_{C_1}f(\zeta)(\zeta-a)^{n-1}d\zeta\right)\frac{1}{(z-a)^n}\quad\cdots\cdots②$$

また、C_3 上の ζ に対して、

$$\frac{1}{\zeta-z}=\frac{1}{(\zeta-a)-(z-a)}=\frac{1}{(\zeta-a)\left(1-\dfrac{z-a}{\zeta-a}\right)}$$

$$=\frac{1}{(\zeta-a)}\left(1+\frac{z-a}{\zeta-a}+\left(\frac{z-a}{\zeta-a}\right)^2+\cdots\right)$$

$$=\frac{1}{(\zeta-a)}+\frac{z-a}{(\zeta-a)^2}+\frac{(z-a)^2}{(\zeta-a)^3}+\cdots$$

$$=\sum_{n=1}^{\infty}\frac{(z-a)^{n-1}}{(\zeta-a)^n}$$

と変形すると、これを用いて第 2 項は、

$$\frac{1}{2\pi i}\oint_{C_3}\frac{f(\zeta)}{\zeta-z}d\zeta=\frac{1}{2\pi i}\oint_{C_3}f(\zeta)\left(\sum_{n=1}^{\infty}\frac{(z-a)^{n-1}}{(\zeta-a)^n}\right)d\zeta$$

$$=\sum_{n=1}^{\infty}\left(\frac{1}{2\pi i}\oint_{C_3}\frac{f(\zeta)}{(\zeta-a)^n}d\zeta\right)(z-a)^{n-1}\quad\cdots\cdots③$$

$\int$ と Σ の交換（項別積分）を用いています。p.202 参照

となります。①、②、③をまとめると、

$$f(z)=-\sum_{n=1}^{\infty}\left(\frac{1}{2\pi i}\oint_{C_1}f(\zeta)(\zeta-a)^{n-1}d\zeta\right)\frac{1}{(z-a)^n}$$

$$+\sum_{n=1}^{\infty}\left(\frac{1}{2\pi i}\oint_{C_3}\frac{f(\zeta)}{(\zeta-a)^n}d\zeta\right)(z-a)^{n-1}$$

となります。

領域 D 内で $f(\zeta)(\zeta-a)^{n-1}$ および $\dfrac{f(\zeta)}{(\zeta-a)^n}$ $(n\geqq 1)$ が正則であり、$-C_1$、C_3 は D 内で変形させて C にできますから、$-C_1$、C_3 の代わりに C を用いて周回積分しても同じになります（C の向きと C_1 の向きが異なることに注意）。よって、

$$f(z)=\sum_{n=1}^{\infty}\left(\frac{1}{2\pi i}\oint_{C}f(\zeta)(\zeta-a)^{n-1}d\zeta\right)\frac{1}{(z-a)^n}$$

$$+\sum_{n=1}^{\infty}\left(\frac{1}{2\pi i}\oint_{C}\frac{f(\zeta)}{(\zeta-a)^n}d\zeta\right)(z-a)^{n-1}$$

$$=\sum_{n=1}^{\infty}\left(\frac{1}{2\pi i}\oint_C f(\zeta)(\zeta-a)^{n-1}d\zeta\right)\frac{1}{(z-a)^n}$$

$$+\sum_{n=0}^{\infty}\left(\frac{1}{2\pi i}\oint_C \frac{f(\zeta)}{(\zeta-a)^{n+1}}d\zeta\right)(z-a)^n$$

ここで、

$$b_n=\frac{1}{2\pi i}\oint_C f(\zeta)(\zeta-a)^{n-1}d\zeta \qquad c_n=\frac{1}{2\pi i}\oint_C \frac{f(\zeta)}{(\zeta-a)^{n+1}}d\zeta$$

とおけば、

$$f(z)=\sum_{n=1}^{\infty}\frac{b_n}{(z-a)^n}+\sum_{n=0}^{\infty}c_n(z-a)^n$$

とローラン展開できることになります。　　［証明終わり］

ここで対数関数のローラン展開についてコメントしておきます。

$f(z)=\mathrm{Log}z$ は $z=0$ 以外では正則ですからローラン展開できそうですが、$\mathrm{Log}z$ は実軸の 0 以下の部分［$\mathrm{Re}z \leqq 0$ かつ $\mathrm{Im}z=0$］以外では正則であり、一価かつ連続ですが、$0<|z|$ では一価かつ連続ではありません。ですから、$f(z)=\mathrm{Log}z$ は $z=0$ でローラン展開をすることはできません。

しかし、$f(z)=\mathrm{Log}(1+z)$ であれば、$|z|<1$ で一価かつ連続ですから、$z=0$ を中心にしてテイラー展開（マクローリン展開）することができ、

$$\mathrm{Log}(1+z)=z-\frac{1}{2}z^2+\frac{1}{3}z^3-\cdots+\frac{(-1)^{n-1}}{n}z^n+\cdots \qquad (|z|<1)$$

となります（p.93 の x を z にした式になる）。

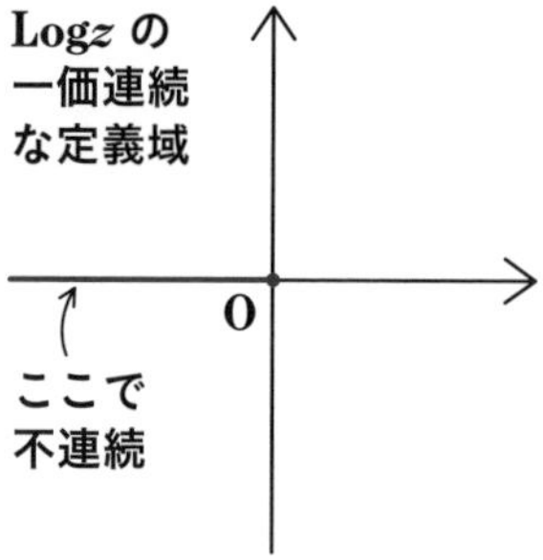

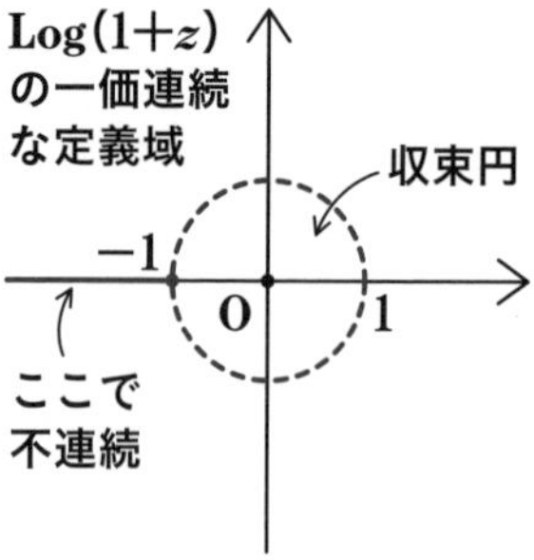

2 留数定理

さて、前節の最後の定理で、領域D：$r<|z-a|<R$で正則な関数$f(z)$はローラン展開表示を持つことが示されました。

ローラン展開の節の初めに述べたことを思い出してほしいと思います。ローラン展開の動機の１つは、関数$f(z)$の周回積分の値を計算することでした。

関数$f(x)$が、

$$f(z)=\sum_{n=1}^{\infty}\frac{b_n}{(z-a)^n}+\sum_{n=0}^{\infty}c_n(z-a)^n$$

とローラン展開されているとします。$D(r,\ a)$の中の特異点がaのみであるようにrを選び、$D(r,\ a)$の周の曲線をCとします。

$$\oint_C \frac{1}{(z-a)^n}dz=\begin{cases}2\pi i & (n=1)\\ 0 & (n\neq 1)\end{cases}$$

ですから、

$$\oint_C f(z)dz=\sum_{n=1}^{\infty}\oint_C \frac{b_n}{(z-a)^n}dz+\sum_{n=0}^{\infty}\oint_C c_n(z-a)^n dz$$

$\int$と$\sum$の交換（項別積分）を用いています。p.202 参照

$$=2\pi i b_1$$

となります。b_1、すなわち$f(z)$のローラン展開の -1 乗の係数を**留数**といいます。

周回積分したとき 0 にならず留《とど》まる係数はこれだけだからです。

$z=a$ で正則な関数の場合は、そもそも主要部がありませんから、-1 乗の項はなく留数は 0 になります。これはコーシーの積分定理ですね。

定義 5.05　留数

$f(z)$の $z=a$ を中心とするローラン展開の -1 乗の係数を $z=a$ での留数（residue）という。

$z=a$ での留数を，

$$\operatorname*{Res}_{z=a} f(z) \text{ または } \mathrm{Res}(f(z),\ a)$$

と表す。

これを用いて周回積分を表すと次のようになります。

定理 5.06　留数定理（1 点回り）

$0<|z-a|\leqq r$ で正則な関数 $f(z)$ を $D(a,\ r)$ の周 C（反時計回り）で周回積分すると、

$$\oint_C f(z)dz=2\pi i \operatorname*{Res}_{z=a} f(z)$$

さっそく、留数を前面に出して周回積分をしていきましょう。

問題　ローラン展開を用いて周回積分

次の周回積分を計算せよ。ただし、積分経路は反時計回りにとるものとする。

(1)　$\displaystyle\oint_C \frac{\cos z}{z}dz$　　　$C:|z|=1$

(2)　$\displaystyle\oint_C \frac{1}{z^2e^z}dz$　　　$C:|z|=1$

C：$|z|=1$ は $D(0,\ 1)$ の周です。(1) も (2) も特異点は $z=0$ だけですから、$0<|z|<1$ でローラン展開できます。$z=0$ を中心にして被積分関数のローラン展開をして、z の -1 乗の係数を調べます。

(1)　$$\frac{\cos z}{z}=\frac{1}{z}\left(1-\frac{1}{2!}z^2+\frac{1}{4!}z^4-\cdots\cdots\right)$$

$$=\frac{1}{z}-\frac{1}{2!}z+\frac{1}{4!}z^3-\cdots\cdots$$

$f(z)=\dfrac{\cos z}{z}$ とおくと、z の -1 乗の係数は 1 なので、$\displaystyle\operatorname*{Res}_{z=0} f(z)=1$

$$\oint_C \frac{\cos z}{z}dz=2\pi i \operatorname*{Res}_{z=0} f(z)=2\pi i$$

(2) $\dfrac{1}{z^2e^z}=\dfrac{e^{-z}}{z^2}=\dfrac{1}{z^2}\left(1+(-z)+\dfrac{1}{2!}(-z)^2+\dfrac{1}{3!}(-z)^3+\dfrac{1}{4!}(-z)^4+\cdots\right)$

$$=\frac{1}{z^2}-\frac{1}{z}+\frac{1}{2!}-\frac{1}{3!}z+\frac{1}{4!}z^2-\cdots\cdots$$

$f(z)=\dfrac{1}{z^2e^z}$とおくと、z の -1 乗の係数は -1 なので、$\operatorname*{Res}_{z=0}f(z)=-1$

任意の z に対して $e^z\neq 0$ なので、$\dfrac{1}{z^2e^z}$は $z=0$ で 2 位の極を持ち、これ以外に特異点はありません。よって、周回積分は、

$$\oint_C \frac{1}{z^2e^z}dz=2\pi i\operatorname*{Res}_{z=0}f(z)=2\pi i(-1)=-2\pi i$$

(1) は留数定理で計算しましたが、コーシーの積分公式でも解けますね。

$$\oint_C \frac{\cos z}{z}dz=2\pi i\left(\frac{1}{2\pi i}\oint_C \frac{\cos z}{z-0}dz\right) \qquad \frac{1}{2\pi i}\oint_C \frac{f(z)}{z-a}dz=f(a)$$

$$=2\pi i\cos 0=2\pi i$$

(2) はコーシーの積分公式ではうまく計算できません。

$$\oint_C \frac{1}{z^2e^z}dz=2\pi i\left(\frac{1}{2\pi i}\oint_C \frac{z^{-1}e^{-z}}{z-0}dz\right)$$

となりますが、$z^{-1}e^{-z}$ に $z=0$ を代入すると値を持ちません。すなわち特異点ですから、$z^{-1}e^{-z}$ は $z=0$ で正則ではなくコーシーの積分公式では積分の値を求めることができません。しかし、定理 4.14 グルサの定理を用いると留数定理を用いずとも計算できます。

$$f^{(n)}(a)=\frac{n!}{2\pi i}\oint_C \frac{f(z)}{(z-a)^{n+1}}dz \quad \text{より、} \quad \oint_C \frac{f(z)}{(z-a)^{n+1}}dz=\frac{2\pi i}{n!}f^{(n)}(a)$$

としておきます。この式で、$f(z)=e^{-z}$、$n=1$、$a=0$ として、

$$\oint_C \frac{1}{z^2e^z}dz=\frac{2\pi i}{1!}\frac{d}{dz}(e^{-z})\Big|_{z=0}=-2\pi i$$

上の問題では周回積分を求めるのにローラン展開を用いましたが、周回積分の値を求めるにはローラン展開の -1 乗の係数しか用いません。そこで、ローラン

展開の -1 乗の係数を取り出す計算法をまとめておきましょう。

(i)　$z=a$ が1位の極の場合

$z=a$ を中心とするローラン展開は、

$$f(z)=\frac{b_1}{z-a}+\sum_{n=0}^{\infty}c_n(z-a)^n \qquad (b_1\neq 0)$$

となります。このときは、$z-a$ を掛けて、

$$(z-a)f(z)=b_1+\sum_{n=0}^{\infty}c_n(z-a)^{n+1}$$

ここで $z\to a$ とすれば、右辺は b_1 に収束します。　lim と $\sum$ の交換を用いています。

つまり、$z=a$ が1位の極の場合は、

$$\operatorname*{Res}_{z=a}f(z)=\lim_{z\to a}(z-a)f(z)$$

(ii)　$z=a$ が2以上の位数の極の場合

$z=a$ が3位の極の場合で示しましょう。

$z=a$ でのローラン展開は、

$$f(z)=\frac{b_3}{(z-a)^3}+\frac{b_2}{(z-a)^2}+\frac{b_1}{z-a}+\sum_{n=0}^{\infty}c_n(z-a)^n \qquad (b_3\neq 0)$$

となります。この場合は、$(z-a)f(z)$ の $z\to a$ での極限を取ろうとしても、$(z-a)$ のマイナス乗の項が残るので1位の極と同じ方法ではうまく行きません。マイナス乗の項が残らないようにいったん $(z-a)^3$ を掛けてマイナス乗の項がない形にしてしまいましょう。

$$(z-a)^3f(z)=b_3+b_2(z-a)+b_1(z-a)^2+\sum_{n=0}^{\infty}c_n(z-a)^{n+3}$$

両辺を1回微分して、

$$\frac{d}{dz}\left\{(z-a)^3f(z)\right\}=b_2+2b_1(z-a)+\sum_{n=0}^{\infty}(n+3)c_n(z-a)^{n+2}$$

定理3.12 項別微分を用いています。

もう1回微分して、

$$\frac{d^2}{dz^2}\left\{(z-a)^3f(z)\right\}=2b_1+\sum_{n=0}^{\infty}(n+3)(n+2)c_n(z-a)^{n+1}$$

ここで $z\to a$ とすれば、右辺は $2b_1$ に近づきます。ですから、留数 b_1 は、

$$\operatorname*{Res}_{z=a} f(z) = \lim_{z \to a} \frac{1}{2} \frac{d^2}{dz^2} \left\{ (z-a)^3 f(z) \right\}$$

と求まります。

同様に n 位の極の場合を考えてみましょう。

$z=a$ を中心とするローラン展開は、

$$f(z) = \frac{b_n}{(z-a)^n} + \frac{b_{n-1}}{(z-a)^{n-1}} + \cdots + \frac{b_1}{z-a} + \sum_{k=0}^{\infty} c_k (z-a)^k \qquad (b_n \neq 0)$$

これに $(z-a)^n$ を掛けます。

$$(z-a)^n f(z) = b_n + b_{n-1}(z-a) + \cdots + b_1 (z-a)^{n-1} + \sum_{k=0}^{\infty} c_k (z-a)^{n+k}$$

これを $n-1$ 回微分します。

項 $b_1(z-a)^{n-1}$ が微分されていく様子は、

$$b_1(z-a)^{n-1} \xrightarrow{\text{微分}} (n-1)b_1(z-a)^{n-2} \xrightarrow{\text{微分}} (n-1)(n-2)b_1(z-a)^{n-3}$$
$$\xrightarrow{\text{微分}} (n-1)(n-2)(n-3)b_1(z-a)^{n-4} \xrightarrow{\text{微分}} \cdots\cdots \xrightarrow{\text{微分}} (n-1)!b_1$$

ですから、

$$\lim_{z \to a} \frac{d^{n-1}}{dz^{n-1}} \left\{ (z-a)^n f(z) \right\} = (n-1)!b_1$$

となります。留数 b_1 は、

$$\operatorname*{Res}_{z=a} f(z) = \lim_{z \to a} \frac{1}{(n-1)!} \frac{d^{n-1}}{dz^{n-1}} \left\{ (z-a)^n f(z) \right\} \quad \cdots\cdots①$$

と求めることができます。

この式の右辺の極限をとる関数は、$n=1$ のとき、

$$\frac{1}{(1-1)!} \frac{d^{1-1}}{dz^{1-1}} \left\{ (z-a)^1 f(z) \right\} = (z-a) f(z)$$

となりますから、$z=a$ が1位の極の場合も含めて①で表すことができます。しかし、敢えて分けてまとめておきましょう。

試験前には覚えておいた方がよいでしょうが、ローラン展開の -1 乗の係数を取り出す操作から復元できれば覚える必要もないでしょう。

公式 5.07　留数の計算法

(i)　$z=a$ が1位の極のとき

$$\operatorname*{Res}_{z=a} f(z)=\lim_{z\to a}(z-a)f(z)$$

(ii)　$z=a$ が n 位 $(n\geqq 2)$ の極のとき

$$\operatorname*{Res}_{z=a} f(z)=\lim_{z\to a}\frac{1}{(n-1)!}\frac{d^{n-1}}{dz^{n-1}}\left\{(z-a)^n f(z)\right\}$$

ローラン展開を用いて求めましたが、この式は実質、定理 4.12 コーシーの積分公式、定理 4.14 グルサの定理です。

実際、正則な関数 $g(z)$ と $z=a$ のまわりの小さい周 C に関して、

$$\oint_C \frac{g(z)}{z-a}dz=2\pi i g(a) \qquad \oint_C \frac{g(z)}{(z-a)^n}dz=\frac{2\pi i}{(n-1)!}g^{(n-1)}(a)\ (n\geqq 2)$$

（コーシーの積分公式）　　（グルサの定理）

が成り立ちます。

第1式は $\dfrac{g(z)}{z-a}$ の $z=a$ での留数を、第2式は $\dfrac{g(z)}{(z-a)^n}$ の $z=a$ での留数を求めています。

ですから、それぞれ $f(z)=\dfrac{g(z)}{z-a}$、$f(z)=\dfrac{g(z)}{(z-a)^n}$ とおいて、コーシーの積分公式、グルサの定理を $f(z)$ で書き換えれば公式 5.07 留数の計算法になります。

定理 5.06 の留数定理では、周回積分の C が囲む領域の中には特異点が1個でした。C を一般の閉曲線にとると次のような定理になります。

定理 5.08　留数定理（一般の閉曲線の場合）

領域 D の内部には関数 $f(z)$ が正則でない点 a_1、a_2、…、a_n がある。$f(z)$ は $\overline{D}$ の a_1、a_2、…、a_n 以外の点では正則である。C を領域 D の周（反時計回り）とすると、

$$\oint_C f(z)dz = 2\pi i \sum_{k=1}^{n} \mathrm{Res}(f(z),\ a_k)$$

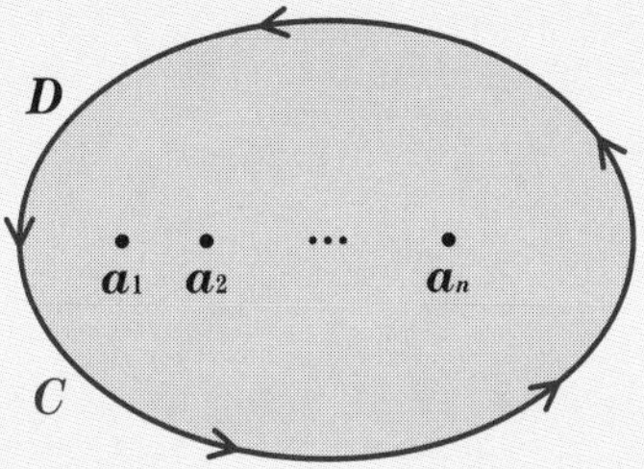

［証明］ r を十分小さく取り、$D(a_1,\ r)$、$D(a_2,\ r)$、…、$D(a_n,\ r)$ が D に含まれ、互いに交わらないようにします。$D(a_1,\ r)$、$D(a_2,\ r)$、…、$D(a_n,\ r)$ の周を C_1、C_2、…、C_n とおきます。

定理 4.09 コーシーの積分定理（多重連結バージョン）を用いると、積分経路 C は、n 個の C_1、C_2、…、C_n で置き換えることができます。

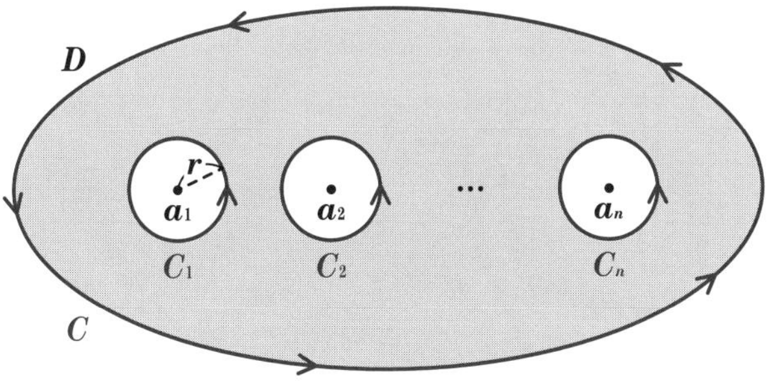

よって、

$$\oint_C f(z)dz = \sum_{k=1}^{n} \oint_{C_k} f(z)dz = 2\pi i \sum_{k=1}^{n} \mathrm{Res}(f(z),\ a_k)$$

［証明終わり］

留数定理を用いる練習をする前に、極の位数の求め方から確認しておきます。演習問題を解くときは、ローラン展開をしないでも式の形から極の位数を知ることができるようにしておきましょう。

例えば、$\dfrac{\cos z}{z^2(z^2+4)^3}$の極は、これの分母を因数分解した形、

$$\frac{\cos z}{z^2(z+2i)^3(z-2i)^3}$$

から 0、$-2i$、$2i$ の 3 点です。それぞれの極の位数は、z、$z+2i$、$z-2i$ の指数を読んで、2、3、3 となります。この根拠となる事実は次の定理です。

定理 5.09　極の位数

$f(z)$を $z=c$ で正則な関数で$f(c)\neq 0$ を満たすものとする。このとき、関数

$$\frac{f(z)}{(z-c)^n}$$

は、$z=c$ で位数 n の極を持つ。

［証明］

$f(z)$を $z=c$ を中心にテイラー展開すると、

$$f(z)=a_0+a_1(z-c)+a_2(z-c)^2+\cdots+a_k(z-c)^k+\cdots \qquad (a_0\neq 0)$$

となりますから、$\dfrac{f(z)}{(z-c)^n}$のローラン展開は、

$$\frac{f(z)}{(z-c)^n}=\frac{a_0}{(z-c)^n}+\frac{a_1}{(z-c)^{n-1}}+\frac{a_2}{(z-c)^{n-2}}+\cdots+\frac{a_k}{(z-c)^{n-k}}+\cdots \qquad (a_0\neq 0)$$

となります。これより、$z=c$ で位数 n の極を持つことが分かります。

［証明終わり］

留数定理を周回積分に応用する問題を解きましょう。

ホップ

問題　留数定理（別 p.48）

次の周回積分を計算せよ。ただし、積分経路は反時計回りにとるものとする。

(1)　$\displaystyle\oint_C \frac{1}{z^3(z^2+1)}dz$　　　$C:|z-1+i|=2$

(2)　$\displaystyle\oint_C \frac{e^z}{z^2(z^2-1)}dz$　　　$C:|z+1|=\sqrt{2}$

ここでは、留数の計算には、ローラン展開を用いるのではなく、公式 5.07 留数の計算法を用いていきます。

(1)　$f(z)=\dfrac{1}{z^3(z^2+1)}=\dfrac{1}{z^3(z-i)(z+i)}$ は、$z=0$ で 3 位の極、$z=i$ で 1 位の極、$z=-i$ で 1 位の極を持ちます。

C の内部にあるのは、$z=0$ と $z=-i$ です。ここでの留数を計算しておきましょう。

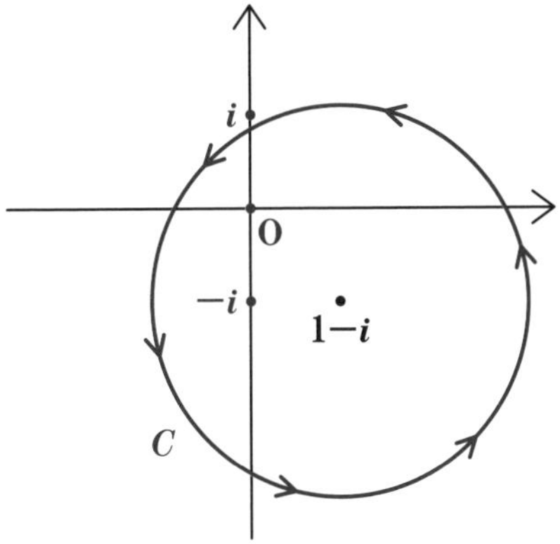

$$\operatorname*{Res}_{z=0} f(z)=\lim_{z\to 0}\frac{1}{(3-1)!}\frac{d^{3-1}}{dz^{3-1}}\left\{z^3 f(z)\right\}=\lim_{z\to 0}\frac{1}{2!}\frac{d^2}{dz^2}\left\{z^3\cdot\frac{1}{z^3(z^2+1)}\right\}$$

$$=\lim_{z\to 0}\frac{1}{2!}\frac{d^2}{dz^2}\left\{\frac{1}{(z^2+1)}\right\}=\lim_{z\to 0}\frac{1}{2!}\frac{d}{dz}\left\{\frac{-2z}{(z^2+1)^2}\right\}$$

$$=\lim_{z\to 0}\frac{1}{2}\left\{\frac{-2(z^2+1)^2-(-2z)4z(z^2+1)}{(z^2+1)^4}\right\}=\frac{1}{2}\left(\frac{-2\cdot 1^2-0}{1^4}\right)=-1$$

$$\operatorname*{Res}_{z=-i} f(z) = \lim_{z \to -i} (z+i) f(z) = \lim_{z \to -i} (z+i) \cdot \frac{1}{z^3 (z-i)(z+i)}$$

$$= \lim_{z \to -i} \frac{1}{z^3 (z-i)} = \frac{1}{(-i)^3 (-i-i)} = \frac{1}{2}$$

これを用いて周回積分を計算すると、

$$\oint_C \frac{1}{z^3 (z^2+1)} dz = 2\pi i \left\{ \operatorname*{Res}_{z=0} f(z) + \operatorname*{Res}_{z=-i} f(z) \right\} = 2\pi i \left(-1 + \frac{1}{2} \right) = -\pi i$$

(2)　$f(z) = \dfrac{e^z}{z^2 (z^2-1)} = \dfrac{e^z}{z^2 (z-1)(z+1)}$、$z=0$ で 2 位の極、$z=1$ で 1 位の極、$z=-1$ で 1 位の極を持ちます。閉曲線 C の内部にあるのは、$z=0$ と $z=-1$ です。ここでの留数を計算しておきましょう。

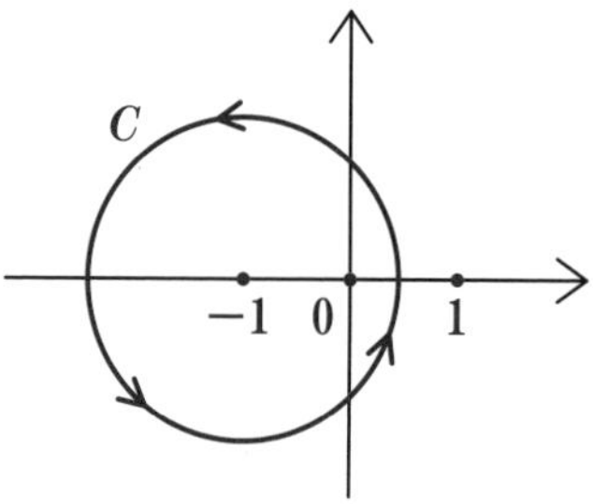

$$\operatorname*{Res}_{z=0} f(z) = \lim_{z \to 0} \frac{1}{(2-1)!} \frac{d^{2-1}}{dz^{2-1}} \{ z^2 f(z) \} = \lim_{z \to 0} \frac{1}{1!} \frac{d}{dz} \left\{ z^2 \cdot \frac{e^z}{z^2 (z^2-1)} \right\}$$

$$= \lim_{z \to 0} \frac{d}{dz} \left(\frac{e^z}{z^2-1} \right) = \lim_{z \to 0} \left\{ \frac{e^z (z^2-1) - e^z (2z)}{(z^2-1)^2} \right\}$$

$$= \frac{e^0 (0-1) - e^0 \cdot 0}{(0-1)^2} = -1$$

$$\operatorname*{Res}_{z=-1} f(z) = \lim_{z \to -1} (z+1) f(z) = \lim_{z \to -1} (z+1) \cdot \frac{e^z}{z^2 (z^2-1)}$$

$$= \lim_{z \to -1} \frac{e^z}{z^2 (z-1)} = -\frac{1}{2e}$$

これを用いて周回積分すると、

$$\oint_C \frac{e^z}{z^2 (z^2-1)} dz = 2\pi i \left\{ \operatorname*{Res}_{z=0} f(z) + \operatorname*{Res}_{z=-1} f(z) \right\}$$

$$=2\pi i\left(-1-\frac{1}{2e}\right)=-\frac{(2e+1)\pi i}{e}$$

積分経路を少し複雑にして、留数定理の応用問題を解いてみましょう。

ホップ

問題　留数定理（経路の工夫）（別 p.50）

図のような経路 C に関して次の経路積分を求めよ。

$$\int_C \frac{1}{z^2+1}dz$$

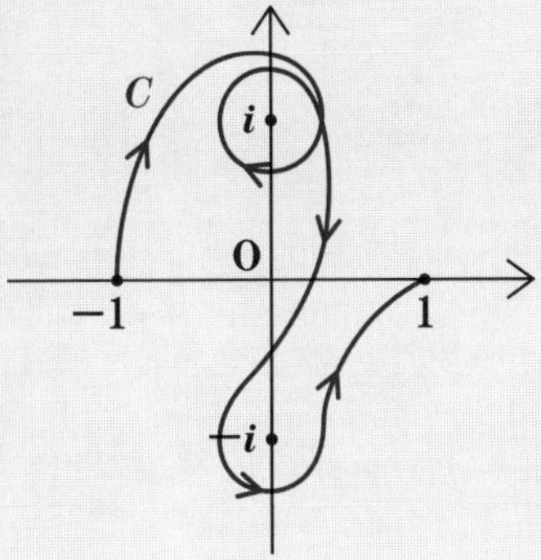

$f(z)=\dfrac{1}{z^2+1}$ は $z=\pm i$ が特異点で、それ以外の点では正則です。

経路 C を正則な領域内で連続的に変形させると下図のようになります。

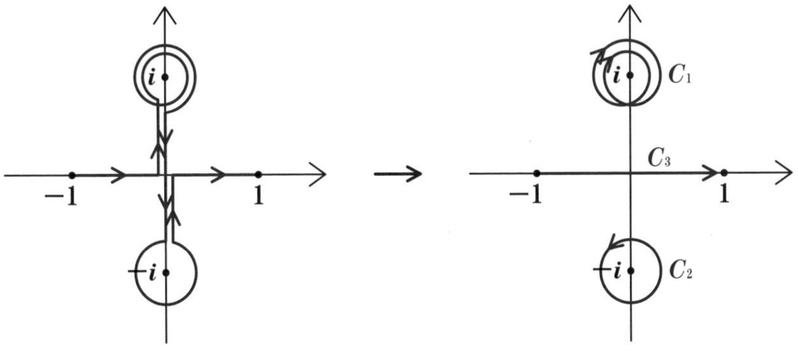

虚軸上の $-i$ から i までの経路積分は往復で打ち消されますから、結局、

C_1：i の周りを時計回りに2周

C_2：$-i$ の周りを反時計回りに1周

C_3：実軸上を -1 から1まで進む

の3つの経路での積分の和になります。

i、$-i$ は1位の極であり、ここでの留数を計算しておくと、

$$\operatorname*{Res}_{z=i} f(z) = \lim_{z \to i} (z-i) f(z)$$

$$= \lim_{z \to i} (z-i) \cdot \frac{1}{z^2+1} = \lim_{z \to i} \left(\frac{1}{z+i} \right) = \frac{1}{2i}$$

$$\operatorname*{Res}_{z=-i} f(z) = \lim_{z \to -i} (z+i) f(z)$$

$$= \lim_{z \to -i} (z+i) \cdot \frac{1}{z^2+1} = \lim_{z \to -i} \left(\frac{1}{z-i} \right) = -\frac{1}{2i}$$

また、-1 から1までの積分は、実関数として積分して、

$$\int_{-1}^{1} \frac{1}{z^2+1} dz = \int_{-1}^{1} \frac{1}{x^2+1} dx = \Big[\tan^{-1} x \Big]_{-1}^{1} = \frac{\pi}{4} - \left(-\frac{\pi}{4} \right) = \frac{\pi}{2}$$

これらを用いて、

$$\int_C \frac{1}{z^2+1} dz = \oint_{C_1} \frac{1}{z^2+1} dz + \oint_{C_2} \frac{1}{z^2+1} dz + \int_{C_3} \frac{1}{z^2+1} dz$$

$$= (-2) \times 2\pi i \operatorname*{Res}_{z=i} f(z) + 2\pi i \operatorname*{Res}_{z=-i} f(z) + \int_{-1}^{1} \frac{1}{z^2+1} dz$$

［留数定理は反時計回りに1周のときの公式、C_1 は時計回りに2周なので（-2）をかける］

$$= (-2) \times 2\pi i \cdot \frac{1}{2i} + 2\pi i \left(-\frac{1}{2i} \right) + \frac{\pi}{2}$$

$$= -\frac{5\pi}{2}$$

3 留数定理の実関数の定積分への応用

有理関数の定積分 p.192 の問題では、

$$\int_{-\infty}^{\infty}\frac{1}{x^2+4}dx=\frac{\pi}{2}$$

を、コーシーの積分公式を用いて計算しました。コーシーの積分公式

$$\oint_C\frac{f(z)}{z-a}dz=2\pi i f(a)\quad(f(z)\text{は正則関数})$$

において、$f(a)$は$\dfrac{f(z)}{z-a}$の $z=a$ での留数になっています。ですから、上のような定積分も留数を用いると少し機械的に計算することができます。p.192 でも扱った問題を、留数を用いて計算してみましょう。

ホップ

問題　留数定理の有理関数の定積分への応用（別 p.54）

次の定積分を示せ。

$$\int_{-\infty}^{\infty}\frac{1}{x^2+4}dx=\frac{\pi}{2}$$

積分経路の取り方は p.192 の問題と同じです。$-R$ から R まで実軸上を進み、そこから原点を中心とした半径 R の円弧を反時計回りに進んで $-R$ に戻る積分経路 C を考えます。

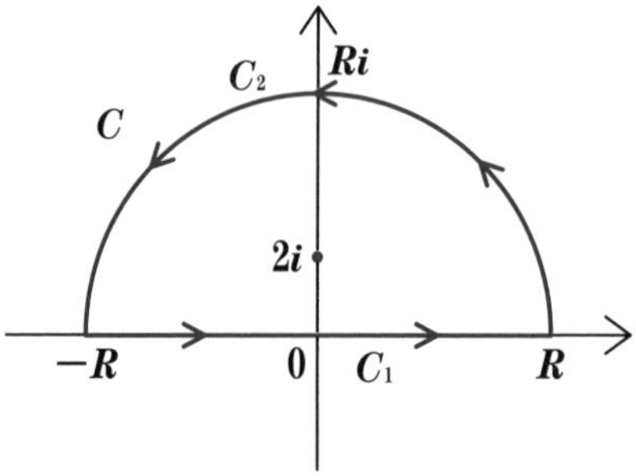

$C_1 : z=x$　$(-R \leqq x \leqq R$、R は大きい正数$)$

$C_2 : z=Re^{i\theta}$　$(0 \leqq \theta \leqq \pi)$

として、積分経路 $C=C_1+C_2$ を反時計回りに 1 周する周回積分は、

$$\oint_C \frac{1}{z^2+4}dz=\int_{C_1}\frac{1}{z^2+4}dz+\int_{C_2}\frac{1}{z^2+4}dz$$

$$=\int_{-R}^{R}\frac{1}{x^2+4}dx+\int_0^{\pi}\frac{1}{R^2e^{2i\theta}+4}Rie^{i\theta}d\theta \quad \cdots\cdots ①$$

一方、$z^2+4=(z-2i)(z+2i)$ ですから、C で囲まれた領域内の正則でない点は $2i$ だけです。

したがって、$f(z)=\dfrac{1}{z^2+4}\left(=\dfrac{1}{(z-2i)(z+2i)}\right)$ とすると、留数定理を用いて、

$$\oint_C \frac{1}{z^2+4}dz=2\pi i \operatorname*{Res}_{z=2i} f(z)=2\pi i \lim_{z\to 2i}(z-2i)f(z)$$

$$=2\pi i \lim_{z\to 2i}\left(\frac{1}{z+2i}\right)=\frac{\pi}{2} \quad \cdots\cdots ②$$

①で $R\to\infty$ とすると、第 2 項は 0 に近づきます。(第 2 項)$\to 0$ は、p.192 の問題で解説しましたがあとで再掲します。結局、①と②を合わせて、

$$\int_{-\infty}^{\infty}\frac{1}{x^2+4}dx=\oint_C \frac{1}{z^2+4}dz=\frac{\pi}{2}$$

とわかります。

さて、①の第 2 項は $R\to\infty$ のとき 0 に収束することを示しましょう。

$$\left|\int_0^{\pi}\frac{1}{R^2e^{2i\theta}+4}Rie^{i\theta}d\theta\right| \underset{\text{定理 4.03}}{\leqq} \int_0^{\pi}\left|\frac{1}{R^2e^{2i\theta}+4}Rie^{i\theta}\right||d\theta|$$

$$=\int_0^\pi \frac{1}{|R^2e^{2i\theta}+4|}|Rie^{i\theta}|d\theta$$

$$\leqq\int_0^\pi \frac{1}{R^2-4}|Rie^{i\theta}|d\theta$$

公式 1.11 三角不等式より、
$|R^2e^{2i\theta}+4|\geqq||R^2e^{2i\theta}|-4|$
$=|R^2-4|$
R^2 が 4 より大きいとき、
$|R^2-4|=R^2-4$

$$=\int_0^\pi \frac{R}{R^2-4}d\theta=\frac{\pi R}{R^2-4}=\frac{\pi}{R-\frac{4}{R}}$$

$R\to\infty$ のとき右辺は 0 に収束しますから、左辺も 0 に収束します。

ここで　$C_2: z=Re^{i\theta}$　$(0\leqq\theta\leqq\pi)$ に沿った有理関数の線積分が、$R\to\infty$ のとき 0 に収束する被積分関数の条件について考えてみましょう。上記の一連の式では、上から抑える被積分関数が最後では $\dfrac{\pi R}{R^2-4}$ になっています。分母の R^2-4 が 2 次式、分子の R が 1 次式で、分母の方が次数が高いので $R\to\infty$ のとき 0 に収束するのです。

分母の R^2-4 の R^2 はもともとの関数の分母が由来、分子の R は $C_2: Re^{i\theta}$ の R が由来です。ですから、有理関数 $\dfrac{P(z)}{Q(z)}$ の $C_2: Re^{i\theta}$ に沿った線積分

$$\int_{C_2}\frac{P(z)}{Q(z)}dz$$

は、$[P(z)$の次数$]+2\leqq[Q(z)$の次数$]$なら、$R\to\infty$ のとき 0 に収束します。

有理関数 $\dfrac{P(z)}{Q(z)}$ の特異点は $Q(z)$ の零点だけで、それを除くと $\mathbb{C}$ 全体で正則なので、実数の有理関数を $(-\infty,\ \infty)$ で定積分するときの公式は次のようにまとまります。$\deg P(x)$ で多項式の次数を表します。

定理 5.10　有理関数の（$-\infty$, ∞）での定積分

$$\int_{-\infty}^{\infty}\frac{P(x)}{Q(x)}dx=2\pi i\sum_{k=1}^{n}\mathrm{Res}\left(\frac{P(z)}{Q(z)},\ a_k\right)$$

ここで、$P(x)$、$Q(x)$は x の多項式で、$\deg P(x)+2\leqq\deg Q(x)$ を満たすとする。

a_1、a_2、…、a_n は $Q(z)$の上半平面の零点とする。ただし、$Q(z)$は実軸上に零点を持たない。

（有理関数 × 三角関数）の定積分

前の節では有理関数の定積分を留数定理により計算しました。ポイントは、$C_2 : z=Re^{i\theta}$　($0\leqq\theta\leqq\pi$) での線積分が $R\to\infty$ で 0 に収束するところでした。

被積分関数が有理関数（分子が $P(x)$、分母が $Q(x)$）に三角関数 $\cos(ax)$や $\sin(ax)$を掛けた関数の場合でも、$\deg P(x)+2\leqq\deg Q(x)$を満たせば C_2 での線積分は 0 に収束してくれます。しかし × 三角関数がついている場合、条件を緩めて $\deg P(x)+1\leqq\deg Q(x)$であっても、定積分を求めることができるところが興味深いところです。

ホップ

問題　（有理関数×三角関数）の定積分（別 p.58）

$a>0$、$b>0$ のとき、次の式を示せ。

$$\int_{-\infty}^{\infty}\frac{x\sin(ax)}{x^2+b^2}dx=\pi e^{-ab}$$

$\dfrac{xe^{axi}}{x^2+b^2}=\dfrac{x\{\cos(ax)+i\sin(ax)\}}{x^2+b^2}$ですから、$\dfrac{ze^{azi}}{z^2+b^2}$を実軸上で $-\infty$ から ∞ まで積分した値の虚部が πe^{-ab} であることを示します。

問題の被積分関数は偶関数なので、積分区間を$[-R,\ R]$として、$R\to\infty$ としたときの値を求めればよいです（p.192 参照）。

積分経路は、$-R$ から R まで実軸上を進み、そこから原点を中心とした半径 R の円弧を反時計回りに進んで $-R$ に戻る積分経路 C を考えます。

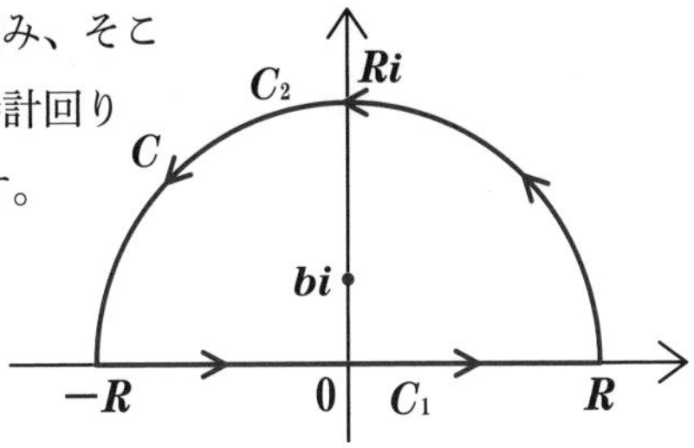

$C_1: z=x$　$(-R \leqq x \leqq R$、R は正数)

$C_2: z=Re^{i\theta}$　$(0 \leqq \theta \leqq \pi)$

とすると、

$$\oint_C \frac{ze^{azi}}{z^2+b^2}dz=\int_{C_1}\frac{ze^{azi}}{z^2+b^2}dz+\int_{C_2}\frac{ze^{azi}}{z^2+b^2}dz \quad \cdots\cdots①$$

左辺は周回積分であり留数定理で計算できます。

$f(z)=\dfrac{ze^{azi}}{z^2+b^2}$ とすると、$f(z)$ の極は $\pm bi$ で、ともに1位です。

R が十分大きいときは極 bi を含むので、

$$\oint_C \frac{ze^{azi}}{z^2+b^2}dz=2\pi i\operatorname*{Res}_{z=bi}f(z)=2\pi i\lim_{z\to bi}(z-bi)f(z)$$

$$=2\pi i\lim_{z\to bi}(z-bi)\frac{ze^{azi}}{z^2+b^2}=2\pi i\lim_{z\to bi}\frac{ze^{azi}}{z+bi}=2\pi i\times\frac{e^{-ab}}{2}=\pi e^{-ab}i$$

$$\cdots\cdots②$$

C_1 に沿った経路積分は

$$\int_{C_1}\frac{ze^{azi}}{z^2+b^2}dz=\int_{-R}^{R}\frac{xe^{axi}}{x^2+b^2}dx \quad \cdots\cdots③$$

$R\to\infty$ のとき、C_2 に沿った経路積分が0に収束することを示しましょう。

被積分関数を評価する準備をします。

$z=Re^{i\theta}=R(\cos\theta+i\sin\theta)$ であり、

$$|e^{azi}|=|e^{aR(\cos\theta+i\sin\theta)i}|=|e^{aR\cos\theta i-aR\sin\theta}|=e^{-aR\sin\theta}$$

$$|dz|=|iRe^{i\theta}d\theta|=|Rd\theta|=Rd\theta$$

また、$|z|>2b$ のとき、

$$\left|\frac{z}{z^2+b^2}\right|\leqq\frac{2}{|z|}=\frac{2}{R} \quad \cdots\cdots④$$

となること(あとで示します)を用いると、R が十分に大きいとき、

$$\left|\int_{C_2}\frac{ze^{azi}}{z^2+b^2}dz\right|\leqq\int_{C_2}\left|\frac{ze^{azi}}{z^2+b^2}\right||dz|=\int_{C_2}\left|\frac{z}{z^2+b^2}\right||e^{azi}||dz|$$

$$\leqq \int_0^{\pi} \frac{2}{R} e^{-aR\sin\theta} R d\theta = \int_0^{\pi} 2e^{-aR\sin\theta} d\theta \quad \cdots\cdots ⑤$$

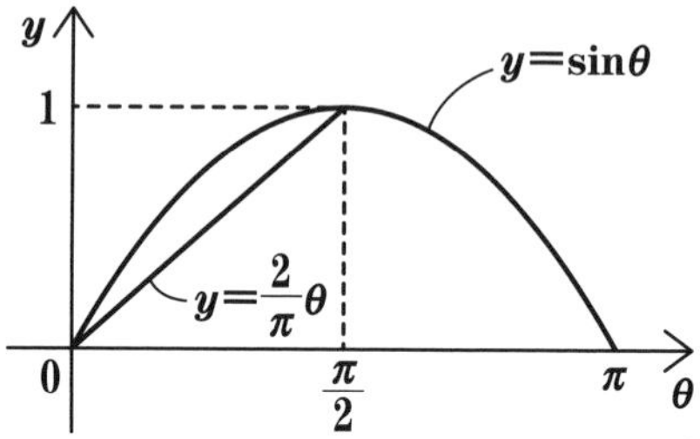

右図のように、$\sin\theta$ のグラフが

$\theta = \dfrac{\pi}{2}$ に関して対称であることと

$0 \leqq \theta \leqq \dfrac{\pi}{2}$ のとき、

$$\sin\theta \geqq \frac{2}{\pi}\theta \quad \cdots\cdots ⑥$$

であることを用いると、

$$\int_0^{\pi} 2e^{-aR\sin\theta} d\theta \underset{\substack{\uparrow \\ \text{対称性}}}{=} 2\int_0^{\frac{\pi}{2}} 2e^{-aR\sin\theta} d\theta \underset{\substack{\uparrow \\ ⑥}}{\leqq} 2\int_0^{\frac{\pi}{2}} 2e^{-\frac{2aR}{\pi}\theta} d\theta = \left[-\frac{2\pi}{aR} e^{-\frac{2aR}{\pi}\theta} \right]_0^{\frac{\pi}{2}}$$

$$= \frac{2\pi}{aR}(1 - e^{-aR}) \cdots\cdots ⑦$$

ですから、R が十分に大きいとき、⑤、⑦により、

$$\left| \int_{C_2} \frac{ze^{azi}}{z^2 + b^2} dz \right| \leqq \frac{2\pi}{aR}(1 - e^{-aR})$$

となります。この不等式から、$R \to \infty$ のとき、C_2 に沿った経路積分が 0 に収束することが分かります。

よって、①に②、③を用いて、$R \to \infty$ とすると、

$$\pi e^{-ab} i = \int_{-\infty}^{\infty} \frac{xe^{axi}}{x^2 + b^2} dx$$

これの虚部から、

$$\int_{-\infty}^{\infty} \frac{x\sin(ax)}{x^2 + b^2} dx = \pi e^{-ab}$$

となります。

④を示しておきましょう。

$|z|$が十分大きいとき、

$$\frac{|z|}{|z^2+b^2|} \leqq \frac{2}{|z|}$$

右辺の分子で 2 とありますが、これは 1 より大きい数であれば何でもかまいません。$|z| \to \infty$ のとき、$\dfrac{|z|^2}{|z^2+b^2|} \to 1$ となるからです。

[証明]

$$\frac{|z|}{|z^2+b^2|} \leqq \frac{2}{|z|} \Leftrightarrow |z|^2 \leqq 2|z^2+b^2| \Leftarrow |z|^2 \leqq 2|z|^2 - 2b^2 \Leftrightarrow 2b^2 \leqq |z|^2$$

$|z|$が十分大きいときの三角不等式　$|z|^2 - b^2 \leqq |z^2+b^2|$を用いて

$|z|$が十分大きいとき、三角不等式$|z|^2 - b^2 \leqq |z^2+b^2|$や $2b^2 \leqq |z|^2$ が成り立つので、左の不等式が成り立つことになります。　[不等式の証明終わり]

有理関数（分子が$P(x)$、分母が$Q(x)$）で、$\deg P(x) + 1 \leqq \deg Q(x)$を満たすときは、このように$\dfrac{M}{|z|}$（$M$は適当な定数）で抑えることができ、(有理関数×三角関数)の C_2 での線積分の値が 0 に近づくことを示すことができます。④の式は定理 1.13（2）で、$P(z)=z$、$Q(z)=z^2+b^2$、$n=1$、$m=2$、$M=2$ とした不等式です。

まとめておくと次のようになります。

定理 5.11　有理関数×三角関数の定積分（実軸上に特異点なしバージョン）

$t>0$ のとき、

$$\int_{-\infty}^{\infty}\frac{P(x)}{Q(x)}\cos(tx)dx=\mathrm{Re}\left[2\pi i\sum_{k=1}^{n}\mathrm{Res}\left(\frac{P(z)}{Q(z)}e^{itz},\ a_k\right)\right]$$

$$\int_{-\infty}^{\infty}\frac{P(x)}{Q(x)}\sin(tx)dx=\mathrm{Im}\left[2\pi i\sum_{k=1}^{n}\mathrm{Res}\left(\frac{P(z)}{Q(z)}e^{itz},\ a_k\right)\right]$$

ここで、$P(x)$、$Q(x)$ は x の多項式で、$\deg P(x)+1\leqq\deg Q(x)$ を満たすとする。

a_1、a_2、…、a_n は $Q(x)$ の上半平面 H にある零点とする。ただし、$Q(x)$ は実軸上に零点を持たない。

有理関数 × 三角関数の定積分（実軸上に特異点あり）

ここまでは被積分関数が実軸上に特異点を持たない場合の定積分について扱いました。ここでは実軸上に特異点を持つ場合の定積分について、計算のテクニックを紹介しましょう。

ホップ

問題　有理関数×三角関数の定積分（実軸上に特異点あり） (別 p.67、p.71)

次の定積分を示せ。

$$\int_{0}^{\infty}\frac{\sin x}{x}dx=\frac{\pi}{2}$$

$\dfrac{e^{ix}}{x}=\dfrac{\cos x+i\sin x}{x}$ ですから、$\dfrac{e^{iz}}{z}$ を実軸の 0 から ∞ まで積分した値の虚部が $\dfrac{\pi}{2}$ であることを示せばよいのです。

被積分関数は有理関数 × 三角関数で前の節で扱った形をしていますから、前の節のように半円の積分経路を取ってみます。

$f(z)=\dfrac{e^{iz}}{z}$ とすると、$z=0$ が特異点ですから、大きな半円を積分経路に取るだけでは周上に特異点があって積分できません。そこで、次のように $z=0$ を避けて積分経路を取ります。

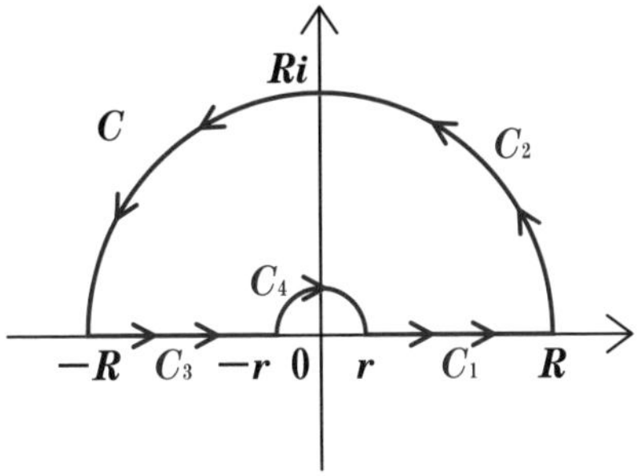

C_1 : $z=x$ 　($r \leqq x \leqq R$、R は大きい正数)

C_2 : $z=Re^{i\theta}$ 　($0 \leqq \theta \leqq \pi$)

C_3 : $z=x$ 　($-R \leqq x \leqq -r$)

C_4 : $z=re^{i\theta}$ 　($0 \leqq \theta \leqq \pi$)

として、積分経路 $C=C_1+C_2+C_3+C_4$ を反時計回りに 1 周する周回積分を考えましょう。

$$\oint_C f(z)dz=\int_{C_1} f(z)dz+\int_{C_2} f(z)dz+\int_{C_3} f(z)dz+\int_{C_4} f(z)dz \quad \cdots\cdots ①$$

C_1、C_2、C_3、C_4 を計算して、$r \to 0$、$R \to \infty$ のときの収束値を求めてみます。

C_1 と C_3 を合わせて、

$$\int_{C_1} f(z)dz+\int_{C_3} f(z)dz$$

$$=\int_r^R \frac{\cos x+i\sin x}{x}dx+\int_{-R}^{-r} \frac{\cos x+i\sin x}{x}dx$$

$x=-t$ とおく

$$=\int_r^R \frac{\cos x+i\sin x}{x}dx+\int_R^r \frac{\cos(-t)+i\sin(-t)}{-t}(-dt)$$

$$=\int_r^R \frac{\cos x+i\sin x}{x}dx-\int_r^R \frac{\cos t-i\sin t}{t}dt$$

$$=\int_r^R \frac{2i\sin x}{x}dx \quad \to \quad 2i\int_0^\infty \frac{\sin x}{x}dx \qquad (r \to 0,\ R \to \infty) \quad \cdots\cdots ②$$

となります。このように計算しましたが、$\dfrac{\cos x+i\sin x}{x}$の実部が奇関数、虚部は偶関数であることに着目すると早く計算できます。第１項の積分区間が［r, R］、第２項の積分区間が［$-R$, $-r$］と原点に対して対称なので、奇関数である$\dfrac{\cos x}{x}$の定積分は０になり、偶関数である$\dfrac{\sin x}{x}$の定積分は［r, R］での定積分での２倍になるわけです。

C_2の線積分が$R\to\infty$のとき０に収束することを示します。

$$\left|\int_{C_2} f(z)dz\right| \leqq \left|\int_0^\pi \frac{e^{iR(\cos\theta+i\sin\theta)}}{Re^{i\theta}}Rie^{i\theta}d\theta\right|$$

定理 4.03

$$=\int_0^\pi |ie^{iR(\cos\theta+i\sin\theta)}|d\theta$$

$$=\int_0^\pi e^{-R\sin\theta}d\theta$$

a、bが実数のとき、$|e^{a+bi}|=e^a$

$$=2\int_0^{\frac{\pi}{2}} e^{-R\sin\theta}d\theta$$

$$\leqq 2\int_0^{\frac{\pi}{2}} e^{-\frac{2R}{\pi}\theta}d\theta$$

$\left(\text{右図より、}\sin\theta\geqq\dfrac{2}{\pi}\theta\right)$

$$=2\left[-\frac{\pi}{2R}e^{-\frac{2R}{\pi}\theta}\right]_0^{\frac{\pi}{2}}=\frac{\pi}{R}(1-e^{-R})\to 0 \quad (R\to\infty) \quad \cdots\cdots ③$$

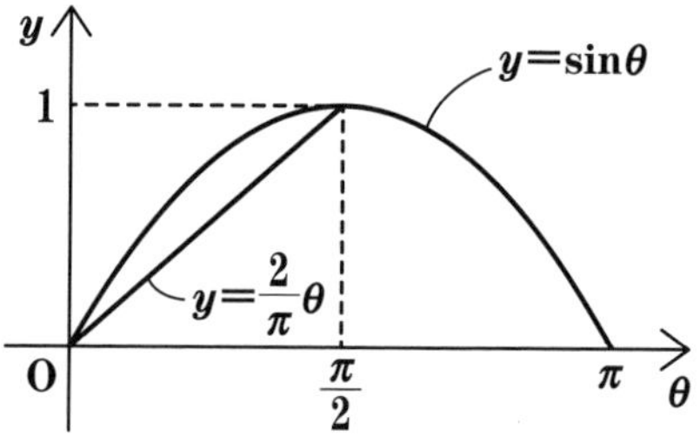

被積分関数が、$\dfrac{e^{iz}}{z}$の有理関数の部分$\dfrac{1}{z}$を一般の形にした$\dfrac{P(z)}{Q(z)}e^{iz}$であっても、$\deg P(x)+1\leqq\deg Q(x)$を満たせば上のように、$R\to\infty$のとき$C_2$の線積分が０に収束することを示すことができます。

$D(0, r)$の周をC_5とすると、C_4はC_5の半分です。C_5で反時計回りに線積分をすれば、$2\pi i\times$(０での留数)が出てきます。C_4はC_5の半分ですから、C_4で時計回りに線積分すると$2\pi i\times$(留数)のマイナス２分の１倍になるのです。実際の計算の様子は以下の通りです。

$f(z)=\dfrac{e^{iz}}{z}$ は $z=0$ で1位の極を持ち、

$$\operatorname*{Res}_{z=0} f(z)=\lim_{z\to 0} zf(z)=\lim_{z\to 0} e^{iz}=1 \quad \cdots\cdots④$$

となりますから、ローラン展開の主要部は $\dfrac{1}{z}$ です。被積分関数から主要部を取り出して、

$$\frac{e^{iz}}{z}=\frac{1}{z}+\frac{e^{iz}-1}{z}$$

と分解します。すると、第1項の C_4 での線積分は $2\pi i\times$(留数)のマイナス2分の1、第2項の C_4 での線積分は $r\to 0$ のとき0に近づきます。それぞれ示してみましょう。

第1項に関しては、

$$\int_{C_4}\frac{1}{z}dz=\int_{\pi}^{0}\frac{1}{re^{i\theta}}ire^{i\theta}d\theta=\int_{\pi}^{0} id\theta=-\pi i$$

$z=0$ での留数は1ですから、確かに、

$$-\pi i=-\frac{1}{2}\times 2\pi i\operatorname*{Res}_{z=0} f(z) \quad \cdots\cdots⑤$$

になっています。

第2項の $g(z)=\dfrac{e^{iz}-1}{z}$ は $z\neq 0$ で正則な関数であり、

$$\lim_{z\to 0} g(z)=\lim_{z\to 0}\frac{e^{iz}-1}{z}=\lim_{z\to 0}\frac{e^{iz}-e^{i0}}{z-0}=\frac{d}{dz}e^{iz}\Big|_{z=0}=i$$

(e^{iz} の導関数 $i\,e^{iz}$ で $z=0$ とした値)

ですから、$g(0)=i$ と定義すれば $g(z)$ は複素数平面全体で正則な関数になります。

そこで、$g(0)=i$ として、$g(z)$ を $D(0,\ r)$ の内部と周で考えたとき、定理4.22により $\left|\dfrac{e^{iz}-1}{z}\right|$ の最大値が存在します。その最大値を $M(r)$ とすると、

$$\left|\int_{C_4}\frac{e^{iz}-1}{z}dz\right|\leqq\int_{C_4}\left|\frac{e^{iz}-1}{z}\right||dz|=\underset{M(r)\text{は単調減少}}{M(r)\pi r}\to 0 \quad (r\to 0)\cdots\cdots⑥$$

⑤と⑥より

$$\int_{C_4}\frac{e^{iz}}{z}dz=\int_{C_4}\left(\frac{1}{z}+\frac{e^{iz}-1}{z}\right)dz\to-\frac{1}{2}\times 2\pi i\operatorname*{Res}_{z=0}f(z)\quad(r\to 0)$$

……⑦

$f(z)=\dfrac{e^{iz}}{z}$ の特異点は $z=0$ のみで、C の内部で $f(z)$ は正則ですから、コーシーの積分定理より、$f(z)$ を C で周回積分した値（①の左辺）は 0 です。

したがって、$R\to\infty$、$r\to+0$ のとき、①は②、③、⑦を用いて、

$$0=2i\int_0^{\infty}\frac{\sin x}{x}dx-\frac{1}{2}\times 2\pi i\operatorname*{Res}_{z=0}f(z)$$

④より $\operatorname*{Res}_{z=0}f(z)=1$ ですから、これより、

$$\int_0^{\infty}\frac{\sin x}{x}dx=\frac{\pi}{2}$$

が求まります。

このように実軸上の積分を計算するとき、被積分関数が実軸上に 1 位の極を持つときは、留数の半分が積分に寄与することになります。

実軸上に極がある場合を公式化しておきましょう。

$P(x)$、$Q(x)$ は $\deg P(x)+1\leqq\deg Q(x)$ を満たす x の多項式とします。また、$\dfrac{P(z)}{Q(z)}$ が実軸上の b_1、b_2 で 1 位の極を持ち、それ以外の実軸上では正則であるとします。

t は $t>0$ を満たす実数として、

$$\int_{-\infty}^{\infty}\frac{P(x)}{Q(x)}\cos tx\,dx\quad\text{または}\quad\int_{-\infty}^{\infty}\frac{P(x)}{Q(x)}\sin tx\,dx$$

を求めるときのことを考えます。そのためには、

$$\int_{-\infty}^{\infty}\frac{P(x)}{Q(x)}e^{itx}dx\quad\cdots\cdots⑧$$

を計算して、実部または虚部をとります。

b_1、b_2 が極なので、ここを避けて $-\infty$ から ∞ まで積分します。

$$\int_{-\infty}^{b_1-r}\frac{P(x)}{Q(x)}e^{itx}dx+\int_{b_1+r}^{b_2-r}\frac{P(x)}{Q(x)}e^{itx}dx+\int_{b_2+r}^{\infty}\frac{P(x)}{Q(x)}e^{itx}dx$$

$r\to+0$ のときの定積分が存在するとして、⑧の値を留数計算で求めましょう。この値を求めるには次の図のような積分経路 C を用います。

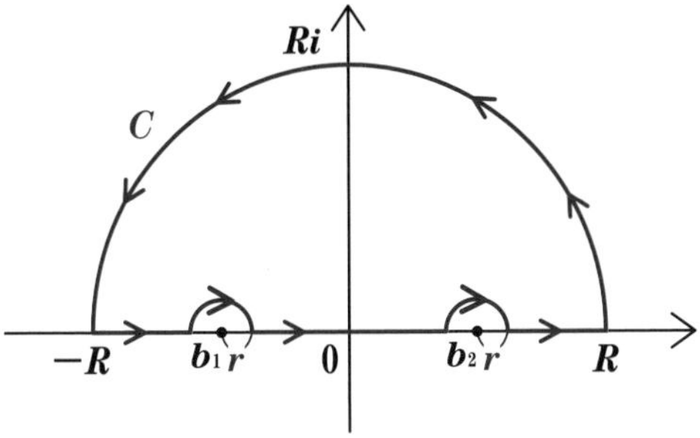

$r\to+0$ のとき、b_1、b_2 を中心とした半円のところからは、b_1、b_2 での留数のマイナス2分の1が出てきます。また、$R\to\infty$ のとき、大きな半円での線積分は0に収束します。$R\to\infty$ のとき、上半平面 H に含まれる極がすべて C の中に含まれるようになります。

$\dfrac{P(z)}{Q(z)}$ の上半平面 H に含まれる極を a_1、a_2、…、a_n とすると、$R\to\infty$、$r\to+0$ のとき、①に相当する式は、左辺で留数定理を用いて、

$$2\pi i\sum_{k=1}^{n}\mathrm{Res}\left(\frac{P(z)}{Q(z)}e^{itz},\ a_k\right)=\int_{-\infty}^{\infty}\frac{P(x)}{Q(x)}e^{itx}dx-\frac{1}{2}\times 2\pi i\sum_{k=1}^{2}\mathrm{Res}\left(\frac{P(z)}{Q(z)}e^{itz},\ b_k\right)$$

これより、

$$\int_{-\infty}^{\infty}\frac{P(x)}{Q(x)}e^{itx}dx=2\pi i\sum_{k=1}^{n}\mathrm{Res}\left(\frac{P(z)}{Q(z)}e^{itz},\ a_k\right)+\pi i\sum_{k=1}^{2}\mathrm{Res}\left(\frac{P(z)}{Q(z)}e^{itz},\ b_k\right)$$

実軸上の極を l 個とすると、次のようにまとまります。

定理 5.12　有理関数 × 三角関数（実軸上に 1 位の極ありバージョン）

$t>0$ のとき、

$$\int_{-\infty}^{\infty}\frac{P(x)}{Q(x)}e^{itx}dx$$

$$=2\pi i\sum_{k=1}^{n}\mathrm{Res}\left(\frac{P(z)}{Q(z)}e^{itz},\ a_k\right)+\pi i\sum_{k=1}^{l}\mathrm{Res}\left(\frac{P(z)}{Q(z)}e^{itz},\ b_k\right)$$

ここで、$P(x)$、$Q(x)$ は x の多項式で、$\deg P(x)+1\leqq\deg Q(x)$ を満たすとする。

$Q(x)$ の上半平面 H の零点を a_1、a_2、…、a_n、$Q(x)$ の実軸上の零点を b_1、b_2、…、b_l（重複なし）とする。

● 三角関数で積分区間が［0, 2π］の定積分

次に被積分関数（の主に分母）に三角関数が含まれていて、積分区間が［0, 2π］である定積分を留数定理によって求める問題を解いてみましょう。

ホップ

問題　留数定理の応用（三角関数）（別 p.62）

$a>b>0$ のとき、$z=e^{i\theta}$ と置換して次の式を示せ。

（ア）　$\displaystyle\int_0^{2\pi}\frac{1}{a+b\cos\theta}d\theta=\frac{2\pi}{\sqrt{a^2-b^2}}$

（イ）　$\displaystyle\int_0^{2\pi}\frac{1}{(a+b\cos\theta)^2}d\theta=\frac{2a\pi}{\sqrt{(a^2-b^2)^3}}$

$z=e^{i\theta}=\cos\theta+i\sin\theta$ として置換します。

$$\frac{1}{z}=\frac{1}{e^{i\theta}}=e^{-i\theta}=e^{i(-\theta)}=\cos(-\theta)+i\sin(-\theta)=\cos\theta-i\sin\theta \text{ より、} \cos\theta=\frac{1}{2}\left(z+\frac{1}{z}\right)$$

ここでは用いませんが同様に、$\sin\theta=\dfrac{1}{2i}\left(z-\dfrac{1}{z}\right)$ です。

また、$z=e^{i\theta}$ を微分して、$dz=ie^{i\theta}d\theta$、$\dfrac{dz}{iz}=d\theta$ です。

θ が 0 から 2π まで変化するとき、$z=e^{i\theta}$ は原点を中心とした単位円 C を 1 周します。

三角関数の入った定積分は、$z=e^{i\theta}$ と置換したあと、C 上で周回積分するとよいのです。

（ア） $$\int_0^{2\pi}\frac{1}{a+b\cos\theta}d\theta=\oint_{|z|=1}\frac{1}{a+\dfrac{b}{2}\left(z+\dfrac{1}{z}\right)}\frac{dz}{iz}=\oint_{|z|=1}\frac{2}{i(bz^2+2az+b)}dz$$

$bz^2+2az+b=0$ の解を $\alpha=\dfrac{-a-\sqrt{a^2-b^2}}{b}$、$\beta=\dfrac{-a+\sqrt{a^2-b^2}}{b}$ とおくと、被積分関数は、

$$f(z)=\frac{2}{i(bz^2+2az+b)}=\frac{2}{ib(z-\alpha)(z-\beta)}$$

ここで、$\alpha\beta=1$、$\alpha<\beta<0$ なので、α は C の外で、β は C の中にあります。

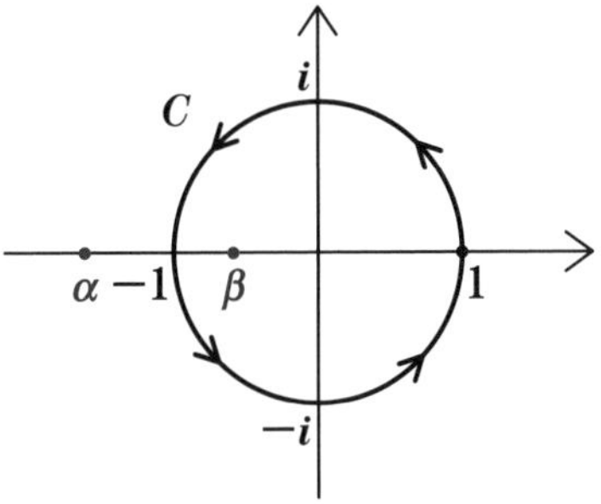

$z=\beta$ は $f(z)$ の 1 位の極であり、

$$\operatorname*{Res}_{z=\beta}f(z)=\lim_{z\to\beta}(z-\beta)f(z)$$

$$=\lim_{z\to\beta}(z-\beta)\frac{2}{ib(z-\alpha)(z-\beta)}=\frac{2}{ib(\beta-\alpha)}=\frac{1}{i\sqrt{a^2-b^2}}$$

$$\oint_{|z|=1}f(z)dz=2\pi i\operatorname*{Res}_{z=\beta}f(z)=2\pi i\cdot\frac{1}{i\sqrt{a^2-b^2}}=\frac{2\pi}{\sqrt{a^2-b^2}}$$

（イ） $$\int_0^{2\pi}\frac{1}{(a+b\cos\theta)^2}d\theta=\oint_{|z|=1}\frac{1}{\left\{a+\dfrac{b}{2}\left(z+\dfrac{1}{z}\right)\right\}^2}\frac{dz}{iz}$$

$$=\oint_{|z|=1}\frac{4z}{i(bz^2+2az+b)^2}dz$$

$$g(z)=\frac{4z}{i(bz^2+2az+b)^2}=\frac{4z}{ib^2(z-\alpha)^2(z-\beta)^2}$$

$z=\beta$ は $g(z)$ の 2 位の極であり、

$$\operatorname*{Res}_{z=\beta}g(z)=\lim_{z\to\beta}\frac{d}{dz}\{(z-\beta)^2g(z)\}=\lim_{z\to\beta}\frac{d}{dz}\left\{\frac{4z}{ib^2(z-\alpha)^2}\right\}$$

$$=\lim_{z\to\beta}\frac{4}{ib^2}\left\{\frac{1}{(z-\alpha)^2}-\frac{2z}{(z-\alpha)^3}\right\}=\lim_{z\to\beta}\frac{4(-z-\alpha)}{ib^2(z-\alpha)^3}=\frac{4(-\beta-\alpha)}{ib^2(\beta-\alpha)^3}$$

$f(z)=z$、$g(z)=\dfrac{1}{(z-\alpha)^2}$ として、$(fg)'=f'g+fg'$

$$=\frac{4\left(\dfrac{2a}{b}\right)}{ib^2\left(\dfrac{2\sqrt{a^2-b^2}}{b}\right)^3}=\frac{a}{i\sqrt{(a^2-b^2)^3}}$$

$$\int_0^{2\pi}\frac{1}{(a+b\cos\theta)^2}d\theta=\oint_{|z|=1}g(z)dz=2\pi i\operatorname*{Res}_{z=\beta}g(z)=\frac{2a\pi}{\sqrt{(a^2-b^2)^3}}$$

三角関数の合成関数を積分するときは、このように複素関数の積分に直すことができます。まとめると次のようになります。

定理 5.13　留数定理の三角関数の入った定積分への応用

$F(x,\ y)$ を 2 変数有理関数とする。

$$\int_0^{2\pi}F(\cos\theta,\ \sin\theta)d\theta=\oint_{|z|=1}F\left(\frac{1}{2}\left(z+\frac{1}{z}\right),\ \frac{1}{2i}\left(z-\frac{1}{z}\right)\right)\frac{dz}{iz}$$

● 対数関数の入った式の定積分

次に被積分関数の式の中に対数関数がある場合の定積分を、複素関数の周回積分で計算する方法を紹介しましょう。複素数の対数関数は多価関数であることに注意しましょう。

ホップ

問題　対数関数の入った定積分への応用　（別 p.75）

次の定積分を示せ。

$$\int_0^{\infty} \frac{\log x}{x^2+a^2} dx = \frac{\pi}{2a} \log a \quad (a>0)$$

初めに実関数の定積分の観点からコメントをしておきます。

一般に、$\alpha>0$ のとき、

$$\lim_{x\to+0} x^{\alpha} \log x = 0 \qquad \lim_{x\to+\infty} \frac{\log x}{x^{\alpha}} = 0$$

が成り立つことを用いると、左辺の定積分の値が有限の値になることを示すことができます。

$x=0$ の近くでは、被積分関数は $\dfrac{\log x}{a^2}$ と見なすことができ、$\dfrac{\log x}{a^2} \times x^{\frac{1}{2}}$ は第 1 式より $x \to +0$ のとき、0 に近づきます。$x \to +\infty$ のときは、被積分関数は $\dfrac{\log x}{x^2}$ と見なすことができ、$\dfrac{\log x}{x^2} \times x^{\frac{3}{2}}$ は第 2 式より 0 に近づきます。

広義積分が可能な条件は、$(0,\ \infty)$ で連続な関数 $f(x)$ と $a>0$ について、

$0<p<1$ となる p があって、$\displaystyle\lim_{x\to+0} x^p |f(x)|$ が収束する ⇒ $\displaystyle\int_0^a f(x)dx$ が存在する

$1<q$ となる q があって、$\displaystyle\lim_{x\to\infty} x^q |f(x)|$ が収束する ⇒ $\displaystyle\int_a^{\infty} f(x)dx$ が存在する

ですから、左辺の線積分は有限の値になることが分かります。

$f(z) = \dfrac{\mathrm{Log}\, z}{z^2+a^2}$ を実軸の 0 から $+\infty$ まで積分したものを求めましょう。

ここで、

$C_1 : z=x \quad (r \leqq x \leqq R)$

$C_2 : z=Re^{i\theta} \quad (0 \leqq \theta \leqq \pi)$

$C_3 : z=x \quad (-R \leqq x \leqq -r)$

$C_4 : z=re^{i\theta} \quad (0 \leqq \theta \leqq \pi)$

として、積分経路 $C=C_1+C_2+C_3+C_4$ を反時計回りに1周する周回積分を考えましょう。

$$\oint_C f(z)dz=\int_{C_1}f(z)dz+\int_{C_2}f(z)dz+\int_{C_3}f(z)dz+\int_{C_4}f(z)dz \quad \cdots\cdots①$$

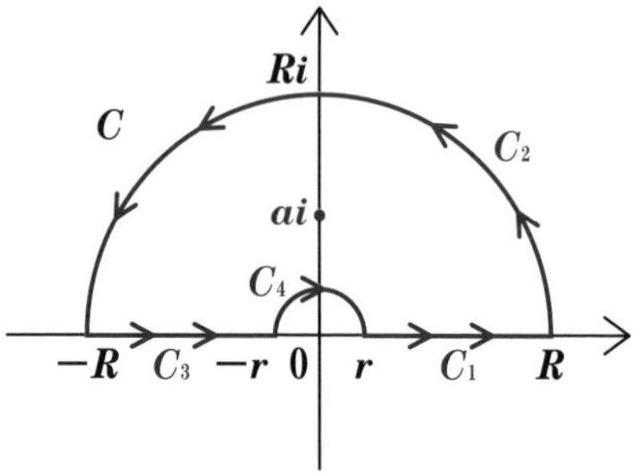

$R>a$ のとき、C で囲まれた部分にある $f(z)$ の特異点は ai だけです。ですから、留数定理により、

$$\oint_C f(z)dz=2\pi i\underset{z=ai}{\mathrm{Res}}\, f(z) \quad \cdots\cdots②$$

②の右辺の留数を求めておくと、

$$\underset{z=ai}{\mathrm{Res}}\, f(z)=\lim_{z\to ai}(z-ai)f(z)=\lim_{z\to ai}\frac{\mathrm{Log}z}{z+ai}=\frac{1}{2ai}\left(\log a+\frac{\pi}{2}i\right)$$

よって、

$$\oint_C f(z)dz=2\pi i\underset{z=ai}{\mathrm{Res}}\, f(z)=2\pi i\times\frac{1}{2ai}\left(\log a+\frac{\pi}{2}i\right)=\frac{\pi}{a}\log a+\frac{\pi^2}{2a}i$$

となります。気を付けなければならないのは C_3 に関する線積分です。

C_3 では、z の値は負の実数ですから、対数関数は、

$$\mathrm{Log}z=\log|z|+\pi i$$

となります。これより、C_1、C_3 に関する線積分は、

$$\int_{C_1}f(z)dz+\int_{C_3}f(z)dz=\int_r^R\frac{\log x}{x^2+a^2}dx+\int_{-R}^{-r}\frac{\log|x|+\pi i}{x^2+a^2}dx$$

$$=\int_r^R\frac{\log x}{x^2+a^2}dx+\int_R^r\frac{\log t+\pi i}{t^2+a^2}(-dt) \quad x=-t\,(t>0)\text{ とおく}$$

$$=2\int_r^R\frac{\log x}{x^2+a^2}dx+\pi i\int_r^R\frac{1}{t^2+a^2}dt \quad \cdots\cdots③$$

$R\to\infty$ のとき C_2 に関する線積分は 0 に収束し、$r\to 0$ のとき C_4 に関する線積分は 0 に収束します。これはあとで示しましょう。

また、$R\to\infty$、$r\to 0$ のとき、③の第 2 項に関して、

$$\int_r^R \frac{1}{t^2+a^2}dt=\left[\frac{1}{a}\tan^{-1}\left(\frac{t}{a}\right)\right]_r^R=\frac{1}{a}\left\{\tan^{-1}\left(\frac{R}{a}\right)-\tan^{-1}\left(\frac{r}{a}\right)\right\}\to\frac{\pi}{2a}$$

ですから、$R\to\infty$、$r\to 0$ のとき、①は、

$$\frac{\pi}{a}\log a+\frac{\pi^2}{2a}i=2\int_0^\infty \frac{\log x}{x^2+a^2}dx+\frac{\pi^2}{2a}i$$

左辺と右辺の実部を比べて、

$$\int_0^\infty \frac{\log x}{x^2+a^2}dx=\frac{\pi}{2a}\log a$$

が導かれます。あとから考えれば、答えを出すだけであれば③の虚部はまじめに計算する必要はなかったということになります。

［$R\to\infty$ のとき、C_2 に関する線積分は 0 に収束する］

$$\left|\int_{C_2} f(z)dz\right|=\left|\int_0^\pi \frac{\log R+i\theta}{R^2e^{2i\theta}+a^2}iRe^{i\theta}d\theta\right|\leqq\int_0^\pi \left|\frac{\log R+i\theta}{R^2e^{2i\theta}+a^2}iRe^{i\theta}\right|d\theta$$

$$=\int_0^\pi \frac{|\log R+i\theta|\,|iRe^{i\theta}|}{|R^2e^{2i\theta}+a^2|}d\theta$$

$$\leqq\int_0^\pi \frac{(\log R+\pi)R}{R^2-a^2}d\theta=\frac{\pi(\log R+\pi)R}{R^2-a^2}$$

$$\to\ 0\quad (R\to+\infty)$$

［ $|\log R+i\theta|\leqq|\log R|+|i\theta|\leqq\log R+\pi$
R が十分に大きいとき、
$|R^2e^{2i\theta}+a^2|\geqq\big||R^2e^{2i\theta}|-a^2\big|=|R^2-a^2|=R^2-a^2$ ］

［$r\to+0$ のとき、C_4 に関する線積分は 0 に収束する］

$$\left|\int_{C_4} f(z)dz\right|\leqq\int_0^\pi \frac{|\log r+i\theta|\,|ire^{i\theta}|}{|r^2e^{2i\theta}+a^2|}d\theta$$

$$\leqq\int_0^\pi \frac{2(\log r+\pi)r}{a^2}d\theta$$

$$=\frac{2\pi(\log r+\pi)r}{a^2}\to 0\quad (r\to+0)$$

［ r が十分に小さいとき、$|r^2e^{2i\theta}+a^2|\geqq\dfrac{a^2}{2}$ となる。］

さて、これを公式化しておきたいのですが、実はこのままでは難しいのです。被積分関数に対数関数が入っているときの定積分の求め方を公式化するには、被積分関数にひねりを加えた関数について留数計算しなければなりません。唐突でテクニカルなので、具体的な問題では被積分関数をそのままにして留数定理を用いる解法を紹介しました。興味を持った人は次の公式を確認してみてください。

定理 5.14　対数関数の入った定積分

$$\int_0^\infty \frac{P(x)}{Q(x)}\log x\,dx=-\frac{1}{2}\mathrm{Re}\left[\sum_{k=1}^{n}\mathrm{Res}\left(\frac{P(z)}{Q(z)}(\log z)^2,\ a_k\right)\right]$$

ここで、$P(x)$、$Q(x)$ は x の多項式で、$\deg P(x)+2\leqq\deg Q(x)$ を満たすとする。

ただし、$Q(x)$ の零点は a_1、a_2、…、a_n で、これらの中に正の実数はない。

［証明］

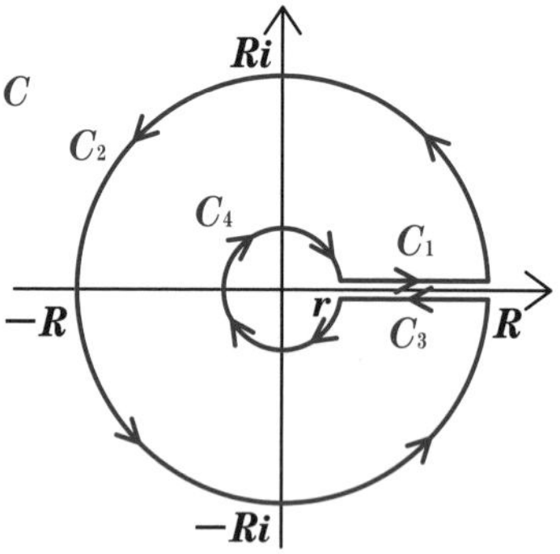

$C_1：z=x\quad(r\leqq x\leqq R)$

$C_2：z=Re^{i\theta}\quad(0\leqq\theta\leqq2\pi)$

$C_3：z=x\quad(r\leqq x\leqq R)$

$C_4：z=re^{i\theta}\quad(0\leqq\theta\leqq2\pi)$

として、積分経路 $C=C_1+C_2+C_3+C_4$ を反時計回りに 1 周する周回積分を考えましょう。

$f(z)=\dfrac{P(z)}{Q(z)}(\log z)^2$ を C で周回積分します。

$$\oint_C f(z)dz=\int_{C_1}f(z)dz+\int_{C_2}f(z)dz+\int_{C_3}f(z)dz+\int_{C_4}f(z)dz\cdots\cdots①$$

ここで C_1、C_3 の線積分は、

$$\int_{C_1}f(z)dz+\int_{C_3}f(z)dz$$

$$=\int_r^R\frac{P(x)}{Q(x)}(\log x)^2dx+\int_R^r\frac{P(x)}{Q(x)}(\log x+2\pi i)^2dx$$

リーマン面上で z の偏角を 0 から 2π で取ることにして、C_3 では $\log z=\log x+2\pi i$

$$=\int_r^R\frac{P(x)}{Q(x)}(\log x)^2dx-\int_r^R\frac{P(x)}{Q(x)}\{(\log x)^2+4\pi i\log x-4\pi^2\}dx$$

$$=-4\pi i\int_r^R\frac{P(x)}{Q(x)}\log x\,dx+4\pi^2\int_r^R\frac{P(x)}{Q(x)}dx$$

$R\to\infty$、$r\to+0$ のとき、C_2、C_4 の線積分は 0 に収束することは問題と同様に示すことができます。

$Q(z)=0$ が正の実数解と持たないので、$R\to\infty$、$r\to+0$ のとき、$\dfrac{P(z)}{Q(z)}$ のすべての極、すなわち $Q(z)$ の零点 a_1、…、a_n が C で囲まれる領域に含まれます。$R\to\infty$、$r\to+0$ のとき、①は左辺に留数定理を用いて、

$$2\pi i\sum_{k=1}^{n}\mathrm{Res}\left(\frac{P(z)}{Q(z)}(\log z)^2,\ a_k\right)=-4\pi i\int_0^\infty\frac{P(x)}{Q(x)}\log x\,dx+4\pi^2\int_0^\infty\frac{P(x)}{Q(x)}dx$$

$$-\frac{1}{2}\sum_{k=1}^{n}\mathrm{Res}\left(\frac{P(z)}{Q(z)}(\log z)^2,\ a_k\right)=\int_0^\infty\frac{P(x)}{Q(x)}\log x\,dx+\pi i\int_0^\infty\frac{P(x)}{Q(x)}dx$$

となります。右辺では第 1 項が実部、第 2 項が虚部になっているので、左辺の実部を取れば公式を導くことができます。 ［証明終わり］

● $x^\alpha\times$ 有理関数（α は整数でない）の定積分

被積分関数が $x^\alpha\times$ 有理関数（α は整数でない）の定積分もここでまとめておきましょう。実は、リーマン面上のコーシーの積分公式の応用として、p.219 の

問題で、$-1<\alpha<0$、$b>0$ のとき、

$$\int_0^\infty \frac{x^\alpha}{x+b}dx=-\frac{\pi b^\alpha}{\sin\pi\alpha}$$

であることを示しました。このパターンについてはWeb補足で示します。

Column
コラム

代数学の基本定理

「はじめに」や第 1 章で予告したように、このコラムでは定理 1.02「代数学の基本定理」を証明します。定理の内容を復習しましょう。

複素数係数の n 次式は、複素数の範囲で 1 次式に因数分解できます。

$$a_n z^n + a_{n-1} z^{n-1} + a_{n-2} z^{n-2} + \cdots + a_1 z + a_0 \qquad (a_n \neq 0)$$
$$= a_n (z-\alpha_1)(z-\alpha_2)\cdots(z-\alpha_n)$$

これを用いると、複素係数の n 次方程式は、

$$a_n z^n + a_{n-1} z^{n-1} + a_{n-2} z^{n-2} + \cdots + a_1 z + a_0 = 0$$
$$a_n (z-\alpha_1)(z-\alpha_2)\cdots(z-\alpha_n) = 0$$

解は、$z = \alpha_1,\ \alpha_2,\ \cdots,\ \alpha_n$

と解くことができます。

つまり、複素係数の n 次方程式は、複素数の範囲で重複度を含めて n 個の解を持ちます。これが代数学の基本定理でした。

定理を積み重ねて、代数学の基本定理まで辿ってみましょう。

定理 5.15　リュービルの定理

$f(z)$ が複素数平面 $\mathbb{C}$ 全体で正則かつ有界であるとき、$f(z)$ は定数関数である。

$f(z)$ が $\mathbb{C}$ 全体で有界とは、ある正の数 M があって、すべての z について、

$$|f(z)| < M$$

が成り立つことです。

任意の点 a について、その点を中心とした円板 $D(a,\ r)$ を考え、$D(a,\ r)$ の周 C で定理 4.14 グルサの定理を用います。

$$|f^{(n)}(a)| \underset{\text{グルサの定理}}{=} \left| \frac{n!}{2\pi i} \oint_C \frac{f(z)}{(z-a)^{n+1}} dz \right| \underset{\text{定理 4.03}}{\leqq} \frac{n!}{2\pi} \oint_C \left| \frac{f(z)}{(z-a)^{n+1}} \right| |dz|$$
$$\leqq \frac{n!}{2\pi} \cdot \frac{M}{r^{n+1}} \cdot 2\pi r = \frac{n!M}{r^n}$$

$n \geqq 1$では、$r \to \infty$のとき、$\dfrac{n!M}{r^n} \to 0$であり、rはいくらでも大きく取ることができますから、上式が成り立つためには$|f^{(n)}(a)|$は0以外にありえません。

$$f^{(n)}(a)=0 \quad (n=1,\ 2\cdots\cdots)$$

aを中心とするテイラー展開を考えて、$D(a,\ r)$の内部の点zに関して、

$$f(z)=f(a)+\sum_{k=1}^{\infty}\frac{f^{(k)}(a)}{k!}(z-a)^k=f(a)$$

と定数関数になります。rはいくらでも大きくとることができますから、$f(z)$は$\mathbb{C}$上で定数関数になります。　［証明終わり］

定理 1.02　代数学の基本定理

複素係数のn次方程式は、

$$a_nz^n+a_{n-1}z^{n-1}+a_{n-2}z^{n-2}+\cdots+a_1z+a_0=0 \quad (a_n \neq 0)$$

は、重複度を含めてn個の解を持つ。

［証明］

$$a_nz^n+a_{n-1}z^{n-1}+a_{n-2}z^{n-2}+\cdots+a_1z+a_0=0 \quad (a_n \neq 0)$$

が解を少なくとも1個持つことを示すことができれば、解をn個持つこともすぐに示すことができます。

実際、方程式が解$z=\alpha$を持てば、因数定理により左辺は、

$$a_n(z-\alpha)(z^{n-1}+b_{n-2}z^{n-2}+\cdots+b_0)=0$$

と因数分解できます。

$$a_nz^n+a_{n-1}z^{n-1}+a_{n-2}z^{n-2}+\cdots+a_1z+a_0=0$$
$$\Leftrightarrow \quad z=\alpha \quad \text{または} \quad z^{n-1}+b_{n-2}z^{n-2}+\cdots+b_0=0$$

となり、n次方程式を解くことは、$z^{n-1}+b_{n-2}z^{n-2}+\cdots+b_0=0$という$n-1$次方程式を解くことに帰着されます。そこで、まずは解を1個持つことを示します。

$$f(z)=a_nz^n+a_{n-1}z^{n-1}+a_{n-2}z^{n-2}+\cdots+a_1z+a_0$$

$$g(z)=\frac{1}{f(z)}$$

とおきます。

背理法によって$f(z)=0$が解を少なくとも1個持つことを示しましょう。

方程式$f(z)=0$が$\mathbb{C}$上で解を持たないと仮定すると、$\mathbb{C}$上のすべての点zで$f(z)\neq 0$となりますから、$g(z)$は$\mathbb{C}$全体で正則になります。

実は、方程式$f(z)=0$が$\mathbb{C}$上で解を持たないとき、$g(z)$は$\mathbb{C}$全体で有界になります。次にこのことを示しましょう。

$$\begin{aligned}|f(z)|&=|a_nz^n+a_{n-1}z^{n-1}+a_{n-2}z^{n-2}+\cdots+a_1z+a_0|\\&\leqq|a_n||z|^n+|a_{n-1}||z|^{n-1}+|a_{n-2}||z|^{n-2}+\cdots+|a_1||z|+|a_0|\\&=|z|^n\left(|a_n|+\frac{|a_{n-1}|}{|z|}+\frac{|a_{n-2}|}{|z|^2}+\cdots+\frac{|a_1|}{|z|^{n-1}}+\frac{|a_0|}{|z|^n}\right)\end{aligned}$$

ですから、$|z|\to\infty$のとき、$|f(z)|\to\infty$となります。これより、

$$\lim_{|z|\to\infty}|g(z)|=\lim_{|z|\to\infty}\left|\frac{1}{f(z)}\right|=\lim_{|z|\to\infty}\frac{1}{|f(z)|}=0$$

です。これは、$|z|$を大きくしていけば、$|g(z)|$をいくらでも0に近づけることができるということです。つまり、どんな小さい数mを選んでも、$|z|$を大きくすれば、$|g(z)|<m$を満たすようにできる、正確に言うと、Rを選んで、

$$|z|>R\text{ のとき、}|g(z)|<m$$

とできることです。$|z|>R$のとき$g(z)$は有界になります。

一方、$|z|\leqq R$のとき、$g(z)$は$D(0,\ R)$とその周で正則ですから、定理4.23最大値の原理により$|g(z)|$は$D(0,\ R)$の周で最大値を持ちます。その最大値をMとすると、

$$|z|\leqq R\text{ のとき、}|g(z)|\leqq M$$

$|g(z)|\leqq \mathrm{Max}(m,\ M)$であり、$g(z)$は$\mathbb{C}$全体で有界になります。

$g(z)$は$\mathbb{C}$全体で有界かつ正則ですから、定理5.15リュービルの定理により$\mathbb{C}$全体で定数関数となります。このとき$f(z)$も定数関数となり矛盾します。

よって、$f(z)$は$\mathbb{C}$上に$f(z)=0$となる点を少なくとも1個持ちます。

［証明終わり］

索引

■た行

あとがき

　このたび、「一冊でマスター」シリーズの「複素関数」を出版することができました。これも、先の「微分積分」、「線形代数」、「統計学」をご愛用いただいた皆様に書籍を評価していただいたおかげです。誠にありがとうございます。「複素関数」も、あなたの本棚に収まり、日々の学習のお役に立つことができれば、著者としてこれ以上の喜びはありません。

「複素関数」では、シリーズの先のものにはなかった新しい試みがあります。それは「Web 補足」です。理論として重要ではあるけれど、本文中で取り上げるには少々突っ込みすぎた内容を、Web 上で補足することにしたのです。文中の2次元バーコードから Web 上のページにアクセスすることができます。

　もともと「一冊でマスター」シリーズは、演習編の問題を技術評論社のサポートページからダウンロードでき、Web を利用する書籍でした。今回は、それをさらに発展させて、コンテンツの一部を Web 上に置くことにしたのです。これにより、論旨も明確になり、読みやすくなります。このような仕掛けは、学習参考書・専門書のエディトリアル・デザインとして、これからもっと使われていくことでしょう。

「1冊でマスター」シリーズは、これからも進化し続けていきます。ぜひとも応援していただければ幸いです。

　本書を企画・編集していただいた技術評論社の成田恭実氏、原稿・ゲラの段階で貴重なご意見をいただいた佐々木和美氏・小山拓輝氏・岡本健太郎氏に心より感謝申し上げます。また、出版の縁を作っていただいた「大人のための数学教室」代表堀口智之氏、東京出版社主黒木美左雄氏に深く感謝いたします。

令和4年5月

石井俊全

著者略歴

石井 俊全（いしい としあき）
1965年東京生まれ。
東京大学建築学科卒、東京工業大学数学科
修士課程卒。
「大人のための数学教室 和」講師。

●主な著書
「まずはこの一冊から 意味がわかる」シリーズ
　『線形代数』『統計学』『多変量解析』
『ガロア理論の頂を踏む』
『一般相対性理論を一歩一歩数式で理解する』
　（いずれも、ベレ出版）
『1冊でマスター 大学の微分積分』
『1冊でマスター 大学の線形代数』
『1冊でマスター 大学の統計学』
　（いずれも、技術評論社）

本書の最新情報やダウンロード用ファイルについての詳細は
右の QR コードから書籍サポートページにアクセスのうえ、
ご活用ください。

カバー　　　　　　●下野ツヨシ（ツヨシ＊グラフィックス）
本文フォーマット●下野ツヨシ（ツヨシ＊グラフィックス）
本文制作　　　　　●株式会社 明昌堂

1《いっ》冊《さつ》でマスター　大学《だいがく》の複《ふく》素《そ》関数《かんすう》

2022 年 7 月 21 日　初版　第 1 刷発行

著　者　　　　石《いし》井《い》 俊全《としあき》
発行者　　　　片岡 巖
発行所　　　　株式会社技術評論社
　　　　　　　東京都新宿区市谷左内町 21-13
　　　　　　　電話　03-3513-6150　販売促進部
　　　　　　　　　　03-3267-2270　書籍編集部
印刷・製本　　昭和情報プロセス株式会社

定価はカバーに表示してあります。

ISBN978-4-297-12878-4 C3041
Printed in Japan

1冊でマスター

大学の複素関数

別冊

問題演習と解答

[使い方]

同じテーマで、
演習問題と確認問題が組になっています。

演習問題が難しいと思った人は
講義編に戻ってみるとよいでしょう。

独習用として当冊子から解答をはずしたものを
PDFにて配布しています
(https://gihyo.jp/book/2022/978-4-297-12878-4)

技術評論社

ステップ 演習 ▶複素数の相等・四則演算(講義編 p.20, 21 参照)

(1) 次の式を満たす実数 x、y を求めよ。

$(2+i)x+(1-i)y=5+4i$

(2) 次の計算をして、実部と虚部を求めよ。

(a) $(1-3i)i-(-2+5i)$ (b) $\dfrac{-1+\sqrt{2}\,i}{\sqrt{2}+i}$

(3) $z+\dfrac{2}{z}$ が実数となるような z を複素数平面上に図示せよ。

(1) 左辺を実部と虚部に整理して、

$(2+i)x+(1-i)y=2x+y+(x-y)i$

これが $5+4i$ に等しいので、$2x+y=5$、$x-y=4$

この連立方程式を解くと、$x=3$、$y=-1$

(2) (a) $(1-3i)i-(-2+5i)=i+3+2-5i=5-4i$

実部は 5、虚部は -4

(b) $$\frac{-1+\sqrt{2}\,i}{\sqrt{2}+i}=\frac{(-1+\sqrt{2}\,i)(\sqrt{2}-i)}{(\sqrt{2}+i)(\sqrt{2}-i)}=\frac{-\sqrt{2}+i+(\sqrt{2})^2i+(-\sqrt{2}\,i^2)}{(\sqrt{2})^2-i^2}$$

$$=\frac{3i}{3}=i$$

実部は 0、虚部は 1

(3) $z=x+yi$ とおくと、

$$z+\frac{2}{z}=\frac{z^2+2}{z}=\frac{(x+yi)^2+2}{x+yi}=\frac{(x^2-y^2+2+2xyi)(x-yi)}{(x+yi)(x-yi)}$$

$$=\frac{(x^3+xy^2+2x)+(x^2y+y^3-2y)i}{x^2+y^2}$$

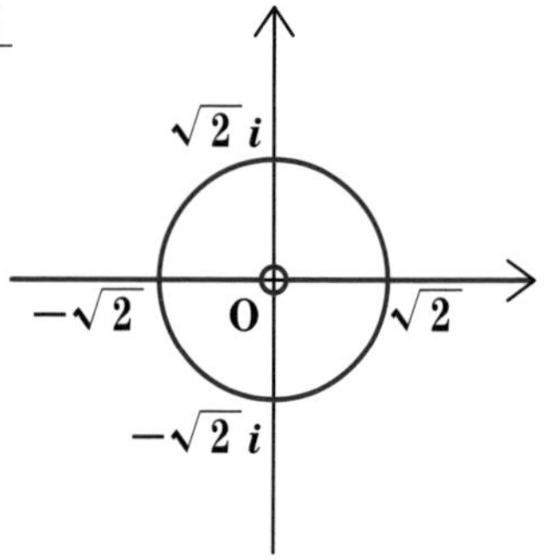

これが実数になる条件は、$x^2+y^2\neq0$ のもとで、

$x^2y+y^3-2y=0$ $(x^2+y^2-2)y=0$

$x^2+y^2-2=0$ または $y=0$

なので、原点を中心とした半径 $\sqrt{2}$ の円または

原点を除く実軸

ジャンプ

確認 ▶複素数の相等　四則演算

(1)　次の式を満たす有理数 x 、y、z を求めよ。

$$(1+i)x+(1+\sqrt{2}i)y+(\sqrt{2}+1)iz=3+(4\sqrt{2}+5)i$$

(2)　次の計算をして、実部と虚部に分けた形で答えよ。

(a)　$(i-\sqrt{2})\sqrt{3}i-2\sqrt{6}i+3\sqrt{3}$　　　(b)　$\dfrac{1-\sqrt{2}}{(1+i)+\sqrt{2}i}$

(3)　$z^2+\dfrac{2}{z^2}$が実数となるような z を複素数平面上に図示せよ。

(1)　$(1+i)x+(1+\sqrt{2}i)y+(\sqrt{2}+1)iz=(x+y)+\{(y+z)\sqrt{2}+z+x\}i$

これが $3+(4\sqrt{2}+5)i$ に等しいので、$x+y=3$、$y+z=4$、$z+x=5$

この連立方程式を解くと、$x=2$、$y=1$、$z=3$

(2)　(a)　$(i-\sqrt{2})\sqrt{3}i-2\sqrt{6}i+3\sqrt{3}=-\sqrt{3}-\sqrt{6}i-2\sqrt{6}i+3\sqrt{3}=2\sqrt{3}-3\sqrt{6}i$

(b)　$\dfrac{1-\sqrt{2}}{(1+i)+\sqrt{2}i}=\dfrac{1-\sqrt{2}}{1+(1+\sqrt{2})i}=\dfrac{(1-\sqrt{2})\{1-(1+\sqrt{2})i\}}{\{1+(1+\sqrt{2})i\}\{1-(1+\sqrt{2})i\}}$

$$=\frac{1-\sqrt{2}-(1-\sqrt{2})(1+\sqrt{2})i}{1^2+(1+\sqrt{2})^2}=\frac{1-\sqrt{2}+i}{4+2\sqrt{2}}=\frac{-(\sqrt{2}-1)^2+(\sqrt{2}-1)i}{2\sqrt{2}(\sqrt{2}+1)(\sqrt{2}-1)}$$

$$=\frac{1}{2\sqrt{2}}\{-3+2\sqrt{2}+(\sqrt{2}-1)i\}=\left(1-\frac{3}{4}\sqrt{2}\right)+\left(\frac{1}{2}-\frac{\sqrt{2}}{4}\right)i$$

(3)　$z=x+yi$ とおくと、

$$z^2+\frac{2}{z^2}=\frac{z^4+2}{z^2}=\frac{(x+yi)^4+2}{(x+yi)^2}=\frac{(x+yi)^4(x-yi)^2+2(x-yi)^2}{(x+yi)^2(x-yi)^2}$$

$$=\frac{(x+yi)^2(x^2+y^2)^2+2(x-yi)^2}{(x^2+y^2)^2}=\frac{(x^2-y^2+2xyi)(x^2+y^2)^2+2(x^2-y^2-2xyi)}{(x^2+y^2)^2}$$

$$=\frac{(x^2-y^2)\{(x^2+y^2)^2+2\}+2xy\{(x^2+y^2)^2-2\}i}{(x^2+y^2)^2}$$

これが実数になる条件は、$x^2+y^2\neq 0$ のもとで、

$2xy\{(x^2+y^2)^2-2\}=0$

$x^2+y^2=\sqrt{2}$　または　$x=0$　または $y=0$

なので、原点を中心とした半径$\sqrt{2}$の円または原点を除く実軸または原点を除く虚軸。

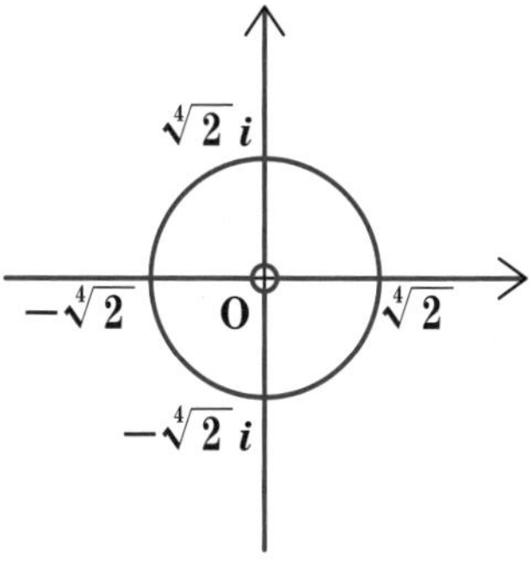

ステップ **演習** ▶ド・モアブルの定理、方程式 $z^n=\alpha$(講義編 p.35 参照)

(1)　$(2-2i)^{10}$ を計算せよ。

(2)　$\left(\dfrac{1+\sqrt{2}+i}{1+\sqrt{2}-i}\right)^{50}$ を計算せよ。

(3)　$z^3=-4\sqrt{2}-4\sqrt{2}\,i$ を満たす z を求めよ。

(1)　$2-2i$ を極形式で表示すると、

$$2-2i=2\sqrt{2}\left\{\cos\left(-\frac{\pi}{4}\right)+i\sin\left(-\frac{\pi}{4}\right)\right\}$$

$$(2-2i)^{10}=\left[2\sqrt{2}\left\{\cos\left(-\frac{\pi}{4}\right)+i\sin\left(-\frac{\pi}{4}\right)\right\}\right]^{10}$$

$$=(2\sqrt{2})^{10}\left\{\cos\left(-\frac{10\pi}{4}\right)+i\sin\left(-\frac{10\pi}{4}\right)\right\}$$

$$=2^{\frac{3}{2}\cdot 10}\left\{\cos\left(-\frac{\pi}{2}\right)+i\sin\left(-\frac{\pi}{2}\right)\right\}=-2^{15}i$$

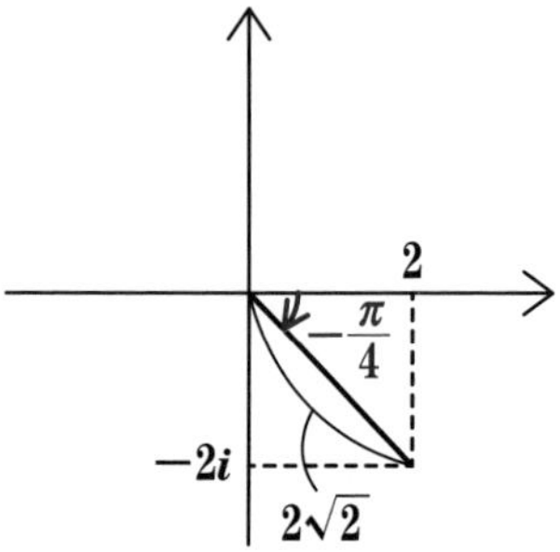

(2)　$$\frac{1+\sqrt{2}+i}{1+\sqrt{2}-i}=\frac{(1+\sqrt{2}+i)^2}{(1+\sqrt{2}-i)(1+\sqrt{2}+i)}$$

$$=\frac{(1+\sqrt{2})^2+2(1+\sqrt{2})i+i^2}{(1+\sqrt{2})^2-i^2}$$

$$=\frac{2+2\sqrt{2}+(2+2\sqrt{2})i}{4+2\sqrt{2}}$$

[$4+2\sqrt{2}=(2+2\sqrt{2})\times\sqrt{2}$]

$$=\frac{\sqrt{2}}{2}+\frac{\sqrt{2}}{2}i=\cos\frac{\pi}{4}+i\sin\frac{\pi}{4}$$

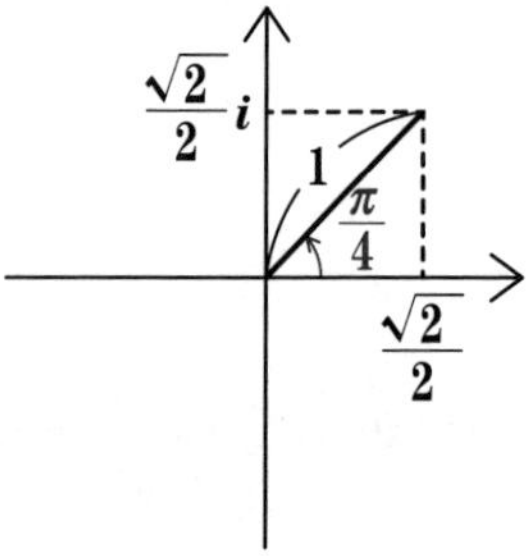

$$\left(\frac{1+\sqrt{2}+i}{1+\sqrt{2}-i}\right)^{50}=\left(\cos\frac{\pi}{4}+i\sin\frac{\pi}{4}\right)^{50}$$

$$=\cos\left(\frac{50\pi}{4}\right)+i\sin\left(\frac{50\pi}{4}\right)=\cos\frac{\pi}{2}+i\sin\frac{\pi}{2}=i$$

(3)　$-4\sqrt{2}-4\sqrt{2}\,i$ を極形式で表示すると、

$$-4\sqrt{2}-4\sqrt{2}\,i=8\left(\cos\frac{5\pi}{4}+i\sin\frac{5\pi}{4}\right)$$

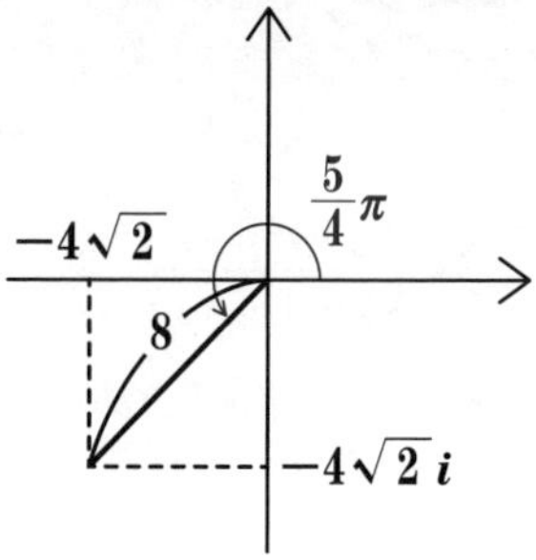

$z=r(\cos\theta+i\sin\theta)$ とおくと、

$z^3=r^3(\cos3\theta+i\sin3\theta)$ なので、

$z^3=-4\sqrt{2}-4\sqrt{2}\,i$ の絶対値と偏角を比べて、

$$r^3=8\qquad 3\theta=\frac{5\pi}{4}+2n\pi\quad (n\text{ は整数})$$

これを解いて、$r=2\qquad \theta=\dfrac{5\pi}{12}+\dfrac{2n\pi}{3}$　（n は整数）

$$z=r(\cos\theta+i\sin\theta)=2\left\{\cos\left(\frac{5\pi}{12}+\frac{2n\pi}{3}\right)+i\sin\left(\frac{5\pi}{12}+\frac{2n\pi}{3}\right)\right\}\quad (n\text{ は整数})$$

$$=2\left(\cos\frac{5\pi}{12}+i\sin\frac{5\pi}{12}\right),\ 2\left(\cos\frac{13\pi}{12}+i\sin\frac{13\pi}{12}\right),\ 2\left(\cos\frac{21\pi}{12}+i\sin\frac{21\pi}{12}\right)$$

$$\left[\ \cos\frac{5\pi}{12}=\cos\left(\frac{\pi}{4}+\frac{\pi}{6}\right)=\cos\frac{\pi}{4}\cos\frac{\pi}{6}-\sin\frac{\pi}{4}\sin\frac{\pi}{6}=\frac{\sqrt{2}}{2}\cdot\frac{\sqrt{3}}{2}-\frac{\sqrt{2}}{2}\cdot\frac{1}{2}=\frac{\sqrt{6}-\sqrt{2}}{4}\ \right]$$

$$=2\left(\frac{\sqrt{6}-\sqrt{2}}{4}+\frac{\sqrt{6}+\sqrt{2}}{4}i\right),\ 2\left(-\frac{\sqrt{6}+\sqrt{2}}{4}-\frac{\sqrt{6}-\sqrt{2}}{4}i\right),\ 2\left(\frac{\sqrt{2}}{2}-\frac{\sqrt{2}}{2}i\right)$$

$$=\frac{\sqrt{6}-\sqrt{2}}{2}+\frac{\sqrt{6}+\sqrt{2}}{2}i,\ -\frac{\sqrt{6}+\sqrt{2}}{2}-\frac{\sqrt{6}-\sqrt{2}}{2}i,\ \sqrt{2}-\sqrt{2}\,i$$

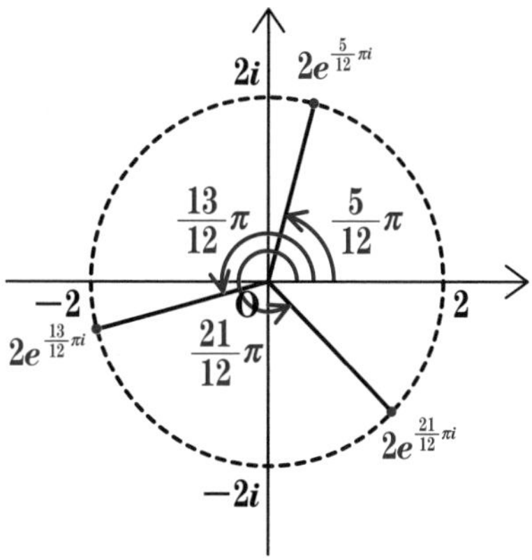

原点を中心に持つ半径 2 の円を

3 等分する点になる

ジャンプ 確認 ▶ド・モアブルの定理、方程式 $z^n=\alpha$

(1) $(-\sqrt{3}+3i)^{18}$ を計算せよ。

(2) $\left(\dfrac{2+\sqrt{3}+i}{2+\sqrt{3}-i}\right)^{50}$ を計算せよ。

(3) $z^6=\sqrt{3}+i$ を満たす z を求めよ。

(1) $-\sqrt{3}+3i$ を極形式で表示すると、

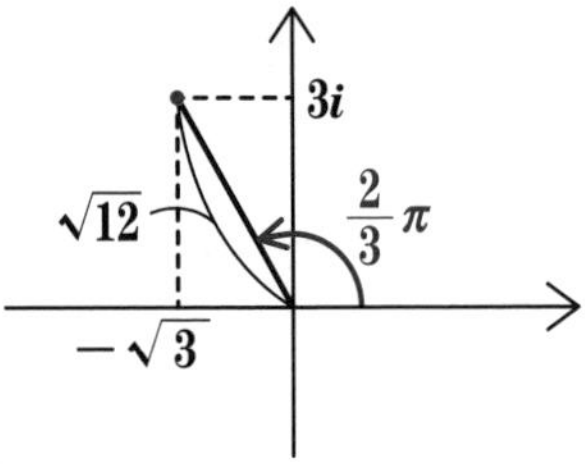

$$-\sqrt{3}+3i=\sqrt{12}\left(\cos\frac{2\pi}{3}+i\sin\frac{2\pi}{3}\right)$$

$$(-\sqrt{3}+3i)^{18}=\left\{\sqrt{12}\left(\cos\frac{2\pi}{3}+i\sin\frac{2\pi}{3}\right)\right\}^{18}$$

$$=(\sqrt{12})^{18}\left\{\cos\left(18\cdot\frac{2\pi}{3}\right)+i\sin\left(18\cdot\frac{2\pi}{3}\right)\right\}$$

$$=(\sqrt{12})^{2\cdot 9}(\cos 12\pi+i\sin 12\pi)$$

$$=12^9$$

(2) $$\frac{2+\sqrt{3}+i}{2+\sqrt{3}-i}=\frac{(2+\sqrt{3}+i)^2}{(2+\sqrt{3}-i)(2+\sqrt{3}+i)}$$

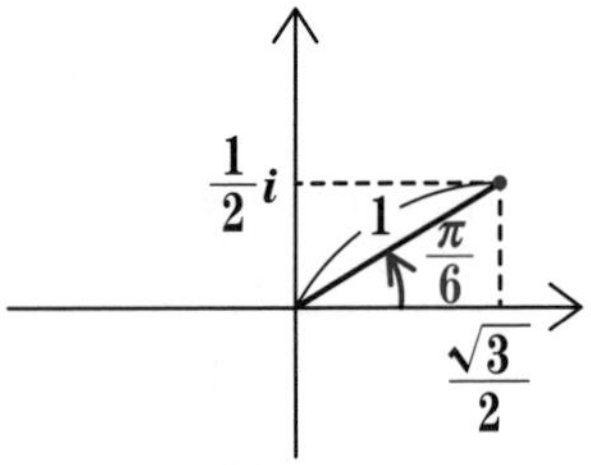

$$=\frac{(2+\sqrt{3})^2+2(2+\sqrt{3})i+i^2}{(2+\sqrt{3})^2-i^2}$$

$$=\frac{6+4\sqrt{3}+(4+2\sqrt{3})i}{8+4\sqrt{3}}$$

$[6+4\sqrt{3}=(4+2\sqrt{3})\times\sqrt{3}]$

$$=\frac{\sqrt{3}}{2}+\frac{1}{2}i=\cos\frac{\pi}{6}+i\sin\frac{\pi}{6}$$

$$\left(\frac{2+\sqrt{3}+i}{2+\sqrt{3}-i}\right)^{50}=\left(\cos\frac{\pi}{6}+i\sin\frac{\pi}{6}\right)^{50}=\cos\left(50\cdot\frac{\pi}{6}\right)+i\sin\left(50\cdot\frac{\pi}{6}\right)$$

$$=\cos\frac{2\pi}{6}+i\sin\frac{2\pi}{6}=\frac{1}{2}+\frac{\sqrt{3}}{2}i$$

(3) $\sqrt{3}+i$ を極形式で表示すると、

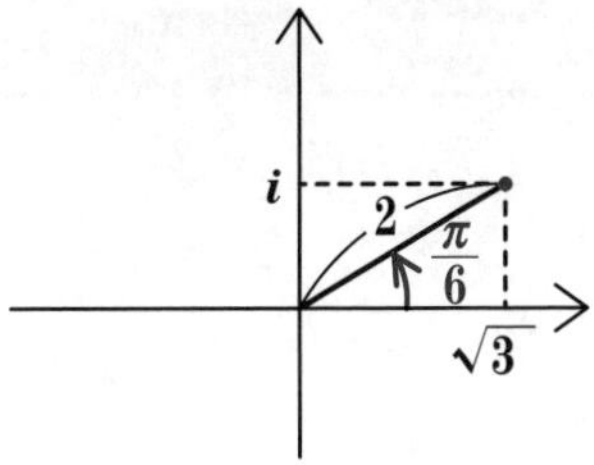

$$\sqrt{3}+i=2\left(\cos\frac{\pi}{6}+i\sin\frac{\pi}{6}\right)$$

$z=r(\cos\theta+i\sin\theta)$ とおくと、

$z^6=r^6(\cos6\theta+i\sin6\theta)$ なので、

$z^6=\sqrt{3}+i$ の絶対値と偏角を比べて、

$$r^6=2 \qquad 6\theta=\frac{\pi}{6}+2n\pi \quad (n \text{ は整数})$$

これを解いて、$r=2^{\frac{1}{6}} \qquad \theta=\dfrac{\pi}{36}+\dfrac{n\pi}{3} \quad (n$ は整数)

$$z=r(\cos\theta+i\sin\theta)=2^{\frac{1}{6}}\left\{\cos\left(\frac{\pi}{36}+\frac{n\pi}{3}\right)+i\sin\left(\frac{\pi}{36}+\frac{n\pi}{3}\right)\right\} \quad (n \text{ は整数})$$

$$=2^{\frac{1}{6}}\left(\cos\frac{\pi}{36}+i\sin\frac{\pi}{36}\right),\ 2^{\frac{1}{6}}\left(\cos\frac{13\pi}{36}+i\sin\frac{13\pi}{36}\right),\ 2^{\frac{1}{6}}\left(\cos\frac{25\pi}{36}+i\sin\frac{25\pi}{36}\right),$$

$$2^{\frac{1}{6}}\left(\cos\frac{37\pi}{36}+i\sin\frac{37\pi}{36}\right),\ 2^{\frac{1}{6}}\left(\cos\frac{49\pi}{36}+i\sin\frac{49\pi}{36}\right),\ 2^{\frac{1}{6}}\left(\cos\frac{61\pi}{36}+i\sin\frac{61\pi}{36}\right)$$

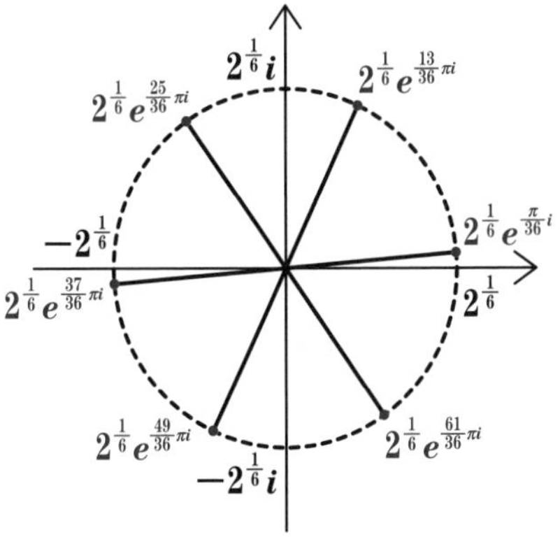

原点を中心に持つ半径 $2^{\frac{1}{6}}$ の円を

6 等分する点になる。

ステップ 演習 ▶直線・円（講義編 p.44, 47, 60, 63 参照）

次の方程式を満たす z を複素数平面上に図示せよ。

(1)　$(-1+2i)z+(-1-2i)\overline{z}-4=0$

(2)　$z\overline{z}+(-1+2i)z+(-1-2i)\overline{z}-4=0$

(3)　$|z+2|=|z-i|$

(4)　$2|z+3i|=|z|$

(1)、(3)、(4) については $z=x+yi$ とおいて式を整理して、複素数平面と xy 平面を同一視して図示する。(2) については z のままの方が早い。

(1)　$(-1+2i)(x+yi)+(-1-2i)(x-yi)-4=0$

$-x-2y+(2x-y)i-x-2y+(-2x+y)i-4=0$

$-2x-4y-4=0 \qquad x+2y+2=0$

(2)　$(z-1-2i)(\overline{z}-1+2i)-4=(-1-2i)(-1+2i)$

$|z-1-2i|^2=4+1^2+2^2$

$|z-1-2i|=3$　　（$1+2i$ を中心とした半径 3 の円）

(3)　$|z+2|^2-|z-i|^2=0$

$(z+2)(\overline{z}+2)-(z-i)(\overline{z}+i)=0$

$(x+yi+2)(x-yi+2)-\{x+(y-1)i\}\{x-(y-1)i\}=0$

$(x+2)^2+y^2-x^2-(y-1)^2=0$

$4x+2y+3=0$

［(3) 別解］

式をそのまま読み、z は -2 と i から等距離にある点であるから、-2 と i の垂直二等分線である。

(4)　$4|z+3i|^2-|z|^2=0$

$4(z+3i)(\overline{z}-3i)-z\overline{z}=0$

$4(x+yi+3i)(x-yi-3i)-(x+yi)(x-yi)=0$

$4\{x^2+(y+3)^2\}-(x^2+y^2)=0$

$3x^2+3y^2+24y+36=0$

$x^2+y^2+8y+12=0$

$x^2+(y+4)^2=4$

［(4) 別解］

$|z|:|z+3i|=2:1$ と変形でき、z は、0 からの距離と $-3i$ からの距離が 2：1 になる点であるから、アポロニウスの円である。0 と $-3i$ を 2：1 に内分する点（$-2i$）と 2：1 に外分する点（$-6i$）を結んだ線分を直径とする円になる。

(1)

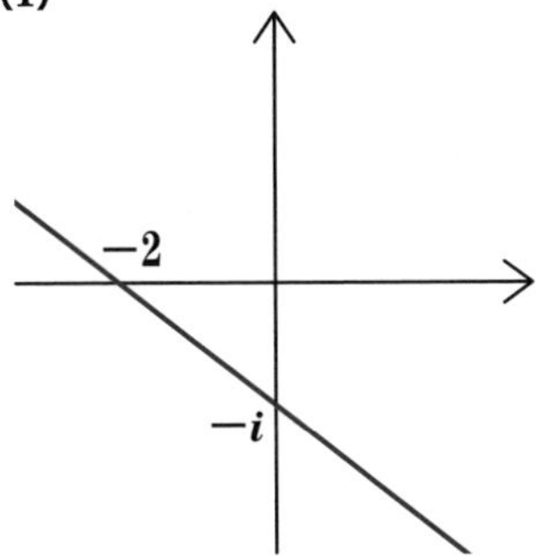

(2)

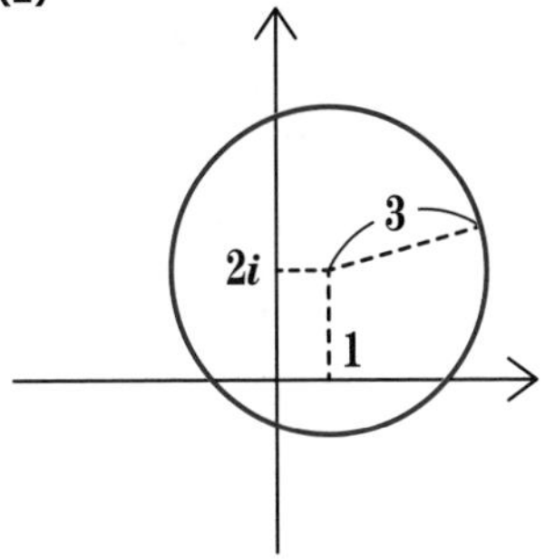

(3)

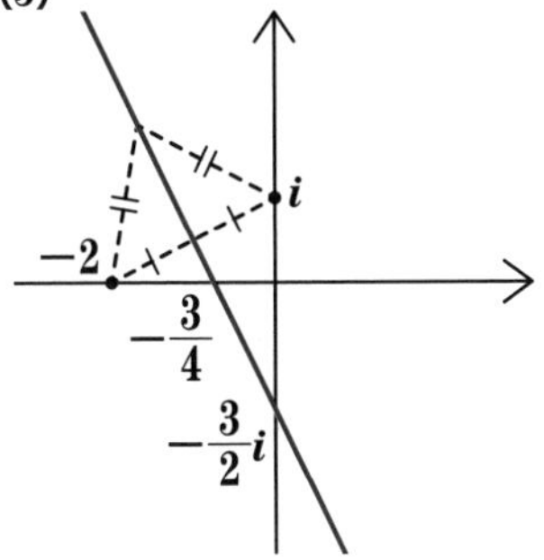

(4)

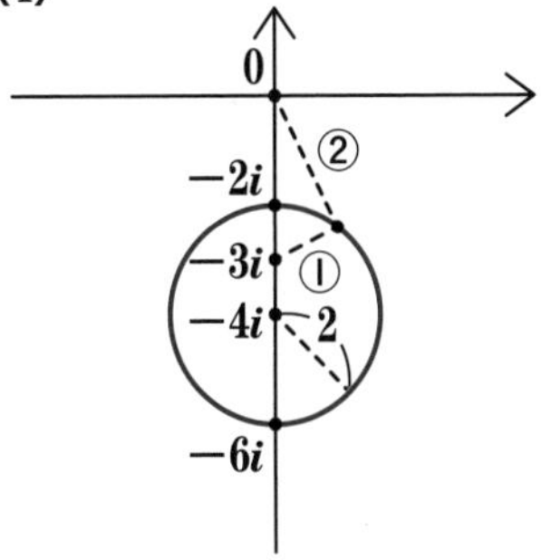

ジャンプ 確認 ▶直線・円

複素数平面上で次の方程式が表す図形を求めよ。

(1)　$(3+2i)z+(3-2i)\overline{z}+7=0$

(2)　$z\overline{z}+(3+i)z+(3-i)\overline{z}-5=0$

(3)　$|z+3-i|=|z-1+5i|$

(4)　$2|z-3+5i|=|z+3-i|$

(1)、(3)、(4) については $z=x+yi$ とおいて式を整理して、複素数平面と xy 平面を同一視して図示する。(2) については z のままの方が早い。

(1)　$(3+2i)(x+yi)+(3-2i)(x-yi)+7=0$

$3x-2y+(2x+3y)i+3x-2y+(-2x-3y)i+7=0$

$6x-4y+7=0$

(2)　$(z+3-i)(\overline{z}+3+i)-5=(3-i)(3+i)$

$|z+3-i|^2=5+3^2+1^2$

$|z+3-i|=\sqrt{15}$　　($-3+i$ を中心とした半径 $\sqrt{15}$ の円)

(3)　$|z+3-i|^2-|z-1+5i|^2=0$

$(z+3-i)(\overline{z}+3+i)-(z-1+5i)(\overline{z}-1-5i)=0$

$(x+yi+3-i)(x-yi+3+i)-(x+yi-1+5i)(x-yi-1-5i)=0$

$(x+3)^2+(y-1)^2-(x-1)^2-(y+5)^2=0$

$8x-12y-16=0$　　$2x-3y-4=0$

[(3) 別解]

式をそのまま読み、z は $-3+i$ と $1-5i$ から等距離にある点であるから、$-3+i$ と $1-5i$ の垂直二等分線である。

(4)　$4|z-3+5i|^2-|z+3-i|^2=0$

$4(z-3+5i)(\overline{z}-3-5i)-(z+3-i)(\overline{z}+3+i)=0$

$4(x+yi-3+5i)(x-yi-3-5i)-(x+yi+3-i)(x-yi+3+i)=0$

$4\{(x-3)^2+(y+5)^2\}-(x+3)^2-(y-1)^2=0$

$4x^2-24x+4y^2+40y+136-x^2-6x-y^2+2y-10=0$

$3x^2-30x+3y^2+42y+126=0$　　$x^2-10x+y^2+14y+42=0$

$(x-5)^2+(y+7)^2=32$

［(4) 別解］

$|z+3-i|:|z-3+5i|=2:1$ と変形でき、z は、$-3+i$ からの距離と $3-5i$ からの距離が $2:1$ になる点であるから、アポロニウスの円である。$-3+i$ と $3-5i$ を $2:1$ に内分する点 $(1-3i)$ と $2:1$ に外分する点 $(9-11i)$ を結んだ線分を直径とする円になる。

(1)

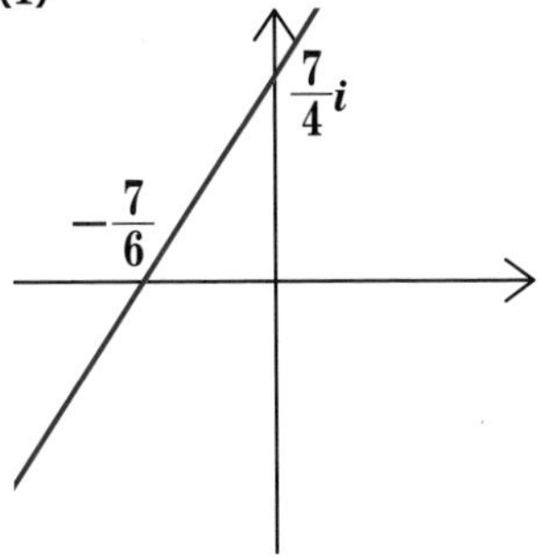

(2)

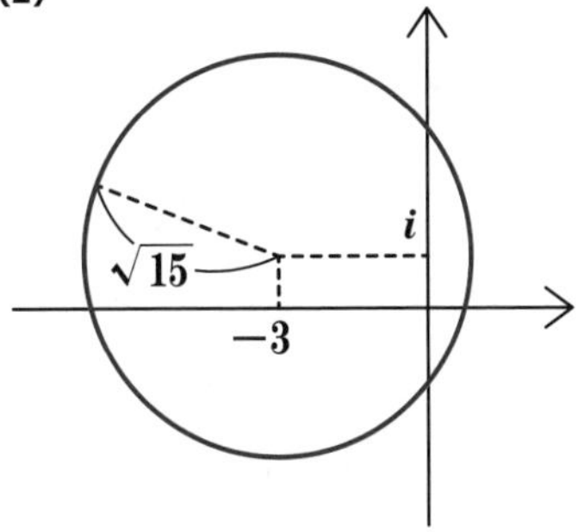

(3)

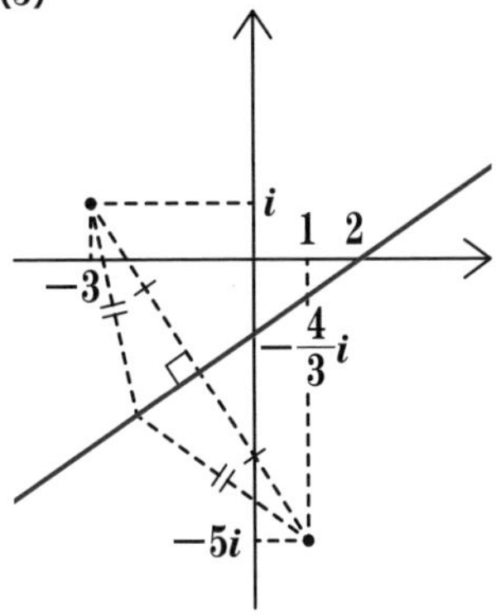

(4)

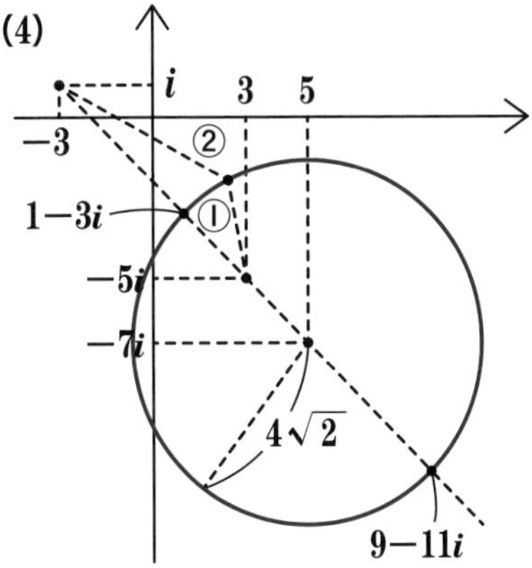

ステップ

演習 ▶1次分数変換による像（講義編 p.70参照）

単位円 $|z|=1$ を1次分数変換 $w=\dfrac{2z-1}{z+i}$ によって移した図形を求めよ。

$w=\dfrac{2z-1}{z+i}$ から z を求めて、$z=\dfrac{iw+1}{-w+2}$

これを $|z|=1$ に代入して、

$$\left|\frac{iw+1}{-w+2}\right|=1 \qquad \frac{|iw+1|}{|-w+2|}=1$$

$$|iw+1|^2=|-w+2|^2$$

$$(iw+1)(-i\overline{w}+1)=(-w+2)(-\overline{w}+2)$$

$$w\overline{w}+iw-i\overline{w}+1=w\overline{w}-2w-2\overline{w}+4$$

$$(2+i)w+(2-i)\overline{w}-3=0$$

$w=x+yi$ とおいて x、y の条件式に直すと、

$(2+i)(x+yi)+(2-i)(x-yi)-3=0$

これの実部より、

$4x-2y-3=0$

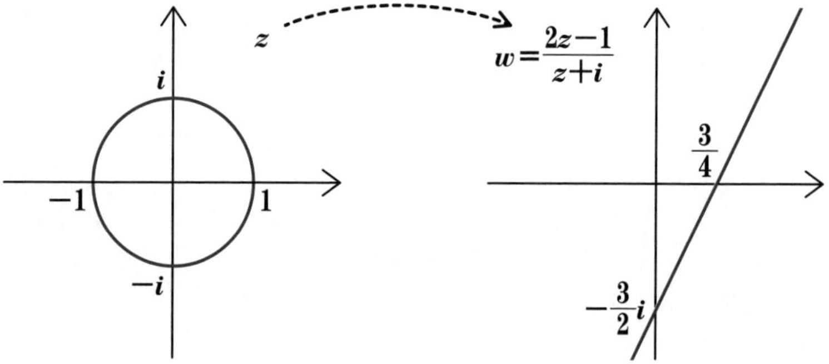

ジャンプ

確認 ▶1次分数変換による像

直線 $(1+i)z+(1-i)\bar{z}-4=0$ を1次分数変換 $w=\dfrac{-z+4i}{iz+2}$ で移した図形を求めよ。

$w=\dfrac{-z+4i}{iz+2}$ から z を求めて、$z=\dfrac{2w-4i}{-iw-1}$

これを $(1+i)z+(1-i)\bar{z}-4=0$ に代入すると、　$\overline{\left(\dfrac{2w-4i}{-iw-1}\right)}=\dfrac{2\bar{w}+4i}{i\bar{w}-1}$

$$(1+i)\left(\frac{2w-4i}{-iw-1}\right)+(1-i)\left(\frac{2\bar{w}+4i}{i\bar{w}-1}\right)-4=0$$

$$(1+i)(2w-4i)(i\bar{w}-1)+(1-i)(2\bar{w}+4i)(-iw-1)-4(-iw-1)(i\bar{w}-1)=0$$

$$(1+i)(w-2i)(i\bar{w}-1)+\underline{(1-i)(\bar{w}+2i)(-iw-1)}-2(-iw-1)(i\bar{w}-1)=0$$

$$(-1+i)w\bar{w}+(-1-i)w+(2+2i)\bar{w}-2+2i$$

$$+\underline{(-1-i)w\bar{w}+(2-2i)w+(-1+i)\bar{w}-2-2i}-2w\bar{w}-2iw+2i\bar{w}-2=0$$

$$-4w\bar{w}+(1-5i)w+(1+5i)\bar{w}-6=0$$

$$w\bar{w}+\left(\frac{-1+5i}{4}\right)w+\left(\frac{-1-5i}{4}\right)\bar{w}+\frac{3}{2}=0$$

$$\left(w-\frac{1+5i}{4}\right)\left(\bar{w}-\frac{1-5i}{4}\right)=\left(\frac{-1+5i}{4}\right)\left(\frac{-1-5i}{4}\right)-\frac{3}{2}$$

$$\left|w-\frac{1+5i}{4}\right|^2=\frac{1}{8}$$

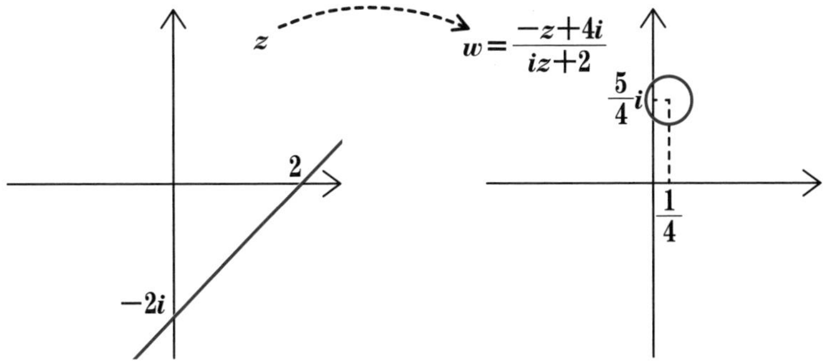

ステップ 演習 ▶1次分数変換（講義編 p.72, 75 参照）

(1)　2を0に、iを1に、-1を∞に移す1次分数変換を求めよ。

(2)　上半平面を単位円板に移す1次分数変換で、$2i$を0に、1をiに移すものを求めよ。

(3)　単位円板を単位円板に移す1次分数変換で、$\dfrac{1}{2}i$を0に、1をiに移すものを求めよ。

(1)　$$w=\frac{(z-2)(i+1)}{(z+1)(i-2)}=\frac{(1+i)z-2-2i}{(-2+i)z-2+i}$$

(2)　$$w=e^{i\theta}\frac{z-2i}{z+2i}$$

は、上半平面を単位円板に移し、$2i$を0に移す1次分数変換である。

$z=1$のとき、$w=e^{i\theta}\dfrac{z-2i}{z+2i}=e^{i\theta}\dfrac{1-2i}{1+2i}$であり、

これがiなので、$e^{i\theta}\dfrac{1-2i}{1+2i}=i$,　$e^{i\theta}=\dfrac{i(1+2i)}{1-2i}$

よって、$w=e^{i\theta}\dfrac{z-2i}{z+2i}=\dfrac{i(1+2i)}{1-2i}\cdot\dfrac{z-2i}{z+2i}=\dfrac{(-2+i)z+2+4i}{(1-2i)z+4+2i}$

(3)　$$w=e^{i\theta}\frac{z-\frac{1}{2}i}{1+\frac{1}{2}iz}=e^{i\theta}\frac{2z-i}{iz+2}$$

は、単位円板を単位円板に移し、$\dfrac{1}{2}i$を0に移す1次分数変換である。

$z=1$のとき、$w=e^{i\theta}\dfrac{2z-i}{iz+2}=e^{i\theta}\dfrac{2-i}{2+i}$

これがiなので、$e^{i\theta}\dfrac{2-i}{2+i}=i$,　$e^{i\theta}=\dfrac{i(2+i)}{2-i}$

$$w=e^{i\theta}\frac{2z-i}{iz+2}=\frac{i(2+i)}{2-i}\cdot\frac{2z-i}{iz+2}=\frac{(-2+4i)z+2+i}{(1+2i)z+4-2i}$$

確認 ▶1次分数変換

(1)　2を1に、i を $-i$ に、-1 を $-2i$ に移す1次分数変換を求めよ。

(2)　$|z|=1$ を $|w+1|=1$ に、-1 を $-1+i$ に、$2i$ を -1 に移す1次分数変換を求めよ。

(1)　$z=2$ を0に、$z=i$ を1に、$z=-1$ を ∞ に移す1次分数変換と、$w=1$ を0に、$w=-i$ を1に、$w=-2i$ を ∞ に移す1次分数変換を等号で結んで w について解く。

$$\frac{(z-2)(i+1)}{(z+1)(i-2)}=\frac{(w-1)(-i+2i)}{(w+2i)(-i-1)}$$

$$\frac{-(z-2)(i+1)^2}{(z+1)i(i-2)}=\frac{w-1}{w+2i}$$

$$\frac{-2iz+4i}{(-1-2i)z-1-2i}=\frac{w-1}{w+2i}$$

公式 1.23
$z=\dfrac{aw+b}{cw+d}$ のとき、$w=\dfrac{dz-b}{-cz+a}$ で、
$a=1$、$b=-1$、$c=1$、$d=2i$ とする。

$$w=\frac{2i\left(\dfrac{-2iz+4i}{(-1-2i)z-1-2i}\right)+1}{-\left(\dfrac{-2iz+4i}{(-1-2i)z-1-2i}\right)+1}=\frac{(3-2i)z-9-2i}{-z-1-6i}$$

(2)　円 $|z+1|=1$ を $+1$ 平行移動すると $|z|=1$ になり、$-1+i$、-1 に $+1$ をすると、i、0になるので、$-1\to i$、$2i\to 0$ と移す単位円の外と内を入れ替えるタイプの1次分数変換と平行移動に帰着できる。

$$w+1=e^{i\theta}\frac{z-2i}{1+2iz}$$

とおくと、$|z|\geqq 1$ を $|w+1|\leqq 1$ に、$2i$ を -1 に移す。

$z=-1$、$w=-1+i$ を代入して、

$$(-1+i)+1=e^{i\theta}\frac{-1-2i}{1-2i}\qquad e^{i\theta}=\frac{i(1-2i)}{-1-2i}$$

これを用いて、

$$w=e^{i\theta}\frac{z-2i}{1+2iz}-1=\frac{i(1-2i)(z-2i)}{(-1-2i)(1+2iz)}-1=\frac{(2+i)z+2-4i}{(4-2i)z-1-2i}-1$$

$$=\frac{(-2+3i)z+3-2i}{(4-2i)z-1-2i}$$

ステップ 演習 ▶平面幾何への応用（講義編 p.76 参照）

(1)　△ABC の外側に正方形 AFEB、正方形 ACGH がある。FH の中点を P、正方形 AFEB の中心を Q、BC の中点を R、正方形 ACGH の中心を S とするとき、四角形 PQRS は正方形であることを示せ。

(2)　半径 1 の円に内接する正七角形 ABCDEFG について、各線分の長さの積 AB・AC・AD・AE・AF・AG を求めよ。

(1)　△ABC を複素数平面上におく。

A、B、C に対応する複素数を 0、b、c とすると、F は A を中心に B を時計回りに 90° 回転した点なので F に対応する複素数は $-bi$、同様に H に対応する複素数は ci となる。

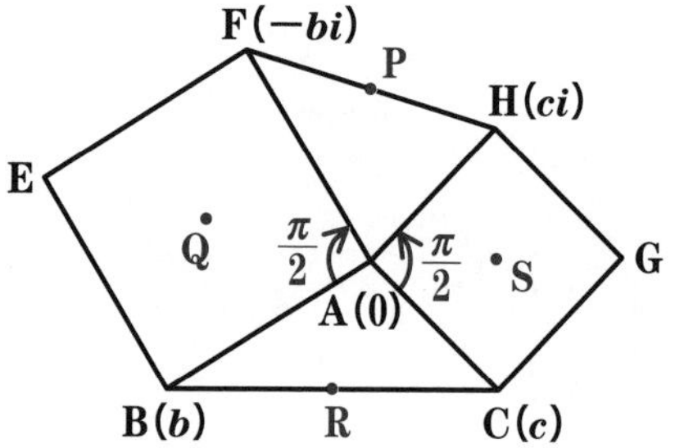

P、Q、R、S は、それぞれ HF、FB、BC、CH の中点なので、対応する複素数は、

$\mathrm{P}\left(\dfrac{ci-bi}{2}\right)$、$\mathrm{Q}\left(\dfrac{b-bi}{2}\right)$、$\mathrm{R}\left(\dfrac{b+c}{2}\right)$、$\mathrm{S}\left(\dfrac{c+ci}{2}\right)$ となる。

四角形 PQRS が正方形であることを示すには、

（ア）　$\overrightarrow{\mathrm{RQ}}$ が $\overrightarrow{\mathrm{RS}}$ を反時計回りに 90° 回転したベクトルであること

（イ）　$\overrightarrow{\mathrm{RS}}$ と $\overrightarrow{\mathrm{QP}}$ がベクトルとして等しいこと

を示せばよい。

$\overrightarrow{\mathrm{RQ}}$、$\overrightarrow{\mathrm{RS}}$ に対応する複素数は $\dfrac{-bi-c}{2}$、$\dfrac{-b+ci}{2}$、反時計回りの 90° 回転を表す複素数は i であり、$\dfrac{-b+ci}{2}\times i=\dfrac{-bi-c}{2}$ となるので（ア）が成り立つ。

$\overrightarrow{\mathrm{QP}}$ に対応する複素数は $\dfrac{-b+ci}{2}$ であり、$\overrightarrow{\mathrm{RS}}$ のそれと一致するので（イ）が

成り立つ。したがって、四角形 PQRS は正方形である。

(2)　7 次方程式 $z^7=1$ の 7 個の解 α_0、

α_1、α_2、α_3、α_4、α_5、α_6 は、

$$\alpha_k=\cos\frac{2k\pi}{7}+i\sin\frac{2k\pi}{7}$$

$$(k=0,\ 1,\ 2,\ 3,\ 4,\ 5,\ 6)$$

と表される。α_k は単位円に内接する正七角形の頂点になっている。

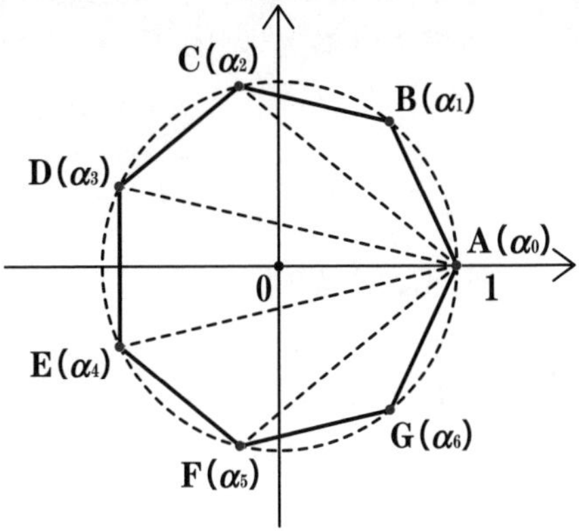

$$z^7-1=(z-\alpha_0)(z-\alpha_1)(z-\alpha_2)(z-\alpha_3)(z-\alpha_4)(z-\alpha_5)(z-\alpha_6)$$

が成り立ち、両辺を $z-1=z-\alpha_0$　で割って、

$$(z-\alpha_1)(z-\alpha_2)(z-\alpha_3)(z-\alpha_4)(z-\alpha_5)(z-\alpha_6)=z^6+z^5+z^4+z^3+z^2+z+1$$

z に 1 を代入すると、

$$(1-\alpha_1)(1-\alpha_2)(1-\alpha_3)(1-\alpha_4)(1-\alpha_5)(1-\alpha_6)=7$$

これを用いて、

$$\begin{aligned}\mathrm{AB}\cdot\mathrm{AC}\cdot\mathrm{AD}\cdot\mathrm{AE}\cdot\mathrm{AF}\cdot\mathrm{AG}&=|1-\alpha_1||1-\alpha_2||1-\alpha_3||1-\alpha_4||1-\alpha_5||1-\alpha_6|\\&=|(1-\alpha_1)(1-\alpha_2)(1-\alpha_3)(1-\alpha_4)(1-\alpha_5)(1-\alpha_6)|\\&=7\end{aligned}$$

確認 ▶平面幾何への応用

四角形 ABCD の外側に正三角形 PAB、正三角形 QBC、正三角形 RCD、正三角形 SDA がある。四角形 PQRS が正方形のとき、四角形 ABCD も正方形になることを示せ。

A、B、C、D に対応する複素数を a、b、c、d、かけたときに$\frac{\pi}{3}$回転を表す複素数を $\omega=\frac{1}{2}+\frac{\sqrt{3}}{2}i\left(=\cos\frac{\pi}{3}+i\sin\frac{\pi}{3}\right)$とする。

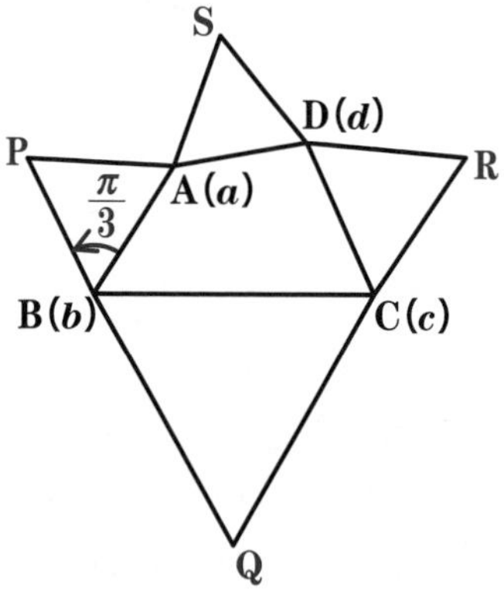

P に対応する複素数を p として、a、b で表す。

$\overrightarrow{\mathrm{OP}}=\overrightarrow{\mathrm{OB}}+\overrightarrow{\mathrm{BP}}$、$\overrightarrow{\mathrm{BP}}$ は $\overrightarrow{\mathrm{BA}}$ を$\frac{\pi}{3}$回転したベクトル

であることに注目する。$\overrightarrow{\mathrm{BA}}$ に対する複素数は $a-b$、$\overrightarrow{\mathrm{BP}}$ は $\overrightarrow{\mathrm{BA}}$ を$\frac{\pi}{3}$回転したベクトルなので、$\overrightarrow{\mathrm{BP}}$ に対応する複素数は $a-b$ に ω をかけて $\omega(a-b)$ となる。

$$p=b+\omega(a-b)=\omega a+(1-\omega)b$$
$(\overrightarrow{\mathrm{OP}}=\overrightarrow{\mathrm{OB}}+\overrightarrow{\mathrm{BP}})$

となる。同様にして、

$$q=\omega b+(1-\omega)c \qquad r=\omega c+(1-\omega)d \qquad s=\omega d+(1-\omega)a$$

となる。四角形 PQRS が正方形になる必要十分条件は、

(1)　PR の中点と QS の中点が一致する

(2)　$\overrightarrow{\mathrm{SQ}}$ は $\overrightarrow{\mathrm{RP}}$ を$\frac{\pi}{2}$回転したベクトルである

を同時に満たすことである。これを複素数で表すと、

(1) は$\dfrac{p+r}{2}=\dfrac{q+s}{2}$　すなわち　$p+r-q-s=0$　……①

(2) は $i(p-r)=q-s$　すなわち　$i(p-r)-q+s=0$　……②

となる。よって、

四角形 PQRS が正方形となる⇔「①かつ②」が成り立つ。

①、②の左辺を a、b、c、d の式に書き換えると、

$$
\begin{aligned}
p+r-q-s&=\omega a+(1-\omega)b+\omega c+(1-\omega)d-\omega b-(1-\omega)c-\omega d-(1-\omega)a\\
&=(2\omega-1)(a+c-b-d)
\end{aligned}
$$

$$
\begin{aligned}
i(p-r)-q+s&=i\{\omega a+(1-\omega)b-\omega c-(1-\omega)d\}\\
&\qquad -\omega b-(1-\omega)c+\omega d+(1-\omega)a\\
&=\left(\omega+\frac{1-\omega}{i}\right)i(a-c)-\{\omega-i(1-\omega)\}(b-d)\\
&=\{\omega-i(1-\omega)\}\{i(a-c)-b+d\}
\end{aligned}
$$

ここで $2\omega-1\neq0$、$\omega-i(1-\omega)\neq0$ なので、

$p+r-q-s=0$　……①　⇔　$a+c-b-d=0$　……③

$i(p-r)-q+s=0$　……②　⇔　$i(a-c)-b+d=0$　……④

したがって、

「①かつ②」が成り立つ　⇔　「③かつ④」が成り立つ

③、④の式の形から、「③かつ④」が成り立つことは四角形 ABCD が正方形であることなので、

四角形 PQRS が正方形である　⇔　四角形 ABCD が正方形である

ステップ 演習 ▶指数関数・三角関数（講義編 p.100 参照）

次の値を求めよ。

(1)　$e^{-\frac{\pi}{6}i}$　　(2)　$\cos(-i)$　　(3)　$\sin\left(\frac{\pi}{3}-2i\right)$　　(4)　$\tan(-i)$

x、y が実数のとき、$e^{x+yi}=e^x(\cos y+i\sin y)$

$$\cos z=\frac{e^{iz}+e^{-iz}}{2} \qquad \sin z=\frac{e^{iz}-e^{-iz}}{2i}$$

$$\tan z=\frac{\sin z}{\cos z}=\frac{e^{iz}-e^{-iz}}{i(e^{iz}+e^{-iz})}$$

(1)　$e^{-\frac{\pi}{6}i}=\cos\left(-\frac{\pi}{6}\right)+i\sin\left(-\frac{\pi}{6}\right)=\frac{\sqrt{3}}{2}-\frac{1}{2}i$

(2)　$\cos(-i)=\frac{1}{2}(e^{i(-i)}+e^{-i(-i)})=\frac{1}{2}\left(e+\frac{1}{e}\right)$

(3)　$\sin\left(\frac{\pi}{3}-2i\right)=\frac{1}{2i}\left(e^{i\left(\frac{\pi}{3}-2i\right)}-e^{-i\left(\frac{\pi}{3}-2i\right)}\right)=\frac{1}{2i}\left(e^{2+\frac{\pi}{3}i}-e^{-2-\frac{\pi}{3}i}\right)$

$$=\frac{1}{2i}\left\{e^2\left(\cos\frac{\pi}{3}+i\sin\frac{\pi}{3}\right)-e^{-2}\left(\cos\frac{\pi}{3}-i\sin\frac{\pi}{3}\right)\right\}$$

$$=\frac{1}{2i}\left\{e^2\left(\frac{1}{2}+\frac{\sqrt{3}}{2}i\right)-e^{-2}\left(\frac{1}{2}-\frac{\sqrt{3}}{2}i\right)\right\}$$

$$=\frac{\sqrt{3}}{4}\left(e^2+\frac{1}{e^2}\right)-\frac{1}{4}\left(e^2-\frac{1}{e^2}\right)i$$

(4)　$\tan(-i)=\frac{e^{i(-i)}-e^{-i(-i)}}{i(e^{i(-i)}+e^{-i(-i)})}=-\frac{(e^1-e^{-1})i}{e^1+e^{-1}}=-\frac{(e^2-1)i}{e^2+1}$

ジャンプ 確認 ▶指数関数・三角関数

次の値を求めよ。

(1) $e^{1+\frac{\pi}{2}i}$　　(2) $\cos\left(-\dfrac{\pi}{3}-2i\right)$　　(3) $\sin\left(\dfrac{7\pi}{6}+i\right)$

(4) $\tan\left(\dfrac{3\pi}{2}+2i\right)$

(1) $e^{1+\frac{\pi}{2}i}=e^1\left(\cos\dfrac{\pi}{2}+i\sin\dfrac{\pi}{2}\right)=ei$

(2)
$$\cos\left(-\frac{\pi}{3}-2i\right)=\frac{1}{2}\left(e^{\left(-\frac{\pi}{3}-2i\right)i}+e^{-\left(-\frac{\pi}{3}-2i\right)i}\right)=\frac{1}{2}\left(e^{2-\frac{\pi}{3}i}+e^{-2+\frac{\pi}{3}i}\right)$$
$$=\frac{1}{2}\left\{e^2\left(\cos\frac{\pi}{3}-i\sin\frac{\pi}{3}\right)+e^{-2}\left(\cos\frac{\pi}{3}+i\sin\frac{\pi}{3}\right)\right\}$$
$$=\frac{1}{2}\left\{e^2\left(\frac{1}{2}-\frac{\sqrt{3}}{2}i\right)+e^{-2}\left(\frac{1}{2}+\frac{\sqrt{3}}{2}i\right)\right\}$$
$$=\frac{1}{4}\left(e^2+\frac{1}{e^2}\right)-\frac{\sqrt{3}}{4}\left(e^2-\frac{1}{e^2}\right)i$$

(3)
$$\sin\left(\frac{7\pi}{6}+i\right)=\frac{1}{2i}\left(e^{i\left(\frac{7\pi}{6}+i\right)}-e^{-i\left(\frac{7\pi}{6}+i\right)}\right)=\frac{1}{2i}\left(e^{-1+\frac{7\pi}{6}i}-e^{1-\frac{7\pi}{6}i}\right)$$
$$=\frac{1}{2i}\left\{e^{-1}\left(\cos\frac{7\pi}{6}+i\sin\frac{7\pi}{6}\right)-e^1\left(\cos\frac{7\pi}{6}-i\sin\frac{7\pi}{6}\right)\right\}$$
$$=\frac{1}{2i}\left\{e^{-1}\left(-\frac{\sqrt{3}}{2}-\frac{1}{2}i\right)-e^1\left(-\frac{\sqrt{3}}{2}+\frac{1}{2}i\right)\right\}$$
$$=-\frac{1}{4}\left(e+\frac{1}{e}\right)-\frac{\sqrt{3}}{4}\left(e-\frac{1}{e}\right)i$$

(4)
$$\tan\left(\frac{3\pi}{2}+2i\right)=\frac{e^{i\left(\frac{3\pi}{2}+2i\right)}-e^{-i\left(\frac{3\pi}{2}+2i\right)}}{i\left(e^{i\left(\frac{3\pi}{2}+2i\right)}+e^{-i\left(\frac{3\pi}{2}+2i\right)}\right)}\qquad\left(e^{\frac{3\pi}{2}i}=\cos\frac{3\pi}{2}+i\sin\frac{3\pi}{2}=-i\right)$$
$$=\frac{(-i)e^{-2}-ie^2}{i\{(-i)e^{-2}+ie^2\}}=\frac{-i(e^{-2}+e^2)}{(e^{-2}-e^2)}=\frac{i(e^4+1)}{(e^4-1)}$$

ステップ 演習 ▶ 対数関数、複素数の複素数乗（講義編 p.106, 109, 113 参照）

次の計算をせよ。

(1)　$\log(-1+\sqrt{3}\,i)$

(2)　$(-1+i)^{2+i}$

(3)　$(-1)^{-i}$

(1)　$z=-1+\sqrt{3}\,i$ とおくと、$|z|=2$、

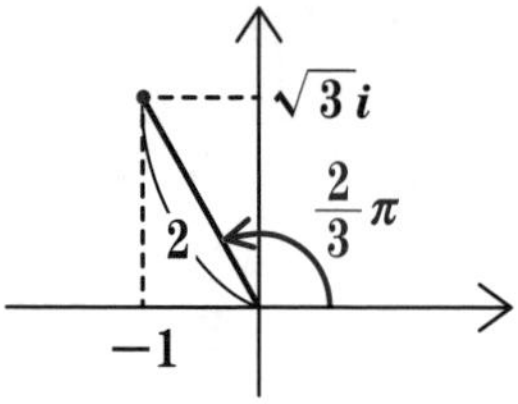

$\arg z=\dfrac{2\pi}{3}+2n\pi$（$n$ は整数）　であり、

$$\log(-1+\sqrt{3}\,i)=\log 2+\left(\frac{2\pi}{3}+2n\pi\right)i \quad (n\text{ は整数})$$

$\log z=\log|z|+i\arg z$

(2)　$z=-1+i$ とおくと、$|z|=\sqrt{2}$、

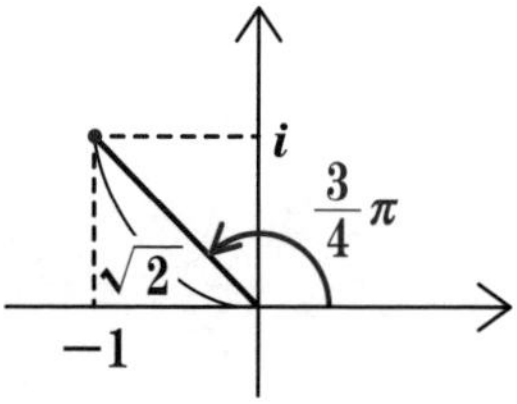

$\arg z=\dfrac{3\pi}{4}+2n\pi$（$n$ は整数）　であり、

$$\log(-1+i)=\log\sqrt{2}+\left(\frac{3\pi}{4}+2n\pi\right)i$$

$$\begin{aligned}(-1+i)^{2+i}&=\exp[(2+i)\log(-1+i)]\\&=\exp\left[(2+i)\left\{\log\sqrt{2}+\left(\frac{3\pi}{4}+2n\pi\right)i\right\}\right]\\&=\exp\left[2\log\sqrt{2}-\left(\frac{3\pi}{4}+2n\pi\right)+\left(\log\sqrt{2}+\frac{3\pi}{2}+4n\pi\right)i\right] \quad (n\text{ は整数})\\&=2e^{-\left(\frac{3}{4}+2n\right)\pi}\left\{\cos\left(\log\sqrt{2}+\frac{3\pi}{2}\right)+i\sin\left(\log\sqrt{2}+\frac{3\pi}{2}\right)\right\}\end{aligned}$$

(3)　$z=-1$ とおくと、$|z|=1$、

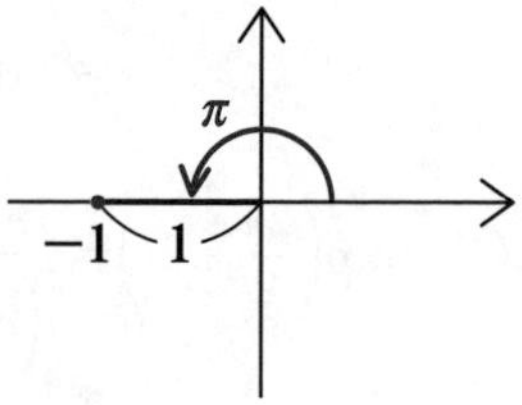

$\arg z=\pi+2n\pi$　（n は整数）であり、

$$\log(-1)=\log 1+(\pi+2n\pi)i=(\pi+2n\pi)i$$

$$\begin{aligned}(-1)^{-i}&=\exp[(-i)\log(-1)]\\&=\exp[(-i)(\pi+2n\pi)i\}\\&=e^{(2n+1)\pi} \quad (n\text{ は整数})\end{aligned}$$

ジャンプ 確認 ▶対数関数、複素数の複素数乗

次の計算をせよ。

(1) $\log(-3-3i)$

(2) $(1-\sqrt{3}\,i)^{\sqrt{2}+2i}$

(3) $(-i)^{-i}$

(1) $z=-3-3i$ とおくと、$|z|=3\sqrt{2}$、

$\arg z=-\dfrac{3\pi}{4}+2n\pi$（$n$ は整数）であり、

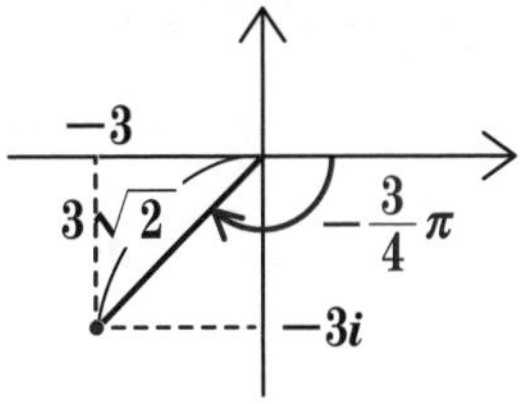

$$\log(-3-3i)=\log 3\sqrt{2}+\left(-\frac{3\pi}{4}+2n\pi\right)i \quad (n\text{ は整数})$$

(2) $z=1-\sqrt{3}\,i$ とおくと、$|z|=2$、

$\arg z=-\dfrac{\pi}{3}+2n\pi$（$n$ は整数）であり、

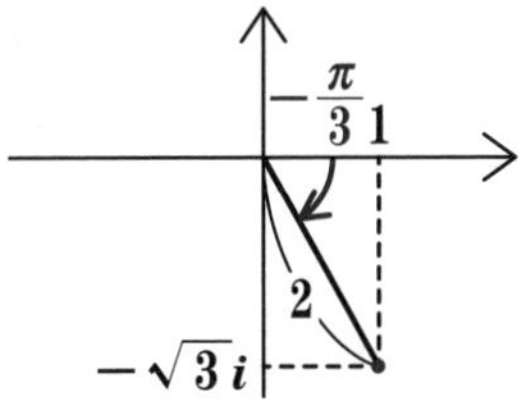

$$\log(1-\sqrt{3}\,i)=\log 2+\left(-\frac{\pi}{3}+2n\pi\right)i \quad (n\text{ は整数})$$

$$\begin{aligned}(1-\sqrt{3}\,i)^{\sqrt{2}+2i}&=\exp\left[(\sqrt{2}+2i)\left\{\log 2+\left(-\frac{\pi}{3}+2n\pi\right)i\right\}\right]\\&=\exp\left[\sqrt{2}\log 2+\frac{2\pi}{3}-4n\pi+\left(2\log 2-\frac{\sqrt{2}\,\pi}{3}+2\sqrt{2}\,n\pi\right)i\right]\\&=2^{\sqrt{2}}e^{\left(\frac{2}{3}-4n\right)\pi}\left\{\cos\left(2\log 2-\frac{\sqrt{2}\,\pi}{3}+2\sqrt{2}\,n\pi\right)\right.\\&\qquad\left.+i\sin\left(2\log 2-\frac{\sqrt{2}\,\pi}{3}+2\sqrt{2}\,n\pi\right)\right\} \quad (n\text{ は整数})\end{aligned}$$

(3) $z=-i$ とおくと、$|z|=1$、$\arg z=-\dfrac{\pi}{2}+2n\pi$（$n$ は整数）であり、

$$\log(-i)=\log 1+\left(-\frac{\pi}{2}+2n\pi\right)i=\left(-\frac{\pi}{2}+2n\pi\right)i$$

$$\begin{aligned}(-i)^{-i}&=\exp[(-i)\log(-i)]\\&=\exp\left[(-i)\left(-\frac{\pi}{2}+2n\pi\right)i\right]=e^{\left(-\frac{1}{2}+2n\right)\pi} \quad (n\text{ は整数})\end{aligned}$$

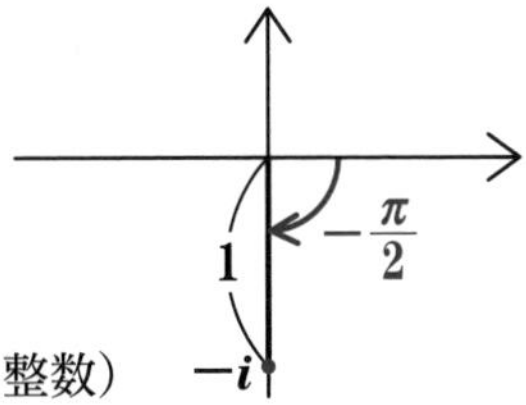

ステップ 演習 ▶コーシー・リーマンの関係式（講義編 p.136 参照）

(1)　$z=x+yi$ に対して、$f(z)=\cos x\cosh y-i\sin x\sinh y$ で表される関数が複素数平面全体で正則であることを示せ。

(2)　$z=x+yi$ に対して、$f(z)=u(x,\ y)+iv(x,\ y)$ とおく。

$u(x,\ y)=\dfrac{x}{x^2+y^2}$ となる、原点以外で正則な関数 $f(z)$ を求めよ。

(1)　$u(x,\ y)=\cos x\cosh y$、$v(x,\ y)=-\sin x\sinh y$ とおく。

$\dfrac{\partial u}{\partial x}=-\sin x\cosh y$、$\dfrac{\partial v}{\partial y}=-\sin x\cosh y$ であり、$\dfrac{\partial u}{\partial x}=\dfrac{\partial v}{\partial y}$

$\dfrac{\partial u}{\partial y}=\cos x\sinh y$、$\dfrac{\partial v}{\partial x}=-\cos x\sinh y$ であり、$\dfrac{\partial v}{\partial x}=-\dfrac{\partial u}{\partial y}$

コーシー・リーマンの関係式を満たし、偏微分が連続なので、$f(z)$ は正則である。

［$f(z)$ の正体は $\cos z$ である］

(2)　$$\frac{\partial v}{\partial y}=\frac{\partial u}{\partial x}=\frac{\partial}{\partial x}\left(\frac{x}{x^2+y^2}\right)=\frac{x^2+y^2-2x\cdot x}{(x^2+y^2)^2}=\frac{-x^2+y^2}{(x^2+y^2)^2}$$

$$v(x,\ y)=\int\frac{\partial v}{\partial y}dy=\int\frac{-x^2+y^2}{(x^2+y^2)^2}dy=\frac{-y}{x^2+y^2}+\underline{\varphi(x)}$$

〔y の偏微分を戻す計算なので積分定数は x の関数〕

$$\frac{\partial u}{\partial y}=\frac{\partial}{\partial y}\left(\frac{x}{x^2+y^2}\right)=\frac{-2xy}{(x^2+y^2)^2}、\quad \frac{\partial v}{\partial x}=\frac{\partial}{\partial x}\left(\frac{-y}{x^2+y^2}+\varphi(x)\right)=\frac{2xy}{(x^2+y^2)^2}+\varphi'(x)$$

$\dfrac{\partial v}{\partial x}=-\dfrac{\partial u}{\partial y}$ より、$\varphi'(x)=0$、$\varphi(x)=C$　（C は実数）

よって、$f(z)=\dfrac{x}{x^2+y^2}+\left(\dfrac{-y}{x^2+y^2}+C\right)i=\dfrac{1}{z}+Ci$　（C は定数）

ジャンプ

確認 ▶コーシー・リーマンの関係式

(1)　$z=x+yi$ に対して、$f(z)=\sin x\cosh y+i\cos x\sinh y$ で表される関数が複素数平面全体で正則であることを示せ。

(2)　$z=x+yi$ に対して、$f(z)=u(x,\ y)+iv(x,\ y)$ とおく。
$u(x,\ y)=\log(x^2+y^2)$ となる、$\mathrm{Re}z>0$ で正則な関数 $f(z)$ を求めよ。

(1)　$u(x,\ y)=\sin x\cosh y$、$v(x,\ y)=\cos x\sinh y$ とおく。

$$\frac{\partial u}{\partial x}=\cos x\cosh y、\frac{\partial v}{\partial y}=\cos x\cosh y \text{ であり、} \frac{\partial u}{\partial x}=\frac{\partial v}{\partial y}$$

$$\frac{\partial u}{\partial y}=\sin x\sinh y、\frac{\partial v}{\partial x}=-\sin x\sinh y \text{ であり、} \frac{\partial v}{\partial x}=-\frac{\partial u}{\partial y}$$

コーシー・リーマンの関係式を満たし、偏微分が連続なので、$f(z)$ は正則である。

〔$f(z)$ の正体は $\sin z$ である〕

(2)　$$\frac{\partial v}{\partial y}=\frac{\partial u}{\partial x}=\frac{\partial}{\partial x}\log(x^2+y^2)=\frac{2x}{x^2+y^2}$$

$$v(x,\ y)=\int\frac{\partial v}{\partial y}dy=\int\frac{2x}{x^2+y^2}dy=2x\cdot\frac{1}{x}\tan^{-1}\left(\frac{y}{x}\right)+\varphi(x)=2\tan^{-1}\left(\frac{y}{x}\right)+\underline{\varphi(x)}$$

〔y の偏微分を戻す計算なので積分定数は x の関数〕

$$\frac{\partial u}{\partial y}=\frac{\partial}{\partial y}\log(x^2+y^2)=\frac{2y}{x^2+y^2}、\frac{\partial v}{\partial x}=\frac{\partial}{\partial x}\left(2\tan^{-1}\left(\frac{y}{x}\right)+\varphi(x)\right)=\frac{-2y}{x^2+y^2}+\varphi'(x)$$

$$\frac{\partial v}{\partial x}=-\frac{\partial u}{\partial y} \text{ より、} \varphi'(x)=0、\varphi(x)=C \quad (C\text{ は実数})$$

よって、
$$\begin{aligned} f(z)&=\log(x^2+y^2)+\left(2\tan^{-1}\left(\frac{y}{x}\right)+C\right)i \\ &=2\log\sqrt{x^2+y^2}+2i\tan^{-1}\left(\frac{y}{x}\right)+Ci \\ &=2(\log|z|+i\mathrm{Arg}z)+Ci=2\mathrm{Log}z+Ci \quad (C\text{ は定数}) \end{aligned}$$

ステップ

演習 ▶原始関数による線積分・線積分の評価（講義編 p.156, 175 参照）

(1)　次の線積分を求めよ。

(a) $\displaystyle\int_{-i}^{i}(z+1)^2dz$　(b) $\displaystyle\int_{-\frac{1}{2}}^{\frac{3}{4}}e^{i\pi z}dz$　(c) $\displaystyle\int_{-1}^{\frac{1}{2}}\cos(2iz)dz$

(d) $\displaystyle\int_{-1}^{2}\sin(-iz)dz$

(2)　次の不等式を示せ。

$$\left|\oint_C\frac{1}{z^2+1}dz\right|\leqq\frac{4\pi}{3}\qquad C:2e^{i\theta}\quad(0\leqq\theta\leqq2\pi)$$

(1)　(a) $\displaystyle\int_{-i}^{i}(z+1)^2dz=\left[\frac{1}{3}(z+1)^3\right]_{-i}^{i}=\frac{1}{3}\{(i+1)^3-(-i+1)^3\}$

$$=\frac{1}{3}\{(-2+2i)-(-2-2i)\}=\frac{4}{3}i$$

(b) $\displaystyle\int_{-\frac{1}{2}}^{\frac{3}{4}}e^{i\pi z}dz=\left[\frac{1}{i\pi}e^{i\pi z}\right]_{-\frac{1}{2}}^{\frac{3}{4}}=\frac{1}{i\pi}\left(e^{\frac{3\pi}{4}i}-e^{-\frac{\pi}{2}i}\right)$

$$=\frac{1}{i\pi}\left\{\cos\frac{3\pi}{4}+i\sin\frac{3\pi}{4}-\cos\left(-\frac{\pi}{2}\right)-i\sin\left(-\frac{\pi}{2}\right)\right\}$$

$$=\frac{1}{i\pi}\left\{-\frac{\sqrt{2}}{2}+\frac{\sqrt{2}}{2}i-(-1)i\right\}=\frac{1}{\pi}\left(\frac{\sqrt{2}}{2}+1+\frac{\sqrt{2}}{2}i\right)$$

(c) $\displaystyle\int_{-1}^{\frac{1}{2}}\cos(2iz)dz=\left[\frac{1}{2i}\sin(2iz)\right]_{-1}^{\frac{1}{2}}=\frac{1}{2i}\{\sin(i)-\sin(-2i)\}$

$$=\frac{1}{2i}\left\{\frac{1}{2i}(e^{-1}-e^{1})-\frac{1}{2i}(e^{2}-e^{-2})\right\}$$　　$\sin t=\dfrac{e^{it}-e^{-it}}{2i}$

$$=-\frac{1}{4}\left(-e^2-e+\frac{1}{e}+\frac{1}{e^2}\right)$$

(d) $\displaystyle\int_{-1}^{2}\sin(-iz)dz=\left[-\frac{1}{(-i)}\cos(-iz)\right]_{-1}^{2}$　　$\cos t=\dfrac{e^{it}+e^{-it}}{2}$

$$=-i\{\cos(-2i)-\cos(i)\}$$

$$=-i\left(\frac{1}{2}(e^2+e^{-2})-\frac{1}{2}(e^{-1}+e^{1})\right)=-\frac{i}{2}\left(e^2-e-\frac{1}{e}+\frac{1}{e^2}\right)$$

(2) $\left|\dfrac{1}{z^2+1}\right|=\underline{\dfrac{1}{|z^2+1|}\leqq\dfrac{1}{||z^2|-1|}}=\dfrac{1}{|2^2-1|}=\dfrac{1}{3}$

[公式 1.11 の三角不等式を用いて、
$|z^2+1|\geqq||z^2|-1|$]

この不等式と、C の長さは $2\pi\cdot2=4\pi$ となることを用いて、

$$\left|\oint_C\frac{1}{z^2+1}dz\right|\leqq\oint_C\left|\frac{1}{z^2+1}\right||dz|\leqq\oint_C\frac{1}{3}|dz|=\frac{1}{3}\cdot4\pi=\frac{4\pi}{3}$$

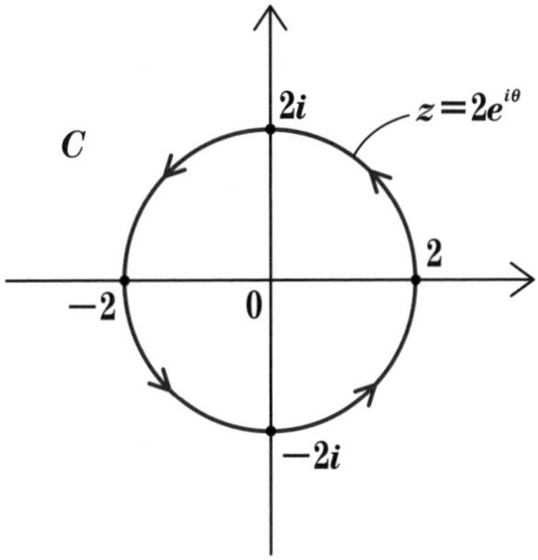

ジャンプ 確認 ▶原始関数による線積分・線積分の評価

(1) 次の積分を求めよ。

(a) $\displaystyle\int_{-1}^{1}(z+i)^9dz$ (b) $\displaystyle\int_0^{\frac34}e^{(1+i)\pi z}dz$ (c) $\displaystyle\int_0^{\frac{\pi}{3}i}\sin^2((-1+i)z)dz$

(2) $C:|z|=R$、$-\dfrac{\pi}{2}\leqq\arg z\leqq\dfrac{\pi}{2}$、$R>1$ のとき、次の不等式を示せ。

$$\left|\int_C\frac{\mathrm{Log}z}{z^2}dz\right|\leqq\frac{\pi}{R}\left(\log R+\frac{\pi}{2}\right)$$

(1) (a) $\displaystyle\int_{-1}^{1}(z+i)^9dz=\left[\frac{1}{10}(z+i)^{10}\right]_{-1}^{1}=\frac{1}{10}\{(1+i)^{10}-(-1+i)^{10}\}$

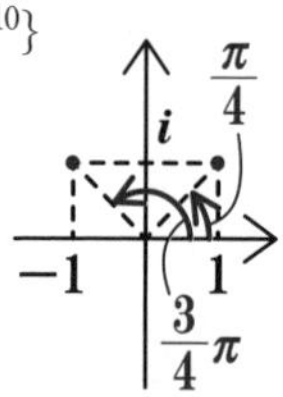

$$=\frac{1}{10}\left[\left\{\sqrt{2}\left(\cos\frac{\pi}{4}+i\sin\frac{\pi}{4}\right)\right\}^{10}-\left\{\sqrt{2}\left(\cos\frac{3}{4}\pi+i\sin\frac{3}{4}\pi\right)\right\}^{10}\right]$$

$$=\frac{(\sqrt{2})^{10}}{10}\left\{\cos\frac{5}{2}\pi+i\sin\frac{5}{2}\pi-\cos\frac{15}{2}\pi-i\sin\frac{15}{2}\pi\right\}$$

$$=\frac{16}{5}\{i-(-i)\}=\frac{32}{5}i$$

(b) $\displaystyle\int_0^{\frac34}e^{(1+i)\pi z}dz=\left[\frac{1}{(1+i)\pi}e^{(1+i)\pi z}\right]_0^{\frac34}=\frac{1-i}{2\pi}\left(e^{\frac34+\frac34\pi i}-1\right)$

$$=\frac{1-i}{2\pi}\left\{e^{\frac34}\left(\cos\frac{3}{4}\pi+i\sin\frac{3}{4}\pi\right)-1\right\}$$

$$=\frac{1-i}{2\pi}\left\{\frac{e^{\frac34}}{\sqrt{2}}(-1+i)-1\right\}=\frac{1}{2\pi}\left(\frac{e^{\frac34}}{\sqrt{2}}\cdot2i-1+i\right)=\frac{1}{2\pi}\{-1+(\sqrt{2}e^{\frac34}+1)i\}$$

(c) $\displaystyle\int_0^{\frac{\pi}{3}i}\sin^2((-1+i)z)dz=\int_0^{\frac{\pi}{3}i}\frac{1}{2}\{1-\cos(2(-1+i)z)\}dz$

$$=\frac{1}{2}\left[z-\frac{1}{(-2+2i)}\sin(2(-1+i)z)\right]_0^{\frac{\pi}{3}i}$$

$$\frac{1}{-2+2i}=\frac{1}{-2(1-i)}=-\frac{1+i}{4}$$

$$=\frac{1}{2}\left(\frac{\pi}{3}i-0\right)+\frac{1+i}{8}\sin\left(-\frac{2\pi}{3}i-\frac{2\pi}{3}\right)=\frac{\pi}{6}i+\frac{1+i}{8}\cdot\frac{1}{2i}\left(e^{\frac{2\pi}{3}-\frac{2\pi}{3}i}-e^{-\frac{2\pi}{3}+\frac{2\pi}{3}i}\right)$$

$$=\frac{\pi}{6}i+\frac{1-i}{16}\left[e^{\frac{2\pi}{3}}\left\{\cos\left(-\frac{2\pi}{3}\right)+i\sin\left(-\frac{2\pi}{3}\right)\right\}-e^{-\frac{2\pi}{3}}\left(\cos\frac{2\pi}{3}+i\sin\frac{2\pi}{3}\right)\right]$$

$$=\frac{\pi}{6}i+\frac{1-i}{16}\left\{-\frac{1}{2}\left(e^{\frac{2\pi}{3}}-e^{-\frac{2\pi}{3}}\right)-\frac{\sqrt{3}}{2}\left(e^{\frac{2\pi}{3}}+e^{-\frac{2\pi}{3}}\right)i\right\}$$

$$=-\frac{1}{32}\{(1+\sqrt{3})e^{\frac{2\pi}{3}}-(1-\sqrt{3})e^{-\frac{2\pi}{3}}\}$$

$$+\left[\frac{1}{32}\{(1-\sqrt{3})e^{\frac{2\pi}{3}}-(1+\sqrt{3})e^{-\frac{2\pi}{3}}\}+\frac{\pi}{6}\right]i$$

(2)　$C: z=Re^{i\theta}$ $\left(-\frac{\pi}{2}\leqq\theta\leqq\frac{\pi}{2}\right)$と表せる。　$dz=iRe^{i\theta}d\theta$であり、

$$\left|\int_C\frac{\mathrm{Log}z}{z^2}dz\right|\leqq\int_C\left|\frac{\mathrm{Log}z}{z^2}\right||dz|=\int_{-\frac{\pi}{2}}^{\frac{\pi}{2}}\left|\frac{\mathrm{Log}(Re^{i\theta})}{(Re^{i\theta})^2}\right||iRe^{i\theta}d\theta|$$

$$=\int_{-\frac{\pi}{2}}^{\frac{\pi}{2}}\frac{|\log R+i\theta|}{R^2}Rd\theta\leqq\int_{-\frac{\pi}{2}}^{\frac{\pi}{2}}\frac{\log R+|\theta|}{R}d\theta\leqq\frac{1}{R}\int_{-\frac{\pi}{2}}^{\frac{\pi}{2}}\left(\log R+\frac{\pi}{2}\right)d\theta=\frac{\pi}{R}\left(\log R+\frac{\pi}{2}\right)$$

［公式 1.11 三角不等式を用いて、$|\log R+i\theta|\leqq|\log R|+|i\theta|=\log R+|\theta|$］

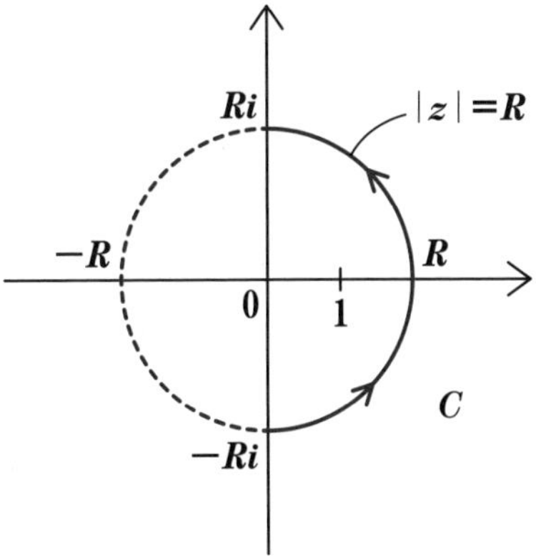

ステップ

演習 ▶積分経路に沿って線積分(講義編 p.158, 161 参照)

始点 0 と終点 $1+i$ を結ぶ曲線 C_1、C_2 がある。

$C_1 : z=t+ti \quad (0 \leqq t \leqq 1) \qquad C_2 : z=t^2+ti \quad (0 \leqq t \leqq 1)$

このとき次の線積分を求めよ。

(1) $\displaystyle\int_{C_1} |z|^2 dz$　　(2) $\displaystyle\int_{C_2} |z|^2 dz$

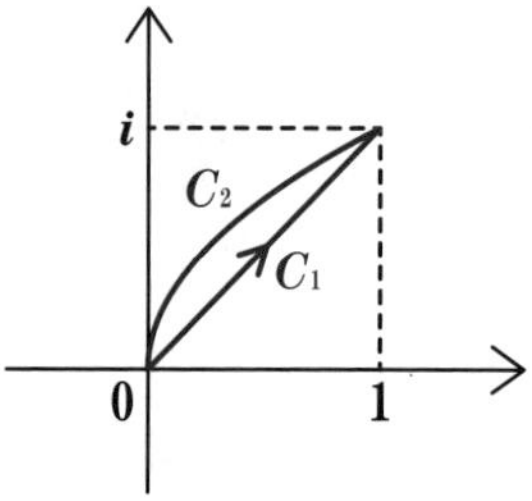

(1) $z=t+ti$ を微分すると、$dz=(1+i)dt$

$$\int_{C_1} |z|^2 dz=\int_0^1 |t+ti|^2(1+i)dt=\int_0^1 (t^2+t^2)(1+i)dt=2(1+i)\int_0^1 t^2 dt$$

$$=2(1+i)\left[\frac{t^3}{3}\right]_0^1=\frac{2}{3}+\frac{2}{3}i$$

(2) $z=t^2+ti$ を微分すると、$dz=(2t+i)dt$

$$\int_{C_2} |z|^2 dz=\int_0^1 |t^2+ti|^2(2t+i)dt=\int_0^1 (t^4+t^2)(2t+i)dt$$

$$=\int_0^1 \{(2t^5+2t^3)+(t^4+t^2)i\}dt=\left[\frac{1}{3}t^6+\frac{1}{2}t^4+\left(\frac{1}{5}t^5+\frac{1}{3}t^3\right)i\right]_0^1$$

$$=\left(\frac{1}{3}+\frac{1}{2}\right)+\left(\frac{1}{5}+\frac{1}{3}\right)i=\frac{5}{6}+\frac{8}{15}i$$

ジャンプ

確認 ▶積分経路に沿って線積分

始点 1 と終点 i を結ぶ曲線 C_1、C_2 がある。

$$C_1 : z=1-t+ti \quad (0 \leqq t \leqq 1) \qquad C_2 : z=e^{i\theta} \quad \left(0 \leqq \theta \leqq \frac{\pi}{2}\right)$$

このとき次の線積分を求めよ。

(1) $\displaystyle\int_{C_1} \bar{z}dz$ (2) $\displaystyle\int_{C_2} \bar{z}dz$

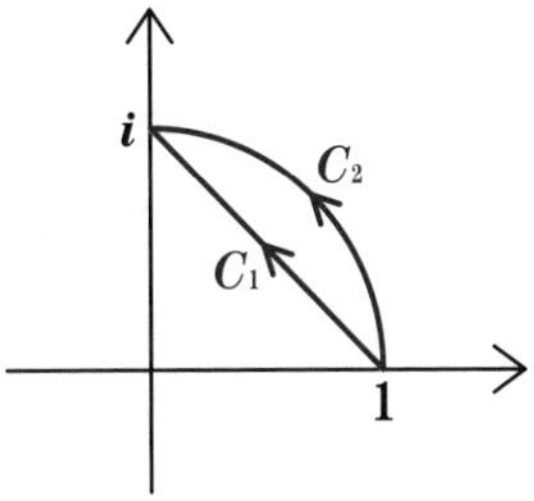

(1) $z=1-t+ti$ を微分して、$dz=(-1+i)dt$

$$\int_{C_1} \bar{z}dz=\int_0^1 (1-t-ti)(-1+i)dt$$

$$=\int_0^1 \{(2t-1)+i\}dt=\Big[t^2-t+ti\Big]_0^1=i$$

(2) $z=e^{i\theta}$ を微分して、$dz=ie^{i\theta}d\theta$ また、$\bar{z}=\overline{e^{i\theta}}=e^{-i\theta}$

公式 2.11(4) $\overline{e^z}=e^{\bar{z}}$

$$\int_{C_2} \bar{z}dz=\int_0^{\frac{\pi}{2}} e^{-i\theta}ie^{i\theta}d\theta=\int_0^{\frac{\pi}{2}} id\theta=\frac{\pi i}{2}$$

ステップ 演習 ▶ コーシーの積分公式の実関数の定積分への応用（講義編 p.179 参照）

$f(z)=e^{-z^2}$ を、a、$a+bi$、$-a+bi$、$-a$ を結んだ長方形の周で積分することによって次の等式を示せ。ただし、b は任意の実数。

$$\int_{-\infty}^{\infty} e^{-x^2}\cos(2bx)dx=\sqrt{\pi}\,e^{-b^2}$$

一般には、

$$\int_{-\infty}^{\infty} f(x)dx=\lim_{a\to\infty}\int_{-a}^{a} f(x)dx$$

を満たすとは限らない（詳しくは Web 補足）。しかし、$f(x)$が偶関数（$f(x)=f(-x)$を満たす）のときにはこの式を満たす。$e^{-x^2}\cos(2bx)$は偶関数なので、

$$\lim_{a\to\infty}\int_{-a}^{a} e^{-x^2}\cos(2bx)dx=\sqrt{\pi}\,e^{-b^2}$$

を示す。

長方形の周 C の 4 辺を以下のように表す。

$C_1 : z=x \quad (-a\leqq x\leqq a)$

$C_2 : z=a+yi \quad (0\leqq y\leqq b)$

$C_3 : z=x+bi \quad (-a\leqq x\leqq a)$

$C_4 : z=-a+yi \quad (0\leqq y\leqq b)$

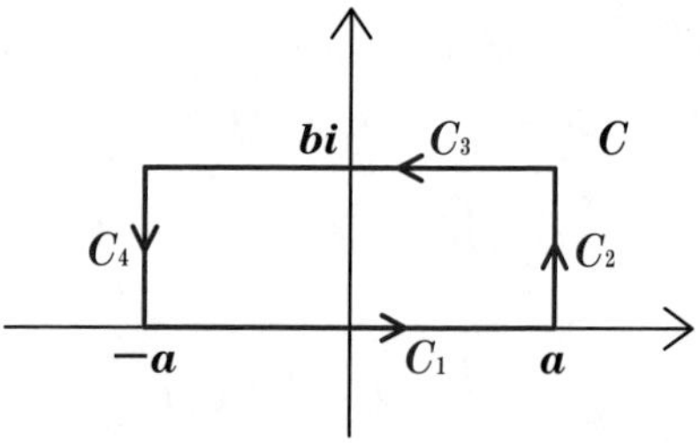

$f(z)=e^{-z^2}$ は、複素数平面全体で正則な関数なので、コーシーの積分定理により、$f(z)=e^{-z^2}$ の C での周回積分は 0 になる。

$$\int_{-a}^{a} e^{-x^2}dx+\int_0^b e^{-(a+yi)^2}idy+\int_a^{-a} e^{-(x+bi)^2}dx+\int_b^0 e^{-(-a+yi)^2}idy=0 \qquad \cdots\cdots ①$$

ここで、第 2 項と第 4 項を取り出して、

$$\int_0^b e^{-(a+yi)^2}idy+\int_b^0 e^{-(-a+yi)^2}idy=\int_0^b \{e^{-(a+yi)^2}-e^{-(-a+yi)^2}\}idy$$

被積分関数の｛　｝を計算すると、

$$e^{-(a+yi)^2}-e^{-(-a+yi)^2}=e^{-a^2-2ayi+y^2}-e^{-a^2+2ayi+y^2}=e^{-a^2+y^2}(e^{-2ayi}-e^{2ayi})$$

$$=-e^{-a^2+y^2}(2i)\sin(2ay) \qquad \sin t=\frac{e^{it}-e^{-it}}{2i}$$

よって、第2項と第4項の和は、

$$\int_0^b e^{-(a+yi)^2} i\,dy+\int_b^0 e^{-(-a+yi)^2} i\,dy=e^{-a^2}\int_0^b 2e^{y^2}\sin(2ay)\,dy\cdots\cdots②$$

一方、第3項は、

$$\int_a^{-a} e^{-(x+bi)^2}dx=\int_a^{-a} e^{-x^2-2bxi+b^2}dx=-e^{b^2}\int_{-a}^{a} e^{-x^2}\{\cos(2bx)-i\sin(2bx)\}dx$$

$$=-e^{b^2}\int_{-a}^{a} e^{-x^2}\cos(2bx)\,dx+ie^{b^2}\int_{-a}^{a} e^{-x^2}\sin(2bx)\,dx$$

ここで虚部の被積分関数$e^{-x^2}\sin(2bx)$は奇関数(原点対称)で積分範囲が$[-a,\ a]$と原点対称なので、虚部の定積分は0になる。よって、

$$\int_a^{-a} e^{-(x+bi)^2}dx=-e^{b^2}\int_{-a}^{a} e^{-x^2}\cos(2bx)\,dx\cdots\cdots③$$

①は②、③を用いて、次のようになる。

$$\int_{-a}^{a} e^{-x^2}dx+e^{-a^2}\int_0^b 2e^{y^2}\sin(2ay)\,dy-e^{b^2}\int_{-a}^{a} e^{-x^2}\cos(2bx)\,dx=0\cdots\cdots④$$

④の第2項の定積分は、bが定数のとき

$$\left|\int_0^b 2e^{y^2}\sin(2ay)\,dy\right|\leqq\int_0^b |2e^{y^2}\sin(2ay)|\,dy\leqq\int_0^b 2e^{y^2}dy$$

と定数で抑えられるので、$a\to\infty$のとき第2項は0に収束する。$a\to\infty$のとき④は、

$$\lim_{a\to\infty}\left(\int_{-a}^{a} e^{-x^2}dx-e^{b^2}\int_{-a}^{a} e^{-x^2}\cos(2bx)\,dx\right)=0$$

第1項の値が$\sqrt{\pi}$であること（Web 補足）を用いて、

$$\lim_{a\to\infty}\int_{-a}^{a} e^{-x^2}\cos(2bx)\,dx=\sqrt{\pi}\,e^{-b^2}$$

確認 ▶コーシーの積分定理の実関数の定積分への応用

$f(z)=\dfrac{1}{1+z^2}$を、a、$a+bi$、$-a+bi$、$-a$ を結んだ長方形の周で積分することによって次の等式を示せ。ただし、$0<b<1$。

$$\int_{-\infty}^{\infty}\frac{1-b^2+x^2}{(1-b^2+x^2)^2+4x^2b^2}dx=\pi$$

一般には、

$$\int_{-\infty}^{\infty} f(x)dx=\lim_{a\to\infty}\int_{-a}^{a} f(x)dx$$

を満たすとは限らない（詳しくは Web 補足）。しかし、$f(x)$が偶関数（$f(x)=f(-x)$を満たす）のときにはこの式を満たす。被積分関数は偶関数なので上の式が成り立つ。　そこで、

$$\lim_{a\to\infty}\int_{-a}^{a}\frac{1-b^2+x^2}{(1-b^2+x^2)^2+4x^2b^2}dx=\pi$$

を示せばよいことになる。

長方形の周 C の 4 辺を以下のように表す。

C_1：$z=x$　$(-a\leqq x\leqq a)$

C_2：$z=a+yi$　$(0\leqq y\leqq b)$

C_3：$z=x+bi$　$(-a\leqq x\leqq a)$

C_4：$z=-a+yi$　$(0\leqq y\leqq b)$

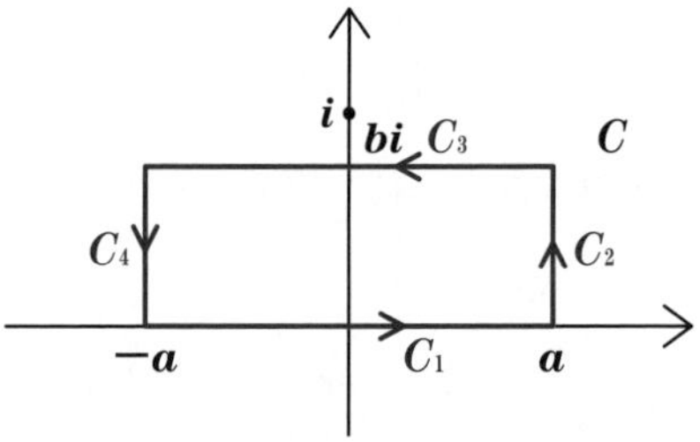

$f(z)=\dfrac{1}{1+z^2}$の極は $z=\pm i$ の 2 点なので、長方形の内部では正則である。コーシーの積分定理により、$f(z)=\dfrac{1}{1+z^2}$の C での周回積分は 0 になる。

$$\int_{-a}^{a}\frac{1}{1+x^2}dx+\int_{0}^{b}\frac{1}{1+(a+yi)^2}idy+\int_{a}^{-a}\frac{1}{1+(x+bi)^2}dx$$

$$+\int_{b}^{0}\frac{1}{1+(-a+yi)^2}idy=0 \qquad \cdots\cdots ①$$

第2項を計算すると、

$$\int_0^b \frac{1}{1+(a+yi)^2} i dy = \int_0^b \frac{i}{1+a^2-y^2+2ayi} dy = \int_0^b \frac{(1+a^2-y^2)i+2ay}{(1+a^2-y^2)^2+4a^2y^2} dy$$

第4項も同様に計算できて、第2項と第4項の和は、

$$\int_0^b \frac{(1+a^2-y^2)i+2ay}{(1+a^2-y^2)^2+4a^2y^2} dy + \int_b^0 \frac{(1+a^2-y^2)i-2ay}{(1+a^2-y^2)^2+4a^2y^2} dy$$

$$= \int_0^b \frac{4ay}{(1+a^2-y^2)^2+4a^2y^2} dy \cdots\cdots ②$$

［虚部は、積分範囲の向きが互いに逆なのでキャンセル］

$$\leqq \int_0^b \frac{4ay}{a^4} dy = \frac{2b^2}{a^3}$$

［分母は、
$(1+a^2-y^2)^2+4a^2y^2 = a^4+2a^2(1-y^2)+(1-y^2)^2+4a^2y^2$
$= a^4+2a^2(1+y^2)+(1-y^2)^2 \geqq a^4$］

となるので、$a \to \infty$ のとき第2項と第4項の和は0に近づく。

第3項は、

$$\int_a^{-a} \frac{1}{1+(x+bi)^2} dx = \int_a^{-a} \frac{1}{1+x^2-b^2+2bxi} dx = \int_a^{-a} \frac{1-b^2+x^2-2bxi}{(1-b^2+x^2)^2+4b^2x^2} dx$$

$$= \int_a^{-a} \frac{1-b^2+x^2}{(1-b^2+x^2)^2+4b^2x^2} dx \cdots\cdots ③$$

［虚部は奇関数なので $[a, -a]$ で積分すると0］

①に②、③を用いると、

$$\int_{-a}^a \frac{1}{1+x^2} dx + \int_0^b \frac{4ay}{(1+a^2-y^2)^2+4a^2y^2} dy + \int_a^{-a} \frac{1-b^2+x^2}{(1-b^2+x^2)^2+4b^2x^2} dx = 0 \qquad \cdots\cdots ④$$

と表すことができ、$a \to \infty$ のとき、④の第2項は0に近づくので、

$$\lim_{a\to\infty}\left(\int_{-a}^a \frac{1}{1+x^2} dx - \int_{-a}^a \frac{1-b^2+x^2}{(1-b^2+x^2)^2+4b^2x^2} dx\right) = 0$$

$$\lim_{a\to\infty}\int_{-a}^a \frac{1-b^2+x^2}{(1-b^2+x^2)^2+4x^2b^2} dx = \lim_{a\to\infty}\int_{-a}^a \frac{1}{1+x^2} dx$$

$$= \lim_{a\to\infty}\Big[\tan^{-1}x\Big]_{-a}^a = \frac{\pi}{2} - \left(-\frac{\pi}{2}\right) = \pi$$

ステップ

演習 ▶コーシーの積分公式の実関数の定積分への応用(講義編 p.179参照)

$f(z)=e^{-z^2}$ を、0、a、$a+bi$、bi を結んだ長方形の周で積分することで次の等式を示せ。

$$\int_0^{\infty} e^{-x^2}\sin(2bx)\,dx=e^{-b^2}\int_0^{b} e^{x^2}dx$$

長方形の周 C の4辺を以下のように表す。

$C_1 : z=x \quad (0\leqq x\leqq a)$

$C_2 : z=a+yi \quad (0\leqq y\leqq b)$

$C_3 : z=x+bi \quad (0\leqq x\leqq a)$

$C_4 : z=yi \quad (0\leqq y\leqq b)$

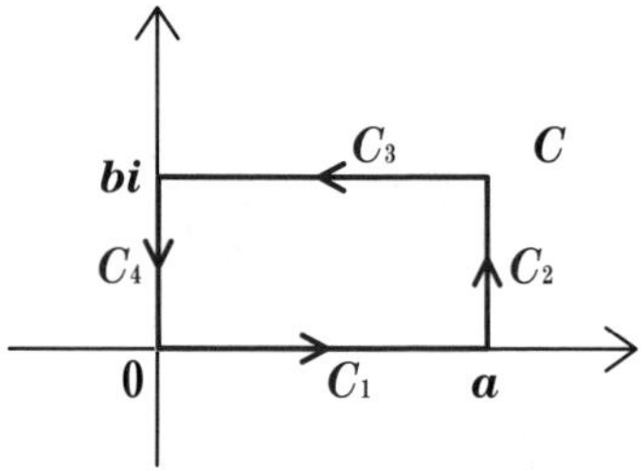

$f(z)=e^{-z^2}$ は、複素数平面全体で正則な関数なので、コーシーの積分定理により、$f(z)=e^{-z^2}$ の C での周回積分は0になる。

$$\int_0^{a} e^{-x^2}dx+\int_0^{b} e^{-(a+yi)^2}i\,dy+\int_a^{0} e^{-(x+bi)^2}dx+\int_b^{0} e^{-(yi)^2}i\,dy=0 \qquad \cdots\cdots①$$

第2項を評価すると、

$$\left|\int_0^{b} e^{-(a+yi)^2}i\,dy\right|\leqq\int_0^{b}|ie^{-a^2+y^2-2ayi}|\,dy=e^{-a^2}\int_0^{b}e^{y^2}dy$$

であり、b を固定して、$a\to\infty$ とすると、第2項は0に近づく。

第3項の被積分関数は、

$$e^{-(x+bi)^2}=e^{-x^2+b^2-2bxi}=e^{b^2}e^{-x^2}\{\cos(2bx)-i\sin(2bx)\}$$

第1項の定積分は実数、第4項の定積分は純虚数になることに注意して、$a\to\infty$ のときの①の虚部は、

$$-e^{b^2}\int_{\infty}^{0} e^{-x^2}\sin(2bx)\,dx+\int_b^{0} e^{y^2}dy=0$$

よって、

$$\int_0^{\infty} e^{-x^2}\sin(2bx)\,dx=e^{-b^2}\int_0^{b} e^{y^2}dy$$

ジャンプ

確認 ▶コーシーの積分定理の実関数の定積分への応用

$f(z)=e^{-z^2}$ を、$0\leqq|z|\leqq R$、$0\leqq\arg z\leqq\dfrac{\pi}{8}$ の境界線に沿って周回積分することで次の等式を示せ。

$$\int_0^{\infty} e^{-x^2}\cos(x^2)dx=\frac{\sqrt{\pi}}{4}\sqrt{\sqrt{2}+1} \qquad \int_0^{\infty} e^{-x^2}\sin(x^2)dx=\frac{\sqrt{\pi}}{4}\sqrt{\sqrt{2}-1}$$

$f(z)=e^{-z^2}$ を下図のような曲線 C で周回積分する。

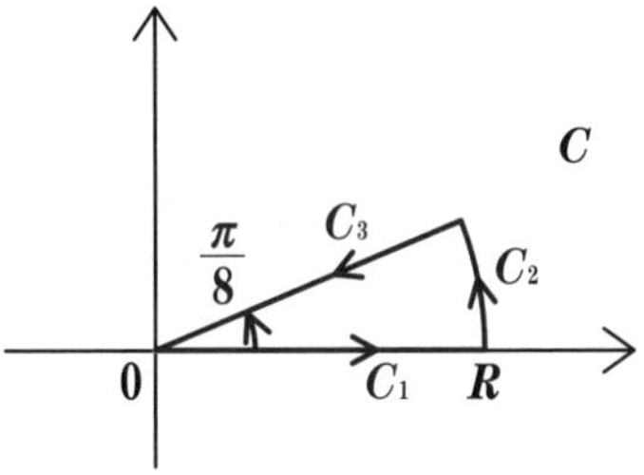

C を 3 つの部分に分けて考える。

$C_1 : z=x \quad (0\leqq x\leqq R)$

$C_2 : z=R(\cos\theta+i\sin\theta) \quad \left(0\leqq\theta\leqq\dfrac{\pi}{8}\right)$

$C_3 : z=\left(\cos\dfrac{\pi}{8}+i\sin\dfrac{\pi}{8}\right)t \quad (0\leqq t\leqq R)$

$$\cos^2\frac{\pi}{8}=\frac{1+\cos\frac{\pi}{4}}{2}=\frac{2+\sqrt{2}}{4}$$

$$\sin^2\frac{\pi}{8}=\frac{1-\cos\frac{\pi}{4}}{2}=\frac{2-\sqrt{2}}{4}$$

$f(z)$ は複素数平面全体で正則なので、コーシーの積分定理より $C=C_1+C_2+C_3$ で周回積分すると 0 になる。

$$\int_{C_1} f(z)dz+\int_{C_2} f(z)dz+\int_{C_3} f(z)dz=0 \quad \cdots\cdots①$$

C_1 について、

$$\int_{C_1} f(z)dz=\int_0^R e^{-x^2}dx$$ ［$R\to\infty$ のとき、この定積分は $\dfrac{\sqrt{\pi}}{2}$ に収束する。Web 補足参照。］

C_3 については、

$$z^2=\left(\cos\frac{\pi}{8}+i\sin\frac{\pi}{8}\right)^2 t^2=\left(\cos\frac{\pi}{4}+i\sin\frac{\pi}{4}\right)t^2=\left(\frac{\sqrt{2}+\sqrt{2}\,i}{2}\right)t^2、$$

$$dz=\left(\cos\frac{\pi}{8}+i\sin\frac{\pi}{8}\right)dt \text{ であり、}$$

$$\int_{C_3} f(z)\,dz=\int_R^0 e^{-\left(\frac{\sqrt{2}+\sqrt{2}\,i}{2}\right)t^2}\left(\cos\frac{\pi}{8}+i\sin\frac{\pi}{8}\right)dt$$

$$=-\int_0^R e^{-\frac{\sqrt{2}}{2}t^2}\left\{\cos\left(\frac{\sqrt{2}}{2}t^2\right)-i\sin\left(\frac{\sqrt{2}}{2}t^2\right)\right\}\left(\cos\frac{\pi}{8}+i\sin\frac{\pi}{8}\right)dt$$

ここで、

$$I_{\mathrm{CR}}=\int_0^R e^{-\frac{\sqrt{2}}{2}t^2}\cos\left(\frac{\sqrt{2}}{2}t^2\right)dt、\ I_{\mathrm{SR}}=\int_0^R e^{-\frac{\sqrt{2}}{2}t^2}\sin\left(\frac{\sqrt{2}}{2}t^2\right)dt$$

とおくと、

$$\int_{C_3} f(z)\,dz=\left(-\cos\frac{\pi}{8}I_{\mathrm{CR}}-\sin\frac{\pi}{8}I_{\mathrm{SR}}\right)-i\left(\sin\frac{\pi}{8}I_{\mathrm{CR}}-\cos\frac{\pi}{8}I_{\mathrm{SR}}\right)$$

また、

$$I_{\mathrm{C}}=\int_0^\infty e^{-\frac{\sqrt{2}}{2}t^2}\cos\left(\frac{\sqrt{2}}{2}t^2\right)dt、\ I_{\mathrm{S}}=\int_0^\infty e^{-\frac{\sqrt{2}}{2}t^2}\sin\left(\frac{\sqrt{2}}{2}t^2\right)dt$$

とおくと、$R\to\infty$ のとき、$I_{\mathrm{CR}}\to I_{\mathrm{C}}$、$I_{\mathrm{SR}}\to I_{\mathrm{S}}$

$R\to\infty$ のとき、①の第 2 項は 0 に収束する（あとで証明）ことを用いると、

$R\to\infty$ のとき、①は、

$$\left(\frac{\sqrt{\pi}}{2}-\cos\frac{\pi}{8}I_{\mathrm{C}}-\sin\frac{\pi}{8}I_{\mathrm{S}}\right)-i\left(\sin\frac{\pi}{8}I_{\mathrm{C}}-\cos\frac{\pi}{8}I_{\mathrm{S}}\right)=0$$

左辺の実部が 0、虚部が 0 という条件式は、

$$\cos\frac{\pi}{8}I_{\mathrm{C}}+\sin\frac{\pi}{8}I_{\mathrm{S}}=\frac{\sqrt{\pi}}{2}\qquad \sin\frac{\pi}{8}I_{\mathrm{C}}=\cos\frac{\pi}{8}I_{\mathrm{S}}$$

この式を I_{C} と I_{S} の 2 元連立方程式として解くと、

$$I_{\mathrm{C}}=\frac{\sqrt{\pi}}{2}\cos\frac{\pi}{8}=\frac{\sqrt{\pi}\sqrt{2+\sqrt{2}}}{4}\qquad I_{\mathrm{S}}=\frac{\sqrt{\pi}}{2}\sin\frac{\pi}{8}=\frac{\sqrt{\pi}\sqrt{2-\sqrt{2}}}{4}$$

$$\left[\ \frac{\sqrt{\pi}}{2}\cos\frac{\pi}{8}=\left(\cos\frac{\pi}{8}I_{\mathrm{C}}+\sin\frac{\pi}{8}I_{\mathrm{S}}\right)\cos\frac{\pi}{8}=\cos^2\frac{\pi}{8}I_{\mathrm{C}}+\sin^2\frac{\pi}{8}I_{\mathrm{C}}=I_{\mathrm{C}}\ \right]$$

I_{C}、I_{S}の積分変数を$\dfrac{1}{\sqrt{\sqrt{2}}}t=x$と変数変換することで、

$$\int_0^{\infty} e^{-x^2}\cos(x^2)\,dx=\frac{1}{\sqrt{\sqrt{2}}}I_{\mathrm{C}}=\frac{\sqrt{\pi}}{4}\sqrt{\frac{2+\sqrt{2}}{\sqrt{2}}}=\frac{\sqrt{\pi}}{4}\sqrt{\sqrt{2}+1}$$

$$\int_0^{\infty} e^{-x^2}\sin(x^2)\,dx=\frac{1}{\sqrt{\sqrt{2}}}I_{\mathrm{S}}=\frac{\sqrt{\pi}}{4}\sqrt{\frac{2-\sqrt{2}}{\sqrt{2}}}=\frac{\sqrt{\pi}}{4}\sqrt{\sqrt{2}-1}$$

[$R\to\infty$のとき、第2項が0に収束することの証明]

C_2では、$z=R(\cos\theta+i\sin\theta)$であり、

$$|f(z)|=|e^{-z^2}|=|e^{-R^2(\cos 2\theta+i\sin 2\theta)}|=|e^{-R^2\cos 2\theta-iR^2\sin 2\theta}|$$

$$=\underline{|e^{-R^2\cos 2\theta}|\leqq e^{-\frac{\sqrt{2}}{2}R^2}}$$

右図より $0\leqq\theta\leqq\dfrac{\pi}{8}$のとき、$\cos 2\theta\geqq\dfrac{\sqrt{2}}{2}$

$$|dz|=|R(-\sin\theta+i\cos\theta)d\theta|=Rd\theta$$

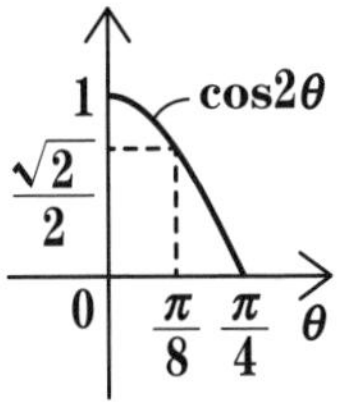

となることを用いると、

$$\left|\int_{C_2} f(z)\,dz\right|\leqq\int_{C_2}|f(z)|\,|dz|$$

$$\leqq\int_0^{\frac{\pi}{8}} e^{-\frac{\sqrt{2}}{2}R^2}Rd\theta=Re^{-\frac{\sqrt{2}}{2}R^2}\int_0^{\frac{\pi}{8}}d\theta=\frac{\pi}{8}Re^{-\frac{\sqrt{2}}{2}R^2}$$

$$=\frac{\pi R}{8e^{\frac{\sqrt{2}}{2}R^2}}$$

$R\to\infty$のとき、右辺は0に収束するので、左辺も0に収束する。

ステップ

演習 ▶ローラン展開（講義編 p.234 参照）

次の関数を $z=0$ を中心にローラン展開せよ。

(1) $\dfrac{\cos z}{z^2}$　　(2) $\dfrac{\sinh z}{z^3}$　　(3) $\dfrac{e^z}{z^3}$

$\cos z$、$\sinh z$、e^z の定義式を覚えていれば簡単です。e^z は覚えていても $\cos z$、$\sinh z$ はうろ覚えという人もいるかもしれませんから、$\cos z$、$\sinh z$ については公式を用いてマクローリン展開を求め、ローラン展開を導いてみましょう。

［マクローリン展開］

$x=0$ を含む区間（a, b）でマクローリン展開可能な関数 $f(x)$ は、

$$f(x)=f(0)+f'(0)x+\frac{f^{(2)}(0)}{2!}x^2+\frac{f^{(3)}(0)}{3!}x^3+\cdots+\frac{f^{(n)}(0)}{n!}x^n+\cdots$$

と表せる。

(1) $f(z)=\cos z$ とおいて、

	$f(z)$	$f'(z)$	$f^{(2)}(z)$	$f^{(3)}(z)$	$f^{(4)}(z)$
	$\cos z$	$-\sin z$	$-\cos z$	$\sin z$	$\cos z$
$z=0$	1	0	-1	0	1

$\cos z$ のマクローリン展開は、

$$\cos z=1-\frac{1}{2}z^2+\frac{1}{4!}z^4-\frac{1}{6!}z^6+\cdots$$

$\dfrac{\cos z}{z^2}$ のローラン展開は、

$$\frac{\cos z}{z^2}=\frac{1}{z^2}-\frac{1}{2}+\frac{1}{4!}z^2-\frac{1}{6!}z^4+\cdots\quad(|z|>0)$$

(2)　$\sinh z=\dfrac{e^z-e^{-z}}{2}$、$\cosh z=\dfrac{e^z+e^{-z}}{2}$であり、

$$(\sinh z)'=\left(\frac{e^z-e^{-z}}{2}\right)'=\frac{e^z+e^{-z}}{2}=\cosh z \quad (\cosh z)'=\left(\frac{e^z+e^{-z}}{2}\right)'=\frac{e^z-e^{-z}}{2}=\sinh z$$

$f(z)=\sinh z$ とおいて、

	$f(z)$	$f'(z)$	$f^{(2)}(z)$	$f^{(3)}(z)$
	$\sinh z$	$\cosh z$	$\sinh z$	$\cosh z$
$z=0$	0	1	0	1

$\sinh z$ のマクローリン展開は、

$$\sinh z=z+\frac{1}{3!}z^3+\frac{1}{5!}z^5+\frac{1}{7!}z^7+\cdots$$

$\dfrac{\sinh z}{z^3}$のローラン展開は、

$$\frac{\sinh z}{z^3}=\frac{1}{z^2}+\frac{1}{3!}+\frac{1}{5!}z^2+\frac{1}{7!}z^4+\cdots \quad (|z|>0)$$

［別解］

$\dfrac{e^z-e^{-z}}{2}$の e^z、e^{-z} をマクローリン展開して、$\sinh z$ のマクローリン展開を求めてもよい。

(3)　e^z の定義式は、

$$e^z=1+z+\frac{1}{2!}z^2+\frac{1}{3!}z^3+\frac{1}{4!}z^4+\cdots$$

$\dfrac{e^z}{z^3}$のローラン展開は、

$$\frac{e^z}{z^3}=\frac{1}{z^3}+\frac{1}{z^2}+\frac{1}{2!}\frac{1}{z}+\frac{1}{3!}+\frac{1}{4!}z+\cdots \quad (|z|>0)$$

ジャンプ

確認 ▶ローラン展開

次の関数を z を中心にローラン展開せよ。

(1) $\dfrac{\cosh z}{z^2}$　　(2) $\dfrac{\mathrm{Log}(1+z)}{z^2}$　　(3) $e^{\frac{i}{z}}$

$\cosh z$、e^z の定義式や $\mathrm{Log}(1+z)$ のマクローリン展開を覚えていれば簡単です。e^z は覚えていても $\cosh z$、$\mathrm{Log}(1+z)$ はうろ覚えという人もいるかもしれませんから、$\cosh z$、$\mathrm{Log}(1+z)$ については公式を用いてマクローリン展開を求め、ローラン展開を導いてみましょう。

［マクローリン展開］

$x=0$ を含む区間 $(a,\ b)$ でマクローリン展開可能な関数 $f(x)$ は、

$$f(x)=f(0)+f'(0)x+\frac{f^{(2)}(0)}{2!}x^2+\frac{f^{(3)}(0)}{3!}x^3+\cdots+\frac{f^{(n)}(0)}{n!}x^n+\cdots$$

と表せる。

(1)　$\cosh z=\dfrac{e^z+e^{-z}}{2}$、$\sinh z=\dfrac{e^z-e^{-z}}{2}$ であり、

$$(\cosh z)'=\left(\frac{e^z+e^{-z}}{2}\right)'=\frac{e^z-e^{-z}}{2}=\sinh z \quad (\sinh z)'=\left(\frac{e^z-e^{-z}}{2}\right)'=\frac{e^z+e^{-z}}{2}=\cosh z$$

$f(z)=\cosh z$ とおいて、

	$f(z)$	$f'(z)$	$f^{(2)}(z)$	$f^{(3)}(z)$
	$\cosh z$	$\sinh z$	$\cosh z$	$\sinh z$
$z=0$	1	0	1	0

$\cosh z$ のマクローリン展開は、

$$\cosh z=1+\frac{1}{2!}z^2+\frac{1}{4!}z^4+\frac{1}{6!}z^6+\cdots$$

$\dfrac{\cosh z}{z^2}$ のローラン展開は、

$$\frac{\cosh z}{z^2}=\frac{1}{z^2}+\frac{1}{2!}+\frac{1}{4!}z^2+\frac{1}{6!}z^4+\cdots$$

[別解]

$\dfrac{e^z+e^{-z}}{2}$ の e^z、e^{-z} をマクローリン展開して、$\cosh z$ のマクローリン展開を求めてもよい。

(2)　$f(z)=\mathrm{Log}(1+z)$ は $D(0,\ 1)$ 上で正則なので、$|z|<1$ でマクローリン展開できる。

	$f(z)$	$f'(z)$	$f^{(2)}(z)$	$f^{(3)}(z)$	$\cdots$	$f^{(n)}(z)$
	$\mathrm{Log}(1+z)$	$\dfrac{1}{1+z}$	$\dfrac{-1}{(1+z)^2}$	$\dfrac{2}{(1+z)^3}$	$\cdots$	$\dfrac{(-1)^{n-1}(n-1)!}{(1+z)^n}$
$z=0$	0	1	-1	2	$\cdots$	$(-1)^{n-1}(n-1)!$

$\mathrm{Log}(1+z)$ のマクローリン展開は、

$$\mathrm{Log}(1+z)=z-\frac{1}{2}z^2+\frac{1}{3}z^3-\frac{1}{4}z^4+\cdots \qquad (|z|<1)$$

$\dfrac{\mathrm{Log}(1+z)}{z^2}$ のローラン展開は、

$$\frac{\mathrm{Log}(1+z)}{z^2}=\frac{1}{z}-\frac{1}{2}+\frac{1}{3}z-\frac{1}{4}z^2+\cdots \quad (0<|z|<1)$$

(3)　e^z の定義式は、

$$e^z=1+z+\frac{1}{2!}z^2+\frac{1}{3!}z^3+\frac{1}{4!}z^4+\cdots$$

$e^{\frac{i}{z}}$ のローラン展開は、上式で z を $\dfrac{i}{z}$ として、

$$e^{\frac{i}{z}}=1+\frac{i}{z}+\frac{1}{2!}\left(\frac{i}{z}\right)^2+\frac{1}{3!}\left(\frac{i}{z}\right)^3+\frac{1}{4!}\left(\frac{i}{z}\right)^4+\cdots$$

$$=1+\frac{i}{z}-\frac{1}{2!}\frac{1}{z^2}-\frac{i}{3!}\frac{1}{z^3}+\frac{1}{4!}\frac{1}{z^4}+\cdots \quad (|z|>0)$$

ステップ 演習 ▶ローラン展開（講義編 p.237 参照）

(1)　$f(z)=\dfrac{z-2}{z(z-1)}$ を $z=1$ を中心にローラン展開せよ。

(2)　$f(z)=\dfrac{1}{z^2}$ を $z=-1$ を中心にローラン展開せよ。

［等比数列の和の公式］

$|z|<1$ のとき、

$$\frac{1}{1-z}=1+z+z^2+z^3+\cdots \qquad \frac{1}{1+z}=1-z+z^2-z^3+\cdots$$

(1)　部分分数分解すると、

$$f(z)=\frac{z-2}{z(z-1)}=\frac{2}{z}-\frac{1}{z-1}$$

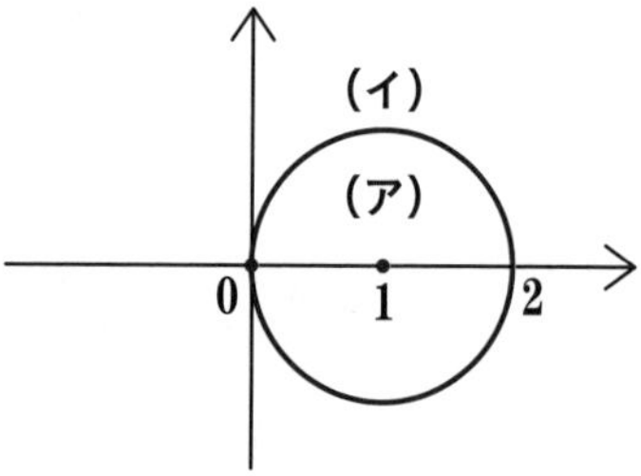

1 から特異点 0 までは距離 1 なので、

$|z-1|$ が 1 となるところで場合分けする。

（ア）　$0<|z-1|<1$ のとき

$$f(z)=\frac{2}{z}-\frac{1}{z-1}=\frac{2}{1+(z-1)}-\frac{1}{z-1}$$

$$=2\{1-(z-1)+(z-1)^2-(z-1)^3+\cdots\}-\frac{1}{z-1}$$

$$=-\frac{1}{z-1}+2-2(z-1)+2(z-1)^2-2(z-1)^3+\cdots$$

（イ）　$1<|z-1|$ のとき

$$f(z)=\frac{2}{z}-\frac{1}{z-1}=\frac{2}{1+(z-1)}-\frac{1}{z-1}$$

$$=\frac{2}{(z-1)\left(1+\dfrac{1}{z-1}\right)}-\frac{1}{z-1}$$

［$\dfrac{1}{|z-1|}<1$ であり、等比数列の和の公式を用いることができる］

$$=\frac{2}{z-1}\left(1-\frac{1}{z-1}+\frac{1}{(z-1)^2}-\frac{1}{(z-1)^3}+\cdots\right)-\frac{1}{z-1}$$

$$=\frac{1}{z-1}-\frac{2}{(z-1)^2}+\frac{2}{(z-1)^3}-\frac{2}{(z-1)^4}+\cdots$$

(2)　（ア）　$|z+1|<1$ のとき

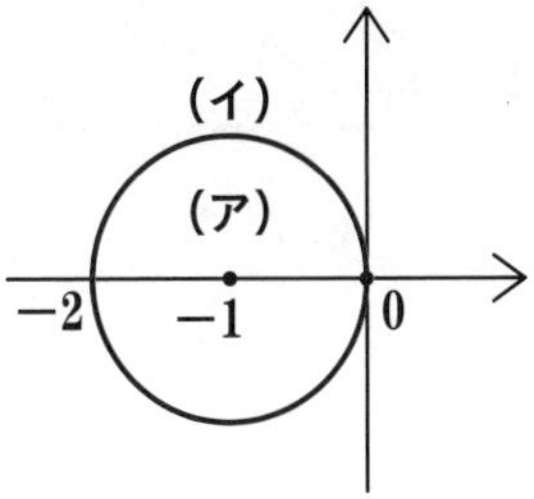

$$f(z)=\frac{1}{z^2}=\frac{1}{\{-1+(z+1)\}^2}=\frac{1}{\{1-(z+1)\}^2}$$

$$=\{1+(z+1)+(z+1)^2+(z+1)^3+\cdots\}^2$$

$$=1+2(z+1)+3(z+1)^2+4(z+1)^3+\cdots$$

［別解］

$\dfrac{1}{z^2}=\dfrac{d}{dz}\left(-\dfrac{1}{z}\right)$を用いる。$|z+1|<1$ のとき、

$$-\frac{1}{z}=-\frac{1}{-1+(z+1)}=\frac{1}{1-(z+1)}=1+(z+1)+(z+1)^2+(z+1)^3+\cdots$$

これを微分すると、右辺は、$|z+1|<1$ で絶対収束なので項別微分でき、

$$\frac{1}{z^2}=1+2(z+1)+3(z+1)^2+4(z+1)^4+\cdots$$

（イ）　$1<|z+1|$ のとき

$$f(z)=\frac{1}{z^2}=\frac{1}{\{(z+1)-1\}^2}=\frac{1}{\left\{(z+1)\left(1-\frac{1}{z+1}\right)\right\}^2}$$

$$=\frac{1}{(z+1)^2}\left\{1+\frac{1}{z+1}+\frac{1}{(z+1)^2}+\frac{1}{(z+1)^3}+\cdots\right\}^2$$

$$=\frac{1}{(z+1)^2}\left(1+\frac{2}{z+1}+\frac{3}{(z+1)^2}+\frac{4}{(z+1)^3}+\cdots\right)$$

$$=\frac{1}{(z+1)^2}+\frac{2}{(z+1)^3}+\frac{3}{(z+1)^4}+\frac{4}{(z+1)^5}+\cdots$$

［別解］

（ア）の別解と同様に考えて、次を微分してもよい。$1<|z+1|$ のとき、

$$-\frac{1}{z}=-\frac{1}{(z+1)\left(1-\frac{1}{z+1}\right)}=-\frac{1}{(z+1)}\left\{1+\frac{1}{z+1}+\left(\frac{1}{z+1}\right)^2+\cdots\right\}$$

$$=-\frac{1}{z+1}-\frac{1}{(z+1)^2}-\frac{1}{(z+1)^3}-\cdots$$

確認 ▶ローラン展開

$f(z)=\dfrac{1}{z(z-i)}$ を $z=1$ を中心にローラン展開せよ。

部分分数分解すると、

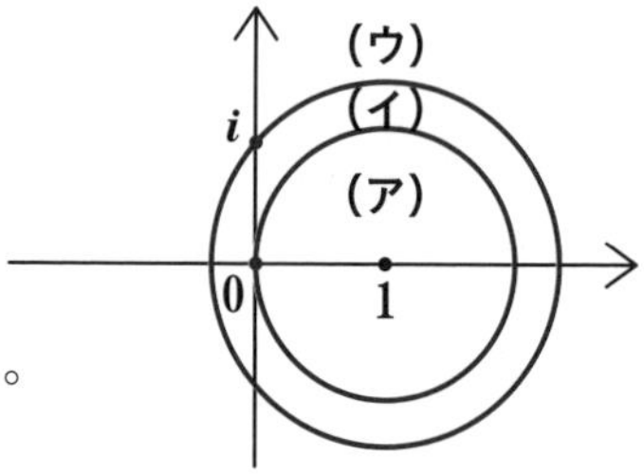

$$f(z)=\frac{1}{z(z-i)}=\frac{i}{z}-\frac{i}{z-i}$$

1から特異点0、i までの距離は1、$\sqrt{2}$

なので、（ア）、（イ）、（ウ）のように場合分けする。

（ア）　$|z-1|<1$ のとき

$$f(z)=\frac{i}{z}-\frac{i}{z-i}=\frac{i}{1+(z-1)}-\frac{i}{1-i+(z-1)}$$

$$=\frac{i}{1+(z-1)}-\frac{i}{(1-i)\left(1+\frac{z-1}{1-i}\right)}$$

$\left[\ |z-1|<1、\left|\dfrac{z-1}{1-i}\right|<\dfrac{1}{\sqrt{2}}<1\right.$ であり、等比数列の和の公式を用いることができる ］

$$=i\{1-(z-1)+(z-1)^2-\cdots\}-\frac{i}{1-i}\left\{1-\frac{z-1}{1-i}+\left(\frac{z-1}{1-i}\right)^2-\cdots\right\}$$

$$=\sum_{n=0}^{\infty}\left\{i(-1)^n-\frac{i}{1-i}\left(\frac{-1}{1-i}\right)^n\right\}(z-1)^n$$

$$=\sum_{n=0}^{\infty}i(-1)^n\left\{1-\left(\frac{1+i}{2}\right)^{n+1}\right\}(z-1)^n$$

（主要部がないのでテイラー展開ともいえる）

（イ）　$1<|z-1|<\sqrt{2}$ のとき

$$f(z)=\frac{i}{z}-\frac{i}{z-i}=\frac{i}{1+(z-1)}-\frac{i}{1-i+(z-1)}$$

$$=\frac{i}{(z-1)\left(1+\frac{1}{z-1}\right)}-\frac{i}{(1-i)\left(1+\frac{z-1}{1-i}\right)}$$

$\left[\ \left|\dfrac{1}{z-1}\right|<1、\left|\dfrac{z-1}{1-i}\right|=\dfrac{|z-1|}{\sqrt{2}}<1\right.$ であり、等比数列の和の公式を用いることができる ］

$$=\frac{i}{(z-1)}\left\{1-\frac{1}{z-1}+\left(\frac{1}{z-1}\right)^2-\cdots\right\}-\frac{i}{1-i}\left\{1-\frac{z-1}{1-i}+\left(\frac{z-1}{1-i}\right)^2-\cdots\right\}$$

$$=\frac{i}{(z-1)}-\frac{i}{(z-1)^2}+\frac{i}{(z-1)^3}-\cdots$$

$$-\frac{i}{1-i}+\frac{i}{(1-i)^2}(z-1)-\frac{i}{(1-i)^3}(z-1)^2+\cdots$$

$$=\cdots+\frac{i}{(z-1)^3}-\frac{i}{(z-1)^2}+\frac{i}{(z-1)}$$

$$-i\left(\frac{1+i}{2}\right)+i\left(\frac{1+i}{2}\right)^2(z-1)-i\left(\frac{1+i}{2}\right)^3(z-1)^2+\cdots$$

$$=\sum_{n=1}^{\infty}(-1)^{n-1}\frac{i}{(z-1)^n}+\sum_{n=0}^{\infty}(-1)^{n-1}i\left(\frac{1+i}{2}\right)^{n+1}(z-1)^n$$

（ウ）$\sqrt{2}<|z-1|$のとき

$$f(z)=\frac{i}{z}-\frac{i}{z-i}=\frac{i}{1+(z-1)}-\frac{i}{1-i+(z-1)}$$

$$=\frac{i}{(z-1)\left(1+\dfrac{1}{z-1}\right)}-\frac{i}{(z-1)\left(1+\dfrac{1-i}{z-1}\right)}$$

［$\left|\dfrac{1}{z-1}\right|<\dfrac{1}{\sqrt{2}}<1$、$\left|\dfrac{1-i}{z-1}\right|=\dfrac{\sqrt{2}}{|z-1|}<1$ であり、等比数列の和の公式を用いることができる］

$$=\frac{i}{(z-1)}\left\{1-\frac{1}{z-1}+\left(\frac{1}{z-1}\right)^2-\cdots\right\}-\frac{i}{z-1}\left\{1-\frac{1-i}{z-1}+\left(\frac{1-i}{z-1}\right)^2-\cdots\cdots\right\}$$

$$=\sum_{n=1}^{\infty}\left\{i(-1)^{n-1}-i(-1)^{n-1}(1-i)^{n-1}\right\}\frac{1}{(z-1)^n}$$

$$=\sum_{n=1}^{\infty}i(-1)^{n-1}\{1-(1-i)^{n-1}\}\frac{1}{(z-1)^n}$$

ステップ 演習 ▶留数定理（講義編 p.253 参照）

次の周回積分を計算せよ。ただし、向きは反時計回りに取るものとする。

$$\oint_C \frac{\sin z}{z^2(z^2+1)}dz \qquad C: |z+1+i| = \sqrt{3}$$

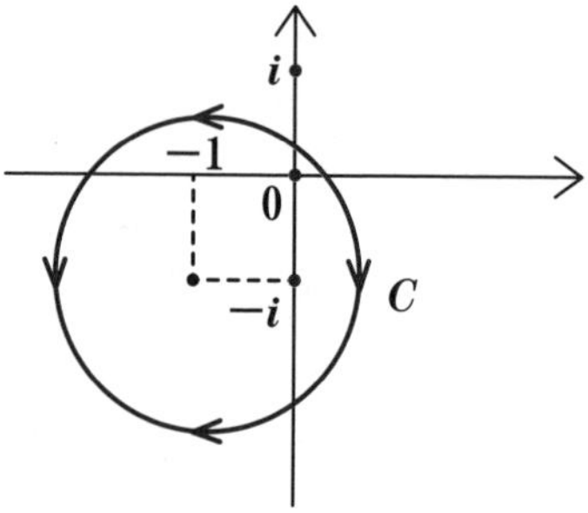

$$f(z) = \frac{\sin z}{z^2(z^2+1)} = \frac{\sin z}{z^2(z+i)(z-i)}$$

は、0 で 2 位の極、i で 1 位の極、$-i$ で 1 位の極を持つ。このうち C の内部にあるのは、0 と $-i$ である。

0 と $-i$ での留数を計算しておくと、

$$\operatorname*{Res}_{z=0} f(z) = \lim_{z\to 0} \frac{1}{(2-1)!} \frac{d^{2-1}}{dz^{2-1}} \{z^2 f(z)\} = \lim_{z\to 0} \frac{d}{dz} \left\{ z^2 \cdot \frac{\sin z}{z^2(z^2+1)} \right\}$$

$$= \lim_{z\to 0} \frac{d}{dz} \left\{ \frac{\sin z}{z^2+1} \right\} = \lim_{z\to 0} \left\{ \frac{(z^2+1)\cos z - (2z)\sin z}{(z^2+1)^2} \right\} = 1$$

$$\operatorname*{Res}_{z=-i} f(z) = \lim_{z\to -i} \{(z+i)f(z)\} = \lim_{z\to -i} \left\{ (z+i) \cdot \frac{\sin z}{z^2(z^2+1)} \right\}$$

$$= \lim_{z\to -i} \left\{ \frac{\sin z}{z^2(z-i)} \right\} = \frac{\sin(-i)}{(-i)^2(-i-i)} = \frac{1}{2i} \cdot \frac{e^{i(-i)} - e^{-i(-i)}}{2i}$$

$$= -\frac{1}{4}\left(e - \frac{1}{e}\right)$$

これを用いて、

$$\oint_C \frac{\sin z}{z^2(z^2+1)}dz = 2\pi i \left(\operatorname*{Res}_{z=0} f(z) + \operatorname*{Res}_{z=-i} f(z)\right)$$

$$= 2\pi i \left(1 - \frac{1}{4}e + \frac{1}{4e}\right)$$

ジャンプ

確認 ▶留数定理

次の周回積分を計算せよ。ただし、向きは反時計回りに取るものとする。

$$\oint_C \frac{\cos(\pi z)}{z(z-1)^3(z+1)}dz \qquad C : |z-1+i|=2$$

$f(z)=\dfrac{\cos(\pi z)}{z(z-1)^3(z+1)}$は、1で3位の極、0で1位の極、$-1$で1位の極を持つ。このうち$C$の内部にあるのは、0と1である。

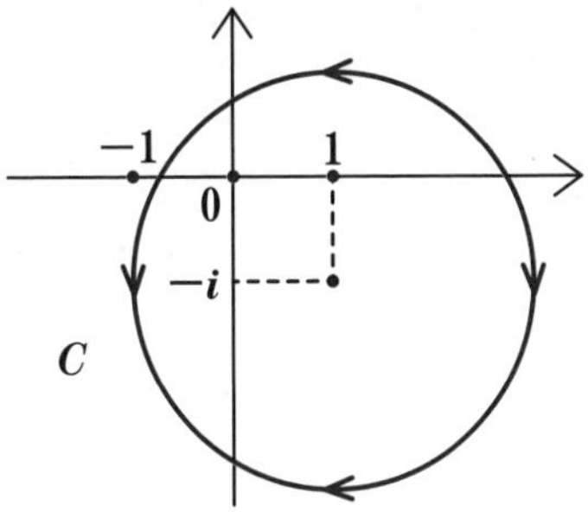

0と1での留数を計算しておくと、

$$\operatorname*{Res}_{z=0} f(z)=\lim_{z\to 0} zf(z)=\lim_{z\to 0}\left\{z\cdot\frac{\cos(\pi z)}{z(z-1)^3(z+1)}\right\}=\lim_{z\to 0}\left\{\frac{\cos(\pi z)}{(z-1)^3(z+1)}\right\}=-1$$

$$\operatorname*{Res}_{z=1} f(z)=\lim_{z\to 1}\frac{1}{(3-1)!}\frac{d^{3-1}}{dz^{3-1}}\{(z-1)^3 f(z)\}=\lim_{z\to 1}\frac{1}{2!}\frac{d^2}{dz^2}\left\{\frac{\cos(\pi z)}{z(z+1)}\right\}$$

$$=\lim_{z\to 1}\frac{1}{2!}\frac{d^2}{dz^2}\left\{\cos(\pi z)\left(\frac{1}{z}-\frac{1}{z+1}\right)\right\} \qquad (fg)''=f''g+2f'g'+fg''$$

$$=\lim_{z\to 1}\frac{1}{2!}\left\{\frac{-\pi^2\cos(\pi z)}{z(z+1)}+2\{-\pi\sin(\pi z)\}\left(-\frac{1}{z^2}+\frac{1}{(z+1)^2}\right)\right.$$

$$\left.+\cos(\pi z)\left(\frac{2}{z^3}-\frac{2}{(z+1)^3}\right)\right\}$$

$$=\frac{1}{2}\left\{\frac{\pi^2}{2}+(-1)\left(2-\frac{1}{4}\right)\right\}=\frac{\pi^2}{4}-\frac{7}{8}$$

これを用いて計算すると、

$$\oint_C \frac{\cos(\pi z)}{z(z-1)^3(z+1)}dz=2\pi i\left(\operatorname*{Res}_{z=0} f(z)+\operatorname*{Res}_{z=1} f(z)\right)$$

$$=2\pi i\left(-1+\frac{\pi^2}{4}-\frac{7}{8}\right)=2\pi i\left(\frac{\pi^2}{4}-\frac{15}{8}\right)$$

ステップ 演習 ▶留数定理（経路の工夫）（講義編 p.255 参照）

図のような経路に沿って次の線積分を求めよ。

$$\int_C \frac{z}{z^2+1}dz$$

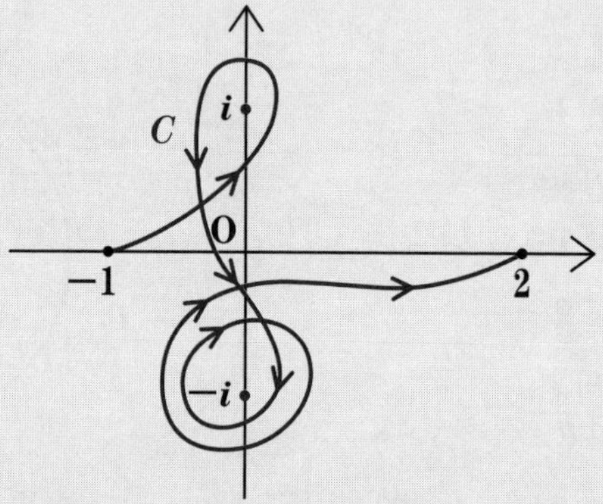

$f(z)=\dfrac{z}{z^2+1}$ は $z=\pm i$ が 1 位の極で、それ以外の点では正則。

経路を正則な領域で連続的に変形させると下図のようになる。

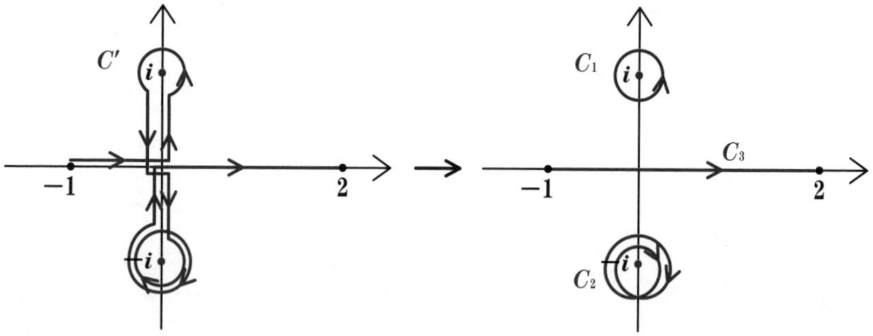

虚軸の $-i$ から i までの部分は往復で打ち消されるので、C は

C_1　i の周りを反時計回りに 1 回

C_2　$-i$ の周りを時計回りに 2 回

C_3　実軸上を -1 から 2 まで進む

の 3 つの経路で置き換えることができる。i、$-i$ での留数を計算しておくと、

$$\operatorname*{Res}_{z=i} f(z)=\lim_{z\to i}\{(z-i)f(z)\}=\lim_{z\to i}\left\{(z-i)\cdot\frac{z}{z^2+1}\right\}=\lim_{z\to i}\left(\frac{z}{z+i}\right)=\frac{1}{2}$$

$$\operatorname*{Res}_{z=-i} f(z)=\lim_{z\to -i}\{(z+i)f(z)\}=\lim_{z\to -i}\left\{(z+i)\cdot\frac{z}{z^2+1}\right\}=\lim_{z\to -i}\left(\frac{z}{z-i}\right)=\frac{1}{2}$$

また、-1 から 2 までの積分は、実関数として積分して、

$$\int_{C_3}\frac{z}{z^2+1}dz=\int_{-1}^{2}\frac{x}{x^2+1}dx=\left[\frac{1}{2}\log(x^2+1)\right]_{-1}^{2}=\frac{1}{2}\log\frac{5}{2}$$

これらを用いて、

$$\int_{C}\frac{z}{z^2+1}dz=\int_{C_1}\frac{z}{z^2+1}dz+\int_{C_2}\frac{z}{z^2+1}dz+\int_{C_3}\frac{z}{z^2+1}dz$$

$$=1\times 2\pi i\operatorname*{Res}_{z=i} f(z)+(-2)\times 2\pi i\operatorname*{Res}_{z=-i} f(z)+\frac{1}{2}\log\frac{5}{2}$$

$$=\frac{1}{2}\log\frac{5}{2}-\pi i$$

ジャンプ 確認 ▶留数定理（経路の工夫）

図のような経路に沿って次の線積分を求めよ。

$$\int_C \frac{z}{z^2-1}dz$$

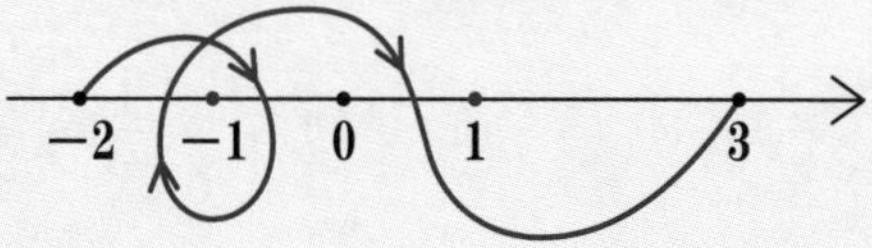

$f(z)=\dfrac{z}{z^2-1}$ は $z=\pm 1$ が 1 位の極で、それ以外の点では正則。

経路を正則な領域で連続的に変形させると下図のようになる。

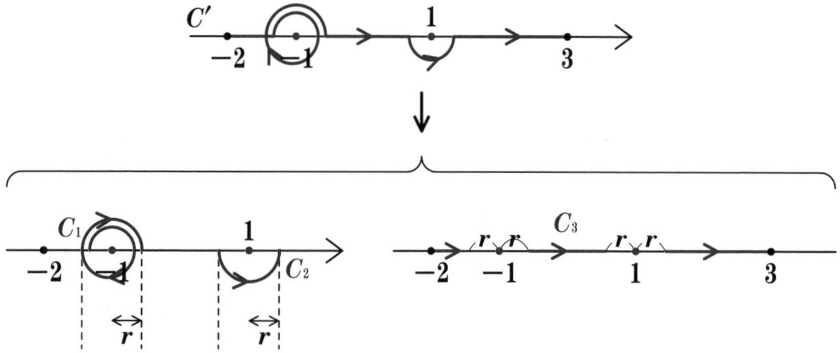

C は、$0<r<1$ となる r を用いて、

C_1　-1 を中心とした半径 r の円の周りを時計回りに 1 回転半

C_2　1 の周りを反時計回りに半回転

C_3　$[-2,\ -1-r]$、$[-1+r,\ 1-r]$、$[1+r,\ 3]$ の和　（実軸正の向き）

の 3 つの経路で置き換えることができる。−1、1 での留数を計算しておくと、

$$\operatorname*{Res}_{z=-1} f(z)=\lim_{z\to -1}(z+1)f(z)=\lim_{z\to -1}(z+1)\cdot\frac{z}{z^2-1}=\lim_{z\to -1}\left(\frac{z}{z-1}\right)=\frac{1}{2}$$

$$\operatorname*{Res}_{z=1} f(z)=\lim_{z\to 1}(z-1)f(z)=\lim_{z\to 1}(z-1)\cdot\frac{z}{z^2-1}=\lim_{z\to 1}\left(\frac{z}{z+1}\right)=\frac{1}{2}$$

また、C_3 上の積分を実関数として積分すると、$f(z)$ が奇関数（$f(z)=-f(z)$）であることから、−2 から 2 までの部分は打ち消すので、［2, 3］での積分に等しい。

$$\int_{C_3} \frac{z}{z^2-1}dz = \int_2^3 \frac{x}{x^2-1}dx = \left[\frac{1}{2}\log(x^2-1)\right]_2^3 = \frac{1}{2}\log\frac{8}{3}$$

これらを用いて、

$$\int_C \frac{z}{z^2-1}dz = \int_{C_1} \frac{z}{z^2-1}dz + \int_{C_2} \frac{z}{z^2-1}dz + \int_{C_3} \frac{z}{z^2-1}dz$$

$$= \left(-\frac{3}{2}\right) \times 2\pi i \operatorname*{Res}_{z=-1} f(z) + \frac{1}{2} \times 2\pi i \operatorname*{Res}_{z=1} f(z) + \frac{1}{2}\log\frac{8}{3}$$

$$= \frac{1}{2}\log\frac{8}{3} - \pi i$$

ステップ 演習 ▶有理関数の定積分（講義編 p.257 参照）

次の等式を示せ。

$$\int_{-\infty}^{\infty}\frac{1}{x^4+1}dx=\frac{\pi}{\sqrt{2}}$$

被積分関数の特異点を求めると、

$$z^4+1=0 \qquad z^4=-1=\cos\pi+i\sin\pi=\cos(\pi+2n\pi)+i\sin(\pi+2n\pi)$$

$$z=\cos\left(\frac{\pi}{4}+\frac{n\pi}{2}\right)+i\sin\left(\frac{\pi}{4}+\frac{n\pi}{2}\right)\quad (n\text{ は整数})$$ 公式 1.10

となる。$n=0$～3 のときを、それぞれ α_0～α_3 とおくと、これらは図のように原点を中心とした単位円周上に並ぶ。これらを用いて分母を因数分解すると、

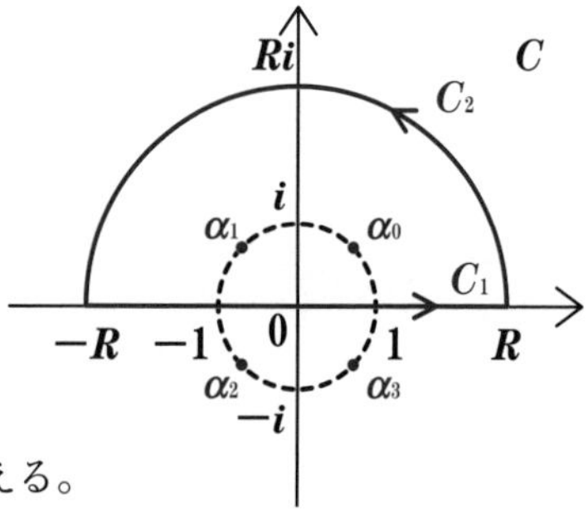

$$z^4+1=(z-\alpha_0)(z-\alpha_1)(z-\alpha_2)(z-\alpha_3)$$

ここで、$-R$ から R まで実軸上を進み、そこから中心が原点で半径 R の円弧を反時計回りに進んで $-R$ に戻る積分経路 C を考える。

$C_1 : z=x \quad (-R\leqq x\leqq R)$

$C_2 : z=Re^{i\theta} \quad (0\leqq\theta\leqq\pi)$

$f(z)=\dfrac{1}{z^4+1}$ の C の内部にある特異点は α_0、α_1（ともに1位の極）なので、

$$\oint_C \frac{1}{z^4+1}dz=2\pi i\Big(\mathrm{Res}(f(z),\ \alpha_0)+\mathrm{Res}(f(z),\ \alpha_1)\Big)$$

ここで、

$$\mathrm{Res}\,(f(z),\ \alpha_0)=\lim_{z\to\alpha_0}(z-\alpha_0)f(z)=\lim_{z\to\alpha_0}\frac{1}{(z-\alpha_1)(z-\alpha_2)(z-\alpha_3)}$$

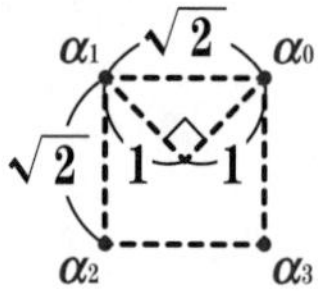

$$=\frac{1}{(\alpha_0-\alpha_1)(\alpha_0-\alpha_2)(\alpha_0-\alpha_3)}$$

$$=\frac{1}{\sqrt{2}\,(\sqrt{2}+\sqrt{2}\,i)\sqrt{2}\,i}=\frac{-i(1-i)}{2\sqrt{2}\,(1+i)(1-i)}=\frac{-1-i}{4\sqrt{2}}$$

$$\mathrm{Res}\,(f(z),\ \alpha_1)=\lim_{z\to\alpha_1}(z-\alpha_1)f(z)=\lim_{z\to\alpha_1}\frac{1}{(z-\alpha_0)(z-\alpha_2)(z-\alpha_3)}$$

$$=\frac{1}{(\alpha_1-\alpha_0)(\alpha_1-\alpha_2)(\alpha_1-\alpha_3)}$$

$$=\frac{1}{-\sqrt{2}(\sqrt{2}i)(-\sqrt{2}+\sqrt{2}i)}=\frac{-i(1+i)}{2\sqrt{2}(1-i)(1+i)}=\frac{1-i}{4\sqrt{2}}$$

よって、

$$\oint_C\frac{1}{z^4+1}dz=2\pi i\Big(\mathrm{Res}(f(z),\ \alpha_0)+\mathrm{Res}(f(z),\ \alpha_1)\Big)$$

$$=2\pi i\left(\frac{-1-i}{4\sqrt{2}}+\frac{1-i}{4\sqrt{2}}\right)=2\pi i\left(\frac{-i}{2\sqrt{2}}\right)=\frac{\pi}{\sqrt{2}}\quad\cdots\cdots①$$

一方、C を C_1、C_2 を合わせたものとして積分すると、

$$\oint_C\frac{1}{z^4+1}dz=\int_{C_1}\frac{1}{z^4+1}dz+\int_{C_2}\frac{1}{z^4+1}dz$$

$$=\int_{-R}^{R}\frac{1}{z^4+1}dx+\int_0^{\pi}\frac{1}{R^4e^{4i\theta}+1}Rie^{i\theta}d\theta\quad\cdots\cdots②$$

②で $R\to\infty$ とすると、第2項は0に近づく（後で示す）。

よって、①、②より答えは、

$$\int_{-\infty}^{\infty}\frac{1}{x^4+1}dx=\oint_C\frac{1}{z^4+1}dz=\frac{\pi}{\sqrt{2}}$$

[②の第2項が0に収束することの証明]

$$\left|\int_0^{\pi}\frac{1}{R^4e^{4i\theta}+1}Rie^{i\theta}d\theta\right|\leqq\int_0^{\pi}\left|\frac{1}{R^4e^{4i\theta}+1}Rie^{i\theta}\right||d\theta|$$

$$=\int_0^{\pi}\frac{1}{|R^4e^{4i\theta}+1|}|Rie^{i\theta}|d\theta\leqq\int_0^{\pi}\frac{1}{|R^4e^{4i\theta}|-1}|Rie^{i\theta}|d\theta$$

$$=\int_0^{\pi}\frac{R}{R^4-1}d\theta=\frac{\pi R}{R^4-1}=\frac{\pi}{R^3-\dfrac{1}{R}}$$

$R\to\infty$ のとき右辺は0に収束するので、左辺も0に収束する。

ジャンプ 確認 ▶有理関数の定積分

次の等式を示せ。

$$\int_{-\infty}^{\infty}\frac{1}{x^6+1}dx=\frac{2\pi}{3}$$

被積分関数の特異点を求めると、

$z^6+1=0 \qquad z^6=-1=\cos\pi+i\sin\pi=\cos(\pi+2n\pi)+i\sin(\pi+2n\pi)$

$z=\cos\left(\dfrac{\pi}{6}+\dfrac{n\pi}{3}\right)+i\sin\left(\dfrac{\pi}{6}+\dfrac{n\pi}{3}\right)$ （n は整数）

公式 1.10

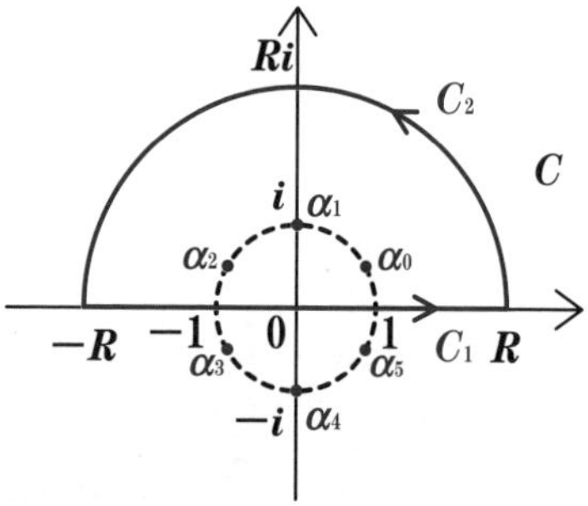

となる。$n=0$～5 のときを、それぞれ α_0～α_5 とおくと、これらは図のように原点を中心とした単位円周上に並ぶ。これらを用いて分母を因数分解すると、

z^6+1

$=(z-\alpha_0)(z-\alpha_1)(z-\alpha_2)(z-\alpha_3)(z-\alpha_4)(z-\alpha_5)$

ここで、$-R$ から R まで実軸上を進み、そこから中心が原点で半径 R の円弧を反時計回りに進んで $-R$ に戻る積分経路 C を考える。

$C_1：z=x \quad (-R\leqq x\leqq R)$

$C_2：z=Re^{i\theta} \quad (0\leqq\theta\leqq\pi)$

$f(z)=\dfrac{1}{z^6+1}$ の C の内部にある特異点は α_0、α_1、α_2（すべて 1 位の極）なので、

$$\oint_C\frac{1}{z^6+1}dz=2\pi i\Big(\mathrm{Res}(f(z),\ \alpha_0)+\mathrm{Res}(f(z),\ \alpha_1)+\mathrm{Res}(f(z),\ \alpha_2)\Big)$$

ここで、

$$\begin{aligned}\mathop{\mathrm{Res}}_{z=\alpha_0}f(z)&=\lim_{z\to\alpha_0}(z-\alpha_0)f(z)\\&=\lim_{z\to\alpha_0}\frac{1}{(z-\alpha_1)(z-\alpha_2)(z-\alpha_3)(z-\alpha_4)(z-\alpha_5)}\\&=\frac{1}{(\alpha_0-\alpha_1)(\alpha_0-\alpha_2)(\alpha_0-\alpha_3)(\alpha_0-\alpha_4)(\alpha_0-\alpha_5)}\end{aligned}$$

ここで、$g(z)=z^6+1=(z-\alpha_0)(z-\alpha_1)(z-\alpha_2)(z-\alpha_3)(z-\alpha_4)(z-\alpha_5)$ とおくと、

$g'(z)=(z-\alpha_1)(z-\alpha_2)(z-\alpha_3)(z-\alpha_4)(z-\alpha_5)$

$$+(z-\alpha_0)(z-\alpha_2)(z-\alpha_3)(z-\alpha_4)(z-\alpha_5)$$
$$+\cdots+(z-\alpha_0)(z-\alpha_1)(z-\alpha_2)(z-\alpha_3)(z-\alpha_4)$$

なので、$z=\alpha_0$ を代入すると 1 行目だけ残る。よって、

$$(\alpha_0-\alpha_1)(\alpha_0-\alpha_2)(\alpha_0-\alpha_3)(\alpha_0-\alpha_4)(\alpha_0-\alpha_5)=g'(\alpha_0)=6{\alpha_0}^5=6\alpha_2$$

（$g'(z)=6z^5$ に $z=\alpha_0$ を代入）

$$\operatorname*{Res}_{z=\alpha_0} f(z)=\frac{1}{(\alpha_0-\alpha_1)(\alpha_0-\alpha_2)(\alpha_0-\alpha_3)(\alpha_0-\alpha_4)(\alpha_0-\alpha_5)}=\frac{1}{6\alpha_2}=\frac{\alpha_3}{6}$$

同様に

$$\operatorname*{Res}_{z=\alpha_1} f(z)=\frac{1}{(\alpha_1-\alpha_0)(\alpha_1-\alpha_2)(\alpha_1-\alpha_3)(\alpha_1-\alpha_4)(\alpha_1-\alpha_5)}=\frac{1}{6{\alpha_1}^5}=\frac{1}{6\alpha_1}=\frac{\alpha_4}{6}$$

$$\operatorname*{Res}_{z=\alpha_2} f(z)=\frac{1}{(\alpha_2-\alpha_0)(\alpha_2-\alpha_1)(\alpha_2-\alpha_3)(\alpha_2-\alpha_4)(\alpha_2-\alpha_5)}=\frac{1}{6{\alpha_2}^5}=\frac{1}{6\alpha_0}=\frac{\alpha_5}{6}$$

よって、

$$\oint_C \frac{1}{z^6+1}dz=2\pi i\Big(\mathrm{Res}(f(z),\ \alpha_0)+\mathrm{Res}(f(z),\ \alpha_1)+\mathrm{Res}(f(z),\ \alpha_2)\Big)$$

$$=2\pi i\left(\frac{\alpha_3+\alpha_4+\alpha_5}{6}\right)=2\pi i\left(\frac{-2i}{6}\right)=\frac{2\pi}{3}\quad\cdots\cdots①$$

一方、C を C_1、C_2 を合わせたものとして積分すると、

$$\oint_C \frac{1}{z^6+1}dz=\int_{C_1}\frac{1}{z^6+1}dz+\int_{C_2}\frac{1}{z^6+1}dz$$

$$=\int_{-R}^{R}\frac{1}{x^6+1}dx+\int_0^{\pi}\frac{1}{R^6e^{6i\theta}+1}Rie^{i\theta}d\theta\quad\cdots\cdots②$$

②で $R\to\infty$ とすると、第 2 項は 0 に近づく（後で示す）。①、②より、

$$\int_{-\infty}^{\infty}\frac{1}{x^6+1}dx=\oint_C\frac{1}{z^6+1}dz=\frac{2\pi}{3}$$

[②の第 2 項が 0 に収束することの証明]

$$\left|\int_0^{\pi}\frac{1}{R^6e^{6i\theta}+1}Rie^{i\theta}d\theta\right|\leqq\int_0^{\pi}\left|\frac{1}{R^6e^{6i\theta}+1}Rie^{i\theta}\right||d\theta|=\int_0^{\pi}\frac{R}{|R^6e^{6i\theta}+1|}d\theta$$

$$\leqq\int_0^{\pi}\frac{R}{|R^6e^{6i\theta}|-1}d\theta=\int_0^{\pi}\frac{R}{R^6-1}d\theta=\frac{\pi R}{R^6-1}$$

$R\to\infty$ のとき右辺は 0 に収束するので、左辺も 0 に収束する。

ステップ

演習 ▶(有理関数×三角関数)の定積分 (講義編 p.260 参照)

$a>0$、$b>0$ のとき、次の等式を示せ。

$$\int_{-\infty}^{\infty}\frac{\cos(ax)}{x^2+b^2}dx=\frac{\pi}{b}e^{-ab}$$

$\dfrac{e^{axi}}{x^2+b^2}=\dfrac{\cos(ax)+i\sin(ax)}{x^2+b^2}$ なので、$\dfrac{e^{azi}}{z^2+b^2}$ を実軸上で $-\infty$ から ∞ まで積分した値の実部が $\dfrac{\pi}{b}e^{-ab}$ であることを示せばよい。

ここで、$-R$ から R まで実軸上を進み、そこから原点を中心とした半径 R の円弧を反時計回りに進んで $-R$ に戻る積分経路 C を考える。

C_1：$z=x$　($-R\leqq x\leqq R$、R は正数)

C_2：$z=Re^{i\theta}$　($0\leqq\theta\leqq\pi$)

とすると、

$$\oint_C\frac{e^{azi}}{z^2+b^2}dz=\int_{C_1}\frac{e^{azi}}{z^2+b^2}dz+\int_{C_2}\frac{e^{azi}}{z^2+b^2}dz \quad \cdots\cdots ①$$

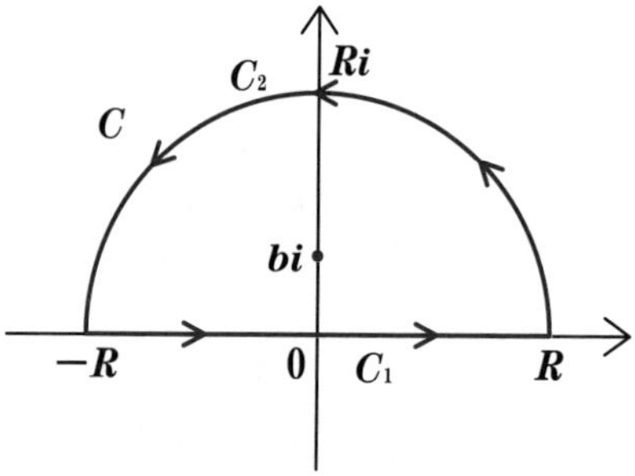

左辺は周回積分であり留数定理で計算する。

$f(z)=\dfrac{e^{azi}}{z^2+b^2}$ とすると、$f(z)$ の極は $\pm bi$。

R が十分大きいときは極 bi を含むので、

$$\oint_C\frac{e^{azi}}{z^2+b^2}dz=2\pi i\operatorname*{Res}_{z=bi}f(z)=2\pi i\lim_{z\to bi}\{(z-bi)f(z)\}$$

$$=2\pi i\lim_{z\to bi}\left\{(z-bi)\frac{e^{azi}}{z^2+b^2}\right\}=2\pi i\lim_{z\to bi}\frac{e^{azi}}{z+bi}=2\pi i\times\frac{e^{-ab}}{2bi}$$

$$=\frac{\pi}{b}e^{-ab} \quad \cdots\cdots ②$$

C_1 に沿った経路積分は、

$$\int_{C_1}\frac{e^{azi}}{z^2+b^2}dz=\int_{-R}^{R}\frac{e^{axi}}{x^2+b^2}dx \quad \cdots\cdots ③$$

C_2 に沿った経路積分は $R\to\infty$ のとき 0 に収束する（後で示す）ので、①に②、③を用いて $R\to\infty$ とすると、

$$\frac{\pi}{b}e^{-ab}=\int_{-\infty}^{\infty}\frac{e^{axi}}{x^2+b^2}dx$$

これの実部を取り、

$$\int_{-\infty}^{\infty}\frac{\cos(ax)}{x^2+b^2}dx=\frac{\pi}{b}e^{-ab}$$

[C_2 に関する線積分が 0 に収束すること]

$$\left|\int_{C_2}\frac{e^{azi}}{z^2+b^2}dz\right|\leqq\int_{C_2}\frac{|e^{azi}|}{|z^2+b^2|}|dz|\leqq\int_{C_2}\frac{|e^{azi}|}{|z|^2-b^2}|dz|=\int_0^{\pi}\frac{e^{-aR\sin\theta}}{R^2-b^2}Rd\theta$$

［$|z|^2$ が b^2 より大きいとき、公式 1.11 三角不等式より、$|z^2+b^2|\geqq|z^2|-b^2$］
$|e^{azi}|=|e^{aR(\cos\theta+i\sin\theta)i}|=e^{-aR\sin\theta}$

$$=2\int_0^{\frac{\pi}{2}}\frac{e^{-aR\sin\theta}}{R^2-b^2}Rd\theta\leqq\frac{2R}{R^2-b^2}\int_0^{\frac{\pi}{2}}e^{-\frac{2aR}{\pi}\theta}d\theta$$

$$=\frac{2R}{R^2-b^2}\left[-\frac{\pi}{2aR}e^{-\frac{2aR}{\pi}\theta}\right]_0^{\frac{\pi}{2}}$$

$$=\frac{\pi}{a(R^2-b^2)}(1-e^{-aR})$$

$\left[0\leqq\theta\leqq\frac{\pi}{2}\text{のとき、}\sin\theta\geqq\frac{2\theta}{\pi}\right]$

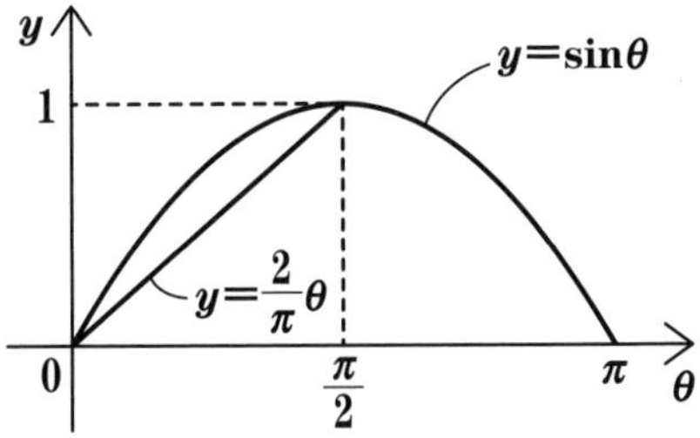

右辺は、$R\to\infty$ のとき 0 に収束するので、C_2 に沿った経路積分も 0 に収束することが分かる。

ジャンプ 確認 ▶(有理関数 × 三角関数)の定積分

$a>0$、$b>0$ のとき、次の等式を示せ。

$$\int_{-\infty}^{\infty}\frac{x^3\sin(ax)}{(x^2+b^2)^2}dx=\pi e^{-ab}\left(1-\frac{ab}{2}\right)$$

$\dfrac{x^3e^{axi}}{(x^2+b^2)^2}=\dfrac{x^3\{\cos(ax)+i\sin(ax)\}}{(x^2+b^2)^2}$ なので、$\dfrac{z^3e^{azi}}{(z^2+b^2)^2}$ を実軸上で $-\infty$ から ∞ まで積分した値の虚部が $\pi e^{-ab}\left(1-\dfrac{ab}{2}\right)$ であることを示せばよい。

ここで、$-R$ から R まで実軸上を進み、そこから原点を中心とした半径 R の円弧を反時計回りに進んで $-R$ に戻る積分経路 C を考える。

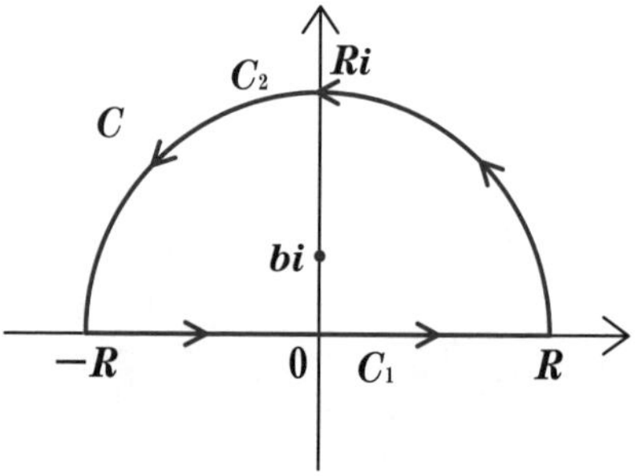

C_1：$z=x$ $(-R\leqq x\leqq R$、R は正数$)$

C_2：$z=Re^{i\theta}$ $(0\leqq\theta\leqq\pi)$

とすると、

$$\oint_C\frac{z^3e^{azi}}{(z^2+b^2)^2}dz=\int_{C_1}\frac{z^3e^{azi}}{(z^2+b^2)^2}dz+\int_{C_2}\frac{z^3e^{azi}}{(z^2+b^2)^2}dz \quad \cdots\cdots①$$

左辺は周回積分であり留数定理で計算する。

$f(z)=\dfrac{z^3e^{azi}}{(z^2+b^2)^2}$ とすると、$f(z)$ の極は $\pm bi$ であり、位数はそれぞれ 2。

R が十分大きいときは極 bi を含むので、

$$\oint_C\frac{z^3e^{azi}}{(z^2+b^2)^2}dz=2\pi i\operatorname*{Res}_{z=bi}f(z)=2\pi i\lim_{z\to bi}\frac{d}{dz}\{(z-bi)^2f(z)\}$$

$$=2\pi i\lim_{z\to bi}\frac{d}{dz}\left\{(z-bi)^2\frac{z^3e^{azi}}{(z^2+b^2)^2}\right\}=2\pi i\lim_{z\to bi}\frac{d}{dz}\left(\frac{z^3e^{azi}}{(z+bi)^2}\right)$$

$$=2\pi i\lim_{z\to bi}\left\{e^{azi}\left(\frac{3z^2}{(z+bi)^2}-\frac{2z^3}{(z+bi)^3}\right)+aie^{azi}\frac{z^3}{(z+bi)^2}\right\}$$

$\left[\ (fgh)'=f'gh+fg'h+fgh'、f=z^3、g=\dfrac{1}{(z+bi)^2}、h=e^{azi}\ \right]$

$$=2\pi i\times e^{-ab}\left(\frac{3}{4}-\frac{1}{4}+ai\times\frac{1}{4}bi\right)=\pi e^{-ab}\left(1-\frac{ab}{2}\right)i$$ ……②

C_1 に沿った経路積分は、

$$\int_{C_1}\frac{z^3e^{azi}}{(z^2+b^2)^2}dz=\int_{-R}^{R}\frac{x^3e^{axi}}{(x^2+b^2)^2}dx$$ ……③

C_2 に沿った経路積分は $R\to\infty$ のとき 0 に収束する（後で示す）ので、①に②、③を用いて $R\to\infty$ とすると、

$$\pi e^{-ab}\left(1-\frac{ab}{2}\right)i=\int_{-\infty}^{\infty}\frac{x^3e^{axi}}{(x^2+b^2)^2}dx$$

これの虚部を取り、

$$\int_{-\infty}^{\infty}\frac{x^3\sin(ax)}{(x^2+b^2)^2}dx=\pi e^{-ab}\left(1-\frac{ab}{2}\right).$$

[C_2 に関する線積分が 0 に収束すること]

$|z|>2b$ のとき、

$$\left|\frac{z^3}{(z^2+b^2)^2}\right|\leqq\frac{2}{|z|}$$ ……④

が成り立つことを示しておく。

［定理 1.13 (2) で、$n=3$、$m=4$ のときである。正確に答案を書く時間がないときは、「$|z|$が十分大きいとき、
$\left|\frac{z^3}{(z^2+b^2)^2}\right|\leqq\frac{M}{|z|}$
となる M が存在する」としてもよい。］

$$\left|\frac{z^3}{(z^2+b^2)^2}\right|\leqq\frac{2}{|z|}\quad\Leftrightarrow\quad|z|^4\leqq2|z^2+b^2|^2$$ ……⑤

$|z|>2b$ のとき、$|z|^2-b^2<|z^2+b^2|$ が成り立つので、

$$|z|^4\leqq2(|z|^2-b^2)^2\quad\Rightarrow\quad|z|^4\leqq2|z^2+b^2|^2$$ ……⑥

$|z|^2=x$ とおくと、左は 2 次不等式で $x^2\leqq2(x-b^2)^2$ となる。$x=|z|^2>4b^2$ のときにこの 2 次不等式が成り立つので、⑥、⑤から、④が成り立つことが分かる。

R の絶対値が十分に大きいとき、$|z|>2b$ が成り立つので④を用いることができ、次の不等式が成り立つ。

$$\left|\int_{C_2}\frac{z^3e^{azi}}{(z^2+b^2)^2}dz\right|\leqq\int_{C_2}\frac{|z|^3|e^{azi}|}{|z^2+b^2|^2}|dz|\leqq\int_{C_2}\frac{2|e^{azi}|}{|z|}|dz|=\int_0^{\pi}\frac{2e^{-aR\sin\theta}}{R}Rd\theta$$

$$|e^{azi}|=|e^{aR(\cos\theta+i\sin\theta)i}|=e^{-aR\sin\theta}$$

$$\leqq2\int_0^{\frac{\pi}{2}}2e^{-\frac{2aR}{\pi}\theta}d\theta=2\left[-\frac{\pi}{aR}e^{-\frac{2aR}{\pi}}\right]_0^{\frac{\pi}{2}}=\frac{2\pi}{aR}\left(1-e^{-aR}\right)$$

右辺が $R\to\infty$ のとき 0 に収束するので、C_2 の線積分も 0 に収束する。

ステップ

演習 ▶ (三角関数の有理関数)の定積分(講義編 p.270 参照)

$a>0$ のとき、次の等式を示せ。

(1) $\displaystyle\int_0^{\frac{\pi}{2}}\frac{1}{a+\sin^2\theta}d\theta=\frac{\pi}{2\sqrt{a^2+a}}$ $(a>0)$

(2) $\displaystyle\int_0^{\frac{\pi}{2}}\frac{1}{(a+\sin^2\theta)^2}d\theta=\frac{\pi(2a+1)}{4\sqrt{(a^2+a)^3}}$ $(a>0)$

(1) 三角関数が 2 次なので、1 次になるように変形する。

$$\int_0^{\frac{\pi}{2}}\frac{1}{a+\sin^2\theta}d\theta=\int_0^{\frac{\pi}{2}}\frac{1}{a+\frac{1-\cos2\theta}{2}}d\theta=\int_0^{\frac{\pi}{2}}\frac{2}{2a+1-\cos2\theta}d\theta$$ $t=2\theta$ とおく

$$=\int_0^{\pi}\frac{1}{2a+1-\cos t}dt=\frac{1}{2}\int_0^{2\pi}\frac{1}{2a+1-\cos t}dt \quad\cdots\cdots①$$

ここで　$z=e^{it}=\cos t+i\sin t$、$\cos t=\frac{1}{2}\left(z+\frac{1}{z}\right)$ とおいて変数変換する。

$z=e^{it}$ を微分して、$dz=ie^{it}dt$、$\frac{dz}{iz}=dt$

t が 0 から 2π まで変化するとき、$z=e^{it}$ は原点を中心とした単位円の周 C を反時計回りに 1 周する。

$$①=\frac{1}{2}\oint_C\frac{1}{2a+1-\frac{1}{2}\left(z+\frac{1}{z}\right)}\frac{dz}{iz}=i\oint_C\frac{1}{z^2-(4a+2)z+1}dz$$

[$z^2-(4a+2)z+1=0$ の解を $\alpha=2a+1-\sqrt{4a^2+4a}$、$\beta=2a+1+\sqrt{4a^2+4a}$ とおくと]

$$=i\oint_C\frac{1}{(z-\alpha)(z-\beta)}dz \quad\cdots\cdots②$$

ここで、$\alpha\beta=1$、$0<\alpha<1<\beta$ なので、

α は C の中で、β は C の外にある。

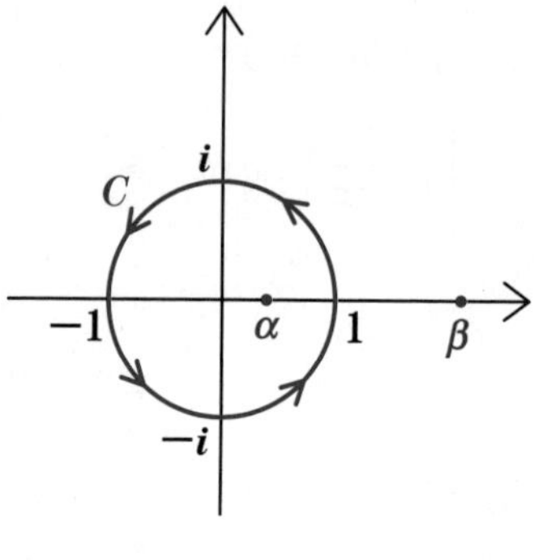

$f(z)=\dfrac{1}{(z-\alpha)(z-\beta)}$ とおくと、α は $f(z)$ の1位の極であり、

$$\operatorname*{Res}_{z=\alpha} f(z)=\lim_{z\to\alpha}\{(z-\alpha)f(z)\}=\frac{1}{(\alpha-\beta)}=\frac{1}{-2\sqrt{4a^2+4a}}$$

よって、②は、

$$i\oint_C \frac{1}{(z-\alpha)(z-\beta)}dz=i\times 2\pi i\operatorname*{Res}_{z=\alpha} f(z)=-2\pi\frac{1}{-2\sqrt{4a^2+4a}}=\frac{\pi}{2\sqrt{a^2+a}}$$

(2) $$\int_0^{\frac{\pi}{2}}\frac{1}{(a+\sin^2\theta)^2}d\theta=\int_0^{\frac{\pi}{2}}\frac{1}{\left(a+\dfrac{1-\cos 2\theta}{2}\right)^2}d\theta=\int_0^{\frac{\pi}{2}}\frac{4}{(2a+1-\cos 2\theta)^2}d\theta$$

$t=2\theta$ とおく

$$=\int_0^{\pi}\frac{2}{(2a+1-\cos t)^2}dt=\int_0^{2\pi}\frac{1}{(2a+1-\cos t)^2}dt$$

$\left[\ z=e^{it}=\cos t+i\sin t$、$\cos t=\dfrac{1}{2}\left(z+\dfrac{1}{z}\right)$ また、$z=e^{it}$ を微分して、$dz=ie^{it}dt$、$\dfrac{dz}{iz}=dt\ \right]$

$$=\oint_C \frac{1}{\left\{2a+1-\dfrac{1}{2}\left(z+\dfrac{1}{z}\right)\right\}^2}\frac{dz}{iz}=-i\oint_C\frac{4z}{\{z^2-(4a+2)z+1\}^2}dz$$

[$z^2-(4a+2)z+1=0$ の解を $\alpha=2a+1-\sqrt{4a^2+4a}$、$\beta=2a+1+\sqrt{4a^2+4a}$ とおくと]

$$=-4i\oint_C\frac{z}{(z-\alpha)^2(z-\beta)^2}dz$$

ここで、(1)と同様に α は C の中で、β は C の外にあり、α は2位の極。

$f(z)=\dfrac{z}{(z-\alpha)^2(z-\beta)^2}$ とおくと、

$$\operatorname*{Res}_{z=\alpha} f(z)=\lim_{z\to\alpha}\frac{d}{dz}\{(z-\alpha)^2 f(z)\}=\lim_{z\to\alpha}\frac{d}{dz}\left\{\frac{z}{(z-\beta)^2}\right\}$$

$$=\lim_{z\to\alpha}\left\{\frac{1}{(z-\beta)^2}-\frac{2z}{(z-\beta)^3}\right\}=-\frac{(\alpha+\beta)}{(\alpha-\beta)^3}=\frac{2(2a+1)}{(2\sqrt{4a^2+4a})^3}=\frac{2a+1}{32(\sqrt{a^2+a})^3}$$

であり、

$$-4i\oint_C\frac{z}{(z-\alpha)^2(z-\beta)^2}dz=-4i\times 2\pi i\operatorname*{Res}_{z=\alpha} f(z)=8\pi\frac{2a+1}{32(\sqrt{a^2+a})^3}=\frac{\pi(2a+1)}{4\sqrt{(a^2+a)^3}}$$

ジャンプ

確認 ▶(三角関数の有理関数) の定積分

$b>a>0$ のとき、次の等式を示せ。

(1) $\displaystyle\int_0^{2\pi}\frac{1}{a^2\cos^2\theta+b^2\sin^2\theta}d\theta=\frac{2\pi}{ab}$

(2) $\displaystyle\int_0^{2\pi}\frac{1}{(a^2\cos^2\theta+b^2\sin^2\theta)^2}d\theta=\frac{\pi(a^2+b^2)}{a^3b^3}$

(1) 三角関数が 2 次なので、1 次になるように変形する。

$$\int_0^{2\pi}\frac{1}{a^2\cos^2\theta+b^2\sin^2\theta}d\theta=\int_0^{2\pi}\frac{1}{a^2\cdot\dfrac{1+\cos2\theta}{2}+b^2\cdot\dfrac{1-\cos2\theta}{2}}d\theta$$

$$=\int_0^{2\pi}\frac{2}{(a^2+b^2)+(a^2-b^2)\cos2\theta}d\theta=2\int_0^{2\pi}\frac{1}{(a^2+b^2)+(a^2-b^2)\cos t}dt \quad \cdots\cdots①$$

[$t=2\theta$ とおく。積分区間は [0, 4π] となるが、周期性があるので [0, 2π] として 2 倍する]

ここで、$z=e^{it}=\cos t+i\sin t$、$\cos t=\dfrac{1}{2}\left(z+\dfrac{1}{z}\right)$と変数変換する。

$z=e^{it}$ を微分して、$dz=ie^{it}dt$、$\dfrac{dz}{iz}=dt$

t が 0 から 2π まで変化するとき、$z=e^{it}$ は原点を中心とした単位円の周 C を反時計回りに 1 周する。

$$① =2\oint_C\frac{1}{(a^2+b^2)+(a^2-b^2)\cdot\dfrac{1}{2}\left(z+\dfrac{1}{z}\right)}\cdot\frac{dz}{iz}$$

$$=2\oint_C\frac{-2i}{2(a^2+b^2)z+(a^2-b^2)z^2+(a^2-b^2)}dz \quad \cdots\cdots②$$

ここで　$(b^2-a^2)z^2-2(b^2+a^2)z+(b^2-a^2)=0$ の解を求めておく。

$\{(b+a)z-(b-a)\}\{(b-a)z-(b+a)\}=0$ と因数分解できるから

$\alpha=\dfrac{b-a}{b+a}$、$\beta=\dfrac{b+a}{b-a}$ とおくと、

$$② =-4\oint_C\frac{i}{(a^2-b^2)(z-\alpha)(z-\beta)}dz=\frac{4i}{b^2-a^2}\oint_C\frac{1}{(z-\alpha)(z-\beta)}dz$$

$f(z)=\dfrac{1}{(z-\alpha)(z-\beta)}$とおく。

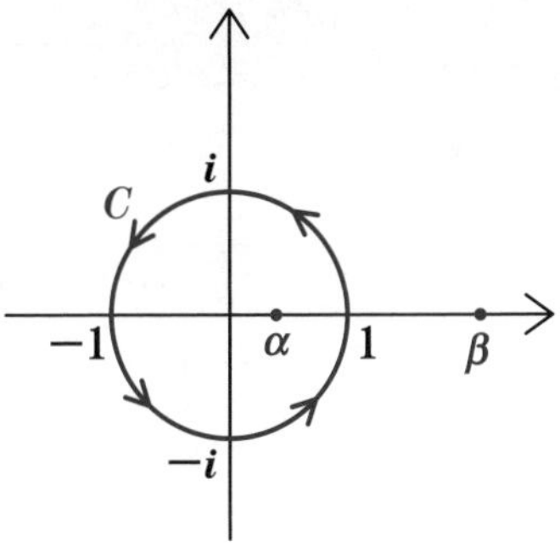

$\alpha\beta=1$で、$b>a>0$のとき、

$0<\alpha<1<\beta$なので、

αはCの中、βは外である。

αは$f(z)$の1位の極なので、

$$\operatorname*{Res}_{z=\alpha} f(z)=\lim_{z\to\alpha}\{(z-\alpha)f(z)\}=\frac{1}{\alpha-\beta}=\frac{b^2-a^2}{-4ab}$$

これを用いて、

$$\frac{4i}{b^2-a^2}\oint_C\frac{1}{(z-\alpha)(z-\beta)}dz=\frac{4i}{b^2-a^2}\times 2\pi i\operatorname*{Res}_{z=\alpha} f(z)=\frac{-8\pi}{b^2-a^2}\times\frac{b^2-a^2}{-4ab}=\frac{2\pi}{ab}$$

(2) $$\int_0^{2\pi}\frac{1}{(a^2\cos^2\theta+b^2\sin^2\theta)^2}d\theta=\int_0^{2\pi}\frac{1}{\left(a^2\cdot\frac{1+\cos 2\theta}{2}+b^2\cdot\frac{1-\cos 2\theta}{2}\right)^2}d\theta$$

$$=\int_0^{2\pi}\frac{4}{\{(a^2-b^2)+(a^2-b^2)\cos 2\theta\}^2}d\theta=2\int_0^{2\pi}\frac{2}{\{(a^2-b^2)+(a^2-b^2)\cos t\}^2}dt$$

$t=2\theta$とおく

[$z=e^{it}=\cos t+i\sin t$、$\cos t=\frac{1}{2}\left(z+\frac{1}{z}\right)$また、$z=e^{it}$を微分して、$dz=ie^{it}dt$、$\frac{dz}{iz}=dt$]

$$=4\oint_C\frac{1}{\left\{(a^2+b^2)+(a^2-b^2)\cdot\frac{1}{2}\left(z+\frac{1}{z}\right)\right\}^2}\cdot\frac{dz}{iz}$$

$$=4\oint_C\frac{-4iz}{\{2(a^2+b^2)z+(a^2-b^2)z^2+(a^2-b^2)\}^2}dz$$

$$=\frac{-16i}{(b^2-a^2)^2}\oint_C\frac{z}{(z-\alpha)^2(z-\beta)^2}dz \quad \cdots\cdots③$$

$f(z)=\dfrac{z}{(z-\alpha)^2(z-\beta)^2}$とおく。$\alpha$は$f(z)$の2位の極なので、

$$\operatorname*{Res}_{z=\alpha} f(z)=\lim_{z\to\alpha}\frac{d}{dz}\{(z-\alpha)^2 f(z)\}=\lim_{z\to\alpha}\frac{d}{dz}\frac{z}{(z-\beta)^2}$$

$$=\lim_{z\to\alpha}\left\{\frac{1}{(z-\beta)^2}-\frac{2z}{(z-\beta)^3}\right\}=-\frac{(\alpha+\beta)}{(\alpha-\beta)^3}=-\frac{2(a^2+b^2)(b^2-a^2)^3}{(b^2-a^2)(-4ab)^3}$$

$$=\frac{(a^2+b^2)(b^2-a^2)^2}{32a^3b^3}$$

これを用いて、

$$③=\frac{-16i}{(b^2-a^2)^2}\times 2\pi i \operatorname*{Res}_{z=\alpha} f(z)=\frac{32\pi}{(b^2-a^2)^2}\times\frac{(a^2+b^2)(b^2-a^2)^2}{32a^3b^3}=\frac{\pi(a^2+b^2)}{a^3b^3}$$

ステップ

演習 ▶実軸上に極を持つ実関数の定積分(講義編 p.264参照)

$a>0$、$b>0$ が実数のとき、次の定積分に関する等式を示せ。

$$\int_0^{\infty}\frac{\cos(ax)-\cos(bx)}{x^2}dx=\frac{b-a}{2}\pi$$

$f(z)=\dfrac{e^{azi}-e^{bzi}}{z^2}$ を実軸上で0から ∞ まで積分した値の実部を求めればよい。

ここで、

$C_1 : z=x \quad (r \leqq x \leqq R)$

$C_2 : z=Re^{i\theta} \quad (0 \leqq \theta \leqq \pi)$

$C_3 : z=x \quad (-R \leqq x \leqq -r)$

$C_4 : z=re^{i\theta} \quad (0 \leqq \theta \leqq \pi)$

として、積分経路 $C=C_1+C_2+C_3+C_4$ を反時計回りに1周する周回積分を考える。

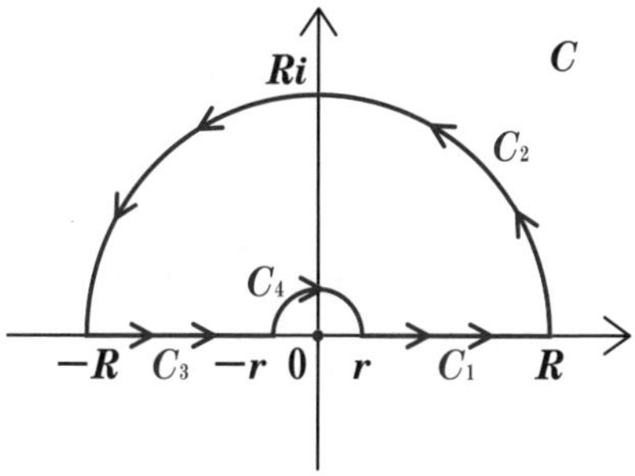

C が囲む領域の内部で $f(z)$ は正則なので、コーシーの積分定理より

$$\int_{C_1}f(z)dz+\int_{C_2}f(z)dz+\int_{C_3}f(z)dz+\int_{C_4}f(z)dz=0 \quad \cdots\cdots①$$

C_1、C_3 に関する線積分は、

$$\int_{C_1}f(z)dz+\int_{C_3}f(z)dz=\int_r^R\frac{e^{axi}-e^{bxi}}{x^2}dx+\int_{-R}^{-r}\frac{e^{axi}-e^{bxi}}{x^2}dx \quad \cdots\cdots②$$

ここで、

$$\frac{e^{axi}-e^{bxi}}{x^2}=\frac{\cos(ax)+i\sin(ax)-\cos(bx)-i\sin(bx)}{x^2}$$

$$=\frac{\cos(ax)-\cos(bx)}{x^2}+i\left(\frac{\sin(ax)-\sin(bx)}{x^2}\right)$$

と実部は偶関数、虚部は奇関数になる。②の第1項の積分区間が $[r, R]$、第2項の積分区間が $[-R, -r]$ と原点に対して対称なので、偶関数の定積分である第1項は $[r, R]$ での定積分での2倍、奇関数の定積分である第2項は0になる。

$$②=2\int_r^R\frac{\cos(ax)-\cos(bx)}{x^2}dx$$

$R\to\infty$ のとき C_2 に関する線積分は 0 に収束し（後で示す）、$r\to 0$ のとき C_4 に関する線積分は $2\pi i \operatorname*{Res}_{z=0} f(z)$ のマイナス 2 分の 1 倍に収束する（マイナスが付くのは $z=0$ に対しては時計回りだから）。

$z=0$ での留数を計算すると、$f(z)$ のローラン展開は、

$$f(z)=\frac{1}{z^2}\left\{\left(1+azi+\frac{1}{2!}(azi)^2+\cdots\right)-\left(1+bzi+\frac{1}{2!}(bzi)^2+\cdots\right)\right\}$$

$$=\frac{(a-b)i}{z}+\frac{1}{2}(-a^2+b^2)+\cdots$$

となるので、$z=0$ は 1 位の極で $\operatorname*{Res}_{z=0} f(z)=(a-b)i$　……③

［注意：分母の z^2 から $z=0$ は 2 位の極としてはいけない。$z=0$ のとき、分子が 0 となるからである］

$R\to\infty$、$r\to 0$ のとき、①は②、③を用いて、

$$2\int_0^{\infty}\frac{\cos(ax)-\cos(bx)}{x^2}dx+2\pi i\cdot(a-b)i\times\left(-\frac{1}{2}\right)=0$$

したがって、

$$\int_0^{\infty}\frac{\cos(ax)-\cos(bx)}{x^2}dx=\frac{b-a}{2}\pi$$

[$R\to\infty$ のとき、C_2 に関する線積分が 0 に収束すること]

予め C_2 での分子を評価しておくと、

$$|e^{azi}-e^{bzi}|=|e^{aR(\cos\theta+i\sin\theta)i}-e^{bR(\cos\theta+i\sin\theta)i}|=|e^{aR(\cos\theta+i\sin\theta)i}|+|e^{bR(\cos\theta+i\sin\theta)i}|$$

$$=e^{-aR\sin\theta}+e^{-bR\sin\theta}\leqq 1+1=2$$

［$0\leqq\theta\leqq\pi$ のとき、$\sin\theta\geqq 0$ であり、$-aR\sin\theta\leqq 0$、$-bR\sin\theta\leqq 0$］

これを用いて、

$$\left|\int_{C_2}f(z)dz\right|=\left|\int_{C_2}\frac{e^{azi}-e^{bzi}}{z^2}dz\right|\leqq\int_{C_2}\left|\frac{e^{azi}-e^{bzi}}{z^2}\right||dz|$$

$$\leqq\int_0^{\pi}\frac{2}{|R^2e^{2i\theta}|}|Rie^{i\theta}d\theta|=\int_0^{\pi}\frac{2}{R^2}Rd\theta=\frac{2\pi}{R}$$

$R\to\infty$ のとき、右辺が 0 に収束するので、C_2 に沿った線積分も 0 に収束する。

ジャンプ 確認 ▶実軸上に極を持つ実関数の定積分

$b>0$ のとき、次の定積分に関する等式を示せ。

$$\int_0^{\infty}\frac{\sin x}{x(x^2+b^2)}dx=\frac{\pi}{2b^2}(1-e^{-b})$$

$f(z)=\dfrac{e^{iz}}{z(z^2+b^2)}$ を実軸上で 0 から ∞ まで積分した値の虚部を求めればよい。

ここで、

$C_1 : z=x \quad (r \leqq x \leqq R)$

$C_2 : z=Re^{i\theta} \quad (0 \leqq \theta \leqq \pi)$

$C_3 : z=x \quad (-R \leqq x \leqq -r)$

$C_4 : z=re^{i\theta} \quad (0 \leqq \theta \leqq \pi)$

として、積分経路 $C=C_1+C_2+C_3+C_4$ を反時計回りに 1 周する周回積分を考える。

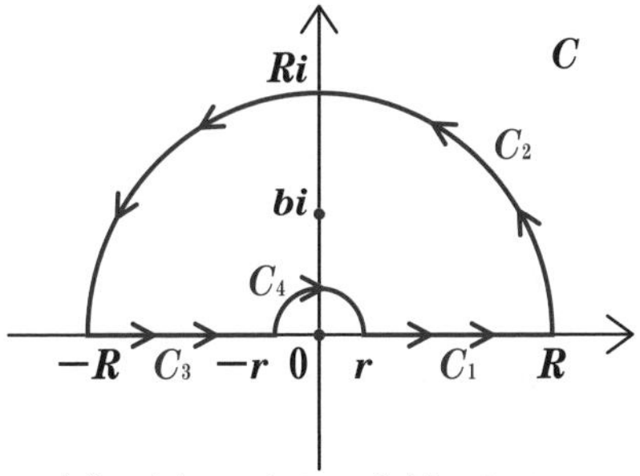

R が十分大きいとき、$f(z)$ の極 bi が C の内部にあるので、留数定理より、

$$\int_{C_1}f(z)dz+\int_{C_2}f(z)dz+\int_{C_3}f(z)dz+\int_{C_4}f(z)dz=2\pi i\operatorname*{Res}_{z=bi}f(z) \quad \cdots\cdots①$$

C_1、C_3 に関する線積分は、

$$\int_{C_1}f(z)dz+\int_{C_3}f(z)dz=\int_r^R\frac{e^{ix}}{x(x^2+b^2)}dx+\int_{-R}^{-r}\frac{e^{ix}}{x(x^2+b^2)}dx \quad \cdots\cdots②$$

ここで被積分関数は、

$$\frac{e^{ix}}{x(x^2+b^2)}=\frac{\cos x}{x(x^2+b^2)}+i\frac{\sin x}{x(x^2+b^2)}$$

と実部は奇関数、虚部は偶関数になる。②の第 1 項の積分区間が $[r,\ R]$、第 2 項の積分区間が $[-R,\ -r]$ と原点に対して対称なので、奇関数の定積分である第 1

項は0になり、偶関数の定積分である第2項は［r, R］での定積分での2倍になる。よって、

$$② = 2i\int_r^R \frac{\sin x}{x(x^2+b^2)}dx$$

$R\to\infty$ のとき C_2 に関する線積分は0に収束し（後で示す）、$r\to 0$ のとき C_4 に関する線積分は $2\pi i \operatorname*{Res}_{z=0} f(z)$ のマイナス2分の1倍に収束する（マイナスが付くのは $z=0$ に対しては時計回りだから）。

ここで bi と0（ともに1位の極）での留数を計算しておくと、

$$\operatorname*{Res}_{z=bi} f(z) = \lim_{z\to bi}(z-bi)f(z) = \lim_{z\to bi}\frac{e^{iz}}{z(z+bi)} = -\frac{e^{-b}}{2b^2} \quad \cdots\cdots ③$$

$$\operatorname*{Res}_{z=0} f(z) = \lim_{z\to 0}(z-0)f(z) = \lim_{z\to 0}\frac{e^{iz}}{z^2+b^2} = \frac{1}{b^2} \quad \cdots\cdots ④$$

$R\to\infty$、$r\to 0$ のとき、①は④、③を用いて、

$$2i\int_0^\infty \frac{\sin x}{x(x^2+b^2)}dx + 2\pi i\cdot\frac{1}{b^2}\times\left(-\frac{1}{2}\right) = 2\pi i\left(-\frac{e^{-b}}{2b^2}\right)$$

したがって、

$$\int_0^\infty \frac{\sin x}{x(x^2+b^2)}dx = \frac{\pi}{2b^2}(1-e^{-b})$$

[$R\to\infty$ のとき、C_2 に関する線積分が0に収束すること]

予め C_2 での分子・分母を評価しておくと、

$$|e^{R(\cos\theta+i\sin\theta)i}| = |e^{-R\sin\theta}| \leqq 1$$
［$0\leqq\theta\leqq\pi$ のとき、$\sin\theta\geqq 0$ であり、$-R\sin\theta\leqq 0$］

$$|Re^{i\theta}(R^2e^{2i\theta}+b^2)| = |Re^{i\theta}|\,|R^2e^{2i\theta}+b^2| \geqq R(|R^2e^{2i\theta}|-b^2) = R(R^2-b^2)$$
［$R>b$ のとき］

これを用いて、

$$\left|\int_{C_2} f(z)dz\right| = \left|\int_{C_2}\frac{e^{iz}}{z(z^2+b^2)}dz\right| \leqq \int_{C_2}\left|\frac{e^{iz}}{z(z^2+b^2)}\right||dz|$$

$$= \int_0^\pi \left|\frac{e^{R(\cos\theta+i\sin\theta)i}}{Re^{i\theta}(R^2e^{2i\theta}+b^2)}\right||Rie^{i\theta}d\theta| \leqq \int_0^\pi \frac{1}{R(R^2-b^2)}Rd\theta$$

$$= \frac{\pi}{R^2-b^2}$$

$R\to\infty$ のとき、右辺が0に収束するので、C_2 に沿った積分も0に収束する。

ステップ 演習 ▶実軸上に極を持つ実関数の定積分(講義編 p.264 参照)

次の定積分に関する等式を示せ。

$$\int_0^{\infty}\frac{\sin^2 x}{x^2}dx=\frac{\pi}{2}$$

$\dfrac{\sin^2 x}{x^2}=\dfrac{1-\cos 2x}{2x^2}$ なので、$f(z)=\dfrac{1-e^{2zi}}{2z^2}$ を実軸上で0から ∞ まで積分した値の実部を求めればよい。

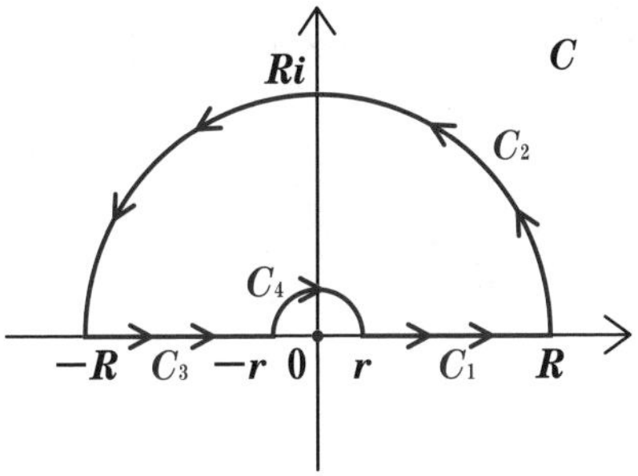

ここで、

$C_1 : z=x \quad (r \leqq x \leqq R)$

$C_2 : z=Re^{i\theta} \quad (0 \leqq \theta \leqq \pi)$

$C_3 : z=x \quad (-R \leqq x \leqq -r)$

$C_4 : z=re^{i\theta} \quad (0 \leqq \theta \leqq \pi)$

として、積分経路 $C=C_1+C_2+C_3+C_4$ を反時計回りに1周する周回積分を考える。

C が囲む領域の内部で $f(z)$ は正則であり、コーシーの積分定理より、

$$\int_{C_1} f(z)dz+\int_{C_2} f(z)dz+\int_{C_3} f(z)dz+\int_{C_4} f(z)dz=0 \quad \cdots\cdots ①$$

C_1、C_3 に関する積分は、

$$\int_{C_1} f(z)dz+\int_{C_3} f(z)dz=\int_r^R \frac{1-e^{2xi}}{2x^2}dx+\int_{-R}^{-r}\frac{1-e^{2xi}}{2x^2}dx$$

$$=\int_r^R \frac{1-\cos 2x-i\sin 2x}{2x^2}dx+\int_{-R}^{-r}\frac{1-\cos 2x-i\sin 2x}{2x^2}dx$$

[$\dfrac{1-\cos 2x}{2x^2}$ は偶関数、$\dfrac{\sin 2x}{2x^2}$ は奇関数で積分区間 $[r, R]$ と $[-R, -r]$ の原点対称性より]

$$=2\int_r^R \frac{1-\cos 2x}{2x^2}dx$$

$R\to\infty$ のとき C_2 に関する線積分は0に収束し（後で示す)、$r\to 0$ のとき C_4 に関する線積分は $2\pi i \operatorname*{Res}_{z=0} f(z)$ のマイナス2分の1倍に収束する（マイナスが付くのは $z=0$ に対しては時計回りだから)。

$f(z)$ のローラン展開は、

$$f(z)=\frac{1-e^{2zi}}{2z^2}=\frac{1}{2z^2}\left(-2zi-\frac{1}{2!}(2zi)^2-\frac{1}{3!}(2zi)^3-\cdots\cdots\right)=\frac{-i}{z}+1+\frac{2i}{3}z-\cdots\cdots$$

であることから、$z=0$ は1位の極であり、$\operatorname*{Res}_{z=0} f(z)=-i$ である。

$R\to\infty$、$r\to 0$ のとき、①は、

$$2\int_0^\infty \frac{1-\cos 2x}{2x^2}dx+2\pi i(-i)\times\left(-\frac{1}{2}\right)=0$$

したがって、

$$\int_0^\infty \frac{\sin^2 x}{x^2}dx=\int_0^\infty \frac{1-\cos 2x}{2x^2}dx=\frac{\pi}{2}$$

[$R\to\infty$ のとき、C_2 に関する線積分が0に収束すること]

予め C_2 での分子を評価しておくと、

$$|1-e^{2R(\cos\theta+i\sin\theta)i}|\leqq 1+|e^{2R(\cos\theta+i\sin\theta)i}|=1+|e^{-2R\sin\theta}|\leqq 1+1=2$$

[$0\leqq\theta\leqq\pi$ のとき、$\sin\theta\geqq 0$ であり、$-2R\sin\theta\leqq 0$]

これを用いて、

$$\left|\int_{C_2} f(z)dz\right|=\left|\int_{C_2}\frac{1-e^{2zi}}{2z^2}dz\right|\leqq\int_{C_2}\left|\frac{1-e^{2zi}}{2z^2}\right||dz|$$

$$=\int_0^\pi\left|\frac{1-e^{2R(\cos\theta+i\sin\theta)i}}{2R^2e^{2i\theta}}\right||Rie^{i\theta}d\theta|\leqq\int_0^\pi\frac{2}{2R^2}Rd\theta=\frac{\pi}{R}$$

$R\to\infty$ のとき、右辺が0に収束するので、C_2 に沿った積分も0に収束する。

ジャンプ 確認 ▶実軸上に極を持つ実関数の定積分

次の定積分に関する等式を示せ。

$$\int_{-\infty}^{\infty} \frac{\cos(\pi x)}{4x^2-1}dx=-\frac{\pi}{2}$$

$f(z)=\dfrac{e^{\pi z i}}{4z^2-1}$を実軸上で $-\infty$ から ∞ まで積分した値の実部を求めればよい。

ここで、

$$C_1 : z=x \quad \left(-\frac{1}{2}+r \leqq x \leqq \frac{1}{2}-r\right)$$

$$C_2 : z=\frac{1}{2}+re^{i\theta} \quad (0 \leqq \theta \leqq \pi)$$

$$C_3 : z=x \quad \left(\frac{1}{2}+r \leqq x \leqq R\right)$$

$$C_4 : z=Re^{i\theta} \quad (0 \leqq \theta \leqq \pi)$$

$$C_5 : z=x \quad \left(-R \leqq x \leqq -\frac{1}{2}-r\right)$$

$$C_6 : z=-\frac{1}{2}+re^{i\theta} \quad (0 \leqq \theta \leqq \pi)$$

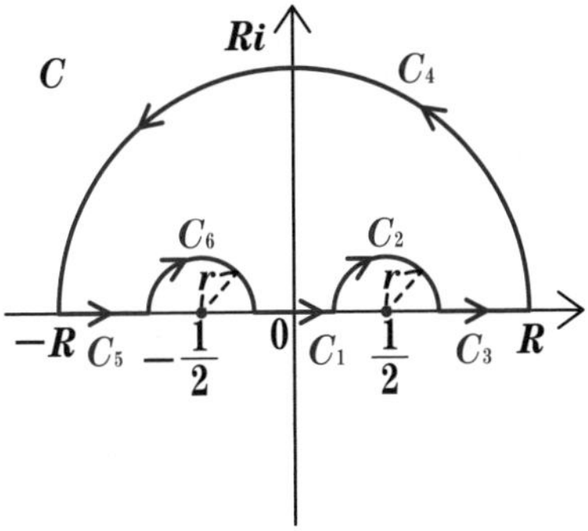

として、積分経路 $C=C_1+C_2+C_3+C_4+C_5+C_6$ を反時計回りに 1 周する周回積分を考える。

C が囲む領域の内部で $f(z)$ は正則であり、コーシーの積分定理より、

$$\int_{C_1} f(z)dz+\int_{C_2} f(z)dz+\int_{C_3} f(z)dz+\int_{C_4} f(z)dz+\int_{C_5} f(z)dz+\int_{C_6} f(z)dz=0$$

……①

$R\to\infty$ のとき C_4 に関する線積分は 0 に収束し（後で示す）、$r\to 0$ のとき、C_2 に関する積分は $2\pi i \operatorname*{Res}_{z=\frac{1}{2}} f(z)$ のマイナス 2 分の 1 倍、C_6 に関する積分は $2\pi i \operatorname*{Res}_{z=-\frac{1}{2}} f(z)$ のマイナス 2 分の 1 倍に収束する。

$\frac{1}{2}$、$-\frac{1}{2}$（ともに1位の極）での留数を計算しておくと、

$$\operatorname*{Res}_{z=\frac{1}{2}} f(z)=\lim_{z\to\frac{1}{2}}\left(z-\frac{1}{2}\right)f(z)=\lim_{z\to\frac{1}{2}}\frac{e^{\pi zi}}{2(2z+1)}=\frac{1}{4}e^{\frac{\pi}{2}i}=\frac{1}{4}i$$

$$\operatorname*{Res}_{z=-\frac{1}{2}} f(z)=\lim_{z\to-\frac{1}{2}}\left(z+\frac{1}{2}\right)f(z)=\lim_{z\to-\frac{1}{2}}\frac{e^{\pi zi}}{2(2z-1)}=-\frac{1}{4}e^{-\frac{\pi}{2}i}=\frac{1}{4}i$$

$R\to\infty$、$r\to 0$ のとき、C_1、C_3、C_5 に関する線積分の和は、実軸上を $-\infty$ から ∞ まで積分した値に等しく、①は、

$$\int_{-\infty}^{\infty}\frac{e^{\pi xi}}{4x^2-1}dx+2\pi i\operatorname*{Res}_{z=\frac{1}{2}} f(z)\times\left(-\frac{1}{2}\right)+2\pi i\operatorname*{Res}_{z=-\frac{1}{2}} f(z)\times\left(-\frac{1}{2}\right)=0$$

$$\int_{-\infty}^{\infty}\frac{e^{\pi xi}}{4x^2-1}dx+2\pi i\times\frac{1}{4}i\times\left(-\frac{1}{2}\right)+2\pi i\times\frac{1}{4}i\times\left(-\frac{1}{2}\right)=0$$

$$\int_{-\infty}^{\infty}\frac{e^{\pi xi}}{4x^2-1}dx=-\frac{\pi}{2}$$

この式の実部より、$\displaystyle\int_{-\infty}^{\infty}\frac{\cos(\pi x)}{4x^2-1}dx=-\frac{\pi}{2}$

[$R\to\infty$ のとき、C_4 に関する線積分が0に収束すること]

予め C_4 での分子・分母を評価しておくと、

$$|e^{\pi zi}|=|e^{\pi R(\cos\theta+i\sin\theta)i}|=|e^{-\pi R\sin\theta}|\leqq 1$$

［$0\leqq\theta\leqq\pi$ のとき、$\sin\theta\geqq 0$ であり、$-\pi R\sin\theta\leqq 0$］

$$|4z^2-1|=|4R^2e^{2i\theta}-1|\geqq|4R^2e^{2i\theta}|-1=4R^2-1$$

これを用いて、

$$\left|\int_{C_4} f(z)dz\right|=\left|\int_{C_4}\frac{e^{\pi zi}}{4z^2-1}dz\right|\leqq\int_{C_4}\left|\frac{e^{\pi zi}}{4z^2-1}\right||dz|$$

$$\leqq\int_0^{\pi}\frac{1}{4R^2-1}Rd\theta=\frac{\pi R}{4R^2-1}$$

$R\to\infty$ のとき、右辺が0に収束するので、C_4 に沿った積分も0に収束する。

ステップ

演習 ▶対数関数の入った定積分（講義編 p.273 参照）

次の定積分に関する等式を示せ。

$$\int_0^{\infty}\frac{\log x}{(x^2+a^2)^2}dx=\frac{\pi}{4a^3}(\log a-1)\quad (a>0)$$

$f(z)=\dfrac{\log z}{(z^2+a^2)^2}$を実軸上で0から$+\infty$まで線積分した値を求める。

ここで、

$C_1 : z=x\quad (r\leqq x\leqq R)$

$C_2 : z=Re^{i\theta}\quad (0\leqq\theta\leqq\pi)$

$C_3 : z=x\quad (-R\leqq x\leqq -r)$

$C_4 : z=re^{i\theta}\quad (0\leqq\theta\leqq\pi)$

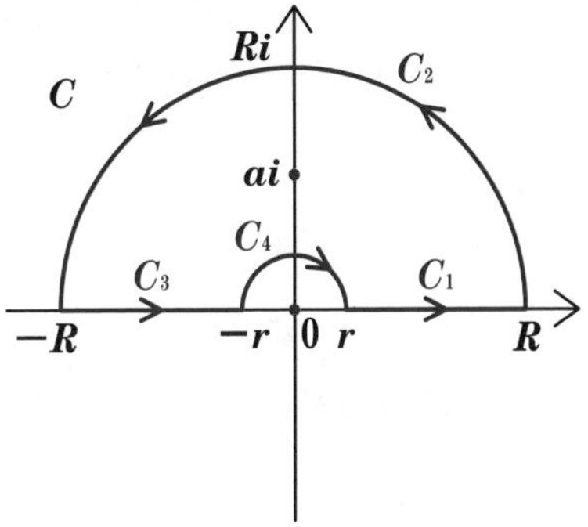

として、積分経路$C=C_1+C_2+C_3+C_4$を反時計回りに1周する周回積分をする。

$R>a$のとき、$f(z)$の特異点のうちaiはCの内部にある。

留数定理により、

$$\int_{C_1}f(z)dz+\int_{C_2}f(z)dz+\int_{C_3}f(z)dz+\int_{C_4}f(z)dz=2\pi i\operatorname*{Res}_{z=ai}f(z)\quad\cdots\cdots①$$

C_1、C_3に関する線積分は、C_3上で$\log z=\log|z|+\pi i$より

$$\int_{C_1}f(z)dz+\int_{C_3}f(z)dz=\int_r^R\frac{\log x}{(x^2+a^2)^2}dx+\int_{-R}^{-r}\frac{\log|x|+\pi i}{(x^2+a^2)^2}dx$$

$t=-x$とおく。xが負の実数のとき$|x|=t$

$$=\int_r^R\frac{\log x}{(x^2+a^2)^2}dx+\int_R^r\frac{\log t+\pi i}{(t^2+a^2)^2}(-dt)$$

$$=2\int_r^R\frac{\log x}{(x^2+a^2)^2}dx+\pi i\int_r^R\frac{1}{(t^2+a^2)^2}dt$$

$R\to\infty$のときC_2に関する線積分は0に収束し、$r\to 0$のときC_4に関する線積分は0に収束する（後で示す）。

留数を求めておくと、aiは2位の極なので、

$$\operatorname*{Res}_{z=ai}f(z)=\lim_{z\to ai}\frac{d}{dz}\{(z-ai)^2f(z)\}=\lim_{z\to ai}\frac{d}{dz}\left(\frac{\log z}{(z+ai)^2}\right)$$

$$=\lim_{z\to ai}\left\{\frac{1}{z(z+ai)^2}-\frac{2\log z}{(z+ai)^3}\right\}$$

$$=-\frac{1}{4a^3i}+\frac{2\left(\log a+\dfrac{\pi}{2}i\right)}{8a^3i}=\frac{i}{4a^3}(1-\log a)+\frac{\pi}{8a^3}$$

ですから、$R\to\infty$、$r\to 0$ のとき①の実部は、

$$2\int_0^\infty\frac{\log x}{(x^2+a^2)^2}dx=2\pi i\times\frac{i}{4a^3}(1-\log a)$$

$$\int_0^\infty\frac{\log x}{(x^2+a^2)^2}dx=\frac{\pi}{4a^3}(\log a-1)$$

[$R\to\infty$ のとき、C_2 に関する線積分が 0 に収束すること]

予め C_2 での分子・分母を評価しておくと、

$$|\log z|=|\log(Re^{i\theta})|=|\log R+i\theta|\leqq\underline{\log R+\theta\leqq R}$$

［R が十分大きいとき（例えば $R\geqq e^2$）に成り立つ］

$$|(z^2+a^2)^2|=|(R^2e^{2i\theta}+a^2)^2|=|R^2e^{2i\theta}+a^2|^2\geqq(R^2-a^2)^2$$

これを用いて、

$$\left|\int_{C_2}\frac{\log z}{(z^2+a^2)^2}dz\right|\leqq\int_{C_2}\frac{|\log z|}{|(z^2+a^2)^2|}|dz|\leqq\int_0^\pi\frac{R}{(R^2-a^2)^2}Rd\theta=\frac{R^2\pi}{(R^2-a^2)^2}$$

$R\to\infty$ のとき、右辺が 0 に収束するので、C_2 に沿った線積分も 0 に収束する。

[$r\to +0$ のとき、C_4 での線積分が 0 に収束すること]

予め C_4 での分子・分母を評価しておくと、

$$|\log z|=|\log(re^{i\theta})|=|\log r+i\theta|\leqq\underline{|\log r|+\pi\leqq 2|\log r|}$$

［r が十分に小さいので、$|\log r|$ は π より大きい］

$$|(z^2+a^2)^2|=\underline{|r^2e^{2\theta i}+a^2|^2\geqq\left(\frac{1}{2}a^2\right)^2}=\frac{1}{4}a^4$$

［r が十分に小さいとき右図になる］

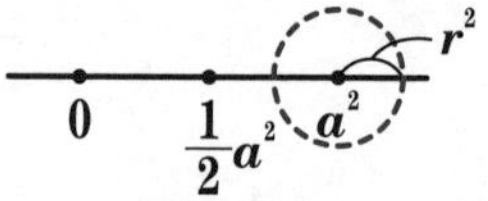

$$\left|\int_{C_4}\frac{\log z}{(z^2+a^2)^2}dz\right|\leqq\int_{C_4}\frac{|\log z|}{|(z^2+a^2)^2|}|dz|\leqq\int_0^\pi\frac{8|\log r|}{a^4}rd\theta=\underline{\frac{8\pi r|\log r|}{a^4}=\frac{8\pi t}{a^4e^t}}$$

［$r=e^{-t}$ とおく。$r<1$ のとき、$t=-\log r>0$］

$r\to +0$（$t\to\infty$）のとき、右辺が 0 に収束するので、C_4 に沿った線積分も 0 に収束する。

ジャンプ

確認 ▶対数関数の入った積分への応用

$-1<\alpha<0$、$0<b$ に対して、次の等式を示せ。

$$\int_0^{\infty}\frac{x^{\alpha}\log x}{x+b}dx=\frac{\pi b^{\alpha}}{\sin\pi\alpha}\left(\frac{\pi\cos\pi\alpha}{\sin\pi\alpha}-\log b\right)$$

$f(z)=\dfrac{z^{\alpha}\log z}{z+b}$ を実軸上の 0 から $+\infty$ まで積分した値を求める。

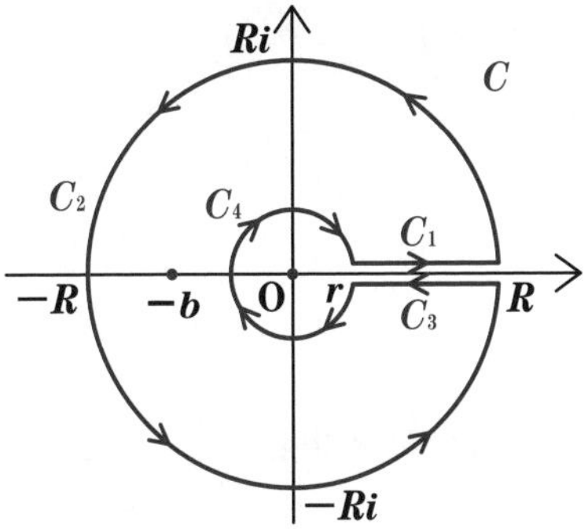

ここで、$\log z$ のリーマン面上で、

$C_1: z=x \quad (r\leqq x\leqq R)$

$C_2: z=Re^{i\theta} \quad (0\leqq\theta\leqq 2\pi)$

$C_3: z=xe^{2\pi i} \quad (r\leqq x\leqq R)$

$C_4: z=re^{i\theta} \quad (0\leqq\theta\leqq 2\pi)$

として、積分路 $C=C_1+C_2+C_3+C_4$ を反時計回りに 1 周する周回積分をする。

$R>b$ のとき、$f(z)$ の特異点のうち $-b$ は C の内部にある。

留数定理により、

$$\int_{C_1}f(z)dz+\int_{C_2}f(z)dz+\int_{C_3}f(z)dz+\int_{C_4}f(z)dz=2\pi i\operatorname*{Res}_{z=-b}f(z) \quad \cdots\cdots①$$

C_2 は Re^0 から $Re^{2\pi i}$ までであることに注意すると、C_1、C_3 に関する線積分は、

$$\int_{C_1}f(z)dz+\int_{C_3}f(z)dz=\int_r^R\frac{x^{\alpha}\log x}{x+b}dx+\int_R^r\frac{(xe^{2\pi i})^{\alpha}\log(xe^{2\pi i})}{xe^{2\pi i}+b}e^{2\pi i}dx$$

$$=\int_r^R\frac{x^{\alpha}\log x}{x+b}dx-\int_r^R\frac{x^{\alpha}e^{2\pi\alpha i}(\log x+2\pi i)}{x+b}dx$$

$$=(1-e^{2\pi\alpha i})\int_r^R\frac{x^{\alpha}\log x}{x+b}dx-2\pi ie^{2\pi\alpha i}\int_r^R\frac{x^{\alpha}}{x+b}dx$$

$R\to\infty$ のとき C_2 に関する線積分は 0 に収束し、$r\to 0$ のとき C_4 に関する線積分は 0 に収束する（後で示す）。

$-b$（1 位の極）での留数を求めておくと、

$$\operatorname*{Res}_{z=-b}f(z)=\lim_{z\to -b}\{(z+b)f(z)\}=(-b)^{\alpha}\log(-b)=(be^{\pi i})^{\alpha}\log(be^{\pi i})$$

$$=b^{\alpha}e^{\pi\alpha i}(\log b+\pi i)$$

$R\to\infty$、$r\to 0$ のとき①は、

$$(1-e^{2\pi\alpha i})\int_0^{\infty}\frac{x^{\alpha}\log x}{x+b}dx-2\pi ie^{2\pi\alpha i}\int_0^{\infty}\frac{x^{\alpha}}{x+b}dx=2\pi ib^{\alpha}e^{\pi\alpha i}(\log b+\pi i)\quad \div(-2e^{\pi\alpha i})$$

$$\frac{e^{2\pi\alpha i}-1}{2e^{\pi\alpha i}}\int_0^{\infty}\frac{x^{\alpha}\log x}{x+b}dx=\pi i\left\{-b^{\alpha}(\log b+\pi i)-e^{\pi\alpha i}\underline{\int_0^{\infty}\frac{x^{\alpha}}{x+b}dx}\right\}$$

［本編 p.219 の問題の結果を用いる］

$$i\sin(\pi\alpha)\int_0^{\infty}\frac{x^{\alpha}\log x}{x+b}dx$$

$$=\pi i\left\{-b^{\alpha}(\log b+\pi i)-(\cos(\pi\alpha)+i\sin(\pi\alpha))\left(-\frac{\pi b^{\alpha}}{\sin\pi\alpha}\right)\right\}$$

$$=i\pi b^{\alpha}\left(-\log b+\frac{\pi\cos(\pi\alpha)}{\sin(\pi\alpha)}\right)$$

$$\int_0^{\infty}\frac{x^{\alpha}\log x}{x+b}dx=\frac{\pi b^{\alpha}}{\sin(\pi\alpha)}\left(\frac{\pi\cos(\pi\alpha)}{\sin(\pi\alpha)}-\log b\right)$$

[$R\to\infty$ のとき、C_2 に関する線積分が 0 に収束すること]

$$|z^{\alpha}\log z|=|R^{\alpha}e^{i\alpha\theta}\log(Re^{i\theta})|=R^{\alpha}|(\log R+i\theta)|\leqq \underline{R^{\alpha}(\log R+\theta)\leqq 2R^{\alpha}\log R}$$

［R が十分大きいとき、$\theta\leqq 2\pi\leqq\log R$］

$$|z+b|=|Re^{i\theta}+b|\geqq R-b\geqq\frac{R}{2}$$ ［R が十分大きいとき］

$$\left|\int_{C_2}\frac{z^{\alpha}\log z}{z+b}dz\right|\leqq\int_0^{2\pi}\frac{4R^{\alpha}\log R}{R}Rd\theta\leqq\frac{8\pi R^{\alpha+1}\log R}{R}=\frac{8\pi\log R}{R^{-\alpha}}$$

$R\to\infty$ のとき $-\alpha>0$ より右辺が 0 に収束し、C_2 に沿った線積分も 0 に収束する。

[$r\to+0$ のとき、C_4 での線積分が 0 に収束すること]

$$|z^{\alpha}\log z|=|r^{\alpha}e^{i\alpha\theta}\log(re^{i\theta})|=r^{\alpha}|(\log r+i\theta)|\leqq\underline{r^{\alpha}(|\log r|+\theta)\leqq 2r^{\alpha}|\log r|}$$

r が十分に小さいとき、$|\log r|$ は十分に大きい

$$|z+b|=|re^{i\theta}+b|\geqq b-r\geqq\frac{b}{2}$$ ［r が十分に小さいとき］

$$\left|\int_{C_4}\frac{z^{\alpha}\log z}{z+b}dz\right|\leqq\int_0^{2\pi}\frac{4r^{\alpha}|\log r|}{b}rd\theta=\underline{\frac{8\pi r^{\alpha+1}|\log r|}{b}=\frac{8\pi t}{be^{(\alpha+1)t}}}$$

［$r=e^{-t}$ とおく。$r<1$ のとき、$t=-\log r>0$］

$r\to+0$ （$t\to\infty$） のとき、$\alpha+1>0$ より右辺が 0 に収束するので、C_4 に沿った線積分も 0 に収束する。

ステップ

演習 ▶ リーマン面上のコーシーの積分定理の応用(講義編 p.219 参照)

$-1<\alpha<1$ に対して、次の等式を示せ。

$$\int_0^{\infty}\frac{x^{\alpha}}{(x+1)(x+2)}dx=\frac{\pi(2^{\alpha}-1)}{\sin(\pi\alpha)}$$

複素関数 $f(z)=\dfrac{z^{\alpha}}{(z+1)(z+2)}=\dfrac{e^{\alpha\log z}}{(z+1)(z+2)}$ を実軸上で 0 から ∞ まで積分した値を求める。$\log z$ のリーマン面上で、

$C_1: z=x \quad (r\leqq x\leqq R)$

$C_2: z=Re^{i\theta} \quad (0\leqq\theta\leqq 2\pi)$

$C_3: z=xe^{2\pi i} \quad (r\leqq x\leqq R)$

$C_4: z=re^{i\theta} \quad (0\leqq\theta\leqq 2\pi)$

として、積分路

$C=C_1+C_2+C_3+C_4$ を反時計回りに 1 周する周回積分をする。

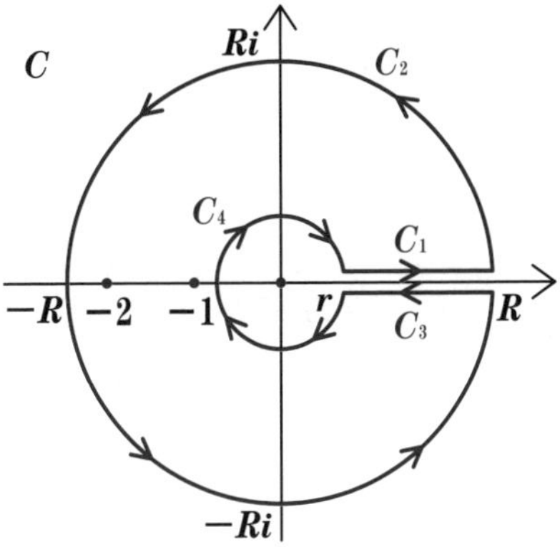

$R>2$ のとき、$f(z)$ の特異点のうち -2 と -1 は、C が囲む領域の内部にあるので、留数定理より

$$\int_{C_1}f(z)dz+\int_{C_2}f(z)dz+\int_{C_3}f(z)dz+\int_{C_4}f(z)dz=2\pi i\left(\operatorname*{Res}_{z=-2}f(z)+\operatorname*{Res}_{z=-1}f(z)\right)$$

……①

C_1 上での z の偏角を 0 とすると、C_3 上での z の偏角は 2π であり、

$$\int_{C_3}\frac{z^{\alpha}}{(z+1)(z+2)}dz=\int_{C_3}\frac{e^{\alpha\log z}}{(z+1)(z+2)}dz=\int_R^r\frac{e^{\alpha(\log x+2\pi i)}}{(x+1)(x+2)}dx$$

$$=e^{2\pi\alpha i}\int_R^r\frac{e^{\alpha\log x}}{(x+1)(x+2)}dx=-e^{2\pi\alpha i}\int_r^R\frac{x^{\alpha}}{(x+1)(x+2)}dx$$

ここで、$z=-2$、$z=-1$(ともに 1 位の極)での留数を求めておく。-2、-1 の偏角が π になることに注意して、

$$\operatorname*{Res}_{z=-2}f(z)=\lim_{z\to-2}(z+2)f(z)=\lim_{z\to-2}\frac{z^{\alpha}}{z+1}=\lim_{z\to-2}\frac{e^{\alpha\log z}}{z+1}=\frac{e^{\alpha(\log 2+\pi i)}}{-1}=-2^{\alpha}e^{\pi\alpha i}$$

$$\operatorname*{Res}_{z=-1}f(z)=\lim_{z\to-1}(z+1)f(z)=\lim_{z\to-1}\frac{z^{\alpha}}{z+2}=\lim_{z\to-1}\frac{e^{\alpha\log z}}{z+2}=\frac{e^{\alpha(\log 1+\pi i)}}{1}=e^{\pi\alpha i}$$

$R\to\infty$ のとき C_2 での線積分の値は 0 に収束し、$r\to+0$ のとき、C_4 での線積分の値は 0 に収束する（後で示す）ので、$R\to\infty$、$r\to+0$ のとき、①は

$$\int_0^{\infty}\frac{x^{\alpha}}{(x+1)(x+2)}dx-e^{2\pi\alpha i}\int_0^{\infty}\frac{x^{\alpha}}{(x+1)(x+2)}dx=2\pi i(-2^{\alpha}e^{\pi\alpha i}+e^{\pi\alpha i})$$

$$(1-e^{2\pi\alpha i})\int_0^{\infty}\frac{x^{\alpha}}{(x+1)(x+2)}dx=2\pi i(-2^{\alpha}+1)e^{\pi\alpha i}$$

$$\frac{e^{\pi\alpha i}-e^{-\pi\alpha i}}{2i}\int_0^{\infty}\frac{x^{\alpha}}{(x+1)(x+2)}dx=\pi(2^{\alpha}-1)$$

$$\int_0^{\infty}\frac{x^{\alpha}}{(x+1)(x+2)}dx=\frac{\pi(2^{\alpha}-1)}{\sin(\pi\alpha)}$$

[$R\to\infty$ のとき、C_2 での線積分が 0 に収束すること]

$$\left|\int_{C_2}\frac{z^{\alpha}}{(z+1)(z+2)}dz\right|=\left|\int_0^{2\pi}\frac{(Re^{i\theta})^{\alpha}}{(Re^{i\theta}+1)(Re^{i\theta}+2)}\cdot iRe^{i\theta}d\theta\right|$$

$$\leqq\int_0^{2\pi}\frac{|Re^{i\theta}|^{\alpha}}{|Re^{i\theta}+1|\,|Re^{i\theta}+2|}\cdot|iRe^{i\theta}|d\theta$$

$$\leqq\int_0^{2\pi}\frac{R^{\alpha+1}}{(R-1)(R-2)}d\theta=\frac{2\pi R^{\alpha+1}}{(R-1)(R-2)}\to 0\quad(R\to\infty)$$

[$\alpha<1$ なので、$\alpha+1$ は分母の次数 2 より小さい]

[$r\to+0$ のとき、C_4 での線積分が 0 に収束すること]

$$\left|\int_{C_4}\frac{z^{\alpha}}{(z+1)(z+2)}dz\right|=\left|\int_{2\pi}^{0}\frac{(re^{i\theta})^{\alpha}}{(re^{i\theta}+1)(re^{i\theta}+2)}\cdot ire^{i\theta}d\theta\right|$$

$$\leqq\int_0^{2\pi}\frac{|re^{i\theta}|^{\alpha}}{|re^{i\theta}+1|\,|re^{i\theta}+2|}\cdot|ire^{i\theta}|d\theta$$

$$\leqq\int_0^{2\pi}\frac{r^{\alpha+1}}{(1-r)(2-r)}d\theta\leqq\frac{2\pi r^{\alpha+1}}{(1-r)(2-r)}\to 0\quad(r\to+0)$$

[$r<1$ のとき、$|re^{i\theta}+1|>1-r$]　[$-1<\alpha$ なので、$\alpha+1>0$]

ジャンプ

確認 ▶リーマン面上のコーシーの積分定理の応用

$-1<\alpha<1$、$b>0$ に対して、次の式を示せ。

$$\int_0^{\infty}\frac{x^{\alpha}}{(x+b)^2}dx=\frac{\pi\alpha b^{\alpha-1}}{\sin(\pi\alpha)}$$

複素関数 $f(z)=\dfrac{z^{\alpha}}{(z+b)^2}=\dfrac{e^{\alpha\log z}}{(z+b)^2}$ を実軸上で 0 から ∞ まで積分した値を求める。

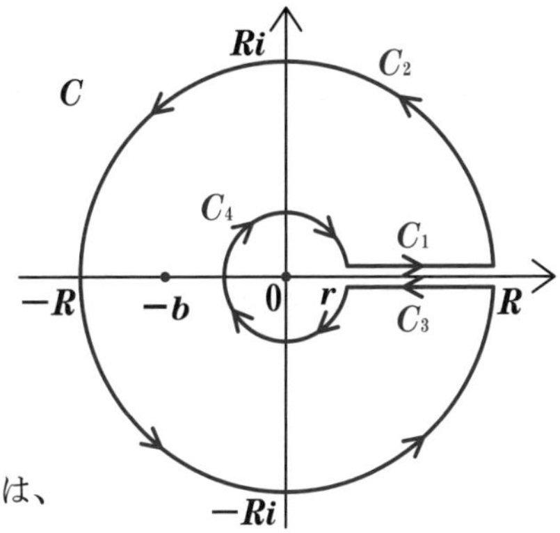

$C_1: z=x \quad (r\leqq x\leqq R)$

$C_2: z=Re^{i\theta} \quad (0\leqq\theta\leqq 2\pi)$

$C_3: z=xe^{2\pi i} \quad (r\leqq x\leqq R)$

$C_4: z=re^{i\theta} \quad (0\leqq\theta\leqq 2\pi)$

として、$\log z$ のリーマン面上で積分路 $C=C_1+C_2+C_3+C_4$ を反時計回りに 1 周する周回積分をする。

$R>b$ のとき、$f(z)$ の特異点のうち $z=-b$ は、C が囲む領域の内部にあるので、留数定理より

$$\int_{C_1}f(z)dz+\int_{C_2}f(z)dz+\int_{C_3}f(z)dz+\int_{C_4}f(z)dz=2\pi i\operatorname*{Res}_{z=-b}f(z) \quad \cdots\cdots①$$

C_1 上での z の偏角を 0 とすると、C_3 上での z の偏角は 2π であり、

$$\int_{C_3}\frac{z^{\alpha}}{(z+b)^2}dz=\int_{C_3}\frac{e^{\alpha\log z}}{(z+b)^2}dz=\int_R^r\frac{e^{\alpha(\log x+2\pi i)}}{(x+b)^2}e^{2\pi i}dx$$

$$=e^{2\pi\alpha i}\int_R^r\frac{e^{\alpha\log x}}{(x+b)^2}dx=-e^{2\pi\alpha i}\int_r^R\frac{x^{\alpha}}{(x+b)^2}dx$$

ここで、$z=-b$（位数 2 の極）での留数を求めておく。$-b$ の偏角が π になることに注意して、

$$\operatorname*{Res}_{z=-b}f(z)=\lim_{z\to -b}\frac{d}{dz}\{(z+b)^2f(z)\}=\lim_{z\to -b}\frac{d}{dz}(z^{\alpha})=\lim_{z\to -b}\alpha z^{\alpha-1}=\lim_{z\to -b}\alpha e^{(\alpha-1)\log z}$$

$$=\alpha\exp\{(\alpha-1)(\log b+\pi i)\}=\alpha b^{\alpha-1}e^{(\alpha-1)\pi i}=-\alpha b^{\alpha-1}e^{\pi\alpha i}$$

$R\to\infty$ のとき C_2 での線積分の値は 0 に収束し、$r\to +0$ のとき、C_4 での線積分の値は 0 に収束する（後で示す）ので、$R\to\infty$、$r\to +0$ のとき、①は

$$\int_0^\infty \frac{x^\alpha}{(x+b)^2}dx - e^{2\pi\alpha i}\int_0^\infty \frac{x^\alpha}{(x+b)^2}dx = -2\pi i\alpha b^{\alpha-1}e^{\pi\alpha i}$$

$$\frac{e^{2\pi\alpha i}-1}{2ie^{\pi\alpha i}}\int_0^\infty \frac{x^\alpha}{(x+b)^2}dx = \pi\alpha b^{\alpha-1}$$

$$\int_0^\infty \frac{x^\alpha}{(x+b)^2}dx = \frac{\pi\alpha b^{\alpha-1}}{\sin(\pi\alpha)}$$

[$R\to\infty$ のとき、C_2 での線積分が 0 に収束すること]

$$\left|\int_{C_2}\frac{z^\alpha}{(z+b)^2}dz\right| = \left|\int_0^{2\pi}\frac{(Re^{i\theta})^\alpha}{(Re^{i\theta}+b)^2}\cdot iRe^{i\theta}d\theta\right|$$

$$\leqq \int_0^{2\pi}\frac{|Re^{i\theta}|^\alpha}{|Re^{i\theta}+b|^2}\cdot|iRe^{i\theta}|d\theta$$

$$\leqq \int_0^{2\pi}\frac{R^{\alpha+1}}{(R-b)^2}d\theta = \frac{2\pi R^{\alpha+1}}{(R-b)^2} \to 0 \quad (R\to\infty)$$

[$\alpha<1$ なので、$\alpha+1$ は分母の次数 2 より小さい]

[$r\to +0$ のとき、C_4 での定積分が 0 に収束すること]

$$\left|\int_{C_4}\frac{z^\alpha}{(z+b)^2}dz\right| = \left|\int_{2\pi}^{0}\frac{(re^{i\theta})^\alpha}{(re^{i\theta}+b)^2}\cdot ire^{i\theta}d\theta\right|$$

$$\leqq \int_0^{2\pi}\frac{|re^{i\theta}|^\alpha}{|re^{i\theta}+b|^2}\cdot|ire^{i\theta}|d\theta$$

$$\leqq \int_0^{2\pi}\frac{r^{\alpha+1}}{(b-r)^2}d\theta = \frac{2\pi r^{\alpha+1}}{(b-r)^2} \to 0 \quad (r\to +0)$$

[$r<b$ のとき、$|re^{i\theta}+b|>b-r$]　[$-1<\alpha$ なので、$\alpha+1>0$]